高等学校工程管理专业规划教材

工 程 合 同 管 理

东南大学　成虎　编著

中国建筑工业出版社

图书在版编目（CIP）数据

工程合同管理/成虎编著 .-北京：中国建筑工业
出版社，2005
高等学校工程管理专业规划教材
ISBN 978-7-112-07571-3

Ⅰ.工…　Ⅱ.成…　Ⅲ.建筑工程-经济合同-管
理 – 高等学校 – 教材　Ⅳ.TU723.1

中国版本图书馆 CIP 数据核字（2005）第 089192 号

高等学校工程管理专业规划教材
工 程 合 同 管 理
东南大学　成虎　编著

*

中国建筑工业出版社出版、发行（北京西郊百万庄）
各地新华书店、建筑书店经销
北京富生印刷厂印刷

*

开本：787×1092 毫米　1/16　印张：21¾　字数：525 千字
2005 年 8 月第一版　2010 年 7 月第六次印刷
定价：30.00 元
ISBN 978-7-112-07571-3
（13525）

本书主要介绍工程合同、合同管理和索赔管理方面的知识，其内容包括：工程合同管理的基本概念、程序、内容，工程合同的基本原理，工程合同体系及常见的几类合同内容的分析，工程合同总体策划，工程招标、投标和签约过程中的管理，合同分析方法，合同实施控制，合同变更管理，索赔管理，索赔值的计算方法，反索赔和合同争执的解决等。本书从工程合同管理的实务出发，注重实用性、可操作性和知识体系的完备性。为了加深理解，在本书中介绍了近50个有代表性的工程合同管理和索赔案例，并从各个角度对它们作了分析和评价。

本书可以作为高等院校中土木工程、工程管理及相关专业的教材和教学参考书，也可以作为工程承包企业、工程咨询和项目管理公司、业主的工程管理人员和工程法律服务人员的工作参考书。

*　　*　　*

责任编辑：张　晶
责任设计：崔兰萍
责任校对：王雪竹　关　健

前　言

近十几年来在我国的工程管理领域，工程合同管理受到人们的普遍的重视，它的研究、教育和实际应用都得到了长足的发展，成为工程管理领域中的一大热点。这门学科也逐渐成熟起来。

本书是在如下基础上形成的：

(1) 作者从事工程合同管理方面的研究工作已近 20 年。曾在国际工程工地和德国 IPM 国际项目管理公司参与一些合同管理与索赔的研究和实践工作，在此期间曾得到国内外同行大力帮助，取得了不少实际工程资料。回国后参与钱昆润教授申报的国家自然科学基金项目《国际承包工程合同和索赔专家系统（1993.1～1995.12，代号 79270053）》的研究工作，对工程合同管理与索赔作了比较全面的研究，取得一些系统的研究成果。

(2) 近十几年以来作者参与国内一些大型工程项目管理的研究和实践工作，特别是参与了南京地铁建设项目、南京太阳宫广场施工项目的管理工作，在工程合同管理方面取得许多应用研究成果。

(3) 1993 年以来，本人曾陆续出版了与建筑工程合同管理相关的论著。这些论著在一定程度上反映了我国工程合同管理研究与应用的过程和成果，本书正是在此基础上编著的。

(4) 最近几年来，国际上工程合同管理的学术研究与实践不断取得新的成就和新的发展。有许多新的融资方式、承发包方式、组织形式和管理模式在工程项目中应用。合同作为项目实施的手段，就有许多新的合同形式、新的合同管理理念、理论和方法。这些反映在 1999 年颁布的 FIDIC 合同系列文本，英国的 ECC 合同等新的文本中。本书力求能够反映这些最新的东西。

本书的结构大致如下。

在绪论中介绍合同在现代工程中的作用，合同管理的基本概念，在工程项目管理中合同管理的过程，合同管理的发展过程，工程合同和合同管理的特点和本书学习注意要点。

第一章主要介绍工程合同的基本原理，包括工程合同的生命期和过程，工程合同原则，工程合同的法律基础，工程合同的内容和形式，现代工程对合同的要求。

第二章介绍工程合同体系以及工程中的主要合同的基本情况，包括工程施工合同、工程总承包（EPC）合同、工程分包合同、联营承包合同、工程勘察设计合同、项目管理合同等。

第三章主要研究工程合同总体策划，包括合同总体策划的概念、工程承发包模式策划、合同种类的选择、合同风险策划、工程合同体系的协调。

第四、五、六章主要介绍工程招标、投标和合同的签订过程中的管理工作。

第七章介绍合同分析和解释方法，包括合同总体分析、合同详细分析、特殊问题的合同分析。

第八章介绍合同实施控制，包括合同实施保证体系、合同实施监督、合同实施跟踪、合同实施诊断和合同后评价。

第九章介绍合同变更管理。

第十、十一、十二章介绍工程索赔问题，包括索赔管理、索赔值的计算、反索赔。工程索赔涉及工程项目管理的各个方面，需要综合性的知识和能力。

第十三章介绍合同争执的解决过程和方法。

第十四章介绍一些有代表性的合同管理和索赔案例。

在本书中介绍了50多个有代表性的案例。这些案例有的是作者自己在工程实践中收集到的，有的是参考了国内外的许多文章和专著。作者还对有些案例从不同的角度作了分析评述。通过这些案例，以及对它们的分析评述借以使读者了解合同管理的思路、方法、程序、技巧。本书的出发点是"管理"，即工程合同和索赔的管理原理、方法、程序、考虑问题的角度。作者期望能在这方面提供一些帮助。

在本书写作过程中，得到了王延树、陆彦、郑宇、刘巍、贡晟珉、周红、朱湘岚、叶少帅、于海丰、徐鹏富、高星、江萍、张双甜、戴栎等同志的帮助，他们作了大量的誊写、绘图、校对、修改工作，并提出了不少好的意见，为本书的出版付出了辛勤劳动。在此我向他们表示深深的感谢。

本人觉得，工程合同管理这门学科较新，它的理论体系尚不完备，在工程实践中还有许多问题值得人们去研究和探讨。由于本人学术见识有限，书中难免有疏忽，甚至错误之处，敬请各位读者、同行批评指正，对此本人不胜感激。

在本书的写作过程中还参考了许多国内外专家学者的论著，作者向他们表示深深的感谢。

目　录

第一篇　工程合同

第二篇　工程合同总体策划和招标投标

第四篇　索　赔

第五篇　合同争执管理和案例分析

10

绪　论

【本章提要】　本章主要介绍合同在工程中的作用，合同管理的基本概念，合同管理工作过程和组织，合同管理在工程项目管理中的地位，合同管理的发展历史和现状以及本书学习的注意点。

本章作为本书纲领，描述本书框架，在后面的学习中要注意本章内容的应用。

一、合同在工程中的作用

在现代工程中合同具有独特的作用。

1. 合同作为工程项目实施和管理的手段和工具。业主经过项目结构分解，将一个完整的工程项目分解为许多专业实施和管理的活动，通过合同将这些活动委托出去，并实施对项目过程的控制。同样承包商通过分包合同、采购合同和劳务供应合同委托工程分包和供应工作任务，形成项目的实施过程。

工程项目的融资模式、承发包方式、管理模式、实施策略和各种管理规范是通过合同定义和运作的。工程项目的建设过程实质上又是一系列工程合同的签订和履行过程。

2. 合同确定了工程实施和管理的主要目标，是合同各方在工程中各种活动的依据。

合同在工程实施前签订，它确定了工程所要达到的目标，主要有三个方面（见图 0-1）。

（1）工程规模、范围和质量。例如项目要达到的生产能力（功能要求），项目规模，建筑面积，设计、建筑材料、施工等质量标准和技术规范等。它们由合同条件、规范、图纸、工程量表、供应单等定义。

图 0-1　合同确定的工程目标

（2）工期。包括工程的总工期、工程交付后的保修期（缺陷通知期）、工程开始、结束的具体日期以及工程中的一些主要活动的持续时间。它们由合同协议书、总工期计划、双方一致同意的详细的进度计划规定。

（3）价格。包括工程总价格，各分项工程的单价和总价等。它们由中标函、合同协议书或工程量报价单等定义。这是承包商按合同要求完成工程责任所应得的报酬。

以上就是工程项目的实施和管理的目标和依据。工程中的合同管理工作就是为了保证这些目标的实现。

3. 合同是工程项目组织的纽带，它将工程所涉及的生产、材料和设备供应、运输、各专业设计和施工的分工协作关系联系起来，协调并统一项目各参加者的行为。一个参加单位与项目的关系，它在项目中承担的角色，它的任务和责任，就是由与它相关的合同定义的。

合同管理必须协调和处理各方面的关系，使相关的各合同和合同规定的各工程活动之间不相矛盾，在内容上、技术上、组织上、时间上协调一致，形成一个完整的周密的有序的体系，以保证工程有秩序、按计划地实施。

4. 工程任务通过合同委托，业主和承包商之间通过合同链接，他们之间的经济和法律的关系主要通过合同调整，所以签订和执行合同又是工程承包的市场行为。

(1) 在市场经济中，合同作为当事人双方经过协商达成一致的协议，签订合同是双方的民事行为。合同规定了双方在合同实施过程中的经济责任、利益和权力。所以要取得好的经济效益，不仅要签订一个有利的合同，并圆满地履行合同，还要用合同保护自己，避免或追回损失。

(2) 合同一经签订，只要合同合法，则成为一个法律文件。双方按合同内容承担相应的法律责任，享有相应的法律权利。合同双方都必须用合同规范自己的行为。如果不能认真履行自己的责任和义务，甚至单方撕毁合同，则必须接受经济的，甚至法律的处罚。除了特殊情况（如不可抗力等）使合同不能实施外，合同当事人即使亏损，甚至破产也不能摆脱这种法律约束力。

(3) 合同一经签订，合同双方居于一个统一体中，结成一定的经济关系。这说明双方互相信任，双方的总目标是一致的，为了共同完成项目任务。但合同双方又是不同的利益主体，他们的利益又是不一致的。例如对工程承包合同：

1) 承包商的目标是，尽可能多地取得工程利润，增加收益，降低成本；

2) 业主的目标是，以尽可能少的费用完成尽可能多的、质量尽可能高的工程。

由于利益的不一致，导致工程过程中的利益冲突，造成在工程实施和管理中双方行为的不一致、不协调和矛盾。合同双方常常都从各自利益出发考虑和分析问题，采用一些策略、手段和措施达到自己的目的。但合同双方的权利和义务是互为条件的，这一切又必然影响和损害对方利益，妨碍工程顺利实施和项目总目标的实现。

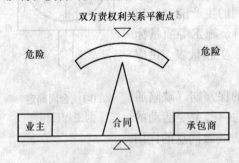

图 0-2　合同双方责权利关系的平衡

合同是调节这种关系的主要手段。它规定了双方的责任和权益。双方都可以利用合同保护自己的权益，限制和制约对方。所以合同应该体现着双方经济责权利关系的平衡（见图 0-2）。如果不能保持这种均势，则往往孕育着合同一方的失败，或整个工程的失败。

(4) 在市场经济中企业的形象和信誉是企业的生命，而能否圆满地履行合同是企业形象和信誉的主要方面。业主在资格预审和评标时都要考察投标人过去合同的履行情况。

5. 合同是工程过程中双方的最高行为准则。工程过程中的一切活动都是为了履行合同，都必须按合同办事，双方的行为主要靠合同来约束，所以，工程管理以合同为核心。

由于社会化大生产和专业化分工，一个工程必须有几个、十几个，甚至几十个参加单位。在工程实施中，由于合同一方违约，不能履行合同责任，不仅会造成自己的损失，而且会殃及合同伙伴和其他工程参加者，甚至会造成整个工程的中断。如果没有合同和合同的法律约束力，就不能保证工程的各参加者在工程的各个方面，工程实施的各个环节上都按时、按质、按量地完成自己的义务，就不会有正常的工程施工秩序，就不可能顺利地实现工程总目标。

6. 合同是工程过程中双方争执解决的依据。由于双方经济利益的不一致，在工程过程中争执是难免的。合同和争执有不解之缘。合同争执是经济利益冲突的表现，它常常起因于双方对合同理解的不一致、合同实施环境的变化、有一方未履行或未正确地履行合同等。

合同对争执的解决有两个决定性作用：

（1）争执的判定以合同作为法律依据，即以合同条文判定争执的性质，谁对争执负责，应负什么样的责任等。

（2）争执的解决方法和解决程序由合同规定。

二、工程合同管理的基本概念

1. 合同管理的目标

工程合同管理是对工程项目中相关合同的策划、签订、履行、变更、索赔和争议解决的管理。它是工程项目管理的重要组成部分。

合同管理是为项目总目标和企业总目标服务的，保证项目总目标和企业总目标的实现。具体地说，合同管理目标包括：

（1）使整个工程项目在预定的成本（投资）、预定的工期范围内完成，达到预定的质量和功能要求，实现工程项目的三大目标。

（2）使项目的实施过程顺利，合同争执较少，合同各方面能互相协调，都能够圆满地履行合同责任。

（3）保证整个工程合同的签订和实施过程符合法律的要求。

（4）一个成功的合同管理，还要在工程结束时使双方都感到满意，最终业主按计划获得一个合格的工程，达到投资目的，对工程、对承包商、对双方的合作感到满意；承包商不但获得合理的价格和利润，还赢得了信誉，建立双方友好合作关系。这是企业经营管理和发展战略对合同管理的要求。

2. 合同管理的角度

由于合同在工程中的特殊作用，项目的参加者以及与项目有关的组织都有合同管理工作。但不同的单位或人员，如政府行政管理部门、律师、业主、工程师、承包商、供应商等，在工程项目中的角色不同，则有不同角度、不同性质、不同内容和侧重点的合同管理工作。

（1）政府行政主管部门主要从市场管理的角度，依据法律和法规对工程合同的签订和实施过程进行管理，提供服务和做监督工作。例如对合同双方进行资质管理，对合同签订的程序和规则进行监督，保证公平、公开、公正原则，使合同的签订和实施符合市场经济的要求和法律的要求，对在合同签订过程中违反法律和法规的行为进行处理等。政府的目的是维护社会公共利益，使工程合同符合法律的要求。

（2）律师通常作为企业的法律顾问，帮助合同一方对合同进行合法性审查和控制，帮助合同一方解决合同争执。律师更注重合同的法律问题。

（3）业主作为工程合同的主体之一，通过合同运作项目，实现项目的总目标。业主的合同管理工作主要包括：

1）对工程合同进行总体策划，决定项目的承发包模式和管理模式，选择合同类型等；

2）聘请工程师进行具体的工程合同管理工作；

3）对合同的签订进行决策，选择项目管理（咨询）单位、承包商、供应商、设计单位，委托项目任务，并以项目所有者的身份与他们签订合同；

4）为合同实施提供必要的条件，作宏观控制，如在项目实施过程中重大问题的决策，重大的技术和实施方案的选择和批准；设计和计划的重大修改的批准；

5）按照合同规定及时向承包商支付工程款和接收已完工程等。

（4）工程师（项目管理公司，监理公司或业主的项目经理）受业主委托，代表业主具体地承担整个工程的合同管理工作，主要是合同管理的事务性工作和决策咨询工作等，如起草合同文件和各种相关文件，作现场监督，具体行使合同管理的权力，协调业主、各个承包商、供应商之间的合同关系，解释合同等。

（5）承包商的合同管理。这里的承包商是广义的，包括业主委托的设计单位、工程承包商、材料和设备供应商。他们作为工程合同的实施者，在同一个组织层次上进行合同管理。其中工程承包合同所定义的工程活动常常是整个项目实施的主导活动。所以工程承包商的合同管理工作最细致、最复杂、最困难，也最重要，对整个工程项目影响最大。

工程承包商的合同管理从参加相应工程的投标开始，经过承包合同所确定的工程范围完成，竣工交付，直到合同所规定的保修期（缺陷通知期）结束为止。他具体地作投标报价，在相应的工程承包合同范围内，完成规定的设计、施工、供应、竣工和保修任务，对相关的工程实施进行计划、组织、协调和控制，圆满地完成合同所规定的义务。

（6）在重大的合同争执解决过程中还可能涉及仲裁机构、法院等。

本书主要以业主、工程师和承包商的合同管理作为论述对象，当然在其中也会涉及其他方的合同管理工作。

3. 合同管理在工程项目管理中的地位

现在人们越来越清楚地认识到，合同管理在现代工程项目管理中有着特殊的地位和作用，已成为与进度管理、质量管理、成本（投资）管理、信息管理等并列的一大管理职能。合同管理是工程项目管理区别于其他类型项目管理的显著标志之一。

合同确定工程项目的价格（成本）、工期和质量（功能）等目标，规定着合同双方责权利关系，所以合同管理必然是工程项目管理的核心。广义地说，工程项目的实施和管理全部工作都可以纳入合同管理的范围。合同管理贯穿于工程实施的全过程和工程实施的各个方面。它作为其他工作的指南，对整个项目的实施起总控制和总保证作用。在现代工程中，没有合同意识则项目整体目标不明；没有合同管理，则项目管理难以形成系统，难以有高效率，不可能实现项目的目标。

在现代工程项目中不仅需要专职的合同管理人员和部门，而且要求参与工程项目管理的其他各种人员（或部门）都必须熟悉合同和合同管理工作。所以合同管理在土木工程、工程管理以及相关专业的教学中具有十分重要的地位。

为了分析土木工程类专业毕业生进入建筑施工企业后，需要哪些方面的管理知识，美国曾于1978年、1982年、1984年三次对400家大型建筑企业的中上层管理人员进行大规模调查。调查表列出当时建筑管理方向的28门课程（包括专题），由实际工作者按课程的重要性排序。调查结果见表0-1（见参考文献20）。

从上面的调查结果可见，建设项目相关的法律和合同管理居于最重要的地位。

按重要 性排序	1978 年调查	1982 年调查	1984 年调查
1	财务管理	建设项目相关的法律	建设项目相关的法律
2	建筑规程及法规	合同管理	合同管理
3	合同管理	建筑规程及法规	项目计划、进度安排与控制
4	成本控制与趋势分析	财务管理	建筑规程及法规
5	管理会计	项目计划、进度安排与控制	管理会计
6	生产率检测与方法改进	劳资关系管理及劳工法	文字、图像与图表信息传递
7	项目计划、进度安排与控制	材料与劳动力管理	材料与劳动力管理
8	劳资关系管理与劳工法	成本估算与投标	劳资关系管理与劳工法
9	成本估算与投标	成本控制与趋势分析	成本控制与趋势分析
10	材料与劳动力管理	决策分析与预测技术	演说与公共关系学

土木工程专业毕业生最有用的管理知识调查结果　　　表 0-1

三、合同管理的过程和组织

1. 合同管理的过程

合同管理作为项目管理的一个职能，有自己独特的工作任务与过程。在现代工程项目管理中，合同管理的工作流程可见图 0-3。从此图中可以看到：

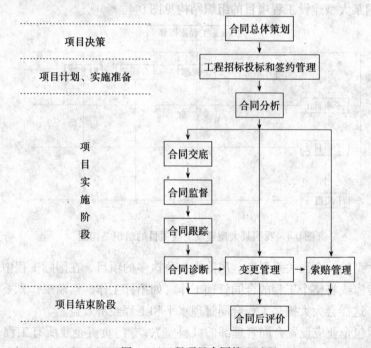

图 0-3　工程项目合同管理过程

（1）合同管理贯穿于工程项目的决策、计划、实施和结束工作的全过程。

（2）合同管理本身所具有的管理职能和工作过程。随着工程项目的生命期过程，合同管理分为如下过程：

1）合同总体策划。这是对整个工程项目的合同有重大影响的问题进行研究和选择，以决定本项目的合同体系、合同类型、合同风险的分配、各个合同之间的协调等。

2）在工程招标投标和签约中的管理。一个工程可能签订几份，或几十份合同，它们一般都必须通过招标投标过程。

对大型工程，招标投标工作可能持续时间很长。有些招标工作（如装饰工程、采购）可能在工程开工后才进行。

3）合同实施控制。包括合同分析、合同交底、合同监督、合同跟踪、合同诊断、合同变更管理和索赔管理等工作。每个合同都有一个独立的实施过程。项目实施阶段就是由许多合同的实施过程构成的。

4）合同后评价工作。

它们构成工程项目的合同管理子系统。

2. 合同管理的组织设置

合同管理的任务必须由一定的组织机构和人员来完成。要提高合同管理水平，必须使合同管理工作专门化和专业化，在工程项目组织和工程承包企业中应设立专门的机构和人员负责合同管理工作。现在国内外许多工程项目管理公司（咨询公司）和大的工程承包企业都十分重视合同管理工作。它已经是一项主要的职能管理工作。对不同的企业组织和工程项目组织形式，合同管理组织的形式不一样，通常有如下几种情况：

（1）对于大型的工程项目，设立合同管理部门，专门负责与该项目有关的合同管理工作。例如，我国某大型建设工程项目的组织结构见图0-4。

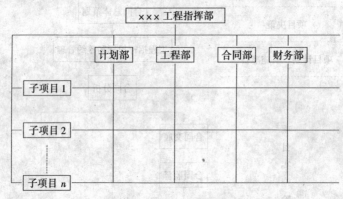

图0-4 我国某大型建设工程项目的组织结构图

对一些特大型的，合同关系复杂、风险大、争执多的项目，在国际工程中，有些业主聘请合同管理专家或将整个工程的合同管理工作（如招标工作、索赔工作）委托给咨询公司或管理公司。这样会大大提高工程合同管理水平和工程经济效益。

（2）工程承包企业应设置合同管理部门（科室），专门负责企业所有工程合同的总体的管理工作。主要包括：参与投标报价，对招标文件，对合同条件进行审查和分析；收集市场和工程信息；对工程合同进行总体策划；参与合同谈判与合同签订，为报价、合同谈判和签订提出意见、建议甚至警告；向工程项目派遣合同管理人员；对工程项目的合同履行情况进行汇总、分析，对工程项目的进度、成本和质量进行总体计划和控制；协调项目各个合同的实施；处理与业主，与其他方重大的合同关系；具体地组织重大的索赔；对合同实施进行总的指导、分析和诊断。

（3）在施工项目组织中设立合同经理、合同工程师或合同管理员。例如美国恺撒公司的施工项目管理组织结构见图0-5（见参考文献7）。

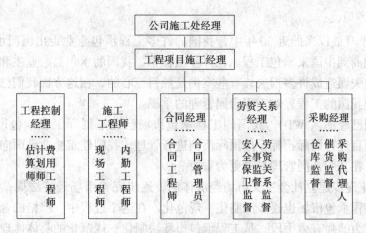

图 0-5 美国恺撒公司施工组织系统

（4）对于一般的项目，较小的工程，可设合同管理员。他在项目经理领导下进行施工现场的合同管理工作。

而对于处在分包地位，且承担的工作量不大，工程不复杂的承包商，工地上可不设专门的合同管理人员，而将合同管理的任务分解下达给各职能人员，由施工项目经理作总体协调。

四、工程合同管理学科的发展过程

1. 工程合同管理问题的提出

在项目管理中，合同管理是一个较新的管理职能。近十几年来，人们越来越重视合同管理工作，它已成为工程项目管理的一个重要的分支领域和研究的热点。它将工程项目管理的理论研究和实际应用推向新阶段。合同管理学科的发展主要基于如下原因：

（1）现代工程体积庞大，结构复杂，技术标准和科技含量高、质量标准高，要求相应的合同实施的技术水平和管理水平高。

（2）由于现代工程项目有许多特殊的融资方式、承发包模式和管理模式，不仅使工程项目的合同关系越来越复杂，而且使合同的形式多样化，内容越来越复杂化。

（3）由于社会化大生产和专业化分工，合同对工程项目实施和管理的作用越来越大。工程的参加单位和协作单位多，即使一个简单的工程就涉及业主、总包、分包、材料供应商、设备供应商、设计单位、监理单位、运输单位、保险公司等十几家甚至几十家。各方面责任界限的划分、合同的权利和义务的定义异常复杂，合同文件出错和矛盾的可能性加大。合同在内容上、签订和实施的时间和空间上的衔接和协调极为重要，同时又极为复杂和困难。

（4）现代工程合同条件越来越复杂，这不仅表现在合同条款多，所属的合同文件多，而且还表现在与主合同相关的其他合同多。例如在工程承包合同范围内可能有许多分包、供应、劳务、租赁、保险合同。它们之间存在极为复杂的关系，形成一个严密的合同网络。复杂的合同条件和合同关系要求高水平的合同管理相配套，否则项目不能顺利实施。

（5）在我国工程管理界，近 20 年来，合同、合同管理受到特别的重视。人们对工程合同管理进行了许多专题研究。在工程管理专业以及一些工程技术专业的教学中，在建造师、监理工程师、造价工程师培训和考试中都包括了合同和合同管理的内容。这有其特殊的原因。

1）在改革开放以来的近30年中，我国的许多工程承包企业走出国门承包国际工程。国外许多承包商到中国来承包工程。在许多工程中，我国的承包商、业主和分包商由于合同和合同管理失误造成许多损失，有些案例是触目惊心的，在这方面我们已经交了昂贵的学费。这促使我国的工程界对工程合同管理的重视。

现在我国已经加入WTO，我国的工程承包市场已经是国际工程承包市场的一部分，大量的工程项目进行国际招标，按国际惯例进行管理。我国建筑企业已面向国际市场，参与国际竞争，在其中合同管理显得更为重要。

2）我国正逐步建立社会主义市场经济体制，逐步完善市场经济法规，建立市场经济运行秩序。工程承包市场也逐步法制化、规范化。在这个过程中，严格的合同和合同管理是规范市场行为的强有力手段，是工程承包市场法制化、规范化的具体体现和主要内容之一。

在20世纪80年代后期，我国逐步实行建设监理制度。按国际惯例，监理工程师的职责就是进行严格的合同管理。这对我国工程合同管理的推行起了主要作用，不仅提高了业主的合同管理水平，而且促使承包商提高合同的实施水平。

但长期以来在我国，由于计划经济体制的影响，法律尚不很健全；工程承包市场运行尚不规范；人们的非理性和非诚实信用行为，有法不依现象十分严重；工程合同的法律环境不好，合同约束力不强；人们也不习惯用法律手段和合同措施解决问题。合同管理水平不高，效果也不好，不如通过其他途径，如搞好关系、请客送礼、回扣等，更多更快地取得经济利益，导致合同签订和实施问题很多。

3）由于工程承包市场过于向买方倾斜，竞争更加激烈，业主在合同中经常提出苛刻的合同条件，合同价格中的利润减少。而承包商迫于生计，只能接受这样的合同条件。承包商已经认识到，在合同实施中，如果没有有力的合同管理，很难取得工程盈利，稍有不慎即会造成工程亏损。市场竞争越激烈，越要重视合同和合同管理。竞争只有靠管理水平、靠信誉，而利用其他手段都不是长久之计，很容易将企业经营管理引入误区。

4）长期以来，合同意识薄弱，缺乏合同管理人才，合同管理水平低仍是我国工程界十分普遍的现象。无论业主、承包商，甚至监理工程师合同管理水平都很低，合同意识都很薄弱，都很难严格履行合同，常常都有违约行为。这严重地影响了我国工程管理水平的提高，对工程经济效益和工程质量产生严重的损害。

这一切都说明，我国工程领域更需要严格的合同管理。

2. 合同管理理论和实践的发展过程

在工程管理领域，人们对合同和合同管理的认识、研究和应用有一个发展过程。伴随着工程项目的复杂化、合同关系的复杂化和项目管理理论和方法的发展，工程合同和合同管理的研究和实践经历一个发展过程。

（1）早期的工程比较简单，合同关系不复杂，所以合同条款也很简单。合同的作用主要体现在法律方面，人们主要将它作为一个法律问题看待，较多地从法律方面研究合同，关注合同条件在法律方面的严谨性和严密性。合同管理主要属于律师的工作。

在我国，直到20世纪80年代中期，即使大型工程项目施工合同协议书内容也仅仅3~4页纸，那时对合同的研究也主要在合同法律方面。

（2）由于工程合同关系复杂，合同文本复杂，以及合同文本的标准化，合同的相关事务性工作越来越复杂，人们注重合同的文本管理，并开发合同的文本的检索软件和相关的事务性管理（Contract Administration）软件，如 EXP 合同管理软件所提供的功能。

对工程承包企业和各层次的工程管理人员加强合同、合同管理及索赔的宣传、培训和教育，使大家重视合同和合同管理，强化合同、合同管理和索赔意识。

在应用方面，人们注重合同的市场经营作用，注重合同的签订，合同条款的解释。在施工企业，将合同管理作为经营管理或价格管理方面的工作，由经营科或预算科负责。

合同管理的研究重点放在招标投标工作程序和合同条款内容的解释上。工程合同管理教学和培训也逐渐成熟和规范化。

在 20 世纪 80 年代中后期，我国工程界全面研究 FIDIC 合同条件，研究国际上先进的合同管理方法、程序，研究索赔管理的案例、方法、措施、手段和经验。

（3）随着工程项目管理研究和实践的深入，人们加强工程项目管理过程中合同管理的职能，重构工程项目管理系统，建立更为科学的，包括合同管理职能的项目管理组织结构、工作流程和信息流程，具体定义合同管理的地位、职能、工作流程、规章制度，确定合同与成本、工期、质量等管理子系统的界面，将合同管理融于工程项目管理全过程中。

在计算机应用方面，研究并开发合同管理的信息系统。例如在三峡工程的项目管理信息系统中就有合同管理子系统。

在许多工程项目管理组织和工程承包企业组织中，建立工程合同管理职能机构，使合同管理专业化。

工程合同管理和索赔的理论研究也有很大发展。合同管理学科的知识体系和理论体系逐渐形成，真正形成一门学科。

（4）随着工程项目管理研究和应用的深入，近十几年来，工程合同管理的研究和应用又有许多新的内容。

1）将合同管理作为工程项目管理的主体，将合同作为工程项目运作的工具，作为项目组织的纽带，作为项目实施策略、承发包模式和管理模式和方法、程序的体现。不仅注重对一份合同的签订和执行过程的管理，而且注重整个工程项目合同体系的策划和协调。

2）为了实现工程项目的目标，对项目实施的全过程和各个环节、项目的所有工程活动实施有效的合同管理。

3）工程中新的融资方式、承发包模式、管理模式的应用，许多新的项目管理理念、理论和方法应用，给合同形式、内容，合同管理方法提出许多新的问题。1995 年 NEC 合同（第二版）和 1999 年新 FIDIC 合同的颁布，代表工程合同和合同管理进入一个新的阶段。

4）合同管理的集成化。工程合同影响项目分解结构（WBS），对工期、价格、质量，对责任和风险的分配，对项目管理过程有规定性。

合同管理与工程项目管理的其他职能，如报价和成本管理、风险管理、实施方案、进度控制、质量管理、范围管理、HSE（健康、安全和环境）管理、经营管理等密切结合，共同构成一个完备的工程项目管理系统。它们之间存在复杂的工作流程（即工作顺序关系）和信息流程（即信息流通和处理过程）关系（见图0-6）。

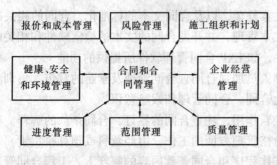

图 0-6　合同管理的集成化

1. 工程合同和合同管理的特点

工程合同和合同管理的特点是由工程项目和项目管理的特殊性决定的。

（1）由于工程项目是一个渐进的过程，工程持续时间长，这使得相关的合同，特别是工程承包合同生命期长。它不仅包括施工期，而且包括招标投标和合同谈判以及工程保修期，所以一般至少两年，长的可达 5 年或更长的时间。在这么长时间内，合同管理必须与工程项目的实施过程同步地、连续地、不间断地进行。

（2）由于工程价值量大，合同价格高，使合同管理对工程经济效益影响很大。合同管理得好，可使承包商避免亏损，盈得利润，否则，承包商要蒙受较大的经济损失。这已为许多工程实践所证明。在现代工程中，由于竞争激烈，合同价格中包括的利润减少，合同管理中稍有失误即会导致工程亏损。

（3）工程合同管理工作极为复杂、繁琐，是高度准确、严密和精细的管理工作。

1）工程合同文件是非常严密和准确的，常常一个词的不同解释能关系到一个重大索赔的解决结果。

2）工程合同的实施不是孤立的一份合同，而是相关联的几十份甚至几百份合同，合同关系十分复杂。

3）合同实施过程复杂，从购买标书到合同结束必须经历许多过程。签约前要完成许多手续和工作，签约后进行工程设计、采购、施工、竣工和保修。要完整地履行一个承包合同，必须完成几百个甚至几千个相关的工程活动。在整个过程中，稍有疏忽就会导致前功尽弃，导致经济损失。所以必须保证合同在工程的全过程和每个环节上都顺利实施。

4）由于工程过程中内外的干扰事件多，合同变更频繁。常常一个稍大的工程，合同实施中的变更能有几百项。合同和合同实施过程必须按变化了的情况不断地调整，这要求合同管理必须是动态的，必须加强合同控制和合同变更管理工作。

5）在工程过程中，合同相关文件，各种工程资料汗牛充栋。在合同管理中必须取得、处理、使用、保存这些文件和资料。

6）由于工程实施时间长，涉及面广，合同管理受外界环境的影响大，风险大，如经济条件、社会条件、法律和自然条件的变化等。这些因素承包商难以预测，不能控制，但都会妨碍合同的正常实施，造成经济损失。有人把它作为国际工程承包商失败的主要原因之一（见参考文献 19）。

（4）合同管理作为工程项目管理的一项职能，有它自己的职责和任务。但它又有特殊性：

1）由于合同中包括了项目的整体目标，所以合同管理对项目的进度控制、质量管理、成本管理有总控制和总协调作用，它是工程项目管理的核心和灵魂。所以它又是综合性的全面的高层次的管理工作。

2）合同管理要处理与业主、与其他方的经济关系，必须服从企业经营管理，服从企业战略，特别在投标报价、合同谈判、制定合同实施策略和处理索赔时更要注意这个问题。

（5）与其他领域的合同不同，工程项目实施对社会和历史的影响大，政府和社会各方面对工程项目合同的签订和实施予以特别的关注，对工程合同的实施有更为严格的要求，有更为细致和严密的法律规定。

（6）与其他经济合同不同，工程合同的实施过程是相关各方共同合作的过程。在工程实施中业主的参与，作许多中间决策，提供各种实施条件，在各承包商之间协调，使合同双方之间有许多责任连环。它并不是一个简单的提供和接收工程（或服务）的过程。

为了达到项目的目标，要求通过合同和合同管理能够发挥各方的积极性，结成伙伴关系，达到双赢或多赢的目的。

这些特点使得工程合同的分析、解释、索赔和争执的解决有其独特性。而这个独特性常常被人们（特别是律师和不懂工程的其他人员）忽视。

2. 本课程学习的注意点

（1）工程合同管理是法律和工程的结合部。合同的语言和格式有法律的特点，对工程专业的学生在思维和风格，甚至在语言上难以适应。但对专门研究法律的人来说，工程合同又具有工程的特点。它要描述工程管理程序，在语言和风格上符合工程实施的要求。

（2）由于工程合同在工程中特殊的作用和它本身具有综合性特点，使得本课程对工程管理专业的整个知识体系有决定性的影响，涉及企业管理和工程项目管理的各个方面。与工程的报价、进度计划、质量管理、范围管理、信息管理等都有关系。它是工程管理知识体系的结合部。合同问题具有多种学科交合的属性。它既是法律问题，又是经营问题，同时又是工程管理问题。

在现代工程中不仅需要专门的合同和合同管理的专家（如合同工程师），而且参与工程管理的各种人，如建造师、估价师、咨询师、计划师、技术工程师、企业的各职能部门人员都应具备合同和合同管理知识。

（3）由于合同管理注重实务，所以在本书的学习过程中要结合阅读实际工程的招标投标文件和标准的合同文件，要多阅读实际工程资料。

（4）合同的解释、合同管理和索赔重视案例的研究。在国际工程中，许多合同条款的解释和索赔的解决要符合通常大家公认的一些案例，甚至可以直接引用过去典型案例作为合同争执的解决和索赔的依据。但对合同争执和索赔事件的处理和解决又要具体问题具体分析，不可盲目照搬以前的案例，或一味凭经验办事。在国际工程中，许多相同或相近的索赔事件，有时处理过程，索赔值的计算方法（公式、依据）不同，可能得到完全不同甚至相悖的解决结果。这是毫不奇怪的。所以在分析研究合同和索赔案例时，应注意它的特点，如合同背景、环境、合同实施和管理过程、合同双方的具体情况、合同双方的索赔（反索赔）策略和其他细节问题等。这些对合同问题的解决有极大的影响。而这些常常在案例中很难清楚和详细地介绍。所以阅读和分析索赔案例切不可像看小说一样，只注重事件起因和最终结果，否则会产生误导。

因此人们更应注重合同管理和索赔的方法、程序、处理问题的原则，从一些案例中吸取经验和教训。

（5）随着研究和实践的深入，工程合同管理已由过去单纯的经验型管理状态（即主要凭借管理者自身经历和第一手经验开展工作），逐渐形成自己的理论和方法体系。但总的说来，合同管理学科理论体系尚不完备，应加强这方面的研究和探索，而不能仅仅定位在对标准合同的解释上。

（6）工程合同、合同管理和索赔领域的研究、应用是常新的。一份新的合同颁布，一个新的融资方式、承发包模式和管理模式的出现都需对相关合同和合同管理进行研究。更进一步，在工程项目中新的管理的理念、理论和方法的应用都会引起相关合同和合同管理的进步，所以要关注和跟踪新的课题，阅读最新的文献。

复习思考题

1. 合同在工程中有哪些作用？这些作用是在工程合同的哪些方面体现出来？

2. 调查一个有代表性的工程承包企业合同管理的组织状况和主要工作内容。

3. 现代工程合同管理有哪些特点？在本书的学习后分析，这些特点对工程合同的策划、合同内容、合同分析和解释、实施控制、索赔的处理有什么影响？

4. 合同管理与项目管理其他职能有什么关系？在本课程和其他课程的学习中分析，合同管理与工程估价、工程项目管理、工程施工组织与计划的联系。

第一篇 工 程 合 同

第一章   工程合同基本原理

【本章提要】 本章主要介绍工程合同的生命期过程，工程合同基本原则和合同的法律基础，工程合同的内容和形式的演变，现代工程合同的基本要求。

第一节   工程合同的生命期过程

一、工程合同的生命期

工程合同是为工程项目的总目标服务的，它在项目的生命期中存在。任何一份工程合同都经历形成和履行两个阶段。从合同开始孕育直到合同责任全部完成，合同结束，通常都有几年时间，经历许多过程。合同管理必须在合同的整个生命期中进行，在合同的不同阶段，合同管理有不同的任务和重点。通常一份工程承包合同的生命期可用图 1-1 表示。

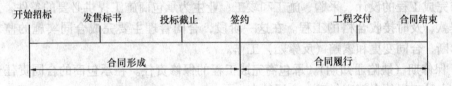

图 1-1   工程承包合同的生命期过程

二、工程合同的形成阶段

合同形成阶段主要是合同的订立过程。合同法规定，"当事人订立合同，采取要约、承诺方式"。但工程合同作为一种特殊的合同形式，它的订立一般都是通过招标投标方式进行的。在这个阶段业主作为发包人，承包商作为投标人，他们主要有如下几方面工作。

1. 工程招标工作。工程招标是业主的要约邀请。业主发出招标公告或招标邀请，起草招标文件，对投标人进行资格审查，并向通过资格预审的投标人发售招标文件，举行标前会议，带领投标人勘查现场，直到投标截止。

2. 投标人的投标工作。这项工作从投标人取得招标文件开始，到开标为止。

投标人在通过业主的资格预审后，获取招标文件；进行详细的环境调查；分析招标文件，确定工程范围、责任；制定完成合同责任的实施方案；在此基础上进行工程预算。投标人必须全面响应招标文件的要求，提出有竞争力的、同时又是有利的报价，在招标文件规定的投标截止期内，并按规定的要求递交投标书。

投标书作为要约文件，在投标截止期后投标人必须对它承担法律责任。

3. 双方商签合同。从开标到正式签订合同是商签合同的阶段。这个阶段的工作通常分为两步:

(1) 开标后,业主对各投标书作初评,宣布一些不符合招标规定的投标书为废标;选择几个报价低而合理,同时又是有能力的投标人的投标书进行重点研究,对比分析(清标);并要求投标人澄清投标书中的问题。

业主通过对投标文件的全面评审,选定中标人。

(2) 签订合同。业主发出中标函,中标函是业主的承诺书。至此投标人通过竞争,战胜其他竞争对手,为业主选中。该中标人即是工程的承包商。

按照工程惯例,合同双方还要签署协议书,作为正式的合同文件。通常在中标函发出后,合同签订前,当事人双方还可能进行标后谈判,对合同条款作修改和补充,在其中可能有许多"新要约",最终才达成一致,签订合同协议书。至此,一个有法律约束力的工程合同诞生了。

三、合同履行阶段

这个阶段从合同签订到合同结束。在这个阶段,承包商完成合同责任,进行工程的设计、采购、施工、竣工和缺陷维修工作;业主提供合同规定的各种协助工作,及时支付工程款等。

这个阶段工作主要有:

1. 合同实施前工作,即合同实施的准备工作。这个阶段的合同管理工作包括合同的分析和合同交底工作,合同实施管理体系的建立等。

2. 工程施工。合同双方紧密合作:承包商必须按合同规定的数量、质量、工期和技术要求完成工程的设计、采购、施工和竣工;业主为承包商施工提供必要的条件,及时支付工程款,及时接收合格的工程。在这一阶段,合同管理主要完成合同实施的监督、跟踪、诊断、合同变更和索赔(反索赔)工作。

3. 保修期(缺陷通知期)。承包商完成工程的保修责任。在承包商的合同责任全部完成,业主的工程款全部支付后,合同结束。

4. 从合同管理的角度,在工程结束后应该进行合同后评价。

第二节 工 程 合 同 原 则

合同原则是合同当事人在合同的策划、起草、商谈、签订、执行、解释和争执的解决过程中应当遵守的基本准则。工程合同不仅适用一般的合同原则,还有自己的特殊性。

一、合同自由原则

合同自由原则是合同法重要的基本原则,是市场经济的基本原则之一,也是一般国家的法律准则。它体现了签订合同作为民事活动的基本特征。它具体表现在:

1. 合同当事人之间的平等关系。合同法规定,"合同当事人的法律地位平等,一方不得将自己的意志强加给另一方"。无论业主和承包商具有什么身份,在合同关系中他们之间的法律地位是平等的,都是独立的、平等的当事人,没有高低从属之分。

2. 合同当事人与其他人之间的平等关系。合同法规定,"当事人依法享有自愿订立合同的权利,任何单位和个人不得非法干预"。在市场经济中,合同双方各自对自己的行为负责，享受法律赋予的平等权力，自主地签订合同，不允许他人干预合法合同的签订和实施。

合同自由原则贯穿于合同全过程，在不违反法律、行政法规、社会公德的情况下：

（1）合同是在双方自愿的基础上签订的，是双方共同意向的表示。当事人依法享有自愿签订合同的权力。合同签订前，当事人通过充分协商，自由表达意见，自愿决定和调整相互权利义务关系，取得一致后达成协议。不容许任何一方违背对方意志，以大欺小，以强凌弱，将自己的意见强加于人，或通过胁迫、欺诈手段签订合同。

（2）在订立合同时，当事人有权选择对方当事人。

（3）合同自由构成。合同的形式、内容、范围由双方在不违法的情况下自愿商定。

（4）在合同履行过程中，合同双方可以通过协商修改、变更、补充合同的内容，也可以通过协议解除合同。

（5）双方可以约定违约责任。在发生争议时，当事人可以自愿选择解决争议的方式。

二、合同的法律原则

合同都是在一定的法律背景条件下签订和实施的，合同的签订和实施必须符合合同的法律原则，它具体体现在：

1. 合同所确定的经济活动必须是合法的，合同的订立过程和内容也必须是合法的，不能违反法律或与法律相抵触，否则合同无效。这是对合同有效性的控制。

签订和执行合同绝不仅仅是当事人之间的事情，它会涉及社会公共利益和社会的经济秩序。因此，遵守法律、行政法规，不得损害社会公共利益是合同法的重要原则。对此，合同法规定："当事人订立、履行合同，应当遵守法律、行政法规，尊重社会公德，不得扰乱社会经济秩序，损害社会公共利益。"

合同自由原则受合同法律原则的限制，工程实施和合同管理必须在法律所限定的范围内进行。超越这个范围，触犯法律，会导致合同无效，经济活动失败，甚至会带来承担法律责任的后果。

2. 签订合同的当事人在法律上处于平等地位，平等享有权利和义务。

3. 法律保护合法合同的签订和实施。签订合同是一个法律行为，依法成立的合同，对当事人具有法律约束力，合同以及双方的权益受法律保护。签约人有责任正确履行合同，违约行为将要受到相应的处罚。

合同的法律原则对促进合同圆满地履行，保护合同当事人的合法权益，有重要意义。合同的法律原则要求工程合同必须有法律上的严肃性和严密性。

三、诚实信用原则

合同法规定，"当事人行使权力、履行义务应当遵循诚实信用原则"。诚实信用原则是社会公德和基本的商业道德要求。

合同双方在诚实信用的基础上签订合同，形成合同关系。合同目标的实现必须依靠双方真诚的合作。如果双方都不诚实信用，或在合同签订和实施中出现"信任危机"，则合同不可能顺利实施。诚实信用原则具体体现在合同的签订、履行以及终止后的全过程中：

1. 在订立合同时，应当遵循诚实信用原则确定双方的权利和义务，心怀善意，不得假借订立合同进行恶意磋商或其他违背诚实信用的行为。合同是双方真实意思的表达。

（1）签约时双方应互相了解，任何一方应尽力让对方正确地了解自己的要求、意图、情况。合同各方对自己的合作伙伴、对合作、对工程的总目标充满信心。这样可以从总体上减少双方心理上的互相提防和由此产生的不必要的互相制约措施和障碍。

（2）真实地提供信息，对所提供信息的正确性承担责任。任何一方有权相信对方提供的信息。在招标过程中，业主应尽可能地提供详细的工程资料、工程地质条件的信息，并尽可能详细地解答投标人的问题，为投标人的报价提供条件；投标人应提供真实可靠的资格预审文件，各种报价文件、实施方案、技术组织措施文件应是真实和可靠的。

（3）不欺诈，不误导。双方为了合同的目的进行真诚的合作，正确地理解合同。承包商明白业主的意图和自己的工程责任，按照自己的实际能力和情况正确制定计划，做报价，不盲目压价。

2．在履行合同义务时，当事人应当遵循诚实信用的原则，相互协作，不能有欺诈行为。根据合同的性质、目的和交易习惯，履行互相通知、协助、提供必要的条件、防止损失扩大、保护对方利益、保密等义务。互相信任才可以紧密合作，有条不紊地工作。

在工程施工中，承包商应正确全面完成合同责任，积极施工，遇到干扰应尽力避免业主损失，防止损失的发生和扩大；工程师正确地公正地解释和履行合同，不得滥用权力；业主及时提供各种协助，及时支付工程款。

3．合同终止后，当事人还应当遵循诚实信用的原则，根据交易习惯继续履行通知、协助、保密等义务。

4．在合同没有约定或约定不明确时，可以根据公平和诚实信用原则进行解释。如果出现违反诚实信用原则的欺诈行为，可以提出索赔，甚至可以提出仲裁，直至诉讼。

仲裁机构和法院在审理和裁决合同争执时，可以根据这个原则作出裁决。

由于工程合同标的物，合同的签订和实施的过程，工程中的合同关系都十分复杂，为了保证工程项目总目标的实现，人们越来越强调双方利益的一致性和双方的伙伴关系，强调双方的共同点。而诚实信用是达到这种境界的桥梁，是双方合作的基础。合同双方诚实信用，以及社会诚实信用的氛围能够保证合同的履行，降低合同交易和履行成本，能够提高工程项目实施和管理的效率。

四、公平原则

合同法规定："当事人应当遵循公平原则确定各方的权利和义务"。合同调节双方的民事关系，签订合同是双方的民事法律行为，应遵循公平原则。

工程合同应不偏不倚，维持合同当事人在工程中的公平合理关系，保护和平衡合同当事人的合法权益。将公平作为合同当事人的行为准则，有利于防止当事人滥用权力，能更好地履行合同义务，实现合同目的。公平原则体现在如下几个方面：

1．在招标过程中，必须公平、公正的对待各个投标人，对各个投标人用统一的尺度评标，所有的信息发布对各投标人应是一致的。

2．应该根据公平原则确定合同双方的责权利关系，合理地分担合同风险，使合同当事人各方责权利关系平衡。

3．在合同执行中，公平地解释合同，统一地使用合同和法律尺度来约束合同双方。工程师在解释合同、决定价格、发布指令、解决争执时应公正行事，兼顾双方的利益。

4．在合同法中，为了维护公平、保护弱者，对合同当事人一方提供的格式条款从三个方面予以限制：

（1）提供格式条款的一方有提示、说明的义务，应当采取合理的方式提醒对方注意免除或者限制其责任的条款，并按照对方的要求，对该条款予以说明。

（2）提供格式条款一方免除自己的主要责任、排除对方主要权利的条款无效。

（3）对合同条款有两种以上解释的（二义性），应当采用不利于提供格式条款一方的解释。

在工程中，通常由业主提供招标文件和合同条件，则业主就应承担相应的责任。

5. 当合同没有约定或约定不明确时，可以根据公平和诚实信用原则解释合同。

五、效率原则

1. 签订和执行工程合同的根本目的是为了高效率地完成工程项目，实现项目总目标。所以工程合同和合同管理必须符合现代项目管理的原则，要能够促进项目实施和管理效率的提高。在合同解释、责任分担、索赔处理和争执解决时应考虑不能违背项目总目标，促进合同双方能够在较短的时间内高效率地完成合同，要努力降低合同双方签订和履行的总成本，以及社会成本（如其他投标人的花费）。

2. 合同应符合项目管理的工作规则，作出有预见性的规定，减少未预料到的问题和额外费用，应尽可能减少索赔，避免和减少争执，并使解决争执快捷，解决费用减少。

3. 使项目总目标的实现更有确定性，使各方面对实现目标更有信心。鼓励各方互相信任、合作，促进各方面的协调和沟通，激励有效的团队精神。工程合同应能调动各方面参与项目管理的积极性和技术方面的创造性；鼓励承包商积极管理，充分应用自己的技术节约成本，增加利润；使工程师能够充分应用他的管理能力，进行更有效的管理。

4. 合同在定义项目组织、责任界面、管理程序和处理方法时应充分利用项目管理原则和方法，应有更大的适用性和灵活性，使项目管理方便、高效。

（1）合同应使业主能够采用灵活的合同策略，灵活分摊风险。合同策略应保证工期、质量、价格三者关系的平衡，选择适宜的合同类型。

（2）合同形式应尽可能简洁、灵活，使合同文本的适用范围广泛。要使工程问题处理简单，节约时间和费用。

（3）合同是为工程实施服务的，而工程是由承包商实施的。所以合同语言应朴素，符合工程的要求，采用工程人员能够接受的表达方式和语言。

（4）合同所定义的管理程序和当事人各方的工作任务要简单明了，符合日常管理的要求，便于执行，能清楚描述合同的运作，使合同各方面的工作能很好的协调。

第三节　工程合同的法律基础

一、合同法律基础的作用

按照合同的法律原则，工程合同的签订和实施是一个法律行为，受到一定的法律制约和保护。该法律被称为合同的法律基础或法律背景。它对工程合同有如下作用：

1. 合同在其签订和实施过程中受到这个法律的制约和保护。该合同的有效性和合同签订与实施带来的法律后果按这个法律判定。该法律保护当事人各方的合法权益。

2. 对一份有效的工程合同，合同作为双方的第一行为准则。如果出现合同规定以外的情况，或出现合同本身不能解决的争执，或合同无效，应依据什么样的法律解决？应按什么样的程序解决？这些法律条文在应用和执行中有怎样的优先次序？

按照合同法有关规定：合同不违背法律的，以合同为准；合同没有约定或约定有歧义的，根据法律补充和解释。

合同的法律基础是工程合同的先天特性。它对合同的签订、执行、合同争执的解决常常起决定性作用。

二、我国工程合同适用的法律体系

1. 我国法律体系概况

当然，在我国境内实施的工程合同都必须以我国的法律作为基础。对工程合同，我国有一整套法律制度。这是一个完整的法律体系。它有如下几个层次：

(1) 法律。指由全国人民代表大会及其常务委员会审议通过并颁布的法律，如宪法、民法、民事诉讼法、合同法、仲裁法、文物保护法、土地管理法、会计法、招标投标法、建筑法、环境保护法等。在其中，合同法、招标投标法和建筑法是适用于工程合同最重要的法律。

(2) 行政法规。指由国务院依据法律制定或颁布的法规，如《建筑工程安全生产管理条例》、《建设工程质量管理条例》、《建设工程勘察设计管理条例》等。

(3) 行业规章。指由建设部或（和）国务院的其他主管部门依据法律和行政法规制定和颁布的各项规章，如《建设工程施工许可管理办法》、《工程建设项目施工招标投标管理办法》、《建筑工程设计招标投标管理办法》、《建筑业企业资质管理规定》、《建筑工程施工分包与承包计价管理办法》等。

(4) 地方法规和地方部门的规章。它是法律和行政法规的细化、具体化，如地方的《建筑市场管理办法》、《建设工程招标投标管理办法》等。

下层次的（如地方、地方部门）法规和规章不能违反上层次的法律和行政法规，而行政法规也不能违反法律，上下形成一个统一的法律体系。在不矛盾、不抵触的情况下，在上述体系中，对于一个具体的合同和具体的问题，通常，特殊的详细的具体的规定优先。

2. 适用于工程合同关系的法律

工程合同具有一般合同的法律特点，同时又受到工程相关法规的制约。工程合同的种类繁多，有在合同法中列名的，也有未列名的。不同的工程合同，适用于它的法律的内容和执行次序不一样。

(1) 工程承包合同。适用于它的法律及执行次序为：工程承包合同，合同法，民法通则。

如果在合同的签订和实施过程中出现争执，先按合同文件解决；如果解决不了（如争执超过合同范围），则按合同法解决；如果仍解决不了再按照民法的规定解决。

(2) 建筑工程勘察设计合同。它与工程承包合同相似：建设工程勘察设计合同，合同法，民法通则。

(3) 工程联营承包合同。它在性质上不同于一般的经济合同。它的目的是组成联营体。适用于它的法律及执行次序为：工程联营承包合同，民法通则。

(4) 而对工程中的其他合同，如材料和设备采购合同、加工合同、运输合同、借款合同等，适用于它们的法律为：合同，合同法，民法通则。

(5) 除了上述法律外，由于工程合同涉及一个非常复杂的社会生产过程。在它的签订和实施过程中还会涉及其他非常复杂的法律问题，则还适用其他相关的法律。主要包括：

1）建筑法。建筑法是建筑工程活动的基本法。它规定了施工许可，施工企业资质等级的审查，工程承发包，建设工程监理制度等。

2）涉及合同主体资质管理的法规。例如国家对于签订合同各方的资质管理规定，资质等级标准。这会涉及工程合同主体资质的合法性。

3）建筑市场管理法规，如招标投标法。

4）建筑工程质量管理法规，如建筑工程质量管理条例，中华人民共和国标准化法。

5）建筑工程造价管理法规。

6）合同争执解决方面的法规，如仲裁法，诉讼法。

7）工程合同签订和实施过程中涉及的其他法律，如税法，劳动保护法，环境保护法，保险法，担保法，文物保护法，安全生产方面的法规，土地管理法，交通管制条例等等。

三、国际工程合同的法律基础

1. 国际法律体系

合同是民事关系行为，由相关方自由约定，所以属于国际私法的范畴。国际私法对跨国关系没有定义适用的法律，即国际上没有统一适用的合同法。对此只有找合同双方的连接点。按照惯例，采用合同执行地、工程所在国、当事人的国籍地、合同签字地、诉讼地等的法律适用于合同关系。

2. 不同国家的法律制度

（1）判例法系。该法系以英国和美国为主，又叫英美法系，源于英国。原来的 FIDIC 合同以此法系为基础。判例法的主要特点：

1）判例法的法律规定不仅仅是写在法律条文和细则上。要了解法律的规定和规律（精神），不仅要看法律条文，而且要综合过去典型判例的裁决。

2）对于民事关系行为，合同是第一性的，是最高法律。所以在此法系中合同条文的逻辑关系和法律责任的描述和推理要十分严谨，合同条件应严密，文字准确，合同附件多，约定十分具体。在该法系中，合同自成体系，条款之间的互相关联和互相制约多。

3）由于判例对合同解释和争执的解决有特殊的作用，国家有时会颁布或取消某些典型的值得仿效的判例。律师和法官对过去的判例的熟悉十分重要。

4）在争执裁决时更注重合同的文字表达。

由于这个特点，使得在国际上最著名的、比较完备和成熟的工程合同文本都出自英国或美国，国际工程中典型的判例通常也都出自该法系的国家。

（2）成文法。该法系源于法国，又叫大陆法系，法国、德国、中国、印度等以成文法系为主。成文法系的特点是：

1）国家对合同的签订和执行有具体的法律、法规、条例和细则的明文规定，在不违反这些规定的基础上合同双方再约定合同条件。如果有抵触，则以国家法律法规为准。

2）由于法律比较细致，所以合同的条款比较短小，如果合同中有漏洞、不完备，则以国家法律和细则为准。

3）成文法的合同争执裁决以合同文字、国家成文的法律和细则作为依据，也注重实事求是、合同的目的和合情合理原则。

（3）由于国际工程愈来愈多，大量属于不同法系的承包商和业主在项目上合作，促使现代工程合同标准文本必须体现两个法系的结合。例如 FIDIC 合同虽然源于英美法系，但增加了许多适应不同国家的法律制度的规定，如以政府颁布的税收、规范、标准、劳动条件、劳动时间、工作条件、工资水平为依据；承包商应在当地取得执照、批准，符合当地的环境保护法的规定；承包商必须遵守当地的法律、法规和细则；合同如果与所在国法律不符，必须依据法律修改等。

3. 国际工程合同适用的法律

在国际工程中，合同双方来自不同的国度，各自有不同的法律背景。而对国际工程合同不存在统一适用的法律。这会导致对同一合同有不同的法律背景和解释，导致合同实施过程中的混乱和争执解决的困难。对此必须在工程合同中定义适用于合同关系的法律，双方必须对适用于合同关系的法律达成一致。

如在 FIDIC 第二部分即专用条款中必须指明，使用哪国或州的法律解释合同。则该法律即为本合同的法律基础。合同的有效性和合同的实施受该法律的制约和保护。

对国际工程合同适用的法律的规定有如下几种情况：

(1) 合同双方都希望以自己本国法律作为合同的法律基础。因为使用本国法律，自己已熟悉这个法律，对合同行为的法律后果很清楚，合同的风险较小。如果发生合同争执，也不需花过多的时间和精力进行法律方面的检查。在合同实施过程中自己处于有利地位。

(2) 如果采用本国法律的要求被否决，最好使用第三国工业发达国家（如瑞士、瑞典等国）的法律作为合同的法律基础。因为这些国家法律比较健全、严密，而且作为"第三者"，有公正性。这样，合同双方地位比较平等，争执的解决比较公正。

(3) 但常常在招标文件中，发包人（业主或总承包商）凭借他们的主导地位规定，仅他们国家的法律适用于合同关系，而且这在合同谈判中往往难以修改，发包人不作让步。这已成为一个国际工程惯例，发包人通过这一条保证自己在合同实施中法律上的有利地位。如果遇到重大争执，对承包商的地位极为不利。所以，承包商从合同一开始就必须清楚这点，并了解该国法律的一般原则和特点，使自己的思维和行动适应这种法律背景。

(4) 如果合同中没有明确规定合同关系所适用的法律，按国际惯例，一般采用合同签字地或项目所在地（即合同执行地）的法律作为合同的法律基础。

(5) 通常，工程分包合同选用的法律基础可以和总承包合同一致。但也有总承包商在分包工程招标文件中规定，以总承包商所属国的法律作为分包合同的法律基础。

例如，在伊朗实施的某国际工程项目，总承包合同规定，以伊朗法律适用于合同关系。按伊朗的法律特点，合同的法律基础的执行次序为：

总承包合同；

伊朗民法；

伊斯兰宗教法。

而该总承包合同所属工程范围内的一分包合同却以总承包商所属国的法律作为法律基础。则该分包合同法律基础的组成为：

分包合同；

总承包合同的一般采购条件；

总承包商所属国建筑工程承包合同条例；

总承包商所属国民法。

当然，在国际工程中，合同和合同实施不得违反工程所在国的各种法律，如合同法、民法、外汇管制法、劳工法、环境保护法、税法、海关法、进出口管制法、出入境管理办法等。

第四节　工程合同内容和形式

工程合同经历了一个漫长的发展过程，它的形式和内容都有很大的变化。早期的工程合同十分简单。在我国，直到 1990 年前，工程合同还是非标准化的，即使一个较大规模的工程施工合同协议书也仅仅 3～5 页左右。由于现代建筑工程越来越大，合同关系越来越复杂，为了实现合同管理的目标，人们对合同的完备性要求越来越高，合同的条款越来越多，合同的相关文件也越来越多。合同越复杂，越完备，不仅需要高水平的合同管理和项目管理，也容易产生低效率，提高签订和实施的成本。

当然随着工程技术和管理的标准化程度提高，社会的信用程度提高，工程惯例完备，各种技术规范、操作程序手册、质量管理体系文件以及不可预见的问题的处理方法和程序都比较规范化和标准化，则工程合同内容和形式都可以简化。

一、工程合同的内容

1. 工程合同的基本内容

按照合同法，合同的主要内容包括当事人、标的、数量和质量、价款或酬金、履行的地点、期限和方式、违约责任等。但由于工程合同的标的物、工程合同的履行过程的特殊性和复杂性，工程合同的内容十分复杂，由许多文件构成。它通常包括：

（1）合同协议书和合同条件。它们主要包括对合同双方责权利关系、工程的实施和管理的一些主要问题的规定。它们是工程合同最核心的内容。

（2）对要完成的合同标的物（工程、供应或服务）的范围、技术标准、实施方法等方面的规定。通常由业主要求、图纸、规范、工程量表、供应表、工作量清单等表示。

（3）在合同签订过程中形成的其他有法律约束力的文件，如中标函、投标书等。

2. 合同文件内容和优先次序的定义

从上面分析可见，工程合同是由许多文件组成的，它是一个整体的概念，应整体地理解和把握。为了使双方在工程合同签订和实施中对合同有统一的理解，防止产生争执，在合同条件中必须明确规定合同文件的范围组成和执行（解释）的优先次序。这有着重大意义。它主要解决以下两个问题：

（1）工程合同由哪些文件组成？

即承包商在工程投标报价、制定实施方案、进行工程实施、合同控制、索赔中以什么作为依据？合同确定的工程目标和双方责权利关系包括哪些内容？工程合同由哪些文件组成？

（2）工程合同范围中所包括的各个文件在执行上有什么优先次序？如果它们之间出现矛盾和不一致应以谁为准？

在执行中，如果不同文件之间有矛盾或不一致，应以法律效力优先的文件为准。

二、工程合同文本的结构分析

1. 合同文本结构的基本概念

合同文本（包括协议书、合同条件）是合同的核心部分。它规定着工程施工中双方的责权利关系、合同价格、工期、合同违约责任和争执的解决等一系列重大问题。它是合同管理的核心文件。在现代工程中，合同文本十分复杂，不同的合同文本的形式、表达方式差别很大。这给对它的阅读、理解和分析带来很大困难。

但任何工程合同文本有它自身的结构，有一些必须包括的内容（条款、文件），应说明的问题，条款之间有一定的内在联系。工程合同文本的结构分析是将合同的条款按内容、性质和说明的对象进行分解，归纳整理，找出它们内在联系。这样可以对合同的组成和各详细的条款进行进一步的分析研究。

2. 工程承包合同文本结构

按合同的类型、工程的复杂程度、合同关系的复杂程度不同，工程承包合同文本的内容和结构，合同条款的简繁程度会有很大不同，语言表达形式更是丰富多彩。但它们有较为统一的结构形式。

(1) 合同前言。对合同双方及工程项目作简要介绍，说明该合同要达到的目标。包括：

1) 当事人双方的介绍，如名称、地址、通讯处、法人代表等。

2) 工程项目介绍和合同要达到的目的，当事人的意图等。

3) 合同语言和合同文件，包括合同文件的范围和执行的优先次序。

(2) 定义。主要对合同文本中用到的一些名词进行解释，以达到双方理解的一致。

(3) 承包商责任。

1) 承包商的工程范围和责任：

①承包商的工程责任，即在设计、设备供应、土建、安装、验收、运行和保修中的责任。

②承包商的工程范围，即合同的标的描述，主要包括工程种类、工程范围的总体定义和数量、质量要求。这些具体内容由规范、图纸、工程量表定义。

③工程变更的范围定义和变更条件，变更程序，变更的计价方法。

2) 按合同规定完美施工，并接受业主和工程师的监督和检查，执行他们的指令等。

3) 承包商对业主提供的资料的理解，对环境调查，对报价的责任。

4) 承包商遵守法律规定的要求。

5) 承包商对环境、健康和安全的责任。

6) 承包商的项目经理的要求、责任和工作。

7) 工程分包。对工程分包和转让的限制，以及承包商对分包商的责任。

8) 承包商的合作责任。如为工程师和业主的其他工作人员提供现场食宿和工作条件，对工程文件的提供和保存责任等。

9) 承包商的风险责任等。

(4) 业主的权力和责任。通常包括如下内容：

1) 按合同规定及时交付设计资料和设计图纸。

2) 及时提供必需的施工条件，如场地、水电、道路、办理各种许可证。

3) 及时提供合同规定由业主供应的材料和设备。

4) 及时支付工程款。

5）业主风险责任和处理。

6）对业主的其他承包商、供应商负责。

7）委托工程师或业主代表履行业主管理工程的工作职责。

①委托工程师代表或助理工作。

②负责各承包商、设备供应商等之间的协调，责任界面的划分。

③解释合同。

④对承包商项目经理以及不合格人员的撤换的指令权力。

⑤及时批准由承包商设计的图纸；及时发布指令、作出同意、批准，答复承包商的请示和报告等，并公正行事。

⑥工程师工程变更、质量管理、工期管理、审核工程款的权力。

⑦关于工程师口头指令的规定。

（5）关于价格方面规定：

1）合同所采用的计价方式，如固定总价、单价、成本加酬金或其他方式。

2）合同总价格和价格的计算方法。

3）合同计价所采用的货币，外汇比例和关于兑换率的规定。

4）合同价格所包括的或没有包括的内容。

①应交各种税收，如营业税、所得税、关税的责任人，责任范围，税率，计算基础。

②免税的特别说明。

③施工设备进出口税及其限制的说明等。

5）支付条件和支付程序。

①预付款数额和支付条件、支付日期，预付款的扣还。

②工程量计量程序和进度款支付程序、支付手段。

③保留金数额，保留方式，退还条件和程序。

④竣工结算和最终结算程序、方法和条件等。

6）支付保证：

①履约保证条件，履约保证金数额，有效期和退还等。

②业主的工程款支付保证、拖欠责任等。

7）合同价格的调整。主要对如下几种情况合同价格调整条件和计算方法的规定：

①通货膨胀，如工资基限提高、物价上涨、生活费用指数的变化。

②汇率变化。

③政府政策、法规的变化，如税收政策、福利政策、关税政策的变化。

④工程变更等。

（6）工期和进度管理。

1）总工期、工程总的实施顺序和进度安排。

2）开工、开工保证条件和开工准备期。

3）详细进度计划的批准和执行。

4）工期索赔条件。

5）工程暂停方面的规定。

6）进度拖延的处理。

（7）工程质量管理。

1）关于材料、设备、工艺方面的技术标准和规范。

2）采购、运输、供应和使用的要求、条件和双方责任。

3）业主和工程师的检查和认可权的定义或限定，不符合合同要求的处理规定等。

4）验收。具体规定如下各种验收方法，双方责任和验收程序：

①各种材料、设备的进场验收。

②隐蔽工程验收和已完成工程的验收。

③单项工程验收。

④总工程的初次验收和最终验收。

⑤合同规定的检验和合同未规定的检验。

5）工程维修期责任和出现问题的处理等。

（8）法律方面的规定。

1）适用于合同关系的法律，即合同的法律基础的定义。

2）合同有效的其他条件，如官方的批准要求和合同的公证要求。

3）关于保险的规定。通常包括，险种（如工程保险，第三方责任险，人身保险，材料和设备险等），保险责任人，保险批准程序，保险不符合合同规定的处理规定。

4）合同违约责任和奖励。

①承包商工期延误的责任和工期提前的奖励条款。

②承包商严重违约的处理。

③业主违约。业主不支付工程款，业主严重违约行为的责任和处理。

④对承包商及其工作人员的其他法律禁忌。如不得参加工程项目所在国的政治活动，不得携带武器，不得走私等。

5）不可抗力因素的定义、处理程序和方法。

6）解除合同的条件、程序及其索赔问题。

7）索赔程序和争执的解决的程序和方法等。

3．工程合同结构分析的作用

合同结构分析是对合同的抽象。它能给人们以完整的、清晰的合同文本的内容及其内在联系的框架。在工程管理中，它有如下作用：

（1）对同类合同（如工程施工合同）进行结构分析，可以看出它们的共性。通常，同类合同有相对固定的内容，有一些必需的条款。经过结构分析，可以确定某一类合同的结构形式，以确定必需的条款，能够保证合同内容的完备性。这样方便合同文本的起草和审查，避免必需条款的遗漏。

通常标准的合同文本是经过许多专家研究后才拟定的，并经过许多年的使用、修改、完善。它的内容齐全，它的结构形式有代表性，所以可以将它作为该类合同结构分析的依据。

（2）可以作为承包商合同审查和分析的工具。将被审查合同条款与标准合同文本的结构对比，就可发现该合同条款是否齐全，内容是否完整。可以更进一步对各合同条款进行问题和风险分析，作对策研究。

（3）通过合同结构分析，给人们一个完整的、清晰的合同内容和结构图式，这样对合同中的问题和风险，合同条款之间的内在联系一目了然。这能使合同谈判有的放矢，能极大地方便合同监督、合同跟踪和变更管理。

（4）方便合同管理经验和资料的收集和整理。工程结束，可以针对合同结构中的每一项目、子项，分析它们的表达形式，合同实施中出现的问题，相应的解决方法和解决结果。这样可以研究各合同条款的利弊得失。这些经验可作为以后合同谈判、合同签订、合同实施和索赔（反索赔）的借鉴。

（5）从研究的角度，可以进行不同文本的合同的对比分析。不同的合同文本（例如FIDIC合同、我国的示范文本、ICE和ECC合同）在文本形式和表达方式上差别很大，但它们的结构是相同或相似的。

三、工程合同文本的形式及其标准化

1. 非标准的合同文本

在早期，人们所说的合同就指合同协议书。在合同协议书中包括了所有的合同条款，常见的形式有：

××工程承包合同

本合同经如下双方：

（业主的情况介绍，如名称，地点、法人代表、业主代表、通讯地点）

（承包商的情况介绍，如名称、地点、法人代表、承包商代表、通信地点）

充分协商，就如下条款达成一致：

1）合同工程范围（对工程项目作简要介绍，说明合同工程范围，承包商最主要的合同责任）。

2）合同文件的范围和优先次序。

3）合同价格（说明合同价格，合同价格的调整条件）。

4）合同工期（说明合同工期，合同工期的延长条件）。

5）业主的一般责任（如提供施工场地和图纸，发布指令，支付工程款）。

6）承包商的一般责任（如对现场环境调查，施工方案，报价的正确性负责，对自己的分包商负责，按合同要求施工，竣工和保修等等）。

7）履约担保条款（包括履约担保金额，担保方式，提供担保的单位，对履约担保的索赔）。

8）工程变更条款（工程变更的权力，变更程序，变更的范围，变更的计价）。

9）工程价款的支付方式和条件（包括合同计价方式，工程量计量过程，付款方式，预付款，保留金，暂定金额等条款）。

10）保险条款。

11）合同双方的违约责任。

12）其他条款（如不可抗力等）。

13）索赔程序、争执的解决和仲裁条款等。

合同双方代表签字

日期

这种合同协议书属于非标准的合同文本。它的形式和内容随意性较大，常常不能反映工程惯例，内容又不完备，执行起来风险很大，通常对双方都不利。但长期以来这种非标

准文本的合同在国内外工程中用得依然很普遍。这是由于：

（1）以前由于没有标准文本，人们常常自己起草合同协议书。

（2）有些业主习惯于自己起草合同文本，认为使用自己起草的文本比较自由，更反映工程的实际需要，受到的限制较少。

（3）有些合同类型还没有标准的合同文本，例如在我国没有"设计—施工"总承包合同，联营承包合同，以及特种专业工程的承包合同标准文本。另外在工程实践中，如果采用固定总价合同，或成本加酬金合同一般也使用非标准的合同文本。

2．合同文本标准化的作用

工程合同文本的标准化是项目管理标准化的重要方面。标准合同条件规定了工程过程中合同双方的经济责权利关系，规定了工程过程中一些普遍性问题的处理方法。它作为一定范围内（行业或地区）的工程惯例，能够使工程合同管理，以至整个工程项目管理规范化、标准化。使用标准合同条件有如下好处：

（1）方便招标文件的起草和评标工作，减少合同中的漏洞。标准的合同条件能适用于复杂的工程项目。它简化了业主的合同文件起草工作、缩短起草时间，又可避免合同条文中的漏洞，如条款不全、表达不清、不符合惯例、责权利不平衡等问题。同时，能使评标工作更为简单、准确，减少误解、错误、漏洞和双方的不一致性。

（2）方便投标报价和合同分析。由于承包商已熟悉标准的合同条件，对自己的合同责任、工程问题的处理、风险范围比较清楚，合同中的不可预见风险较少，则预算和报价工作，合同风险分析工作中可以大为简化。

非标准合同条件的缺陷和不确定性较多，承包商不熟悉。他必须花许多时间和精力进行分析研究，以确定自己的合同责任和可能的风险，并在报价中提高不可预见风险费。

（3）由于标准的合同条件比较合理地反映了合同双方的要求和利益，明确地公平地分配风险和责任，这样避免合同双方的不信任，减少合同谈判中的对抗。业主能得到一个较低的合理的报价；承包商所受到的风险较小，工程的整体效益提高。

（4）使用标准的合同条件，双方对合同内容熟悉，解释有一致性。双方对合同规定的责权利关系的定义和划分理解差异较小，这样就能够精确地计划和很好地协调，减少违约的可能性和合同争执，减少工程延误和不可预见额外费用。业主、工程师和承包商之间能紧密配合和协作，共同圆满地完成合同。

（5）标准的合同条件作为工程惯例，有普遍的适用性，符合大多数工程的要求。使用标准的合同条件有利于管理的标准化和规范化，易于积累管理经验，可以极大地提高工程项目管理水平，特别是合同管理水平。而使用非标准合同条件，管理者必须不断地改变思维方式和管理方式，管理水平很难提高。

但合同文件的标准化容易单一化和僵化。随着建筑业的发展，业主采用更为灵活的合同策略、管理模式、承发包模式、合同形式，更为灵活地分担双方责任和风险，采用更为灵活的付款方式等。这对于标准的合同条件提出了新的要求。

3．标准化的合同文本形式

由于某一类工程合同的实质性内容有统一性，体现着工程惯例，但每一个工程又有它的特殊性，人们把原非标准的合同协议书的内容进行分解和标准化，将它分解成三个部分：

（1）将一些普遍适用的，带统一性的，反映工程惯例的条款内容提取出来，并标准化，作为标准的合同条件，形成一个独立的文本。它是合同最重要的内容。例如 FIDIC 施工合同和我国的建设工程施工合同示范文本的通用条件。

（2）将原合同协议书的首部（包括合同双方介绍，工程名称，合同文件组成等）以及尾部（双方签字和日期）取出仍作为合同协议书。当然这里的合同协议书仅是一些总体的规定，实质性内容较少，而且很空洞。

（3）将反映工程特殊性，合同双方对工程，对合同的一些专门的要求和规定作为专用条款，以用于对合同通用条款进行重新定义、补充、删除，或作特别说明。

这样既保证了合同文本的标准化和规范化，又可以满足合同双方对合同的特殊要求和反映工程的特殊性。

这是现在最常见的标准合同条件形式。FIDIC 合同条件、我国的示范文本等都采用这样的标准化形式，见图 1-2。

上述这种标准文本只用在某一种类型的合同中，例如 FIDIC 工程施工合同仅适应单价合同类型，业主发包，承包商承包工程施工，工程师管理工程的情况。

由于现代工程承发包模式和管理模式很多，这种标准化方式会导致合同标准文本增加。

4. 新的合同文本形式

最近十几年，人们在探讨采用更为灵活的标准化的合同结构形式。1993 年由英国土木工程师学会颁布新工程施工合同（ECC 合同），是一个形式、内容和结构都很新颖的工程合同。它在工程合同形式的变革方面又向前进了一步。

在全面研究目前工程中的一些主要类型的合同文本的基础上，将它们相同的部分提取出来，构成核心条款，将各个类型的合同的独特的部分保留作为主要选项条款，而将工程中一些特殊的规定和要求作为次要选项条款。通过选项条款作为配件，像搭积木一

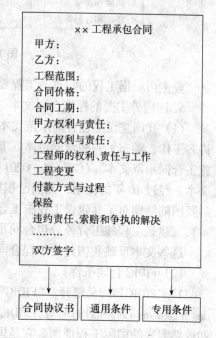

图 1-2　工程承包合同文本标准化

样，通过不同部分的组合形成不同种类的合同，使 ECC 合同有非常广泛的适应面。它能够实现用一个统一的标准的合同文本应用于不同类型的合同。它的结构形式可见图 1-3（见参考文献 24）。

（1）将核心条款作为任何工程合同的基本结构要素，包括总则，承包商的主要职责，工期，检验与缺陷，支付，补偿，所有权，风险与保险，争端与终止。

（2）主要选项按照合同类型选择，是某类合同通用的部分。ECC 合同可以适用如下合同类型：

1）按计价方式可适用于单价合同、总价合同、成本加酬金合同和目标合同；

2）按照承包范围不同可适用于不同的承发包模式，如工程施工承包、"设计＋采购＋施工"总承包、管理承包等；

3）可由承包商编制工程量表或由业主提出工程量清单。

（3）次要选项。按照具体工程专门定义的条款，包括：履约保函，母公司担保，工程预付款，结算币种，设计责任，价格调整，保留金，提前完工奖励，工期延误赔偿，工程质量缺陷，法律变更，特殊条件，责任赔偿，附加条款等。

核心条款	主要选项	次要选项
1. 总则	1. 有分项工程表的标价合同	1. 履约保函
2. 承包商主要责任	2. 有工程量清单标价合同	2. 母公司担保
3. 工期	3. 目标合同	3. 预付款
4. 检验与缺陷	4. 成本补偿合同	4. 多种货币
5. 付款	5. 管理合同	5. 价格调整
6. 补偿事件		6. 保留金
7. 所有权		7. 提前奖与误期罚款
8. 风险和保险		8. 功能欠佳罚款
9. 争端和合同终止		9. 法律的变化等

图 1-3 英国 ECC 合同结构

业主可根据工程的特点、工程要求和计价方式做出选择。

5. 国内外主要的标准合同文本

（1）我国建设工程合同示范文本。近 20 多年来，我国在工程合同的标准化方面做了许多工作，颁布了一些合同范本。其中最重要，也最典型的是 1991 年颁布的《建设工程施工合同示范文本》（GF-91-0201）。它作为在我国国内工程中使用最广的施工合同标准文本，经过 10 年的使用，人们已积累了丰富的经验。在此基础上经过修改，于 1999 年以后我国陆续颁布了《建设工程施工合同示范文本》，《建筑工程施工专业分包合同示范文本》，《建筑工程施工劳务分包合同示范文本》等。

这些文本反映我国建设工程合同法律制度和工程惯例，更符合我国的国情。

（2）FIDIC 合同条件。

1）"FIDIC" 词义解释。"FIDIC"是国际咨询工程师联合会(法文 Fédération Internationale des Ingénieurs-Conseils)的缩写。FIDIC 合同条件是在长期的国际工程实践中形成并逐渐发展和成熟起来的国际工程惯例。它是国际工程中普遍采用的、标准化的、典型的合同文件。任何要进入国际承包市场，参加国际投标竞争的承包商和工程师，以及面向国际招标的工程的业主，都必须精通和掌握 FIDIC 合同条件。

FIDIC 条件的标准文本由英语写成。它不仅适用于国际工程，对它稍加修改即可适用国内工程。由于它在国际工程中被广泛承认和采用，人们将这些合同条件称为"FIDIC 合同条件"或"FIDIC 条件"。"FIDIC"一词也被各种语言接受，并赋予统一的、特指的意义。

2）FIDIC 合同条件的历史演变。FIDIC 条件经历了漫长的发展过程。

①FIDIC 土木工程施工合同条件第一版在 1957 年颁布。由于当时国际承包工程迅速发展，需要一个统一的、标准的合同条件。FIDIC 合同第一版是以英国土木工程施工合同条件（ICE）的格式为蓝本，所以它反映出来的传统、法律制度和语言表达都具有英国特色。

②1963 年，FIDIC 第二版问世。它没有改变第一版所包含的条件，仅对通用条款作了

一些具体变动，同时在第一版的基础上增加了疏浚和填筑工程的合同条件作为第三部分。

③1977 年，FIDIC 合同条件作了再次修改，同时配套出版了一本解释性文件，即"土木工程合同文件注释"。

④1987 年，颁发了 FIDIC 第四版，并于 1989 年出版了《土木工程施工合同条件应用指南》。

直到 1999 年以前，该联合会共制定和颁布了《土木工程施工合同条件》，《电气和机械工程施工合同条件》，《业主和咨询工程师协议书国际通用规则》，《设计-建造与交钥匙工程合同条件》，《工程施工分包合同条件》等合同系列。

⑤1999 年，FIDIC 又将这些合同体系作了重大修改，以新的第一版的形式颁布了如下几个合同条件文本：

A. 施工合同条件（Conditions of Contract for Construction）。该合同主要用于由业主提供设计的房屋建筑工程和土木工程，以竞争性招标投标方式选择承包商，合同履行过程中采用以工程师为核心的工程项目管理模式。

B. 永久设备和设计-建造合同条件（Conditions of Contract for Plant and Design – Build）。承包商的基本义务是完成永久设备的设计、制造和安装。

C. "设计-采购-施工"（EPC）交钥匙项目合同条件（Conditions of Contract for EPC/Turnkey Projects）。它通常适于工厂建设项目，承包商的承包范围包含了项目的策划、设计、采购、建造、安装、试运行等在内的全过程。

D. 合同的简短格式（Short Form of Contract）。该合同条件主要适于价值较低的或形式简单、或重复性的、或工期短的房屋建筑和土木工程。

3）FIDIC 合同条件的特点。FIDIC 条件经过 40 多年的使用和几次修改，已逐渐形成了一个非常科学、严密的体系。新的 FIDIC 合同条件反映国际上项目管理新的理念、理论和方法。它有如下特点：

①科学地反映了国际工程中的一些普遍做法，反映了最新的工程管理程序和方法，有普遍的适应性。所以，许多国家起草自己的合同条件都以 FIDIC 合同作为蓝本。

②条款齐全，内容完整，对工程施工中可能遇到的各种情况都作了描述和规定。对一些问题的处理方法都规定得非常具体和详细，如保函的出具和批准，风险的分配，工程计量程序，工程进度款支付程序，完工结算和最终结算程序，索赔程序，争执解决程序等。

③它所确定的工作程序和方法已十分严密和科学；文本条理清楚、详细和实用；语言更加现代化，更容易被工程人员理解。

④适用范围广。FIDIC 作为国际工程惯例，具有普遍的适用性。它不仅适用于国际工程，稍加修改后即可适用于国内工程。它的每次修改都包容国际上新的做法。

在许多工程中，业主按需要起草合同文本，通常都以 FIDIC 作为参照本。

⑤公正性，合理性，比较科学地公正地反映合同双方的经济责权利关系。

A. 合理地分配合同范围内工程施工的工作和责任，使合同双方能公平地运用合同有效地、有利地协调，这样能高效率地完成工程任务，能提高工程的整体效益。

B. 合理地分配工程风险和义务，例如明确规定了业主和承包商各自的风险范围，业主和承包商各自的违约责任，承包商的索赔权等。

（3）ICE 合同文本。ICE 为英国土木工程师学会（Institution of Civil Engineers）。1945

年 ICE 和英国土木工程承包商联合会颁布 ICE 合同条件。但它的合同原则和大部分的条款在 19 世纪 60 年代就出现，并一直在一些公共工程中应用。到 1956 年已经修改 3 次，作为原 FIDIC 合同条件（1957 年）编制的蓝本。它主要在英国和其他英联邦以及历史上与英国关系密切的国家的土木工程中使用，特别适用于大型的比较复杂的工程。

（4）NEC 合同（New Engineering Contract，即新工程合同），是英国土木工程师协会（ICE）颁布的，1995 年 11 月第二版。其"新"不仅表现在它的结构形式上，而且它的内容也很新颖。自问世以来，已在英国本土、原英联邦成员国、南非等地使用，受到了业主、承包商、咨询工程师的一致好评。NEC 合同系列包括：

1）工程施工合同（ECC）。适用于所有领域的工程项目。该合同的结构形式在前面已经介绍。

2）工程施工分包合同（ECS）。它是与工程施工合同（ECC）配套使用的文本。

3）专业服务合同（PSC）。它适用于业主聘用专业顾问、项目经理、设计师、监理工程师等专业技术人才的情况。

4）工程施工简要合同（ECSC）。它适用于工程结构简单，风险较低，对项目管理要求不太苛刻的项目。

（5）其他常用的合同条件

1）JCT 合同条件。JCT 合同条件为英国合同联合仲裁委员会（Joint Contracts Tribunal）和英国建筑行业的一些组织联合出版的系列标准合同文本。它主要在英联邦国家的私人和一些地方政府的房屋建筑工程中使用。JCT 合同文本很多，适用于各种不同的情况：

私营项目，或政府项目；

带工作量清单，或带工程量清单项目表，或不带工作量清单的项目；

小型简单工程；

承包商承担设计和施工，或承包商承担部分设计（主要为深化设计）和全部施工；

CM（Construction management）承包方式；

家庭和小型业主的房屋建筑工程承包等。

2）AIA 合同条件。美国建筑师学会（The American Institute of Architects）AIA 作为建筑师的专业社团，已有近 140 年的历史。AIA 出版的系列合同文件在美国建筑业界及国际工程承包界特别在美洲地区具有较高的权威性。

第五节　现代工程合同的特征和发展趋向

一、传统合同存在的问题

合同是为工程实施服务的，是实现工程目标的手段。所以合同的内容和形式是伴随着工程的融资模式、承发包模式、管理模式、项目管理理论和方法变化发展的。

虽然人们通过研究发现，"设计—施工"总承包和管理承包合同起源于 19 世纪，但在 19 世纪和 20 世纪，工程承包的合同关系和合同形式没有大的变化，主流模式是设计和施工分离的平行承发包，而且在设计和施工领域还有专业化的分工。它的特征是：

1. 业主委托设计单位负责设计，用规范和图纸描述工程的技术细节，设计完备后才能进行施工招标。业主提出合同条件、规范、图纸和工程量表，要求承包商接受合同条件，投标报价，通常以单价合同承包工程。

2. 设计和施工分离，设计单位对施工成本和方案了解很少，对工程成本不关心。设计单位和施工单位都希望扩大工程范围和工作量。这不仅对工程的质量、工期和成本的改善不利，而且对设计方案本身的影响也很大。

3. 业主委托工程师管理工程。工程师的责任很大，在工程中发出指令，决定给承包商增加费用和延长工期，裁决合同争端。承包商必须执行工程师的指令。但工程师与工程最终效益无关，业主对他难以控制，承包商又怀疑他的公正性。

4. 承包商接受合同条件、规范、图纸和工程师的指令。承包商不仅对工程设计没有发言权，而且对设计理解需要时间，容易产生偏差。他必须按图预算和按图施工。由于工程是分散平行承包，承包商对整个工程的实施方法、进度和风险无法有统一安排。其结果不仅会大大拖延整个工期，而且增加工程成本。

5. 早期工程合同由律师起草，他注重合同的法律问题，似乎合同条件是为了更有利地解决合同争执，而不是首先为了高效率地完成工程目标。在合同中强调制衡措施，注意划清各方面的责任和权益，注重合同语言在法律上的严谨性和严密性。过强的法律色彩和语言风格使工程管理人员无法阅读、理解和执行合同，使项目组织界面管理十分困难，沟通障碍多，争执大，合作气氛不好。最终导致工程实施低效率和高成本。

6. 由于人们过多地强调合同双方利益的不一致性，导致许多非理性行为的产生。每一方只关心自己的利益，各自追求自己的目标，而不关心他人的利益，不关心项目的总目标。例如合同并不激励承包商良好的管理和创新，以提高效率和减低成本。如果承包商在建筑、工程技术、施工过程方面创新，提出合理化的建议，会带来合同、估价和管理方面的困难，带来费用、工期方面的争执。所以承包商将注意力放在通过合同缺陷，通过争执获利，设法让业主多支付工程款。承包商发现工程问题，只有在符合自己利益的情况下才通知业主。

传统的合同从客观上鼓励承包商索赔。各方研究和了解合同，都将重点放在如何索赔和反索赔上。合同争执和索赔较多，很难形成良好的合作气氛。所以大多数工程项目业主都要追加投资，延长工期，很难实现多赢的目标。

由于关系紧张，业主对工程师施加压力，要求苛刻对待承包商，工程师为了减低业主成本和风险，而想方设法在合同签订和执行中偏向业主。所以合同的签订和执行环境恶化。

7. 这种合同关系适用于工程参与方很少，合同关系简单，施工技术和管理都比较简单的工程。它的支付策略单一、固定、僵化，通常按工程量清单和预定价格（或费率）支付。而且不同的专业领域用不同的合同文本，要求工程管理人员熟悉不同形式、风格、内容的合同文本。这导致由于工程的合同关系越来越复杂，合同文本和合同条款越来越多。

这些问题对工程项目妨害很大，损害建筑业的发展，损害承包商与业主的良好关系。

二、现代工程的特殊性

1. 大型、特大型、复杂、高科技的工程项目越来越多。工程项目各种系统界面（如工程的设计、施工、供应和运营的界面，各专业工程的界面、组织界面、合同界面等）处理的难度越来越大，施工技术复杂，需要一个对工程最终功能全面负责的承包商。另外如果承包商不介入设计，要圆满完成工程施工的质量、工期和成本目标是十分困难的。

2. 业主对工程和合同要求的变化。业主选择承发包模式、管理模式和合同条件，对工程合同具有动力和导向作用。

(1) 由于市场竞争激烈和技术更新速度加快，业主面临着必须在短期内完成建设，得到预定的生产能力（如开发新产品），以迅速实现投资目的的巨大压力。对工程项目的工期和质量要求很高，要求对费用的追加进行有效的控制。而传统的合同模式不能满足这种需要。

(2) 许多大型公共工程项目采用多元化的投资形式，多种渠道融资，如 PPP❶、PFI❷、BOT❸ 等。这些项目的业主要求在早期就能够确定总投资和工程交付的时间。

(3) 业主对工程项目的投资承担责任，必须对工程项目进行从决策到运营的全生命期的管理。业主对承包商的要求和期望越来越高，希望更大限度地发挥承包商的积极性，与他一起承担更大的风险责任，而不仅仅是"按图预算"和"按图施工"的加工承揽单位。

(4) 对工程项目，业主首先要求完备的使用功能，以迅速实现投资目的，希望面对较少的承包商，消除项目组织责任体系中的盲区，要求一个或较少的承包商承担全部工程建设责任，提供全过程的服务，希望保持管理的连续性，希望承包商与工程的最终效益相关，以消除承包商的短期行为，减少工程风险，调动各方面的积极性。

(5) 业主希望自己的工作重点放在市场、融资等战略问题上，而不希望自己再具体地管理工程。业主希望简化建筑产品购买的程序，要求建筑业企业像其他工业生产部门一样提供最终使用功能为主体的服务。业主要求承包商或供应商提高工程和设备的可靠性，提供长期的甚至是全过程的保修和运行中的维护服务。

(6) 业主的需求和合同策略的多样性，需要合同有更大的灵活性和更广泛的适用性。

3. 工程项目要素的国际化。在现代工程项目建设、运行中所需要的产品市场、资金、原材料、技术（专利）、厂房（包括土地）、劳动力、承包商等项目要素常常都来自不同的国度。在我国加入 WTO 后，国际和国内工程的界限在逐渐淡化。这需要合同没有某一国的色彩，反映国际惯例。

4. 环境的变化频繁，使预期风险加大，要求对风险进行良好的管理。合同必须更合理的分配风险，调动各方面的积极性控制风险，保证工程的顺利实施。

5. 工程的领域在扩展，一些新的工程领域与专业有许多新的要求，也必须反映在合同中。过去不同的专业都用不同的合同类型，而现在工程领域各专业的界限越来越淡薄，逐渐需要打破专业界限，使用相同的管理模式和合同形式。

6. 现代管理的许多新的理念、理论和方法在工程项目中应用。要求工程合同能够反映这些新的要求，促使各方按照现代项目管理原理和方法管理工程。

7. 新的融资方式、承发包方式、管理模式不断出现。在大型项目中，"设计—采购—施工"总承包、项目管理总承包，承包商参与融资和承担工程的运行管理任务等，在工程实践中

---

❶ PPP：（公共/民营资本联营）Private Public Partnership，即公共部门与私人企业合作模式，是公共基础设施的一种融资模式。

❷ PFI：（民间资本融资）Private Finance Initiative，私人主动融资，是英国政府于 1992 年提出的一种私人融资方式，是继 BOT 之后的又一优化和创新的公共项目融资模式，其目的在于解决基础设施以及公益项目的投资问题。

❸ BOT：Build-Operation-Transfer，即建设—经营—转让。

取得了很大的成功,对承包商和业主都有益。承包商工程项目的承包范围不断扩展。

三、现代工程对合同的要求

上述特点使传统的合同越来越不适应现代工程的要求。从 20 世纪 70 年代开始,对传统的合同关系和合同文本进行改革。近十几年来,逐渐完成由传统合同向现代合同的转变。FIDIC1999 年的版本被称为第一版,而不再沿用从 1957 年开始算起的第 5 版;英国的 NEC 合同自称为"新"工程合同,就显示这种转变。

现代工程合同有一些新的发展趋向,人们对工程合同提出了许多新的要求,有许多新的合同理念。

1. 力求使合同文本有广泛的适应性,适用于多种合同策略和情况:

(1) 不同的融资方式、不同的承发包模式(如工程施工承包、EPC 承包、管理承包、"设计—管理"承包、CM 承包等)和不同的管理模式;

(2) 不同的专业领域(例如土木工程施工,电气和机械及各种工业项目);

(3) 不同的计价方式(如总价合同、单价合同、目标合同或成本加酬金合同);

(4) 一个承包商或多个承包商联营承包;

(5) 不同的国度和不同的法律基础等。

2. 合同反映新的项目管理理念和方法。

(1) 合同应促使项目的参加者按照现代项目管理原理和方法管理好自己的工作,促进良好的管理。保证业主能够实现项目的总目标;工程师可以有效地管理工程;加强承包商的合同责任,使承包商有管理和革新的积极性、创造性,能够通过发挥自己的技术优势,节约成本,增加盈利机会。

(2) 调动双方的积极性,鼓励合作,促成互相信任,而不是互相制衡。合同鼓励承包商提出预先警告,即一旦发现会影响工程质量和造价、工期的事件应立即通知工程师或业主。

加强业主和承包商的合作责任。一些新合同中规定,合同双方有义务加强合作,不合作就是违反合同的行为。加强双方的沟通和协调,双方有互相通知责任,有知情权。在合同实施中互相支持,互相保护等。这样,业主、工程师和承包商之间的关系更为密切,能克服大量未预料的困难,争执较少,并易于解决。

(3) 鼓励创新。鼓励承包商使用价值工程方法改进工程技术,使双方都获得利益。

(4) 照顾各方面的利益,使项目参加者各方面满意,实现多赢。在现代工程中,人们对合同的策划、招标投标、合同的实施控制和索赔处理越来越显示出理性:

1) 体现双方的合作和双方利益的一致性,强调理性思维,强调伙伴关系;

2) 要求双方诚实信用,互相信任;

3) 强调发挥各方面的积极性,创造性,保护双方利益;

4) 更科学和理性分摊合同中的风险,通过灵活的分摊风险,调动各方面的积极性,使双方都有风险控制的积极性,而不是风险躲避,或首先考虑推卸风险责任;

5) 强调公平合理,公平地分担工作和责任,工程(工作)和报酬之间应平衡;

6) 索赔事件的处理更规范,减少不确定性;

7) 为了确保承包商的工作及时获得相应支付,要求业主向承包商出示他的资金安排,否则属于业主的严重的违约行为等。

实践证明，这一切有助于项目总目标的实现。

（5）随着工程项目管理新的发展，对合同还要许多新的要求。

1）合同应体现工程项目的社会和历史责任，强化对"健康—安全—环境"管理的要求；

2）合同应反映工程项目的全生命期管理和集成化管理的要求；

3）合同应反映供应链在工程项目中的应用；

4）甚至合同还应包容许多工程采用虚拟组织的方式运作。

3．在保证法律的严谨性和严密性的前提下，更趋向工程，注重符合工程管理的需要，有助于促进良好的管理。合同已作为现代项目管理的一种手段和措施。

（1）在宏观上，合同总体策划作为项目组织策划的一部分，先制定工程项目的组织策略、承发包模式、管理模式，再进行合同策划。

（2）设计良好的有适用性的管理工作程序，再起草合同，例如质量管理程序，账单审查程序，付款程序等。按照管理流程编制合同，以保证它的逻辑性和可操作性，工作流和信息流畅通。当工程出现问题时首先应考虑修改管理体系，再修改描述这个管理体系的合同。

（3）采用更有效的控制措施。例如：

1）加强工程师对承包商质量保证体系的控制，要求承包商提供质量管理详细计划和程序；

2）加强承包商在计划和施工中协调的责任，业主有权相信承包商的计划，保证对承包商的进度计划的执行情况进行严格控制。

（4）使用工程语言，更接近实际工程。文体清晰，与用户友好，简洁、易读、易懂、可用、有必要的细节描述。

（5）合同鼓励各方面加强沟通，激励有效的团队精神：

1）要求承包商、承包商的代表、承包商的工程监督人员必须能够使用合同所规定的语言进行日常交流；

2）承包商为证实自己遵守合同，应按工程师的要求透露其保密事项；

3）当工程师提出要求时，承包商应提交拟采用的工程施工安排和方法的细节。如果事先未通知工程师，承包商对这些安排和方法不能作出重大的修改；

4）如果任何必需的图纸和指示未能在合理的时间内发至承包商，可能会造成承包商的拖延或工程中断，承包商应将需求的细节、详细理由、晚发可能遭受的损失情况预先通知工程师。

（6）引入早期预警程序。例如在 FIDIC 合同中规定，如果合同任一方发现在为实施工程的文件中有技术性错误和缺陷，发现影响工程质量，进度，造价的因素，应立即通知另一方。

承包商发现业主提供的放样图纸或用于施工的文件中有明显的错误，应通知工程师。

承包商预见将会发生"对工程造成不利影响，使合同价格增加或延误工期的施工事件或情况"，应立即通知工程师。

承包商承担预警责任会对消除冲突，减低风险影响，实现项目的总目标有重要的意义。

4. 合同同化的趋向。随着工程项目的国际化，合同管理和工程项目管理国际化，导致合同同化的趋向。合同文本应该适应不同文化和法律背景的工程，具有国际性。这体现在：

（1）各国的标准合同趋于 FIDIC 化。许多国家起草标准的合同文本都以 FIDIC 为蓝本。

（2）FIDIC 合同又在吸收各国合同的优点。FIDIC（1999 版）施工合同在原 FIDIC 土木工程施工合同（第四版）的基础上增加了许多新的内容。但这些新增加的内容实质上已在一些国际合同中出现过，例如：

1）引用原"设计—施工与交钥匙工程合同条件"，如承包商文件的管理及相关风险责任的规定，争执解决的 DAB 方法、因费用变化对合同价格的调整方法等。

2）引用英国的 ECC 合同的相关内容有，承包商的预警责任、工程变更范围的扩大、承包商代表的定义和作用、业主可以接收有缺陷的工程、在缺陷责任期出现严重缺陷导致工程删除和缺陷通知期延长的规定等。

3）借鉴我国示范文本的相关内容有：

业主提供的材料的检查、验收及相关的责任的规定；

我国的原示范文本的索赔程序规定了业主对承包商索赔的答复期的限定，即承包商提出索赔报告后业主必须在一定时间内答复（10 天），否则即作为认可处理。原 FIDIC 土木工程施工合同缺少这方面的规定，在 FIDIC（99 版）增加了相似的规定等。

4）将过去在国际工程中常用的作为工程惯例的隐含条款明示化。例如：承包商对业主提供的放样参照项目（原始基准点、基准线和基准标高）中明显的错误承担责任；承包商对环境调查、对业主提供的资料的理解、实施方案和报价等各方面所承担的风险程度，应限于实际可行的范围内等。

5. 合同文本的灵活性。现代合同文本都尽可能全面，有尽可能多的选择性条款，让人们在使用中可选择，以减少专用条款的数量，减少人们的随意性，如预付款、保险、工程变更条款等。合同选项多使人们能够思考这些问题，选择最佳的合同策略，能够促进管理水平的提高。但这样又会出现条款之间引用太多，使合同的结构复杂，增加阅读困难的问题。

复 习 思 考 题

1. 调查一个中外合资的建设项目，了解该项目的合同关系，绘制合同体系图。
2. 合同文件和合同条款的复杂化对工程管理有什么影响？
3. 现代建筑工程对合同有什么新的要求？
4. 合同的法律原则和效率原则在执行上有什么矛盾？
5. 阅读 FIDIC 施工合同条件，分析它的主要内容和结构。
6. 对照阅读 FIDIC 土木工程施工合同(第四版)和 FIDIC 施工合同(1999 第一版)，分析它们的差异。

第二章 工 程 合 同 体 系

【本章提要】 介绍工程中的主要合同关系和合同体系。由于现代工程承发包模式和管理模式的多样化，合同关系和合同体系也多样化和复杂化。

介绍了工程施工合同、EPC总承包合同、分包合同、工程联营承包合同、勘察和设计合同和项目管理合同的主要内容。

第一节 工程项目中的主要合同关系

工程项目是一个极为复杂的社会生产过程，它分别经历可行性研究、勘察设计、工程施工和运行等阶段；有建筑、土建、水电、机械设备、通讯等专业设计和施工活动；需要各种材料、设备、资金和劳动力的供应。由于现代社会化大生产和专业化分工，一个稍大一点的工程项目其参加单位就有十几个、几十个，甚至成百上千个。它们之间形成各式各样的经济关系。由于维系这种关系的纽带是合同，所以就有各式各样的合同，形成一个复杂的合同体系。在这个体系中，业主和工程的承包商是两个最主要的节点。

一、业主的主要合同关系

业主作为工程的所有者，他可能是政府、企业、其他投资者，或几个企业的组合（合资或联营），或政府与企业的组合（例如合资项目，BOT项目）。

业主根据对工程的需求，确定工程项目的总目标。工程总目标是通过许多工程活动的实施实现的，如工程的勘察、设计、各专业工程施工、设备和材料供应、咨询（可行性研究、技术咨询、招标工作）与项目管理等工作。业主通过合同将这些工作委托出去，以实施项目，实现项目的总目标。按照不同的项目实施策略，业主签订的合同种类和形式是丰富多彩的，签订合同的数量变化也很大。

1. 工程承包合同。任何一个工程都必须有工程承包合同。一份承包合同所包括的工程或工作范围会有很大的差异。业主可以采用不同的工程承发包模式，可以将工程施工分专业、分阶段委托，将材料和设备供应分别委托，也可以将上述工作以各种形式合并委托，也可采用"设计—采购—施工"总承包模式。一个工程可能有一份、几份，甚至几十份承包合同。通常业主签订的工程承包合同的种类包括：

（1）"设计—采购—施工"总承包合同，即全包合同。业主将工程的设计、施工、供应、项目管理全部委托给一个承包商，即业主仅面对一个工程承包商。

（2）工程施工合同，即一个或几个承包商承包或分别承包工程的土建、机械安装、电器安装、装饰、通讯等施工。根据施工合同所包括的工作范围的不同，又可以分为：

1）施工总承包合同，即承包商承担一个工程的全部施工任务，包括土建、水电安装、设备安装等。

2）单位工程施工承包合同。业主可以将专业性很强的单位工程（如土木工程施工、电气与机械工程施工等）分别委托给不同的承包商。这些承包商之间为平行关系。

3）特殊专业工程施工合同，例如管道工程、土方工程、桩基础工程等的施工合同。

2. 勘察合同。即业主与勘察单位签订的合同。

3. 设计合同。即业主与设计单位签订的合同。

4. 供应合同。对由业主负责提供的材料和设备，他必须与有关的材料和设备供应单位签订供应（采购）合同。在一个工程中，业主可能签订许多供应合同，也可以把材料委托给工程承包商，把整个设备供应委托给一个成套设备供应企业。

5. 项目管理合同。在现代工程中，项目管理的模式是丰富多彩的。如业主自己管理，或聘请工程师管理，或业主代表与工程师共同管理，或采用 CM 模式。项目管理合同的工作范围可能有：可行性研究、设计监理、招标代理、造价咨询和施工监理等某一项或几项，或全部工作，即由一个项目管理公司负责整个项目管理工作。

6. 贷款合同。即业主与金融机构（如银行）签订的合同。后者向业主提供资金保证。按照资金来源的不同，可能有贷款合同、合资合同或项目融资合同等。

7. 其他合同。如由业主负责签订的工程保险合同等。

在工程中业主的主要合同关系，如图 2-1 所示。

与业主签订的合同通常被称为主合同。

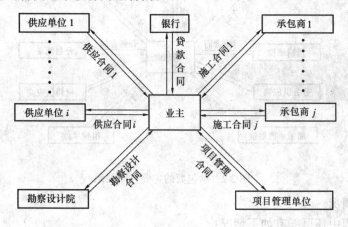

图 2-1　业主的主要合同关系

二、承包商的主要合同关系

承包商是工程承包合同的执行者，完成承包合同所确定的工程范围的设计、施工、竣工和保修任务，为完成这些工程提供劳动力、施工设备、材料和管理人员。任何承包商都不可能，也不必具备承包合同范围内所有专业工程的施工能力、材料和设备的生产和供应能力，他同样必须将许多专业工程或工作委托出去。所以承包商常常又有自己复杂的合同关系。

1. 工程分包合同。承包商把从业主那里承接到的工程中的某些专业工程施工分包给另一承包商来完成，与他签订分包合同。承包商在承包合同下可能订立许多工程分包合同。

分包商仅完成承包商的工程，向承包商负责，与业主无合同关系。承包商向业主担负全部工程责任，负责工程的管理和所属各分包商工作之间的协调，以及各分包商之间合同责任界面的划分，同时承担协调失误造成损失的责任。

2. 采购合同。承包商为工程所进行的必要的材料和设备的采购和供应，必须与供应商签订采购合同。

3. 运输合同。这是承包商为解决材料和设备的运输问题而与运输单位签订的合同。

4. 加工合同。即承包商将建筑构配件、特殊构件加工任务委托给加工承揽单位而签订的合同。

5. 租赁合同。在建筑工程中承包商需要许多施工设备、运输设备、周转材料。当有些设备、周转材料在现场使用率较低，或承包商不具备自己购置设备的资金实力时，可以采用租赁方式，与租赁单位签订租赁合同。

6. 劳务供应合同。即承包商与劳务供应商签订的合同，由劳务供应商向工程提供劳务。

7. 保险合同。承包商按施工合同要求对工程进行保险，与保险公司签订保险合同。

上述承包商的主要合同关系如图2-2所示。在主合同范围内承包商签订的这些合同被称为分合同。它们都与工程承包合同相关，都是为了完成承包合同责任而签订的。

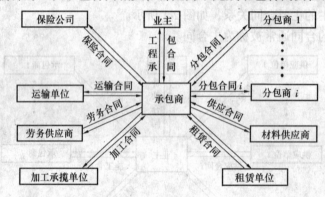

图 2-2　承包商的主要合同关系

三、其他情况

在实际工程中还可能有如下情况：

1. 设计单位、各供应单位也可能存在各种形式的分包。

2. 如果承包商承担工程（或部分工程）的设计（如"设计—采购—施工"总承包），则他有时也必须委托设计单位，签订设计合同。

3. 如果工程付款条件苛刻，要求承包商带资承包，他也必须借款，与金融单位订立借（贷）款合同。

4. 在许多大工程中，尤其是在业主要求总承包的工程中，承包商经常是几个企业的联营体，即联营承包。若干家承包商（最常见的是设备供应商、土建承包商、安装承包商、勘察设计单位）之间订立联营承包合同，联合投标，共同承接工程。联营承包已成为许多承包商经营战略之一，国内外工程中都很常见。

5. 在一些大工程中，工程分包商也需要材料和设备的供应，也可能租赁设备，委托加工，需要材料和设备的运输，需要劳务。所以他又有自己复杂的合同关系。

例如在某工程中，由中外三个投资方签订合资合同共同组成业主，总承包方又是中外三个承包商签订联营承包合同组成联营体，在总承包合同下又有十几个分包商和供应商，构成一个极为复杂的工程合同关系。

四、工程合同体系图

按照上述的分析和项目任务的结构分解，就得到不同层次、不同种类的合同，它们共同构成该工程项目的合同体系（见图 2-3）。

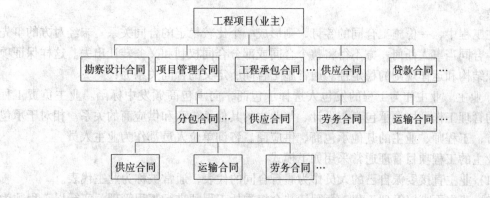

图 2-3　工程项目合同体系

在一个工程中，这些合同都是为了完成业主的工程项目总目标，都必须围绕这个目标签订和实施。这些合同之间存在着复杂的内部联系。

在现代工程中，由于合同策略是多样化的，所以合同关系和合同体系也是十分复杂和不确定的。工程项目的合同体系在项目管理中也是一个非常重要的概念。它从一个重要角度反映了项目的形象，对整个项目管理的运作有很大的影响：

1. 它反映了项目任务的范围和划分方式。

2. 它反映了项目所采用的承发包模式和管理模式。对业主来说，工程项目是通过合同运作的，工程项目的合同体系反映了项目的运作方式。

3. 它在很大程度上决定了项目的组织形式。因为不同层次的合同，常常又决定了合同实施者在项目组织结构中的地位。

第二节　工程施工合同

一、概述

施工合同是比较传统的也是最常见的工程承包合同。在工程合同体系中，施工合同是最有代表性、最普遍，也是最复杂的合同类型。它在工程项目中的持续时间长，标的物复杂，价格高。它在工程项目的合同体系中处于主导地位，对整个合同体系中的各种合同的内容都有很大的影响。深刻理解施工合同将有助于对整个合同体系以及对其他合同的理解。无论是业主、工程师或承包商都将它作为合同管理的主要对象。

通常工程施工合同适用于如下情况：

1. 业主负责设计，提供规范、图纸和工程量表，并承担设计带来的风险。在有些情况下也可由承包商承担部分永久工程的设计。

2. 承包商的工程范围由规范、图纸、工程量表确定。通常承包商按照工程量表报价。

3. 承包商严格按照规范、图纸和合同要求完成工程的施工和竣工，并在缺陷责任期内承担保修责任。工程款的支付通常以承包商完成的工作量和报价为依据。

二、施工合同的主要合同关系和项目管理模式

施工合同发包人可能是业主，也可能是"设计—采购—施工"总承包商或项目管理承包商。FIDIC 和 ECC 的工程施工合同都适用业主发包的情况，下面的讨论主要以该类合同为对象。

在工程中，一份施工合同的签订，则形成一个比较稳定的合同关系。未经对方的事先同意，合同当事人任何一方不得将整个合同或部分合同权利和义务转让出去。这样保证项目组织结构和运作规则的稳定性。通常施工合同所定义的合同关系为：

1. 业主。业主作为工程的发包人选择承包商，向承包商颁发中标函。业主负责工程项目的管理工作，协调承包商与设计、与业主的其他承包商和供应商的关系。相对于承包商而言，工程师、业主的其他承包商、供应商、咨询单位人员都作为业主人员。

业主的工程项目管理通常采用如下模式：

（1）业主直接委派自己的人员作为履行合同的代表，通常被称为业主代表。

（2）业主不直接管理工程，而聘请并全权委托工程师进行工程管理，实行以工程师为核心的管理模式。业主赋予工程师施工合同中明确规定的，或者由该合同必然隐含的权力。最典型的是 FIDIC 工程施工合同中"工程师"的角色（见图 2-4）。

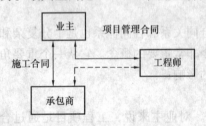

图 2-4　FIDIC 施工合同定义的关系

工程师接受业主委托管理工程，是业主的代理人，通常在工程的早期就介入工程，协助业主招标，编制招标文件，准备工程量清单，作评标报告。在施工过程中执行施工合同规定的权力。业主应保证工程师工作的及时性和有效性。如果工程师在工程管理中失误，例如未及时履行职责，发出错误指令、决定、处理意见等，造成承包商工期拖延和费用损失，业主必须承担赔偿责任。

由于工程师具有很大的权力和特殊的作用，对工程的实施有很大的影响，所以工程师的信誉、工作能力、公正性等，已是承包商投标报价必须考虑的重要因素之一。在 FIDIC 施工合同中，要求工程师角色和授权有稳定性。业主有权选择工程师，并限定他的权力，或要求工程师在行使某些权力之前，需得到业主的批准。但这些应在专用条款中明确规定。在工程中，未经承包商同意，业主不得撤换或改变工程师的人选，也不得改变工程师的权力范围。如果承包商有充足理由反对业主更换工程师，则业主不得更换工程师。

在许多国家，工程师是特殊资质的岗位，必须有相应资质的人担任。

（3）业主代表和工程师共同管理。

在我国施工合同示范文本中，"工程师"的身份和职权在专用条款内约定。业主可以分别委派业主驻工地的代表和工程师在现场共同工作，他们的职责不得相互交叉。

在 FIDIC 合同中，当业主限制工程师的权力时，自然行使这些权力的相关工作必须由相应的业主代表完成。

2. 承包商。承包商提出投标文件，并为业主接受，负责工程的施工，是工程施工任务的承担者。

（1）承包商授权施工项目经理作为负责施工管理和合同履行的代表。他一般在专用条款中指明，或在开工日期前，承包商将拟任命为承包商代表的姓名和详细资料提交给业主，以取得同意。施工项目经理易人，承包商必须事先以书面形式通知业主，征得业主同意。

施工项目经理的行为代表承包商，执行工程师认可的施工组织设计和依据合同发出的指令，负责具体工程的施工和管理。

（2）承包商对他的分包商、分包商的代理人、雇员的行为、违约、疏忽等负完全责任。

（3）当承包商是由两个或两个以上的企业组成的联营体时，他们就合同履行向业主承担共同的与各自的责任（连带责任）。未经业主事先同意，他们不得改变其组成或法律地位。

三、施工合同文件的范围

通常工程施工合同所包括的文件和执行上的优先次序为：

1. 合同协议书。即经双方签署的合同协议书。它可能是两种形式：

（1）如果采用标准的合同条件，则合同协议书比较简单。通常仅包括双方签署协议日期，合同价格，合同工期，合同文件各组成部分的名称和双方主要责任说明等。

（2）采用传统的合同协议书形式。这种合同协议书包括所有的合同条件，是上述合同协议书和下述的合同条件的综合体。它的内容和形式比较自由，由双方按工程需要商定，经双方签署后生效。

2. 中标函。在经过评标，确定承包商中标后，由业主（或授权代理人）致承包商（或授权代理人）中标通知。

3. 投标书。投标书是由承包商或他的授权代表所签署的一份要约文件。

4. 本合同专用条件。专用条件是结合具体工程实际，对通用条款相关内容的具体化、补充、修改，或按照通用条件要求提出的限制条款。通常其条款号与通用条款相同。

5. 本合同通用条件。通用条款是合同最主要的内容，它代表着工程惯例，是标准化的通用的合同条件。

6. 合同的技术文件和其他附件。通常这些技术文件的优先次序为：

1）规范。它是对承包商的工程和工作范围、质量和工艺（工作方法）要求的说明文件。

2）图纸。指由业主提供或承包商提供，经工程师批准，满足承包商施工需要的所有图纸，包括图纸、计算书、样品、图样、操作手册以及其他配套说明和有关技术资料。图纸和规范是相辅相成的。

3）工程量清单、工程报价单（或预算书）和一些其他资料。

7. 其他补充和变更文件。

（1）施工合同签订后双方达成一致的补充协议，备忘录，修正案，其他洽商和变更文件，作为合同相关文件的修改和补充，具有最高的法律优先地位。

例如某工程，合同签订后由于种种原因不能实施，拖延了3年。3年后，双方协商继续履行合同。双方签署了修正案，对原合同中的工期和价格作相应的调整，而其他不变。则该修正案优先于原合同协议书，原合同协议书中相关的内容被修改。

（2）合同签订前双方达成一致的会谈纪要、备忘录、附加协议和其他文件。在合同签订前，双方会有许多磋商、澄清、合同外承诺，应在合同签订前以备忘录或附加协议的形式确定下来。如果合同成立，这些文件也是合同的一部分，同样有法律约束力。

以上几个方面构成施工合同的总体。它们之间应该有一致性，应能相互解释，互为说明，不能出现解释上的矛盾。当合同文件出现含糊不清或不一致时，由工程师作出解释或校正。

四、施工合同基本内容

1．承包商

（1）承包商的基本责任。

承包商必须按合同规定对工程进行设计、施工和竣工，并完成保修（缺陷）责任。承包商的工程范围通常由规范、图纸、工程量清单所定义。

他应为完成上述工程责任提供所需要的工程（包括永久性的和临时性的）的监督、劳务、材料、工程设备以及其他物品。按工程师的要求向施工现场派遣授权的代表监督工程实施，提供完成他的合同责任所必需的各种人员。

对合同明文规定由承包商设计的部分永久性工程，他应在其设计资质允许的范围内，完成施工图设计或与工程配套的设计，将设计文件（图纸、规范等）交工程师批准。承包商对该部分永久性工程承担全部责任。

除法律上不允许或实际上不可能做到以外，承包商应严格按合同实施工程。

（2）对报价以及实施方案，承包商的责任有：

1）承包商对业主提供的水文和地表以下情况的资料的解释负责。

2）承包商对环境调查负责。在投标前，承包商被认为对现场和周围环境及有关资料进行了调查，已掌握了与工程有关的风险、意外事故及其他情况的全部资料，并在此基础上作投标书。他对现场及其周围环境等所有相关事宜感到满意。

3）承包商决定施工方法，并对所有现场作业和施工方法的完备、稳定和安全负全部责任。但对不由他负责的永久性工程或临时性工程的设计或规范不承担责任。

4）在上述基础上，承包商应对投标书以及工程量表中所作出的各项费用和报价的正确性和完备性负责。承包商被认为对双方约定的合同价款的适宜性和充分性已完全理解。

（3）承包商及其人员的一切工程活动和行为都应遵守所有适用的法律和各种规章制度，保证业主免于承担这方面的罚款和责任。

1）对于实施、完成工程施工和修补缺陷工作中涉及的法律事项，承包商应负责发出通知、支付税款和费用，并获得所需要的许可。

2）承包商负责工程所用的或与工程有关的任何承包商的设备、材料或工程设备侵犯专利和其他方权利而引起的一切索赔和诉讼。

3）承担工程用的各种材料的一切吨位费、矿区使用费、租金以及其他费用。

4）承包商负责他自己的设备、材料和其他物品的有关海关结关，进出口许可，港口储存等方面的手续和费用；而业主应尽最大努力提供帮助。

5）承包商负担取得进出现场所需专用或临时道路通行权的一切费用和开支，自费提供他所需要的供施工使用的位于现场以外的附加设施，对通往现场，或位于通往现场道路上的桥梁加固或道路的改建负责。

6）承包商对工程有保密的义务。没有雇主事先同意，承包商不得在任何商业或技术论文或其他场合发表，或透露工程的任何细节。

（4）承包商应根据合同规定的或工程师通知的参照项目对工程进行放线，应对工程的放线、定位、标高、尺寸的正确性负责。如果出现差错，应按工程师的要求进行纠正。

（5）承包商应按合同要求提供履约担保，并交业主批准。在承包商完成合同规定的施工，竣工和缺陷（保修）责任前，履约担保应一直有效。

（6）承包商对健康、安全和环境保护的责任。

1）在合同实施过程中，承包商负责保证施工人员、现场其他人员的安全、健康、现场秩序、工程保护、环境保护。承包商应保证施工现场清洁卫生符合环境管理的有关规定。

2）按工程师或有关当局要求，自费提供并保持现场照明、防护、围栏、警告信号和警卫人员。做好施工现场地下管线和邻近建筑物、构筑物（包括文物）、古树名木的保护工作。

3）承包商应对工程施工操作所引起的对公共便利的干扰，公用道路，私人道路等的占用负责；对自己在工程所需运输过程中造成道路和桥梁的破坏或损伤负责。

（7）从开工到颁发工程移交证书为止，承包商对工程、材料和待安装工程设备的照管负完全责任。如果发生任何损失或损坏，除属于业主风险情况外，应由承包商承担责任。

（8）承包商应按合同规定，或按双方在中标函颁发前商讨的结果购买保险。

（9）在工程现场挖掘出来的所有化石、硬币、有价值的物品或文物，属于业主的绝对财产。承包商应负责保护，并执行工程师的处理指令。

（10）根据工程师的要求，应为业主、业主的其他承包商和工作人员、公共机构工作人员提供合理的工作机会。如果提供承包商维修保养的道路或通道，临时工程或现场设备，或提供其他性质的服务，则承包商有费用索赔权。

2. 业主

（1）负责编制合同协议书，并承担拟定和签订费用。

（2）向承包商提供该工程勘察所取得的水文地质资料和地下管网线路资料，设计规范、图纸、放样图纸，对资料的正确性负责。

（3）为工程的施工提供各种条件，包括：

1）按合同要求向承包商提供施工所需要的现场和道路，使施工场地具备施工条件；

2）按照专用条款的要求接通施工现场所需水电等线路，并保证施工期间的需要；

3）按照合同规定的时间、质量和数量要求提供应由业主提供的材料、设备。

（4）承担业主风险责任。业主风险通常包括：

1）政治和社会问题，如工程所在地发生战争、敌对行为、入侵、叛乱、暴动、政变、内战、暴乱、骚乱、混乱等。但仅限于承包商或其分包商雇用的人员中间且由于从事本工程工作而引起的除外。

2）核污染或放射性污染；以音速或超音速飞行的飞行器产生的压力波。

3）业主使用造成损失或损害。

4）非承包商负责的工程设计错误。

5）一个有经验的承包商通常也无法预测和防范的任何自然力的作用。

在竣工交付前，如果发生业主风险事件造成工程、或材料、或待安装的设备损坏或损失，承包商有责任修补，但由业主承担费用。

(5) 在工程师按合同颁发付款证书后，业主应在合同规定的时间内向承包商支付工程款，否则承担违约责任。

(6) 业主有权要求按照合同规定向承包商索赔费用和（或）要求延长缺陷通知期。业主可在给承包商的到期或将到期的任何应付账单中扣款实现对承包商的索赔。

(7) 业主根据工程师颁发的工程移交证书接收按合同规定已基本竣工的任何部分工程或全部工程，并从此承担这些工程的照管责任。

3. 工程师

在业主聘请工程师进行工程项目管理的模式中，工程师的主要权力和责任有：

(1) 代表业主管理工程，行使施工合同规定的或必然隐含的权力，履行合同规定的职责，包括向承包商发出图纸、指令、批准，表示意见或认可，决定价格，解释合同，调解争执等。工程师应在合理的时间内履行其他约定的职责，在按合同行使各种权力，处理问题的时候必须公正地行事，以没有偏见的方式行使合同权力。

(2) 工程师可根据现场工程管理需要书面任命工程师代表，并可将属于自己的职责和权力授予工程师代表，还可以任命任意数量的助理协助工作。

(3) 批准承包商的分包商。如果无工程师的事先同意，承包商不得将工程的任何部分分包出去，但劳务分包，采购符合合同规定的材料和合同中已指定的工程分包商除外。

有权批准，或否决，或要求承包商撤回、更换承包商授权的代表；有权反对，或要求承包商撤回，或更换工程师认为渎职，或不能胜任工作或玩忽职守的承包商的任何劳务人员。

(4) 行使工程进度控制的权力。包括下达开工令、审查承包商提交的详细的进度计划、指令停工或加速施工等。

(5) 行使工程质量控制权力。对材料、设备、工艺和工程的检查权、认可权，以及在不符合合同规定情况下的处置权。

(6) 具有变更工程的权力。对各类工程变更，由工程师下达变更指令，并确定变更所涉及的合同价格的调整和工期的顺延。

(7) 没有工程师的同意，承包商已运至施工现场的所有设备、材料和临时工程不得移出现场。

(8) 工程师应按合同规定及时向承包商签发各种付款证书，例如进度付款、竣工支付和最终支付等。

(9) 工程师负责验收已基本竣工的部分工程或全部工程，颁发工程移交证书；在承包商的缺陷通知期结束后向承包商签发缺陷责任证书；并按合同规定向业主提交最终证书。

(10) 负责处理业主和承包商之间的索赔和反索赔事务。当按合同规定应给承包商以工期的延长和费用补偿（增加合同价格）时，或承包商应给予业主以费用赔偿或延长保修期时，由工程师决定其工期（包括保修期）的延长量和费用的补偿额。

(11) 工程师有权对合同文件之间出现的含糊、矛盾和不一致性作出解释和校正。

(12) 工程师无权修改合同，无权解除合同中规定的承包商的责任。这有两层意思：

1）工程师行使他的权力，例如批准实施方案，检查放线和隐蔽工程，验收材料和工程，并不能免除承包商的责任。即如果出现质量问题，仍由承包商负责。

2）工程师不能下达指令免除合同规定的承包商的责任，以防止工程师超越合同权力范围给承包商免责。当然业主有权力免除承包商的合同责任。

4. 质量管理

（1）承包商应按合同要求建立一套质量保证体系，并且遵守该体系。工程师有权对承包商建立的质量保证体系进行审查。遵守该质量保证体系，不解除合同规定的承包商的任何义务和职责。

（2）承包商的一切材料、工程设备和工艺都须符合合同规定，应当达到合同规定的质量标准，符合工程师的指令要求。

（3）工程质量的检查和监督，以及对质量不符合合同要求的处置。

1）工程师有权指令对承包商的一切材料、工程设备和工艺，在制造、装配地点、现场以及合同规定的其他地点进行检验，要求提交有关材料样品。

2）工程师有权进行合同规定以外的，如合同中未指明，未作专门说明，或检验在现场以外，或在制造、装配地点以外进行的检查。没有工程师的批准，工程的任何部分不得隐蔽。工程师可随时指令承包商对已覆盖的工程剥露，开孔检查，并将该部分恢复原状，使之完好。

3）如果承包商的材料或工程设备有缺陷或不符合合同规定，则工程师有权拒收这些材料或工程设备，并指令承包商在规定时间内更换不符合合同的材料和工程设备，拆除不符合合同规定的工程，并重新施工。

如果承包商未执行工程师的上述指令，或发生工程事故、故障或其他事件，而承包商没有（无能力或不愿意）执行工程师指令立即执行修补工作，则业主有权雇用其他人去完成该项工作并支付费用。如果上述问题由承包商责任引起，则应由承包商负担费用。

（4）工程竣工验收。

竣工验收作为一个合同事件，同时又有重要的法律意义。它表示承包商工程施工任务完成和工程照管责任结束，保修（缺陷）责任开始；业主认可并接收工程，随着工程的移交，工程的所有权和照管责任也移交给业主；合同规定的工程价款支付条款有效。

施工合同必须明确规定工程竣工验收的程序。通常有：

1）当全部工程基本完工，并圆满地通过合同规定的任何竣工检验时，承包商应通知工程师和业主，要求工程师颁发移交证书。

2）工程师在上述通知发出之日起规定时间内：

①工程师认为按合同要求工程已基本竣工，则给承包商颁发移交证书，确认竣工日期。

②如果工程中尚有影响基本竣工的任何缺陷，则工程师应指令承包商完成全部工作，修补这些缺陷。只有在承包商执行工程师上述指令，并使工程师满意后才能收到移交证书。

③如果工程没有达到合同规定的要求，存在缺陷，而这个缺陷不影响工程的使用功能和安全，业主可以接受有缺陷的工程，但承包商应赔偿业主的损失。

3）如果工程已竣工，且工程师满意，且已被业主占用，或在竣工前已由业主占有或使用，承包商可要求工程师签发移交证书。

4）如果工程已符合规定的竣工要求，但由于业主、工程师或业主的其他承包商负责的原因，使承包商不能进行竣工检验，则认为业主已在本应该进行，但未进行的检验日期接收了工程。而检验工作可以放在缺陷通知期内进行。如果这种检验使承包商增加了费用，业主应予以补偿。

5）在工程师签发整个工程的移交证书之后规定时间内，承包商应向工程师提交竣工报表，开始竣工结算。

（5）保修（缺陷通知）责任

1）工程保修期（又叫缺陷通知期），通常在投标书附件中明确规定。它从工程移交证书上工程师指定的竣工日期算起。

2）承包商的保修责任。

①在缺陷责任证书颁发前，如果工程师在进行检查后，通知承包商修补、重建和补救工程缺陷和其他问题，承包商应在缺陷通知期内，或期满后一定时间内执行工程师的指令，完成所有维修工作。

②如果上述缺陷是由于承包商责任造成的，例如他所用材料、设备或工艺不符合合同，他负责设计的部分永久性工程出现错误等，则承包商承担维修费用，否则由业主承担费用。

③如果承包商未在合理的时间内执行工程师的指令，业主有权雇用他人完成上述修理工作。如果缺陷的原因由承包商责任引起，则由承包商负担费用。

④FIDIC 合同规定，如果由于承包商责任造成工程设备更新或更换，引起工程不能正常使用，则相应的工程部分的保修期应作延长。

（6）颁发工程缺陷责任证书。在工程的缺陷通知期终止之后一定时间内，工程师颁发工程的缺陷责任证书，送交业主和承包商。

5. 合同价格

（1）合同价格是指在中标函或合同协议书中写明的，按照合同规定承包商完成工程的设计、采购、施工、竣工，并完成保修责任应付给他的金额。但它一般不是最终合同价格。通常最终合同价还包括承包商索赔的追加费用和业主按合同规定索赔的扣减费用。

（2）工程施工合同的计价方式通常有：

1）单价合同。施工合同通常采用单价合同形式。业主按照标准的工程量的划分（如我国的建设工程量划分标准）提供工程量表，由承包商按照工程量表报出单价，再计算合价。承包商对单价负责。业主按照实际工程量和合同单价计算支付工程款。

现在在单价合同的工程量表中，还可能有如下情况：

①工程分项的综合化。即将工程量划分标准中的工程分项合并，使工程分项的工作内容增加，具有综合性。例如在某城市地铁建设项目中，隧道的开挖工程以延长米计价，工作内容包括盾构、挖土、运土、喷混凝土、维护结构等。它在形式上是单价合同，但实质上已经带有总价合同的性质。

②单价合同中有总价分项。即有些分项或分部工程或工作采用总价的形式结算（或被称为"固定费率项目"）。如在某城市地铁建设项目中，车站的土建施工工程是以单价合同发包的。但在该施工合同中，维护结构工程分项却采用总价的形式，承包内容包括维护结

构的选型、设计、施工和供应。

③暂定金额。它是工程量清单中一个特殊处理的分项，有备用的性质。它的使用范围通常包括：招标时对工程范围和技术要求不能详细说明的分项，有些分项尚不知道是否包括在合同中，由指定分包商完成的工程、供应或服务，一些可能的意外事件的花费等。

它的数额一般由业主或工程师统一填写，它的使用由工程师批准，可以全部，部分地使用，也可以不用。

2）总价合同。合同双方以一个总价格签订合同，结算。在现代工程中，总价形式的施工合同应用越来越多。甚至有时业主仅提出初步设计文件，要承包商以一个固定总价格承包。

（3）在合同价款的确定性方面又分为：

1）固定价格形式。合同价格是固定的，不以物价、人工工资，甚至法律的变化而调整。承包商承担物价上涨的风险。

2）可调价格形式。合同价款可根据专用条款规定，按照劳动力价格、材料价格和影响施工费用的其他因素的变化而调整。通常合同必须明确规定调整方法和调整计算公式。

（4）施工合同的付款方式。施工合同的付款方式可能有：

1）按照实际月进度工程量付款。这是最常见的付款方式。

2）按照施工过程的形象进度付款。如业主分别在开工、基础完成、主体结构封顶、工程竣工、保修期结束等各支付一定比例的合同价款。这在总价合同中用得较多。

3）工程竣工一次性付款。对此承包商需要一定量的垫资，会影响他的财务风险和成本。

4）对付款有影响的其他问题。

①预付款。如果合同规定业主应为承包商的工程准备向其支付预付款，则合同应规定预付款的支付方式（时间、货币、比例），支付条件，预付款保函，预付款扣还方式等。

②保留金。保留金的比例、退还方式由合同规定。通常按承包商实际完成的工程价款和保留金比例计算，在承包商的期中付款中扣留。在竣工验收后，保留金退还一半；在保修期结束后退还另一半。

（5）工程计量。对单价合同，合同工程量表中列出的数量是估算工程量。向承包商支付的工程款按合同单价和实际工程量计算。所以实际工程的计量对工程款支付有很大影响。

通常在承包商完成相应的工程分项后必须经过工程师的质量检验，合格后才能进入测量程序。工程量的测量程序按照合同规定，由工程师负责，承包商派人协助，并确认测量结果。

（6）期中付款。

1）在每月末或合同规定期中付款期末，承包商向工程师提交工程款结算报表，列出承包商认为到该期末按合同规定自己有权获得的各个款项，应包括已完成的工程或工作的合同价格，按合同规定应进行的价格调整，承包商有理由索赔，或业主有理由扣除的款额，合同规定应扣还的预付款和扣减的保留金等。

2）工程师在接到上述报表后在一定时间内作出审核，并向业主出具付款证书，确认他认为到期应支付给承包商的金额。

3）在工程师的付款证书开出并送达业主后规定的时间内，业主应将款额支付给承包商。

（7）竣工结算。当全部工程基本完工并圆满通过合同规定的任何竣工检验，并在工程师签发整个工程移交证书后规定的时间内，承包商向工程师提交竣工报表。

在国际工程中，竣工结算不作为最终结算，工程师的审查程序与业主的支付程序与期中付款相似。

在签发移交证书时，工程师应签发付款证书，将保留金的一半退还给承包商。

（8）最终结算。在国际工程中，最终结算在缺陷通知期（保修期）结束后进行，是工程有约束力的和结论性的结算。

1）在工程师签发工程缺陷责任证书后一定时间内，承包商向工程师提交一份最终报表草案，详细说明，按合同所完成的工程最终价格和承包商应得到的进一步付款。

经与工程师商讨，核实后，承包商编制并提交双方一致同意的最终报表，并向业主提交一份书面结算清单，作为最终结算。

2）此后，工程师应在一定时间内向业主发出最终证书。工程师签发工程的最终支付证书，表示承包商的全部合同义务完成；工程符合合同的要求，工程师满意。

3）业主在接到最终证书后规定时间内向承包商支付工程师在最终证书上确认的款项。

4）整个工程的保修期完，工程师应给承包商出具剩余的保留金的付款证书。

5）只有最终证书得到支付，同时业主退还承包商的履约保证，本工程的最终结算清单才生效，合同结束。

（9）合同价格的调整。通常施工合同价格的调整可能有如下情况。

1）当发生合同规定应给予承包商调整合同价格（即承包商有费用索赔权）的情况时。例如业主不能按投标书附录规定的时间提供现场、道路、图纸和应由业主供应的材料和设备；承包商遇到了一个有经验的承包商也无法预见到的地表以下的条件；工程变更；人工工资、材料价格上涨；工程所在国法律、法规、法令、政令、规章、细则发生变化等。

2）当发生承包商应偿付业主发生的费用情况，即业主向承包商的索赔。例如由于承包商的工程设备、材料、设计和工艺经检验不合格，工程师指令拒收或作再度检验，进而导致业主费用的增加；由于承包商的违法行为导致业主、工程师，业主的其他承包商等遭到其他方面的索赔、损害、损失和费用；工程没有通过竣工检验，而业主同意接收有缺陷的工程，则合同价格应予相应减少等。

3）合同规定承包商应向业主支付费用的情况。如承包商使用业主在现场提供的水、电、气及其他设施；使用由业主按照合同规定负责提供、安排及运行的机械和设备等。

对这些问题在第十、十一章中再进一步讨论。

6. 合同工期及其进度控制

（1）开工期由合同规定，或指承包商接到工程师发出的开工通知书的日期。在中标函发出后，工程师应在投标书规定的期限内发出开工通知。

（2）在合同签订或中标函发出后，承包商应按专用条款约定的日期，将详细的工程实施计划提交工程师审查。承包商必须按工程师确认的进度计划组织施工，接受工程师对进度的检查，监督。工程实际进度与已确认的进度计划不符，承包商应按工程师的要求修改进度计划，经工程师确认后执行。

（3）工程师有权指令承包商按工程师认为必要的时间和方式暂停工程的实施。

（4）对承包商责任造成的工期拖延，使工程竣工期限不符合合同要求，工程师有权指令承包商采取必要措施，加速施工。对此承包商无权要求支付附加费用。

（5）合同规定的竣工时间，是指在投标书附件中规定的从开工日算起，到全部工程或其任何部分或区段施工结束，并通过竣工检验的时间。这个时间由工程师按合同规定的移交程序，在签发的移交证书上确认。

（6）承包商的合理竣工时间应包括合同规定的竣工时间和承包商有权延长的工期。对如下情况，承包商有权延长竣工期限：

1）设计变更和工程量变化，额外或附加工作（工程）。

2）不可抗力因素的作用和恶劣的气候条件的影响。

3）由于业主责任造成的干扰，如不能按专用条款的约定提供图纸及开工条件；不能按约定日期支付工程预付款、进度款，致使工程不正常进行等。

4）非承包商责任的其他特殊情况，如非承包商原因停水、停电、停气造成工程停工。

5）合同条件提到的给予承包商延长工期权力的其他各种原因。

实际工程竣工时间与承包商合理竣工时间之差就是承包商责任的拖延。

7. 保证措施和违约责任

（1）担保。为了保证双方圆满地履行合同责任，施工合同设置了一些保证措施。

1）履约担保。在签订合同协议书时，或发出中标函之后一定时间，承包商应按照合同要求提供履约保函，并保证履约保函在合同规定的时间内一直有效。

2）我国施工合同规定，业主可以向承包商提供支付担保，保证按合同支付工程价款。

FIDIC施工合同规定，如果承包商提出，业主应在收到承包商的任何要求28天内，提出自己为本工程的付款所作出的资金安排的合理证明。如果业主拟对其资金安排做任何重要变更，应将其变更的详细情节通知承包商。

3）可能有的其他保证措施：

①承包商的母公司担保。

②预付款担保。如果合同规定业主向承包商提供预付款，则在业主支付预付款前承包商必须提供等额的预付款担保。

③承包商的材料设备进入施工现场就作为业主财产，没有工程师同意不能移出现场。

④保留金。保留金有担保的性质。

（2）保险。现代工程趋向采用灵活的保险策略。具体投保种类、内容、保险责任人、相关责任等，可以在专用条款中约定。

1）对工程现场内业主人员及第三方人员生命财产的保险通常由业主负责购买。业主也可以将该保险事项委托承包商办理，费用计入承包商报价中。

2）承包商必须为施工场地内所属人员生命财产和施工机械设备办理保险，为从事危险作业的职工办理意外伤害保险，并支付相应的保险费用。

3）工程一切险。工程，以及运到施工现场内的工程材料和待安装设备的保险，可以由承包商或业主作为保险责任人，负责购买。

该项保险责任人应在现场工作开始前向对方提供保险证据。他应保证按合同条款的规定，在整个工程期间内有完备的保险。如果该保险责任人未按合同要求投保并保持有效，或未在规定时间内向对方提供各项保险单，则对方有权购买该保险，并由该责任人支付保险费。

对风险造成的损失，如果未保险，或未遵守合同规定的保险条件或未能从承保人处获得全部赔偿，则应由按合同规定的风险责任人负责不足部分的赔偿或承担相应责任。

（3）承包商违约。

1）承包商误期违约金。如果承包商未在合同规定的竣工时间内完成工程，则应向业主支付投标书附件中写明的误期违约金。该违约金总额不超过合同所规定的最高限额。

2）出现承包商严重违约，或无力、无法、不能正确履行合同的情况，例如：

①承包商不能偿付他到期的债务，已失去偿付能力，处于破产、停业清理、解体、被转让、被清算等的境地。

②承包商未取得业主的事先同意将合同或合同一部分转让出去。

③承包商已否认合同有效。

④在接到工程师的开工通知后，无正当的理由拖延开工。

⑤由于承包商责任造成工期拖延，工程师认为施工进度不符合竣工期限要求，指令承包商采取加速措施。而承包商在接到工程师的指令后一定时间内，未采取相应的措施。

⑥如果承包商的材料、设备和工程经工程师检验确认，其结果不符合合同规定，工程师向承包商发出拒收通知，要求承包商将不符合合同要求的材料或工程设备运出现场，并用合格的取代，拆除不符合合同的工程并重新施工。在指令发出后规定时间内，承包商未执行指令。

⑦无视工程师事先的书面警告，固执地、公然地忽视履行合同规定的义务。

⑧承包商擅自将工程的某些部分分包出去等。

则业主可以向承包商发出终止对承包商雇用的通知，进驻现场，在不解除承包商的合同义务与责任，不影响业主合同权利或工程师权力的情况下，业主可自己完成该工程，或另委托他人完成工程。在其中业主有权使用承包商的设备、临时工程和材料。

业主终止对承包商的雇用后，在保修期满前，业主不再向承包商支付合同规定的进一步款项。在最终结算中，工程师应核查承包商工程施工、竣工、保修期费用、误期赔偿费以及业主为完成工程已支付的所有其他费用等，再确定承包商的债务或债权。

（4）业主违约

1）业主未能在合同规定的付款期内支付工程款，则承担违约责任。

①业主应按投标书附件中规定的利率，从应付之日起向承包商支付全部未付款利息。

②在上述付款期满后规定时间内，业主仍没支付，则承包商可通知业主和工程师，暂停工作或放慢工作速度。对由此而造成的工期拖延和费用损失由业主负责。

③在上述付款期满后规定时间内业主仍没支付，承包商有权通知业主和工程师，终止合同雇用关系。

2）当出现业主无力、无法或不能正确地履行合同的情况，例如：

①未能按工程师出具的付款证书及时向承包商付款；

②无理地干扰，阻挠或拒绝批准工程师颁发上述付款证书；

③破产或停业清理；

④通知承包商，由于经济混乱或不可预见的原因，他不可能继续履行合同义务；

则承包商有权根据合同终止雇用关系，并通知业主和工程师。

对此，业主不仅有义务向承包商支付这种终止前完成的全部工程的费用（扣去已支付给承包商的款项），而且还应赔偿承包商由于这种终止所造成的损失或损害费用。

（5）解除合同关系。在如下情况下可以解除施工合同关系：

1）如果在颁发中标函后发生双方无法控制的任何情况，使双方中任何一方不能依法履行自己的合同义务，或根据合同法双方均被解除继续履约。

2）在合同执行中，如果发生战争（不论宣战与否），业主有权通知承包商终止合同。

3）由于非承包商责任引起，且工程师书面指令承包商暂停整个工程施工。该项暂停超过合同规定的期限，承包商有权按照合同规定的程序解除合同关系。

8. 索赔和争执的解决

（1）索赔程序。现在国内外的施工合同文本所规定的索赔程序基本相同。

1）承包商应在引起索赔的事件发生之后的 28 天内将自己的索赔意向通知工程师。

2）在索赔意向通知发出后 28 天内，或在工程师同意的其他合理时间内，承包商应向工程师送交索赔报告（主要包括索赔额及索赔的依据等详细材料）。

3）如果干扰事件持续时间长，具有连续性，承包商应按工程师要求的时间间隔持续提出阶段索赔报告。在干扰事件所产生的影响结束后的 28 天内，再提出一份最终索赔报告。

4）工程师在收到承包商的索赔报告和有关资料后，于规定时间内给予答复，或要求承包商进一步补充索赔理由和证据。如果工程师在此时间内未予答复，即被视为已认可该项索赔。

5）在工程师与业主和承包商协商后，承包商有权要求将对已被确认（或部分确认）的承包商索赔要求，纳入按合同规定的按期应支付的款额（如工程进度款）中支付。

6）如果在整个工程全部竣工时，承包商仍有尚未提出的或尚未付款的索赔，则应在竣工报表中列出；在缺陷通知责任结束时尚有未提出的或未付款的索赔，则应在最终报表中列出，否则业主不再负有赔偿责任，承包商根据合同进行索赔的权力即告终止。

（2）争执的解决。

对业主和承包商之间的合同争执，通常施工合同明确规定的解决程序为：

1）由工程师提出解决决定。合同任何一方可以以书面的形式将争执提交工程师，并将副本送交对方。工程师在收到争执文本后规定期限内作出解决决定，并通知双方。

2）在国际工程中可以采用争议裁决委员会（DAB）方法解决争执。

3）仲裁。在工程合同中必须有专门的仲裁条款，包括：

①仲裁方式和程序。合同应明确规定，申请仲裁的程序，仲裁组织方式等。

②仲裁所依据的法律。

③仲裁地点。

④仲裁结果的约束力，即仲裁决定是否是终局性的。

如果没有上述仲裁条款，通常就不能用仲裁的方式解决争执。

第三节　"设计—采购—施工"总承包合同

一、概述

"设计—采购—施工"总承包是最典型和最全面的总承包方式（下面就简称为工程总承包）。它的合同关系（见图2-5）。承包商负责一个完整工程的设计、施工、设备供应等工作。本合同工程和工作范围最大，业主仅面对一个承包商。工程项目的实施和管理工作都由总承包商负责。承包商可以将工程范围内的一些设计、施工、供应工作分包出去。

通常业主委托咨询单位负责业主的决策咨询工作，如起草招标文件，对承包商的设计和承包商文件进行审查，对工程的实施进行监督，质量验收，竣工检验等。

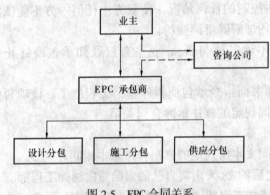

图2-5　EPC合同关系

二、工程总承包合同的运作过程

工程总承包合同在招标程序，合同的实施过程，责权利的划分方面与施工合同有较大的区别。它的运作过程可见图2-6。

图2-6　总承包合同运作过程

1. 业主在项目立项后就进行工程招标。业主委托咨询公司按照项目任务书起草招标文件。在招标文件中，有投标人须知、合同条件、"业主要求"和投标书格式等文件。

"业主要求"作为合同文件组成部分，是承包商报价和工程实施最重要的依据。它是业主对工程项目的目标、合同工作范围（竣工工程的功能、范围和质量要求，要求承包商提供的物品）、设计和其他技术标准，进度计划的说明，以及对承包商实施方案的具体要求和根据合同对其所做的任何变更和修改。

业主要求还可能包括：工程放线参照系，环境方面的限制，现场可供应的电、水、气和其他服务设施，业主提供的机械和免费使用的材料，现场的其他承包商，对设计人员标准的要求，施工文件的范围、实施的程序和施工前审核，样品的范围、提交程序和施工前审核，对业主人员的操作培训，维修手册，竣工图纸及其他工程记录，为业主代表和其他人员提供的设施表，工程的检验、试验要求；竣工检验的要求，暂定金额等。

2. 承包商提出投标文件和报价。承包商的投标文件可能包括：

（1）投标书。

（2）承包商的项目建议书，通常包括工程总体目标和范围的描述、工程的方案设计（有时被称为标前设计）和总实施工作（包括采购、施工、运营）计划、项目管理组织计划等。

（3）工程估价文件等。

投标文件是承包商在对合同条件、业主要求和业主提交的其他文件的分析、理解，对环境作详细调查，向分包商、设备和材料的供应商询价的基础上，结合过去工程的经验作出的。

3. 在业主确定承包商中标，签订合同后，承包商按照合同条件、业主要求、承包商的投标文件进行初步设计、详细设计（施工图设计），并做相应的采购和施工计划。承包商每一步设计和计划的结果以及相关的"承包商文件"都须经业主审查批准。

承包商文件是在总承包合同中专门定义的。它由承包商负责编写，包括业主要求中提出的技术文件（如计算书、计算机程序，软件、图纸、手册、模型、样品、图样，以及其他技术文件）、为满足所有规定要求的报批文件、竣工文件、操作和维修手册等。但它不包括施工组织设计文件。

4. 承包商按照合同条件、业主要求、业主批准的设计和承包商文件组织工程的采购和施工，为业主提供操作维护文件、培训操作人员，完成承包商的合同责任，最终工程竣工。

5. 业主验收并接收工程，承包商在缺陷责任期完成工程的缺陷维修责任。

三、总承包合同文件

总承包合同文件包括的范围及执行的优先次序如下：

1. 合同协议书。

2. 合同条件第二部分，即专用条件。

3. 合同条件第一部分，即通用条件。

4. 业主要求。

5. 投标书。指包含在合同中的由承包商提交并被中标函接受的为完成工程的报价书，以及附件。

6. 构成合同组成部分的其他文件。可能有：

（1）与投标书同时提交，作为合同文件的组成部分的信息与数据资料，包括工程量清单、数据、表目、费率或价格。

（2）付款计划表或作为付款申请的组成部分的报表。

（3）随投标书一同递交的方案设计（标前设计）文件等。

四、工程总承包合同的主要内容

从总体上来说，工程总承包合同具有与施工合同相似的形式。双方的责任和权益，工程的价格、进度、质量管理，保险和风险责任、争执和索赔的解决与施工合同基本相同。但由于承包商的工程范围扩展，工程的运作方式有些变化，所以总承包合同还有一些新的内容。在下面的分析中与施工合同相同的内容不作重复，主要介绍不同的内容。

1. 业主的责任和权力

（1）业主选择和任命业主代表。业主代表由业主在合同中指定，或按照合同规定任命。

在总承包实施合同中，业主代表的角色、权力和主要工作与施工合同中工程师相同。由业主代表管理工程，下达指令，行使业主的权力。例如审查承包商的质量保证体系；发出开工通知，控制进度，指示承包商暂停施工；负责工程计量，签发期中支付证书，批准竣工报表，审查最终报表，颁发最终支付证书；签发工程的移交证书和履约证书等。

除非合同条件中明确说明，业主代表无权修改合同，无权解除合同规定的承包商的任何职责、义务和责任。

（2）业主对工程勘测负责。业主应按合同规定日期，向承包商提供由他负责的工程勘测所取得的现场水文及地表以下的资料。承包商应负责核实和解释所有此类资料。除合同明确规定业主应负责的情况以外，业主对这些资料的准确性、充分性和完整性不承担责任。

通常总承包合同的承包范围不包括地质勘察。即使业主要求承包商承担勘察工作，一般也由另外一份合同解决。这涉及在总承包范围内承包商对地质风险的责任。

（3）业主代表有权指令或批准变更。与施工合同相比，总承包工程的变更主要指经业主指示或批准的对业主要求或工程的改变。通常对施工文件的修改，或对不符合合同的工程进行纠正不构成变更。

（4）业主代表有权检查与审核承包商的施工文件，包括承包商绘制的"竣工图纸"。"竣工图纸"的尺寸、参照系统及其他有关细节必须经业主代表认可。

（5）若发生缺陷和损害，而承包商不能在现场迅速修复时，业主代表有权同意将有缺陷或损害的工程的任何部分移出现场修复，有权要求和指令承包商调查产生任何缺陷的原因，并就此决定是否调整合同价格。

2．承包商的责任

与施工合同规定相比，在总承包合同中承包商有更大的工程责任。

（1）承包商的总体责任是提供符合合同要求，并符合合同规定目的的工程。承包商的工程范围应包括为满足业主要求，并为承包商的建议书及资料表所必需的，或合同隐含或由承包商的义务而产生的任何工作，以及合同中虽未提及但按照推论对工程的稳定、完整、安全、可靠及有效运行所必需的全部工作。

承包商应提供合同规定的生产设备和承包商文件，以及设计、施工、竣工和修补缺陷所需的所有临时性或永久性的承包商人员、货物、消耗品及其他物品和服务。

（2）与施工合同相比，承包商承担设计责任。

1）承包商负责工程的设计。承包商应使自己的设计人员和设计分包商符合业主要求规定的标准。如果合同未规定，承包商使用的任何设计人员、设计分包商都必须事先征得业主代表的同意，具备从事设计所必需的经验与能力，并能随时参与业主代表的讨论。

2）开始设计之前，承包商应完全理解业主要求，并将业主要求中出现的任何错误、失误、缺陷通知业主代表。除合同明确规定业主应负责的部分外，承包商对业主要求（包括设计标准和计算）的正确性负责。承包商从业主或其他方面收到任何数据或资料，不解除承包商对设计和工程施工承担的责任。业主对原提供的业主要求中的任何错误、不准确或遗漏，以及对业主提供的任何数据或资料的准确性或完备性不承担责任。

3）承包商应以合理的技能和慎重进行设计，达到预定的要求，保证工程设计的适宜性和工程的可用性。业主代表有权在工程施工前对设计文件进行审查、修改。

4）承包商应按照业主要求中规定的范围、详细程度提供操作维修手册，对业主人员进行操作维修培训。这是工程按照规定接收和竣工的前提。

操作维修手册应能满足业主操作、维修、拆卸、重新组装、调整和修复生产设备的需要。

(3）承包商对承包商文件承担责任。它应足够详细，并经业主代表同意或批准后使用。

1）承包商文件应由承包商保存和照管，直到被业主接收为止。除非合同中另有规定，承包商应向业主提供承包商文件一式六份。

2）由承包商负责编制的承包商文件及其他设计文件，就合同双方而言，其版权和其他知识产权归承包商所有。未经承包商同意，业主不得在本合同以外，为其他目的使用。

3）承包商若要修改已获批准的承包商文件，应通知业主代表，并提交修改后的文件供其审核。在业主要求不变的情况下，对承包商的文件的任何变更不属于工程变更。

(4）承包商应编制足够详细的施工文件，符合业主代表的要求。对他所编制的施工文件的完备性、正确性负责。

(5）承包商应负责工程的协调，负责与业主要求中指明的其他承包商的协调，负责安排自己的分包商、承包商本人、业主的其他承包商在现场的工作场所和材料存放地。

(6）除非专用条件中另有规定，承包商应负责工程需要的所有货物和其他物品的包装、装货、运输、接收、卸货、存储和保护，应及时将任何工程设备或每项其他主要货物将运到现场的日期，通知业主。

从上述分析可见，承包商对业主要求定义的整个工程的功能和运营目标负全部责任。其责任是完备的，一体化的。各专业工程的设计、供应、施工之间没有责任盲区。

3．质量保证与现场监督体系

总承包合同在质量管理方面与施工合同相同，另外还有特殊的规定。

(1）承包商应保证其设计、施工文件、工程施工和竣工的工程符合：

1）工程所在国的法律、规范、技术标准、规章等；

2）属于合同组成部分的文件；

3）工程所在国的技术标准、建筑、施工与环境方面的法律、适用于工程将生产的产品的法律，以及业主要求中提出的适用于工程、或适用法律规定的其他标准。

在基准日期之后，合同所依据的技术标准，规章发生实质性变动，或最新的国家规范、技术标准和规章开始生效，承包商应向业主代表提交遵循这些规定的建议。

(2）业主代表对工程质量有检查、审查、检验、修正、认可的权利。

1）在每一设计和实施阶段开始之前，承包商应将所有方案的细节和执行文件提交业主代表。任何签发给业主代表的文件，须附有经签字的质量说明。

2）施工文件应由业主代表进行施工前的检查和审核，否则不得施工。如果承包商的施工文件不符合业主要求中的规定，承包商应自费修正，并重新提交审核。

施工必须按已批准的施工文件进行。如果业主代表为实施工程的需要指令提供进一步的施工文件，则承包商在接到该指令后应立即编制。若承包商要对任何设计和文件进行修改，须通知业主代表，并提交修改后的文件供其审核。

3）承包商应于施工前提供材料样品及资料供业主代表审核。如果承包商提出使用专利技术或特殊工艺，必须报工程师认可后实施。承包商负责办理申报手续并承担有关费用。

4）对合同规定的所有试验，承包商应提供所需的全部文件和其他资料，提供所有装置和仪器、电力、燃料、消耗品、工具、材料，以及具有适当资质和经验的人员、劳动力。

（3）竣工检验。

1）"竣工检验"开始前，承包应对照有关规范和数据表制定一整套工程实施的竣工记录；绘制该工程的竣工图纸；编制业主要求中规定的竣工文件以及操作和维修手册；并分别按要求提交业主代表。这是工程竣工移交的前提条件。

2）承包商提交了"竣工图纸"及操作和维修手册以后，应进行竣工检验。一旦工程通过了竣工检验，承包商须向业主以及业主代表提交一份有关所有此类检验结果的证明报告。业主代表应对承包商的检验证书批注认可，就此向承包商颁发证书。

3）如果工程或某区段未能通过竣工检验，则业主代表有权拒收。业主代表或承包商可要求按相同条款或条件重复进行此类检验以及对任何相关工作的检验。

4）当该工程或区段仍未能通过按上述规定所进行的重复竣工检验时，业主代表有权拒收整个工程或某区段，并将它作为承包商违约处理，承包商应赔偿业主相应的损失；或业主可以接收，颁发移交证书，合同价格应相应予以减少。

（4）总承包合同可以要求进行竣工后检验。该检验应在移交后尽快进行。竣工后检验的责任、程序、结果的处理由合同明确规定。

（5）承包商的缺陷责任。由于工程的设计、工程设备、材料或工艺不符合合同要求，或承包商未履行他的任何合同义务引起工程的缺陷，由承包商自费进行维修。对其他情况引起的缺陷，则按变更处理。

如果发生承包商缺陷责任的情况，而承包商不能按合同要求修补缺陷，则业主可以：

1）以合理方式由自己或他人进行此项工作，由承包商承担风险和费用，由业主从承包商处收回此费用。

2）要求业主代表确定与证明合同价格的合理减少额。

3）如果该缺陷导致业主基本无法享用工程带来的全部利益，业主有权对不能按期投入使用的部分工程终止合同，拆除工程，清理现场，并将工程设备和材料退还承包商。业主有权收回该部分工程价款和为上述工作所支付的全部费用。

4. 合同价款与支付

（1）"合同价格"是根据合同规定并在合同协议书中写明，为工程的设计、实施与竣工以及修补缺陷应付给承包商的金额。通常总承包合同为总价合同，支付以总价为基础。

1）如果合同价格要随劳务、货物和其他工程费用的变化进行调整，应在专用条款中规定。如果发生任何未预见到的困难和费用，合同价格不予调整。

2）承包商应支付他为完成合同义务所引起的关税和税收，合同价格不因此类费用变化进行调整，但因法律和法规变更除外。

3）资料表中可能列出的任何工程量仅为估算工程量，不得视为承包商履行合同规定义务应完成的实际或正确的工程量。

4）在总价合同中也可能有按实际完成的工程量和单价支付的分项，即采用单价计价方式。有关它的测量和估价方法可以在合同专用条款中规定。

（2）合同价格的期中支付。合同价格可以采用按月支付或分期（工程阶段）支付方式。如果分期支付，则合同应包括一份支付表，列明合同价格分期支付的详细情况。

（3）对拟用于工程但尚未运到现场的生产设备和材料，如果根据合同规定承包商有权获得期中付款，则必须具备下列条件之一：

1）相关生产设备和材料在工程所在国，并已按业主的指示，标明是业主的财产。

2）承包商已向业主提交保险的证据和符合业主要求的与该项付款相同的银行保函。

5. 解除合同关系

1）业主有权在任何时候终止合同。业主可在规定的时间内向承包商发出通知，将履约保函退还承包商，则合同即被终止。业主不应为了要自己实施或安排另外的承包商实施工程，而终止合同。

2）由于承包商责任造成工程缺陷和损害使业主基本上无法享用全部工程或部分工程所带来的全部收益时，对不能按期投入使用的部分工程业主有权终止合同，并向承包商收回已支出的全部费用和拆除工程的费用。

第四节 工程分包合同

一、概述

工程分包合同是工程施工合同或工程总承包合同（即在分包合同中被称为"主合同"）的配套使用文本。它是承包商与分包商之间为施工任务的分包所签订的合同。在现代工程中，由于工程总承包商通常是技术密集型的和管理型的，而专业工程施工由分包商完成，所以分包商在工程中起重要作用。工程分包合同是工程合同体系中的一个重要组成部分。

它所适用的合同关系可见图2-7。

1. 承包商作为分包合同的发包人，将主合同（施工合同或总承包合同）范围内的一项或若干项工程施工分包出去。与主合同相似，他对分包商具有主合同所定义的业主的责任和权力。在与业主关系上，他仍承担主合同所定义的全部合同责任。工程分包不能解除承包商任何责任与义务。分包商的任何违约行为、安全事故或疏忽导致工程损害或给业主造成其他损失，都由承包商向业主承担责任。

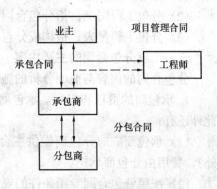

图2-7 分包合同关系

2. 通常工程分包合同的范围必须有工程施工任务，仅劳务或材料采购分包不属于工程分包的范围。施工合同规定，非经业主或工程师同意，承包商不得将承包工程的任何部分分包出去，而材料和劳务的分包不需要经过工程师或业主代表的批准。

3. 工程分包合同的特点。分包合同的内容，合同双方的责权利关系、管理程序和争执的解决等，与施工合同基本相似。但它有如下特点：

（1）作为主合同的分包合同，它对主合同有依附性。主合同存在，分包合同才存在；主合同修改，分包合同也作相应修改。

（2）分包合同保持了与主合同在内容上、程序上的相容性和一致性。这个相容性基本上能保持两个合同使用中不出现矛盾和混乱。但为了保证主合同的顺利实施，分包合同在管理程序的时间定义上要比工程施工合同更为严格。

如对工程款的支付程序、索赔的程序，分包合同的时间规定都比主合同的规定要短。

（3）在分包合同中，承包商拥有类似于主合同中的工程师（或业主代表）的权力。所以在主合同和分包合同中，承包商的角色刚好相反。

（4）分包商具有主合同所定义的承包商的责任和权利，主合同所定义的与分包合同工程范围相应的责任和权利关系也由此传递下来。所以分包商不仅要掌握分包合同，而且要了解主合同，熟悉主合同中与分包合同工程范围相关的内容，例如风险责任的划分，工作程序，价格调整的范围等。

（5）对业主来说，分包商工作作为承包商工作的一部分。业主和分包商之间不能再有任何私下约定。分包工程价款由承包商与分包商结算。未经承包商同意，业主不得以任何名义向分包商支付各种工程款。

二、分包合同文件

我国分包合同示范文本规定，分包合同文件的解释和执行的优先次序为：

1. 分包合同协议书。
2. 承包商发出的中标函。
3. 分包商的投标函及报价书。
4. 除承包合同价款之外的承包合同文件。
5. 分包合同条件第二部分，即专用条件。
6. 分包合同条件第一部分，即通用条件。
7. 构成分包合同一部分的任何其他文件，这里可能包括：
（1）分包工程规范，以及根据规定对规范进行的任何修改或增补；
（2）分包工程图纸，指分包合同中的所有图纸、计算书以及类似性质的技术资料；
（3）分包工程量表，指构成分包商的报价书一部分的且已标价的工程量表等。

三、工程分包合同的主要内容

分包合同的内容与前面分析的施工合同基本相似，下面主要分析不同点。

1. 承包商的责任和权利。承包商具有与主合同中工程师（业主）相同的责任和权力。此外还有：

（1）承包商应向分包商提供主合同真实副本（涉及承包商主合同的报价细节材料除外），费用由分包商承担。

（2）按照分包合同专用条件的规定，向分包商提供应由承包商提供的设备和设施。它们可由分包商与承包商，或其他分包商合用。如合同专用条件有规定，也可由分包商专用。

承包商应允许分包商使用承包商提供的与主合同工程相关的临时工程，但这种允许不是承包商的法定义务。

2. 分包商的责任和权利。分包商是分包工程的承担者，分包商仅执行承包商的指令，他具有与施工合同中承包商相同的责任和权利。

(1) 由于分包商也承担着主合同中与分包工程相关的合同义务与责任，分包商有责任和权利了解主合同的各项规定。分包商在审阅分包合同和主合同时，或在分包合同施工中，如果发现分包工程的设计和规范有错误、遗漏、失误和其他缺陷，应立即通知承包商。

(2) 分包商应在有关分包工程方面执行工程师的指令。但这种指令必须由承包商作出确认，并通知分包商。与主合同的工程师发出指令一样，分包商有权从承包商处获得执行这些指令应得的补偿。如果这些指令有错误，分包商有权向承包商提出费用索赔。

(3) 工程变更。工程师按照主合同下达变更指令后，承包商应对变更指令作确认并通知分包商。分包商不执行工程师直接下达而未经承包商确认的变更指令。如果分包商收到工程师直接下达的变更指令，应立即通知承包商；承包商应立即提出对该变更指令的处理意见。

(4) 如果按照主合同，承包商应向工程师或业主递交任何通知和其他资料或保持同期记录，分包商应就有关分包工程方面以书面形式向承包商发出类似文件，以便使承包商遵守相应的主合同条件。前提是承包商应事先要求或通知分包商递交这些文件，或保持同期记录。

3. 分包合同价格及支付

(1) 分包合同的计价方式与施工合同相似，但通常单价合同较多。

(2) 分包合同的计价方式和支付方式以及程序与施工合同相似。但由于分包合同是施工合同或总承包合同的一部分，所以在分包合同的支付程序中，分包商提出的付款申请的时间要比主合同规定早，而付款时间上要比主合同规定的长。保证承包商在获得业主的支付后再给分包商支付。

4. 合同终止

(1) 如果按照主合同规定，对承包商的雇用被终止或主合同终止，则承包商应立即通知分包商停止按分包合同对分包商的雇用。与主合同处理相似，分包商应在接到本通知后尽快将人员和设备撤离现场。

如果由于主合同原因造成对分包商雇用终止，承包商应向分包商赔偿：

1) 分包合同终止前已完成的全部工作的费用；

2) 分包商已带到现场的所有材料的费用（扣除已使用的和已付款的部分），现场撤出分包商的设备和在分包商的要求下将设备运回其注册国设备基地或其他目的地的费用；

3) 分包商所雇用的所有从事分包工程和与分包工程有关人员的合理的遣返费；

4) 准备为分包工程所用的在现场以外准备或制作的任何物品的费用，但分包商应将此类物品交给承包商。

(2) 如果由于分包商违约行为导致业主终止对承包商的雇用或终止主合同，则作为分包商严重的违约行为，承包商可通知终止分包合同。

5. 索赔

(1) 分包商要积极地配合承包商做好主合同的索赔工作，按照主合同的要求及时就有关分包工程方面向承包商提交资料及保持同期记录，并提供帮助，以使承包商能遵守主合同的索赔程序要求。若分包商未能履行这些职责，而阻碍了承包商按主合同从业主处获得相关的费用索赔，则分包商应给承包商相应的赔偿。

（2）在分包合同实施中，如果分包商遇到了按照主合同可以向业主索赔的任何情况，承包商应采取一切合理的步骤争取从业主处获得这方面补偿。分包商应尽力向承包商提供该索赔所需的材料和帮助。承包商应给予分包商以相应的合理补偿。

这说明关于主合同承包商向业主索赔的一些干扰事件，分包商和承包商是连带的，风险共担，利益共享。如果这些干扰事件影响了分包合同，只有承包商向业主索赔成功，分包商才能获得相应的补偿。

（3）如果由于承包商行为和违约造成分包工程施工拖延或其他情况，分包商可以向承包商提出索赔。

（4）工程师对于分包工程下达错误的指令或决定，且承包商确认了这些指令或决定，由分包商执行，但从主合同角度，工程师的指令或决定是错的或不恰当的，则分包商有权要求承包商补偿由于执行上述指令和决定而产生的合理费用。

（5）在主合同工程缺陷责任证书颁发之前，如果分包商未向承包商发出有关分包合同索赔通知，则分包商失去分包合同的索赔权，承包商不再承担责任。

（6）在索赔程序上，由于分包商索赔常常是承包商向业主索赔的一部分，所以分包合同定义的索赔程序与施工合同相似，但在时间定义上比施工合同要短。这样保证承包商向业主索赔的及时性和有效性。

第五节　工程联营承包合同

一、概述

1. 工程联营承包的合同关系

在现代工程中，特别在大型的以及特大型的工程中，联营承包是经常发生的。联营承包是指两家或两家以上的承包商（最常见的为设计单位、设备供应商、工程施工承包商）签订联营承包合同，组成联营体，联合投标，与业主签订总承包合同，所以对外只有一个承包合同。他们的合同关系可见图2-8。

2. 联营承包合同的特点

（1）联营承包合同的目的是为了共同完成工程承包合同。虽然它是承包商、供应商、设计单位之间的合同，但作为工程承包合同的从合同，与工程承包合同有特殊的寄生关系。

联营体作为一个总体，有责任全面完成总承包合同确定的工程责任。每个联营成员作为业主的合同伙伴，不仅对联营合同规定的自己工程范围负有责任，而且与业主有合同法律关系，对其他联营成员有连带责任。

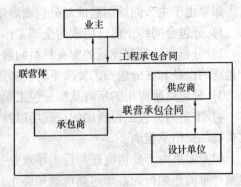

图2-8　联营承包合同关系

即任何一个联营成员因某一原因不能完成他的合同责任，或退出联营体，则其他联营成员必须共同完成整个总承包合同。所以，对联营成员有双重合同关系，即总承包合同和联营承包合同关系。

(2) 联营承包合同在性质上区别于承包合同。承包合同的目的是工程成果和报酬的交换；而联营承包合同的目的是合同各方为了共同的经济目的和利益而联合。所以它属于一种社会契约。联营体具有团体性，但它在性质上又区别于合资公司。

所以，工程承包合同的法律原则和一般公司法律原则都不适用于联营承包合同关系，它的法律基础是民法中关于联营的法律条文。

(3) 对于业主而言，由于联营承包的主体是联营体，而联营体是临时性组织，它不是经济实体，没有法人资格，在工程结束后就解散。所以必须通过合同措施保证工程承包合同主体的不缺失。在我国目前社会信任危机和法制不健全状况下，这个问题尤为重要。

3.联营承包合同的运作过程

(1) 通常联营承包合同在工程承包合同投标前就得签订，作为工程承包合同的一个附件，业主在资格预审时既要将联营体作为一个总体单位来考察，同时又要分别考察各成员的资质和业绩。在评标时业主也必须研究联营合同、联营体运作的问题，以及可能带来的风险。

(2) 只有总承包合同签订，联营承包合同才真正有效。在承包合同的实施过程中，联营体成员的法律地位、主合同责任有任何改变都必须通过业主批准。这样保证业主对联营体的总体控制。

(3) 只有总承包合同结束，联营体才能解散。联营体必须完成它的总承包合同责任。

二、联营承包合同的基本内容

由于在工程中联营承包的种类，承包的工程范围，联营成员的责权利的划分不同，使联营承包合同的形式、内容、简繁程度差别很大。通常联营承包合同包括如下基本内容：

1.基本情况

简要介绍联营体名称和通讯地址，工程名称，预期总工期，联营的目的和工程范围，联营承包合同的法律基础。

2.联营成员概况

各联营成员的公司名称、地址、电话、电传、邮政编码和简称。

3.出资比例和责任

列出联营成员之间的出资份额比例。在联营体中，各联营成员权利和义务划分，特别是利润和亏损，担保责任和保险都按出资比例确定。

4.投标工作

主要确定在投标过程中联营成员各方的义务与责任。有时这些内容不在联营承包合同中出现，而是通过一个独立的协议定义。

(1) 由于业主已认可以联营体的名义投标，如果联营体的标书为业主所接受，则中标后以同样名义与业主签订工程承包合同。各联营成员受承包合同的制约，负有连带责任和义务。

(2) 投标工作中的责任分担。主要为：

1) 在业主的工程量表或工程范围总框架中，按照业主提供的投标条件，联营成员各方各自提交相应工程范围的预算报价。

2) 由联营体集中向业主提交总投标报价文件。各联营成员的预算报价，如工地管理费、预计利润、保险费、不可预见风险费等，应由联营体认可。如果联营成员各方对上述费用和费率不能达成一致，则本联营承包合同终止。联营成员之间相互不承担任何义务。

3) 对按承包合同要求联营体提供的投标保函，由各联营成员按照出资比例或报价额比例提供相应份额的保函。保函可以由各方分别向业主提供，也可以由联营体集中提供。

4) 在与业主签订承包合同之前的所有准备投标文件及投标过程中的花费由各联营成员自己承担，联营体将不予补偿。

5. 联营承包工程范围

(1) 为实现联营目的，联营成员有责任按照出资比例完成联营体的工作（如提供资金，提供担保、机械、材料和劳务，完成规定的工程），以及由承包合同导出的工作。

(2) 如果某个联营成员没有按照合同要求完成他对联营体的责任，在不损害其他联营成员所有的合理要求及本合同赋予的权利的情况下，他应清偿从宽限期开始到工程承包合同的全部责任完成为止，因他的违约而引起的联营体的损失。

(3) 如果某联营成员未完成他的工程范围，可以通过变更出资比例，以使其他联营成员权益不受损害。新出资比例按该联营成员已完成的工程范围与合同规定的总工程量比例确定。

(4) 对于某联营成员没完成合同范围而引起联营体损失的补偿和对违约者的履约要求，也可以通过调整支付和（或）调整出资比例的要求实现。

(5) 针对出资比例变更所引起的合同争执，该联营成员可以按仲裁条款提出仲裁。

6. 联营体的组织机构

通常联营体以管理委员会（简称"管委会"）或联营成员大会作为最高机构。而日常的管理工作分别由技术经理，商务经理，工地经理负责。联营承包合同必须规定：

(1) 管委会的组织结构、权力的范围定义和运作规则。

(2) 工程技术经理的承担者、权力、主要工作。

(3) 商务经理的承担者、权力、主要工作。

(4) 工地经理的承担者、权力、主要工作。

7. 特殊工作的报酬

具体规定下列各费用的计算依据、计算范围和方法。

(1) 对技术经理、商务经理以及会计、工程职能管理人员等的报酬的确定方法，如按照营业额的百分比，净工资总额的百分比，按照时间（小时，日或月）计酬，以及酬金的范围。

(2) 管委会决定设计，咨询工作等的委托，及对这些工作的计酬方法和价格。

(3) 施工准备工作的委托由管委会决定。合同规定施工准备工作的酬金支付方法。

(4) 社会保障费用和其他工作费用的承担者和计算方法。

(5) 工程过程中的一些特殊工作（如临时设施等）的委托方式和结算方式。

(6) 食宿费用，包括食宿的价格水平和承担者等。

(7) 联营成员的管理费不由联营体承担。

8. 联营体财务方面的规定

(1) 联营体为各联营成员设立账户，进行财务核算，联营体所需要资金由各联营成员提供。联营成员提供资金的数额按照他们参股比例，并考虑他账户状况，由商务经理确定。

（2）联营体资金的使用范围定义。联营体资金平衡表和支付证明必须书面送达所有联营成员。

（3）如果可用的资金不足以平衡联营成员账户，欠款的联营成员应有责任投入现金以平衡他的账户。

（4）对联营成员账单只有在他的账户平衡情况下才能获得联营体的支付。

（5）联营成员完成的工程量可以按合同规定计算利息或不计息。

（6）在联营体名下以所有联营成员的名义设立账户的名称和银行。每个联营成员有两个人有权签字使用账户。

（7）到每月规定日期必须向各联营成员提交下期的财务计划。

（8）借银行信贷，汇兑，按联营体要求对第三者转让，需要全体联营成员的书面同意。联营体要求转让给某联营成员，需要其他联营成员的书面同意。

9. 劳务人员

（1）工程施工所需要的劳动力按照管委会确定的数量由联营成员使用。联营成员按出资比例向联营体提供人员，他们执行联营体的指令。外雇的人员由联营体授权的组织招雇。

人员的资格由工地经理决定，特殊情况下由管委会决定。不合格的人员应被拒绝，相关的联营成员应按要求立即替补。若联营成员招回人员需要经过管委会同意。

（2）联营体对联营成员已向联营体派出人员的行为承担法律和合同确定的业主的责任，同时对他们承担本合同规定的责任，免除原联营成员（母公司）对这些人员义务。

（3）对联营成员的代表相关的法律和劳资关系方面的规定。

（4）工地经理分别作雇员、领班考勤表，并于次月规定时间向联营成员提交。

（5）对联营体直接雇用的职员和领班，合同应规定他们的劳务关系，薪水水平及其调整，费用承担者。

（6）对由联营成员向联营体委派的劳务人员，他们与联营体没有劳务关系，在母公司得到经常性薪水。

（7）合同应规定雇员/领班/劳务的雇用形式，接收方式，劳务关系和工资簿记，工资水平，工资的支付方法，凭证的提交程序，工资附加费的水平、承担者和支付。

（8）关于工程竣工奖、总工时节约奖、工期奖及其他奖金等的支付办法。

（9）职员和领班的假期费用，在假期和工资支付基础上的社会保障费用的计算及承担者。

（10）雇用人员疾病期间的工资和附加费的承担责任；雇员在为联营体工作过程中死亡的法律责任和劳资关系问题。

（11）人员差旅费范围，支付方法，额度等。

10. 材料

通常材料包括：工地上直接消耗的建筑材料、建筑用燃料、辅助材料、周转材料、建筑设施、工具、工地使用的木料和列入施工设备和施工工具表的物品、装备、机械、属于机械设备的工具以及必要的配件。

（1）购买。联营体可以向第三者或向联营成员购买材料。应说明采购程序，价格的确定方法，以保证充分竞争和公开化。

（2）周转材料。联营成员必须按出资比例向联营体提供周转材料。如果联营成员没有，则由联营体向第三者购买。应确定周转材料的计价方法和价格水准。列出常用周转材料的采购和租赁项目表。在租赁情况下，应确定出现损坏时的折旧值。

（3）剩余材料的处理和评价方法的规定。

（4）材料的使用由工地经理做出入库的记录。由联营成员采购材料的账单和供应单应由联营体认可。周转材料按月按种类列账单，并在供应单上注明新旧程度。

（5）对周转材料使用状态、运入和拒收、退还方面的规定。

11．机械

（1）联营成员的提供责任。对施工必要的机械，按出资比例，由联营成员在规定的时间提供，由管委会确定各个联营成员的设备投入量、使用时间、设备操作人员的提供。

（2）交货。机械应按技术经理/工地经理或按管委会的指令及时交货。设备在现场的安置，按管委会的指令由工地经理执行。

（3）退回。对不再使用的设备必须在规定的时间前书面通知各联营成员。

（4）对由联营体采购和出售的机械规定。包括购买方式，采购合同的签订，工程结束时设备的出售方式等。

（5）由联营成员提供的设备。规定这些设备的运行费用组成、计算依据、酬金结算方式和时间、维修责任、争执的解决等。

（6）设备损坏的处理。即对由于操作事故、非正确使用、条件缺陷、不正确投入、不可抗力造成损坏的责任承担者。

（7）设备状态的规定。设备在投入、使用和退还时状态的要求，出现问题的处理方式和责任的承担。

（8）对为本工程专门定制设备的委托，定价的规定。

（9）技术监督的费用。按照规定对设备进行定时常规的技术检查，由设备所有者承担费用。对工程现场运行相关的检查，及损坏修理后的检查则由联营体承担费用。

12．包装费、装卸费和运输费

（1）包装费。应规定包装费是否独立支付和包装材料的回收规定。

（2）装卸费用。装卸费用指联营成员在运送和接收地点产生的装卸费用。应规定在各种情况下各种材料和设备装卸费的承担者，费用的范围，价格水平，账单的提交和审查。

（3）运输费。合同应规定联营体承担运输的范围，实施运输所涉及的工具、时间、费用标准、费用范围、运输过程中材料和设备损坏的责任等。

13．保险

（1）各种保险（如工程相关的保险，人寿保险，社会保险，生病、退休、失业保险，企业责任的保险，工程车保险，物品保险）的责任，费用承担者，投保额度，投保名义。

（2）在合同的执行，事故发生，理赔过程中一般规定。

如果联营成员没有按照合同购买或购买足够的保险，发生损失由该联营成员承担，其他情况下的损失由联营体承担。

（3）在损坏情况下的费用承担或分担责任。

14．税赋

即涉及各种税收,如工资税、营业税(销售税)、车税,以及其他税收的承担者和承担方式。

15.检验和监督

(1)如果联营成员提出要求,可以由联营成员对联营体进行商务和技术方面的检查。这不包括商务经理所进行的现场常规性监督和修正。

(2)检验的时间、范围、形式和种类由管委会决定,检验结果向管委会提交报告。

(3)每个联营成员有权利查阅联营体的资料。

16.担保及联营体合同权益的转让

(1)联营成员必须提出与出资比例相应的担保,费用由联营成员承担,或由联营体承担。

(2)某联营成员转让联营承包合同权益的要求只有在其他联营成员一致同意时才有效。

17.保修

(1)技术经理监督保修,检查保修要求,领导保修工作实施。当预计缺陷维修费用超过合同规定的额度时,保修工作的认可和实施需要管委会事先同意。

(2)保修要求所发生的费用和设备费用由相应的联营成员按出资比例承担。如果仅涉及某些联营成员自己的工作,则按联营成员提供特殊工作规定计酬。如果联营体无足够的自有资金使用,联营成员应按商务经理的要求支付为完成保修责任所必需的费用份额。

18.关于合同期的规定。联营承包合同开始于联营体共同的业务活动的开始,结束于全部完成由它导出的以及由主合同导出的权利和义务。

19.联营成员退出

(1)联营成员可出于符合民法规定的理由,提出解除合同责任。

(2)如果某联营成员的所有者死亡,则在所有权有效时,联营体可同它的继承人继续本联营承包合同关系。他的继承权力和继承程序由本合同规定。

(3)如果某联营成员由于某种法律理由退出,则其他联营成员在一个月内通过多数成员同意的决议将退出的联营成员除出联营体。

(4)如果在联营体书面敦促下,某联营成员仍没有履行他的重要合同责任,如没有提供现金款额、未提供担保、设备、材料、人员或支付费用,则可以通过其他联营成员的一致决定将该联营成员清除出去,并在这之前将开除决定通知他。

(5)开除决定须由所有其他联营成员签字,并通过挂号信寄给被开除的联营成员。

(6)如果仅两个企业联营,则任一联营成员只能通过法律裁决开除。

(7)当某联营成员的企业申请破产,或已被执行破产,或它的债权人提出清产建议,并为法庭接收,或它的财产已进入清算程序等,可以将他开除出联营体。

(8)合同必须对开除或退出的时间有明确的规定,相关的联营成员可以在一定的时间内提出反驳,或提请仲裁或诉讼。

20.联营成员退出和财产分配

(1)当某联营成员退出时,其他联营成员有将联营体的业务进行到底的全部权利和义务。

(2)如果一个联营成员出于某理由从联营体退出,其余的联营成员为了计算对退出者的债权，应结算到退出之日的财产分配，并提出财产分配平衡表。

(3) 在联营成员退出情况下，如果后期工程实施和其他责任的费用，风险范围和水平不易精确估算，则联营体对退出的联营成员财产债权，可以直到完成这些责任后再归还。

(4) 退出的联营成员有责任对所有剩下的联营成员，按以前的出资份额，承担保修责任以及防止整个工程项目的亏损。

(5) 退出的联营成员有责任承担联营体由这种退出所引起的费用。

(6) 退出的联营成员立即支付（平衡）在财产分配平衡表上出现的亏损份额。

(7) 联营成员退出后应向银行和政府当局以及其他第三者证明，自己已退出联营体。

(8) 按规定退出的联营成员不能要求联营体及其他联营成员解除他应该共同负担的，或尚未负担的本合同的约束责任。

(9) 由退出的联营成员在联营承包合同规定的租赁关系范围内向联营体供应的机械和材料，在由本合同协议的租金支付后继续留给联营体。

21. 争执仲裁或法庭诉讼

这与一般的施工合同相同。

第六节　工程勘察和设计合同

一、工程勘察合同

1. 概述

由于勘察工作的特殊性，勘察成果的不确定性以及对工程的重要作用，通常工程勘察工作的委托方是业主。即使是总承包合同，也由业主向承包商提交工程地质和水文资料。

工程勘察合同的承包方是勘察单位。它必须有符合本工程要求的资质证书和许可证。它的企业级别、业务规格、专业范围必须符合本工程的要求。

2. 工程勘察合同的主要内容

(1) 总述。主要说明建设工程名称、规模、建设地点，业主和勘察单位的概况。

(2) 业主的义务。在勘察工作开展前，业主应向勘察单位提交由设计单位提供、经业主同意的勘察范围的地形图和建筑平面布置图各一份，提交由业主委托、设计单位填写的勘察技术要求及附图。业主应负责勘察现场的水电供应，道路平整，现场清理等工作，以保证勘察工作的顺利开展。

在勘察人员进入现场作业时，业主应负责提供必要的工作和生活条件。

(3) 勘察单位的义务。勘察单位应按照规定的标准、规范、规程和技术条例进行工程测量，工程地质、水文地质等勘察工作，并按合同规定的进度、质量要求提供勘察成果。

勘察单位的工作范围由勘察合同的附件定义，包括测量任务和质量要求表、工程地质勘察任务和质量要求表等。它们是勘察设计合同的组成部分。

(4) 合同价格和支付。

1) 勘察工作的取费标准是按照勘察工作的内容决定的。勘察费用一般按实际完成的工作量收取，我国有规定的勘察工作量计算方法和标准。

2) 对于特殊工程的勘察工作，其合同价格可由双方商讨，在正常勘察工程总价基础上加收一定比例（通常为 20% ~ 40%）。特殊工程指自然地质条件复杂、技术要求高，勘察手段超出现行规范，特别重大、紧急、有特殊要求的工程，或特别小的工程等。

3）勘察合同生效后，业主应向勘察单位支付合同总额一定比例的定金；全部勘察工作结束后，勘察单位按合同规定向业主提交勘察报告和图纸；业主在收取勘察成果资料后规定的期限内，按实际勘察工作量付清勘察费。

（5）违约责任。

1）业主若不履行合同，无权要求返还定金；若勘察单位不履行合同，应双倍偿还定金。

2）如果业主变更计划，提供不准确的资料，未按合同规定提供勘察工作必需的资料或工作条件，或修改设计，造成勘察工作的返工、停工、窝工，业主应按勘察单位实际消耗的工作量增付费用。因业主责任而造成重大返工或重新进行勘察时，应另增加勘察费。

3）勘察的成果按期、按质、按量交付后，业主要按期、按量支付勘察费。若业主超过合同规定的日期付费，应偿付逾期违约金。

4）因勘察质量低劣引起返工，或未按期提出勘察文件，拖延工程工期造成业主损失，应由勘察单位继续完善勘察工作，并视造成的损失、浪费的大小，减收或免收勘察费。

5）对因勘察错误而造成工程重大质量事故，勘察单位除免收损失部分的勘察费外，还应支付与该部分勘察费相当的赔偿金。

（6）争执的处理程序和相关规定。

（7）合同的生效和失效日期。通常勘察合同在全部勘察工作成果验收合格后失效。

二、工程设计合同

工程设计合同的委托方是业主或工程总承包商，承包方是持有设计证书的设计单位。它的目的是为完成工程的设计任务。

1. 设计合同的招标方式

（1）对于大型工程可以用设计招标的办法选择设计单位，签订合同。

（2）直接委托设计。

（3）通过方案竞选，选择优胜者，再商签合同。

在接受委托前，设计单位必须对所委托设计的工程项目的批准文件进行全面审查。

2. 设计合同的签订条件

（1）对委托设计的项目必须具有相关单位批准的设计任务书和建设规划管理部门的用地许可文件。如果仅委托施工图设计任务，应同时具有经有关部门批准的初步设计文件。

（2）设计单位必须有符合本工程要求资质证书和许可证。它的企业级别、业务规格、专业范围必须符合本工程的要求。

3. 设计合同的主要内容

设计合同一般由合同协议书和附件组成。附件包括设计任务书、工程设计取费表、补充协议书等。设计合同的主要内容包括：

（1）总述。包括建设工程名称、规模、投资额、地点，合同双方的简单介绍等。

（2）委托方的义务。

1）如果委托初步设计，委托方应在规定的日期内向承包方提供经过批准的设计任务书（或可行性研究报告）、选择建设地址的报告以及原料、燃料、水电、运输等方面的协议文件和能满足初步设计要求的勘察资料、经科研取得的技术资料等。

2）如果委托施工图设计，委托方应在规定日期内向承包方提供经过批准的初步设计文件和能满足施工图设计要求的勘察资料、施工条件，以及有关设备的技术资料等。

3）委托方应负责及时向有关部门办理各阶段设计文件的审批手续。

4）明确设计范围和深度。

5）如果委托设计中有配合引进设备的设计，则在引进过程中，从询价、对外谈判、国内外技术考察直到建成投产的各个阶段，都应通知设计单位参加。

6）在设计人员进入施工现场工作时，委托方应提供必要的工作和生活条件。

7）委托方要按照合同规定付给承包方设计费，维护承包方的设计成果权，不得擅自修改，也不得转让给第三方重复使用，否则便侵犯了承包方的智力成果权。

（3）承包方的义务。

1）承包方要根据批准的设计任务书（或可行性研究报告）或上阶段设计批准文件，以及有关设计的技术经济文件、设计标准、技术规范、规程、定额等提出勘察技术要求和进行设计，并按合同规定的进度和质量要求，提交设计文件（包括概预算文件、材料设备清单）。

2）初步设计经上级主管部门审查后，在原定任务书范围内的必要修改，由承包方承担。

3）承包方对所承担设计任务的工程项目应配合施工，进行施工前技术交底，解决施工中的有关设计问题，负责设计变更和修改预算，参加隐蔽工程验收和工程竣工验收。

（4）设计的修改和停止。

1）设计文件批准后，不能任意修改和变更。如果需要修改，必须经有关部门批准，其批准权限视修改的内容所涉及的范围而定：

①如果修改的部分属于初步设计的内容（如总平面布置图、工艺流程、设备、面积、建筑标准、定员、概算等），须经设计任务书的原批准机关或初步设计批准机关同意；

②如果修改部分属于设计任务书的内容（如建设规模、产品方案、建设地点及主要协作关系等），则须经设计任务书的原批准单位批准；

③施工图设计的修改，须经设计单位同意。

2）委托方要求修改工程设计，除设计文件的提交时间另订外，委托方还应按承包方实际返工修改的工作量增付设计费。

3）因原定设计任务书或初步设计有重大变更而需要重作或修改设计时，需经双方当事人协商后另订合同。委托方负责支付已经进行了的设计的费用。

4）委托方因故要求中途停止设计，应及时书面通知承包方，已付的设计费不退，并按该阶段实际耗用工日，增付和结清设计费，同时结束合同关系。

（5）合同价格。设计工作的取费，一般应根据工程种类、建设规模和工程的简繁程度确定，执行我国建设主管部门颁发的工程设计收费标准。

（6）违约责任。同勘察合同要求。

（7）争执的解决。同勘察合同的要求。

第七节　项　目　管　理　合　同

一、概述

业主委托项目管理公司负责本工程的项目管理，必须签订项目管理合同。由项目管理公司派出以项目经理为首的项目管理机构，在工程中作为业主的代理人，行使合同（项目管理合同和承包合同）赋予的权力，直接管理工程，如计划、实施准备、工程监督、质量、成本、进度管理、作各种报告等。业主的项目管理是一个很广泛的概念，其任务承担者可能有不同的称谓，如咨询工程师（对可行性研究和设计），招标代理，造价工程师，工程师（主要在施工阶段，在我国被称为"监理工程师"），CM（Construction Management）项目经理等。本节将他们统称为"项目经理"。

在现代工程中，业主的项目管理模式也是多样性的。所以项目管理合同的工作范围也是多样性的。它的工作范围最大可能是整个工程项目的全过程管理工作，最小可能是某阶段的某项职能管理工作（如招标代理，或造价咨询工作）。

对项目管理合同，可以起草统一的管理合同文本，通过项目管理工作范围的不同选项以适用不同的项目管理模式。

二、项目管理合同文件的组成

1. 合同协议书。
2. 专用条件。
3. 通用条件。
4. 附录。用以具体定义项目管理的服务范围、控制目标、责任、赔偿、报酬的支付方式等。

三、项目经理及业主的主要责任

1. 项目管理工作的基本要求。

（1）业主与项目经理在项目过程中必须遵守法律、法规、规范。业主指令若与之相冲突时，应执行国家规定。若业主指令违反国家规定，或有不可能的要求，项目经理应予以指出，否则责任由项目管理公司承担。除非项目经理以书面形式提出异议，而业主仍坚持原指令。

（2）在工程中，当质量、安全、进度、成本发生矛盾时，项目经理应以安全、质量为先。

（3）只有业主代表签发的书面指令视为业主指令，业主只对此负责。在紧急情况下，对业主代表的口头指令也必须执行，但事后须业主代表以书面形式确认，否则责任由项目管理公司承担。

（4）业主代表可以书面授权业主代表助理处理工作发出指令，此时视为业主指令。如项目经理有异议，须向业主代表发出确认请求函。

（5）除项目经理书面要求业主外，业主未通过项目经理向工程其他相关方发出指令，由此导致的责任由业主承担。

（6）业主选择各类承包商及各种合作伙伴，应采用工程招标方式，并授权项目经理具体负责招标的事务性工作。

（7）对业主的决定、指令、选择和安排等，项目经理若有异议，应及时书面报业主，并提出意见和建议。

2．项目经理在履行合同时，要认真贯彻国家有关法律、法规、政策，为社会的利益和业主的合法利益，应用合理的技能，谨慎和勤奋地工作。

3．在工程过程中，当项目经理对其他任何第三方发出可能对工程费用或造价、工期有重大影响的任何变更，须事先得到业主的批准。在特殊紧急情况下，项目经理在发出指令后，须尽快通知业主。变更必须以维护业主的最终利益为目的。

4．对业主的决策，项目经理应提供2个及以上方案供业主参考。在项目经理工作责任范围之内的，不排除项目经理对此应承担的责任。

5．项目管理公司和业主项目管理工作职责分配。可以将项目管理工作和事务性工作在业主和项目管理公司之间分配，确定双方的管理关系。分主要职责、提供、批准、具体实施、提出方案或报告、主持、参加、审查等。项目管理工作可能包括如下内容。

（1）项目的实施方式策划，如工程合同体系策划。

（2）项目设计管理及协调，包括：

1）提出项目设计要求。业主提出设计功能要求及其他特殊要求，项目经理整理形成设计要求文件，并经业主确认。

2）设计招标及合同签订管理，包括对设计单位的调查和了解，资格预审，推荐入围单位，对入围单位的确认。

3）设计方案评价和审查，协助选择设计单位。

4）设计合同的谈判和签订。

5）设计合同的管理。业主或设计单位对对方的任何意见和要求，均必须首先向项目经理提出，由项目经理研究处理意见，双方再协商确定。

6）设计变更管理。如果设计变更涉及工程功能改变或导致费用和工期较大变化时，应经业主批准后方可实施。

（3）采购管理。

1）参与业主的工程施工合同策划。

2）参与业主直接发包的施工采购管理。包括资格预审、招标、中标单位的确定、合同谈判、合同签订、合同管理、合同纠纷的解决。通常业主负责合同商务条款的谈判及确定，但重要的商务条款应经项目经理认同；项目经理负责技术条款的谈判及确定。

3）业主指定分包的施工采购管理。

4）总承包商分包的施工采购审批和监督工作。

5）业主直接发包的材料设备采购。包括编制材料设备采购清单及采购计划，合格供货商的确定或资格预审，具有不入围单位的决定权，招标工作，中标厂商协调会及谈判，合同技术附件，合同签订，催货，检验，进口材料设备许可证、报关、商检、进港、税务等文件或手续的办理。

6）总承包商负责的材料设备采购监督。包括材料设备采购清单及采购计划审查，合格供货商的确定或资格预审。

7）服务的采购。如提供服务的单位的选择，合同的签订和合同管理。

（4）项目实施外部条件的保证及对外协调。业主负责政府高层及主管部门的协调，尽可能保证提供相关资料和办理手续的条件，提供与外部组织相联系的渠道；项目经理承担外部手续的具体办理工作。

（5）投资控制。制定工程项目资金计划，按合同条款和工程进度签署付款凭证，支付审核，工程变更管理，费用索赔管理。

（6）进度控制。签发开工报告，编制项目总控进度计划，项目管理控制进度计划，进度计划的管理，项目延期的处理，工期索赔管理。

（7）质量控制。质量管理体系审查、质量监督、重大质量事故的处理，质量不合格的处理等。

（8）监督承包商健康、安全、环保与文明现场等管理工作。督促承包商安全环保与现场文明管理体系的建立，督促各项防范措施的实施，参与重大安全事故的处理。

6. 合同有效期，项目管理的责任期即委托项目管理合同有效期直到建设工程全部完成。如果因工程进度推迟或延误而超过合同约定的日期，双方应进一步相应延长合同期。

7. 业主在本项目管理合同和与其他方签订的合同中应明确对项目经理的授权。

四、合同价款和支付

1. 通常项目管理合同采用的计价方式有：

（1）成本加酬金的方式。采用这种计价方式，合同必须规定成本的开支范围，业主监督和审查权力和方式。

（2）按照工程造价的一定比例支付酬金。我国的监理合同通常采用这种方式。采用这种计价方式，合同必须规定正常的项目管理工作、附加工作和额外工作的范围、计价方式。

2. 支付方式。通常项目管理机构进场时，业主支付一定的金额，进度价款可以按月，或按季，或按照项目阶段支付。

3. 支付程序的规定和合同价款支付的审核方式的规定。

4. 发生额外工作时，业主应支付项目管理公司因此而发生的费用，具体数额及支付时间由双方在专用条款中约定。

5. 如果采用成本加酬金合同，业主可在工程竣工后一定时间内聘请审计单位对项目管理公司申报的金额进行审计，以进行项目管理合同价款的决算。

6. 在决算后一定时间内，双方结清全部费用。

五、违约责任

1. 如果业主没有在合同规定的支付期限内向项目管理公司支付服务费用，应按合同规定的利率，从应付之日起向项目管理公司支付全部未付款利息。

2. 项目经理及其任何职员根据本合同履行义务的行为或失职只向业主承担责任，不应以任何方式向第三方负责。

3. 项目管理公司在合同有效期内有故意或恶意违约行为，应对业主受到的损失承担相应的赔偿责任，如果违反法律，则应承担相应的刑事责任。

六、补偿事件

1. 如果项目经理违反合同，业主提出索赔，则项目管理公司应对由于该违约引起的或与之有关的事件负责，并向业主赔偿。赔偿额按以下办法计算：

赔偿金 = 直接经济损失 × （基本酬金 + 利润）/工程建设总投资控制目标

2．如业主违约导致项目管理公司的损失，则业主应负责向项目管理公司赔偿。项目管理公司在履行本合同责任时，因非自身的责任受到损失或损害时，有权向业主要求补偿。

3．补偿要求应在引起补偿的事件发生后规定时间内向对方发出索赔意向通知，并在规定时间内提出详细索赔依据和具体要求。超过规定时间提出的补偿要求无效。

4．除因项目管理公司违约，或缺乏谨慎，或渎职外，业主应保障项目管理公司免受业主或第三方提出损失或损害赔偿责任。

因不可抗力导致本工程项目不能全部或部分履行，项目管理公司不承担责任。

5．任何一方对另一方的赔偿，仅限于因违约所造成的可以合理预见的损失或损害数额，不应牵连其他方面。

6．项目管理公司向业主支付的赔偿的累计最大数额，应不超过项目管理公司为完成正常服务后，业主应支付给项目管理公司的基本酬金和利润之和（除去税金）。

7．因参与项目的第三方责任或违约导致的工期拖延，项目经理有权代表业主提出索赔。索赔所得费用优先补偿项目管理公司因此而遭受的损失。

七、其他

1．所有权。项目经理使用的由业主提供或支付费用的物品，属于业主财产。服务完成或终止时，项目经理应将尚未消费的物品库存清单提交给业主，并按业主的指示移交此类物品。

2．保险。分别规定业主和项目管理公司作为责任人的保险内容、范围、费用承担者、责任、保险单审查程序和违约处理。

3．人员

（1）业主和项目管理公司根据协议相互派遣工作人员。所派工作人员须能胜任本职工作，并相互取得对方认可。如果业主未能按规定提供职员及其他人员，项目经理可自行安排。

（2）为了执行本协议书，每方应指定一位高级人员作为本方代表。

（3）如果需要更换任何人员，须经双方同意后，由任命一方负责安排同等能力人员代替。如果另一方提出更换，应提出书面要求，并须阐述更换理由，如提出的理由不能成立，则提出的一方要承担更换费用。

4．争端。争端的解决程序与施工合同相同。

复习思考题

1．简述工程项目的合同体系与工程的承发包模式、管理模式的关系。

2．调查一个实际工程，绘制该工程的合同结构图。

3．简述施工合同的主要内容。

4．简述 EPC 合同的主要内容。

5．试分析工程分包合同与施工合同的联系。

6．试分析联营承包合同的主要内容。

第二篇 工程合同总体策划和招标投标

第三章 工程合同总体策划

【本章提要】 工程合同总体策划主要确定对工程项目有重大影响的合同问题。它对整个项目的计划、组织、控制有决定性的影响。投资者、业主和承包商对它应有足够的重视。本章主要介绍合同总体策划的概念、承发包策划、合同种类的选择、合同风险策略、合同体系的协调。

第一节 概 述

一、工程合同策划过程

对一个工程项目，合同策划过程见图 3-1。

1. 进行项目的总目标和战略分析，确定企业和项目对合同的总体要求。由于合同是实现项目目标和企业目标的手段，所以它必须体现和服从企业及项目战略。

图 3-1 工程项目合同总体策划流程

2. 相应阶段项目技术设计的完成和总体实施计划的制定。现在许多工程项目在早期就要进行合同策划工作。例如对"设计—采购—施工"总承包项目，在设计任务书完成后就要进行合同策划，进行招标。

3．工程项目的结构分解工作。项目分解结构图是工程项目承发包策划最主要的依据。

4．确定项目的实施策略。包括：

（1）该项目的工作哪些由组织内部完成，哪些准备委托出去。

（2）业主准备采用的承发包模式。它决定业主面对承包商的数量和项目合同体系。

（3）对工程风险分配的总体策划。

（4）业主准备对项目实施的控制程度。

（5）对材料和设备所采用的供应方式，如由业主自己采购，或由承包商采购等。

5．业主的项目管理模式的选择。如业主自己投入管理力量，或采用业主代表与工程师共同管理；将项目管理工作分阶段委托（如分别委托设计监理、施工监理、造价咨询等），或采用项目管理承包。

项目管理模式与工程的承发包模式互相制约，对项目的组织形式，风险的分配，合同类型和合同的内容有很大的影响。

6．项目承发包策划。即按照工程承包模式和管理模式对项目结构分解得到的项目工作进行具体的分类、打包和发包，形成一个个独立的，同时又是互相影响的合同。

7．进行与具体合同相关的策划。包括合同种类的选择，合同风险分配策划，项目相关各个合同之间的协调等。

8．项目管理工作过程策划。包括项目管理工作流程定义、项目管理组织设置和项目管理规则制定等。

通过项目管理组织策划，将整个项目管理工作在业主、工程师（业主代表）和承包商之间进行分配，划分各自的管理工作范围，分配职责，授予权力，进行协调。这些都要通过合同定义和描述。

9．招标文件和合同文件的起草。上述工作成果都必须具体体现在招标文件和合同文件中。这项工作是在具体合同的招标过程中完成的。

二、合同总体策划的基本概念

上述合同策划过程涉及项目管理的各方面工作，如项目目标、总体实施计划、项目结构分解、项目管理组织设计等。在上述工作中，属于对整个工程有重大影响的，带根本性和方向性的合同管理问题有：

1．工程的承发包策划。即考虑将整个项目分解成几个独立的合同？每个合同有多大的工程范围？这是对工程合同体系的策划。

2．合同种类的选择。

3．合同风险分配策划。

4．工程项目相关的各个合同在内容上、时间上、组织上、技术上的协调等。

对这些问题的研究、决策就是合同总体策划工作。在项目的开始阶段，业主（有时是企业的决策层和战略管理层）必须就这些重大合同问题作出决策。

三、合同总体策划的重要性

在工程中，业主是通过合同分解项目目标，委托项目任务，并实施对项目的控制。合同总体策划确定对工程项目有重大影响的合同问题。它对整个项目的顺利实施有重要作用：

1．合同总体策划决定着项目的组织结构及管理体制，决定合同各方责任，权利和工作的划分，所以对整个项目的实施和管理过程产生根本性的影响。

2. 合同总体策划是起草招标文件和合同文件的依据。策划的结果通过合同文件具体地体现出来。

3. 通过合同总体策划摆正工程过程中各方面的重大关系，防止由于这些重大问题的不协调或矛盾造成工作上的障碍，造成重大的损失。

4. 合同是实施项目的手段。正确的合同总体策划能够保证圆满地履行各个合同，促使各个合同达到完善的协调，减少矛盾和争执，顺利地实现工程项目的总目标。

四、合同总体策划的要求和依据

1. 合同总体策划的要求

在承包市场上最重要的主体——业主和承包商之间，业主是工程承包市场的主导，是工程承包市场的动力。由于业主处于主导地位，他的合同总体策划对整个工程有导向作用，同时直接影响承包商的合同策划。

(1) 合同总体策划的目的是通过合同保证项目总目标的实现。它必须反映工程项目的实施战略和企业战略。

(2) 合同总体策划要符合前述的合同基本原则，不仅要保证合法性、公正性，而且要促使各方面的互利合作，确保高效率地完成项目目标。

(3) 应保证项目实施过程的系统性和协调性。

(4) 业主要有理性思维，要有追求工程项目最终总体的综合效率的内在动力。作为理性的业主，应认识到：合同总体策划不是为了自己，而是为了实现项目的总目标。

业主应该理性地决定工期、质量、价格的三者关系，追求三者的平衡，应该公平地分配项目的风险。业主不能希望通过签订对承包商单方面约束性合同把承包商捆死，不能过度地压低合同价格，不给承包商利润。否则不仅损害承包商的利益，恶化工程承包市场环境，而且最终损害项目总目标。

(5) 合同总体策划的可行性和有效性只有在工程的实施中体现出来。在项目过程中，在开始准备每一个合同招标，准备签订每一份合同时，以及在工程结束阶段都应对合同总体策划再做一次评价。

2. 合同总体策划的依据

(1) 工程方面：工程项目的类型、总目标、工程项目的范围和分解结构（WBS），工程规模、特点，技术复杂程度，工程技术设计准确程度，工程质量要求和工程范围的确定性，计划程度，招标时间和工期的限制，项目的盈利性，工程风险程度，工程资源（如资金，材料，设备等）供应及限制条件等。

(2) 业主方面：业主的资信、资金供应能力、管理风格、管理水平和具有的管理力量，业主的目标以及目标的确定性，业主的实施策略，业主的融资模式和管理模式，期望对工程管理的介入深度，业主对工程师和承包商的信任程度等。

(3) 承包商方面：承包商的能力、资信、企业规模、管理风格和水平，在本项目中的目标与动机，目前经营状况、过去同类工程经验、企业经营战略、长期动机，承包商承受和抗御风险的能力等。

(4) 环境方面：工程所处的法律环境，建筑市场竞争激烈程度，物价的稳定性，地质、气候、自然、现场条件的确定性，资源供应的保证程度，获得额外资源的可能性，工程的市场方式（即流行的工程承发包模式和交易习惯），工程惯例（如标准合同文本）等。

以上诸方面是考虑和确定合同总体策划问题的基本点。

第二节 工程承发包策划

一、概述

1. 工程项目的合同体系是由项目的分解结构（WBS）和承发包模式决定的。业主将项目结构分解确定的项目活动（见图 3-2），通过合同委托出去，形成项目的合同体系。

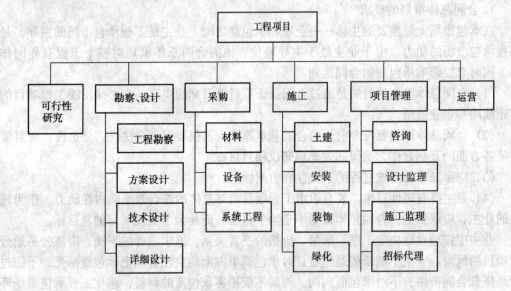

图 3-2 工程项目结构分解图

业主首先必须决定，对项目分解结构（WBS）图中的活动如何进行组合，以形成一个个合同。根据业主的项目实施策略，上述工程活动可以采用不同的方式进行组合，即为不同的承发包模式和合同体系图式。业主也可以将整个工程项目分阶段（设计、采购、施工等），分专业（土建工程、安装工程、装饰工程等）委托，将材料和设备供应分别委托，也可能将上述工作以各种形式合并委托，甚至可以采用"设计—采购—施工"总承包。所以一个工程的承发包模式是多样性的。

2. 承发包模式的重要性

（1）承发包模式体现工程项目的实施方法。业主通过工程项目的承发包和合同运作项目。

（2）工程的承发包模式又是工程承包的市场方式。即业主和承包商在承包市场上通过承发包形成市场经济活动。

（3）承发包模式决定工程项目的合同体系结构和组织形式。

（4）承发包模式决定工程所采用的合同种类和形式。

（5）承发包模式决定工程中业主和承包商责任、权利、风险的划分等。

3. 工程承发包模式的历史发展

国际上工程承包经历了一个曲折的发展过程。

早期的工程建设主要是业主自营。在 14 世纪前，都由业主直接雇用工匠进行工程建设。在后来的几个世纪，由建筑师承担设计任务，由营造师管理工匠，并组织施工。

17～18 世纪，工程承包企业出现，业主发包，签订工程承包合同；建筑师负责规划、设计、施工监督（工程管理），并负责业主和承包商之间的纠纷调解。

19～20 世纪出现总承包企业，形成一套比较完整的"承包—分包"体系。

20 世纪，在国际工程中承包方式出现多元化的发展：

专业化分工导致设计和施工的专业化，许多工程采用分阶段分专业平行承发包模式；

在设计和施工中分离出项目管理（咨询或监理）；

施工总承包、设计总承包、设计和施工（D－B）总承包，以及"设计—采购—施工（EPC，或交钥匙）"总承包模式逐渐发展。

二、分专业分阶段平行承发包模式

1. 概述

平行承发包，即业主将设计、设备供应、工程施工、项目管理委托给不同的单位。

（1）工程的设计发包模式。对一个一定范围的工程，设计承发包模式也是多样化的。

1）业主将整个工程的设计委托给一个设计单位。这样设计工作是一体化的，设计责任是完备的。

2）分阶段委托，如方案设计、技术设计和施工图设计可以委托给不同的设计单位。目前我国许多标志性建筑都由外国的设计事务所承担方案设计，我国的设计单位承担技术设计和施工图设计。而他们之间的合同关系又是多样性的。例如：

他们分别由业主委托，与业主签订设计合同；

他们之中的一方与业主签订设计总承包合同，另一方作为他的分包，或者由业主指定的设计分包；

他们组成联营体联合承包项目的设计和施工。

3）有些工程可以按照专业设计（如建筑设计、结构设计、空调系统设计等）分别由业主发包。而工程的生产装置、控制系统的设计可以由相应的设备供应商完成的。

4）在许多大型工业或公共工程项目中，设计的承发包模式可能更为复杂。常常需要委托一个设计单位负责工程的总体方案设计和协调（被称为"设计总体"，它有时也承担部分设计任务），业主再将部分工程（标段或专业工程）的设计委托给其他设计单位。例如某大型公共项目的设计合同关系见图 3-3。

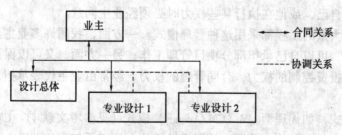

图 3-3　某工程设计合同关系

（2）工程施工的发包模式

1）业主可以将工程的土建、电器安装、机械安装、装饰等工程施工分别委托给不同的承包商。

2）对大型工程项目，常常需要划分工程区段（标段）发包，如在地铁建设项目中划分不同的车站和区间段土建工程的施工发包。

3）在我国一些工程中，土建施工分标很细，如可能分为土方工程、基础维护工程、主体工程等。

（3）采购供应的承发包模式。按照业主的工程实施策略，材料和设备的供应同样是多样性的。在我国业主供应的范围很大，通常包括生产设备、成套装置、高等级的材料（如高级装饰材料）、大宗材料等。所以业主相应的采购合同很多。

（4）项目管理工作的承发包模式。在现代工程中，项目管理模式是多样性的，它与工程承发包模式有复杂的关系。

1）业主将一个建设工程的项目管理工作全部委托给一个项目管理公司。在这种情况下，工程的设计、施工、采购的发包又可分为：

①由业主直接发包，签订合同。则项目管理公司仅仅负责项目管理。这属于代理型的项目管理。我国所推行的全过程项目管理，或所谓"代业主"管理实质上就属于这一类。

这是最典型的，在合同定义的项目管理服务内容上最完备的项目管理模式。

②由项目管理公司发包，签订合同。这属于非代理型（风险型）的项目管理承包。它在形式上与工程总承包相似，业主和项目管理公司之间有风险分担协议。但项目管理公司的责任是代表业主管理工程项目，而不是建造工程。

非代理型的 CM 承包模式（CM/Non－Agency）也属于这一类（见参考文献 4）。

③在有些建设工程中可由业主与项目管理公司共同发包。

2）业主将项目管理工作分阶段，甚至分职能委托。即将项目的可行性研究（咨询）、设计监理、招标代理、造价咨询、施工监理等分别委托给不同单位承担。

3）在采用"设计—采购—施工"总承包模式时，通常要委托一个咨询单位负责工程咨询工作，如起草招标文件，审查承包商的设计和承包商文件，对工程实施进行监督，质量验收，竣工检验等。他的管理工作层次较高，而具体的项目管理工作由承包商承担。

4）按照对项目经理的授权，又可以分为：

①项目经理全权管理。最典型的是按照 FIDIC 工程承包合同规定授予工程师权力。在这样的项目中，业主主要负责项目的宏观控制和高层决策，一般与承包商不直接接触。

②项目经理与业主代表共同管理。业主也可以限定项目经理的权力，可以把部分管理工作和权力收归自己，或他在执行某些权力时必须经业主同意。

实质上我国大量的工程都采用这种管理模式。一方面，我国许多业主具有一定的项目管理能力和队伍，可以自己承担部分项目管理工作；另一方面，又可以保证业主对项目的有效控制。例如投资控制的权力，合同管理的权力，经常由业主代表承担，或双方共同承担。

（5）其他模式，如代理型 CM（CM/Agency）模式（见参考文献 4）。CM 承包商接受业主的委托进行整个工程的施工管理，协调设计单位与施工承包商的关系，保证设计和施工过程的搭接。业主直接与工程承包商和供应商签订合同，CM 承包商与设计、施工、供应单位没有合同关系，见图 3-4。这种模式在性质上属于项目管理工作承包。

2. 平行承包方式的特点

这种模式是 20 世纪工程承发包模式的主体。我国的业主、承包商和设计单位都适应这种承包方式。除具有在第一章第五节中分析的传统合同问题外，这种承发包方式还有如下特点：

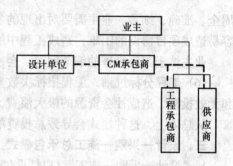

图 3-4　代理型 CM 模式

（1）它适应各专业工程设计和施工的专业化。各专业施工和设计能够高效率，高水平。但在工程中，业主必须负责各承包商、设计单位和供应商之间的协调，对他们之间互相干扰造成的问题承担责任。在整个项目的责任体系中会存在着"责任盲区"。例如，在工程中由于设计图纸的拖延或错误造成土建施工的拖延或返工，进而造成安装工程施工的拖延或返工。土建承包商和安装承包商并不向设计单位索赔，而向业主索赔，因为他们与设计单位没有合同关系。但业主却不能向设计单位索赔，因为设计单位的赔偿能力和责任是很小的（见图 3-5）。显然在这个过程中业主并没有失误，却承担了损失责任。这种状况在分阶段分专业平行承包的工程中十分常见。这是合同争执和索赔的主要原因。所以这类工程合同争执较多，索赔较多，工期比较长。据统计，工程中72%的索赔原因是设计变更引起的（见参考文献 1）。

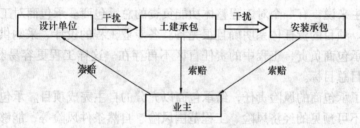

图 3-5　在平行承发包模式中的责任盲区

（2）各承包商、设计单位、供应商之间没有合同关系，他们分别与业主签订合同，向业主负责。这种模式将各专业工程的设计、采购、施工等环节割裂开来，从总体上缺少一个对工程的整体功能目标负责的承包商。业主面对的设计、施工、供应单位很多，工程责任分散，而且各专业工程的设计和施工单位都会推卸界面上的工作和责任，而业主这方面的协调能力不足。这是影响我国工程运营质量和效率的主要原因之一。

（3）对工程优化的影响。项目各参加单位的目标不一致，通常设计按照工程总造价取费，施工承包商按照设计确定的工作量计价，则造价的提高对他们都有好处。他们都缺乏工程优化的积极性，缺乏创造性和创新精神，容易引起工程造价失控。

（4）通过分散平行承包，业主可以分阶段进行招标，可以通过协调和项目管理加强对工程的干预。各承包商的工程范围和责任界限比较清楚，工程造价的确定性较大。各专业设计、设备供应、工程施工单位之间存在着一定的制约关系。但在各个单位之间的界面上需要大量的管理工作，有费用和时间的消耗，导致项目实施和管理效率的降低和工期的延长。

（5）在大型工程项目中，采用这种方式业主将面对很多承包商（包括设计单位、供应单位、施工单位），直接管理承包商的数量太多，管理跨度太大，项目的计划和设计必须周全、准确、细致。业主需要对出现的各种问题作协调。而业主常常很难胜任这些工作，容易造成项目协调的困难，造成工程中的混乱和失控。

业主忙于工程管理的细节问题，会冲淡对战略和市场的关注。

(6) 工程分标过细，工程招标次数多和投标的单位多，会导致大量的管理工作的浪费和无效投标，造成社会资源的极大浪费，而且更容易产生腐败现象。

从总体上，这种模式会导致总投资的增加和工期的延长，会损害项目总目标的实现。

三、设计—采购—施工总承包模式

1. "设计—采购—施工"（EPC 承包、交钥匙工程承包），即由一个承包商承包工程项目的全部工作，包括设计、采购、各专业工程的施工，甚至包括项目前期筹划、方案选择、可行性研究和项目建设后的运营管理。承包商向业主承担全部工程责任，向业主交付具备使用条件的工程。这是最完全的总承包模式。

2. 总承包模式能克服上述分阶段分专业平行承包的缺点，它的好处有：

(1) 通过总承包可以减少业主面对的承包商的数量，这给业主带来很大的方便。业主事务性管理工作较少，例如仅需要一次招标。在工程中业主责任较小，主要起草招标文件，提出业主要求，作宏观控制，验收结果，一般不干涉承包商的工程实施过程和项目管理工作，有效地减少合同纠纷和索赔。

(2) 对业主来说，有一个对工程整体功能负责的总承包商。承包商对工程整体功能和运营责任加强。项目的责任体系明确且很完备。各专业工程的设计、采购供应和施工的界面协调都由总承包商负责，工程中的责任盲区不再存在。这样工程更容易获得圆满成功，能确保工程项目总目标。

(3) 加大了承包商的风险责任，给承包商以充分的自主完成项目。承包商承担许多在工程施工中的不可预见的经济风险、工程范围风险、自然条件风险等，能够最大限度地发挥承包商在设计、采购、施工和项目管理中优化的积极性和创造性。

(4) 承包商能将整个项目管理形成一个统一的系统，信息沟通方便、快捷、不失真；能够有效地进行质量、工期、成本等的综合控制；各专业设计、供应、施工和运营的各环节能够合理的交叉搭接，从而工期（招标投标和建设期）大大缩短；避免因设计、施工、供应等不协调造成工期拖延、成本增加、质量事故、合同纠纷。

(5) 通常总承包合同采用固定总价形式，对风险大的工程，可以采用成本加酬金合同。工程的总目标（功能、合同价格和工期）是确定的。这样有利于降低工程造价和方便工程结算；有利于项目全过程优化，鼓励承包商工程设计、采购、施工优化和工程管理的积极性和创造性。

所以工程总承包对业主和承包商都有利，工程整体效益提高。

3. 采用固定总价合同形式的总承包合同的基本问题

从上章"设计—采购—施工"总承包合同的分析可以看到，该合同的应用还有很多问题。从图 2-6 可见，总承包合同在程序上存在矛盾性。在项目任务书完成后，业主提出业主要求，承包商以此报价，而且签订总价合同。承包商的报价在很大程度上是依据自己对业主要求的理解。而业主要求是比较粗略的。工程的详细设计是在报价以后完成，而且设计文件和相应的计划文件都必须经过业主代表的批准。

(1) 显然按照上述程序，承包商的报价依据不足。由此加大承包商的报价风险。

（2）业主风险加大。体现在三方面：

1）由于承包商风险加大，报价中不可预见的风险费用增加；

2）业主对最终设计和工程实施的控制能力降低；

3）对业主来说，承包商的资信、能力的风险加大。业主必须选择资信好，实力、能力和素质强，适应全方位工作的承包商。

4. 对总承包商的要求

（1）总承包商承担全过程责任。与专业施工承包相比，他的项目管理是针对项目从立项到运营全生命期的。他必须具备工程项目全生命期观念，具有为工程项目历史负责的精神。

（2）总承包商对项目的全生命期负责，承担各专业设计、施工、供应和运营的协调责任，要求全生命期的集成化的项目管理。

（3）总承包商不仅需要具备各专业工程施工力量，而且需要很强的规划、设计能力，项目管理能力，供应能力和运营管理能力，甚至很强的市场策划能力和融资能力。

工程总承包更符合现代工程项目的特殊性，适合业主对工程项目和承包商的要求。这是工程总承包发展的根本动力。在 20 世纪 80 年代末，国际工程专家调查许多工程的经验和教训，得出结论：业主要使工程顺利实施，必须减少他所面对承包商的数量，越少越好。

目前这种承包方式在国际上受到普遍欢迎。据统计，在国际工程中，国际上最大的承包商所承接的工程项目大多数都是采用总承包方式。根据设计—建造学会（Design—Build Institution of America）2000 年的报告，设计—建造—总承包（D—B）合同比例，已经从 1995 年的 25％上升到 30％，到 2005 年将上升到 45％，有一半的工程将采用工程总承包的方式建造。

四、工程承包模式的多样性

当然业主也可以采用介于上述两者之间的中间形式，将工程以不同的方式组合发包出去。在现代工程中，在 EPC 和分散平行承包之间现在有许多中间形式：

1. 将工程的整个设计委托给一个设计承包商，施工（包括土建、安装、装饰）委托给一个施工总承包商，设备的采购委托给一个供应商。这种方式在工程中是极为常见的。

2. "设计—施工"（D—B）总承包：承包商负责工程项目的设计和施工服务。

3. "设计—采购"（E—P）总承包：承包商对工程的设计和采购进行承包，还可能在施工阶段向业主提供咨询服务，或负责施工管理。工程施工由其他承包商负责。

4. "设计—管理"总承包：由一个承包商承包设计和工程管理。供应和施工由其他承包商承担。

5. 项目管理承包（PMC）：承包商代表业主对工程项目进行全过程、全方位的项目管理，包括进行工程的整体规划、项目定义、工程招标，选择设计、施工、供应承包商，并对设计、采购、施工过程进行全面管理。

6. 其他工程总承包的变体形式，如"采购—施工"（PC）总承包等等。

所以工程承包模式有很大的灵活性，不必追求惟一的模式，应根据工程的特殊性、业主状况和要求、市场条件、承包商的资信和能力等作出选择。

第三节 合同种类的选择

在实际工程中，合同计价方式丰富多彩，有十多种。以后还会有新的合同计价方式出现。不同种类的合同，有不同的应用条件，有不同的责任和权利的分配，对合同双方有不同的风险。有时在一个工程承包合同中，不同的工程分项采用不同的计价方式。

一、单价合同

这是最常见的合同种类，适用范围广，如 FIDIC 工程施工合同和我国的建设工程施工合同示范文本。在这种合同中，承包商仅按合同规定承担报价的风险，即对报价（主要为单价和费率）的正确性和适宜性承担责任；而工程量变化的风险由业主承担。由于风险分配比较合理，能调动承包商和业主双方的管理积极性，所以能够适应大多数工程。单价合同又分为固定单价和可调单价等形式。

单价合同的特点是单价优先，业主给出的工程量表中的工程量是参考数字，而实际工程款结算按实际完成的工程量和承包商所报的单价计算。虽然在投标报价、评标、签订合同中，人们常常注重合同总价格，但这个总价并不是最终有效的合同价格，所以单价才是实质性的。

对于投标书中明显的数字计算错误，业主有权先作修改后再评标。例如在一单价合同的报价单中，承包商报价出现笔误如下：

序号	工程分项	单位	数量	单价（元/单位）	合价（元）
1					
2					
·					
i	钢筋混凝土	m³	1 000	300	30 000
·					
·					
	总报价				8 100 000

由于单价优先，实际上承包商钢筋混凝土的合价（业主以后实际支付）应为 300 000 元，所以评标时应将总报价修正。承包商的正确报价应为

8 100 000 + (300 000 - 30 000) = 8 370 000 元。

而如果实际施工中承包商按图纸要求完成了 1 100m³ 钢筋混凝土（由于业主的工作量表是错的，或业主指令增加工程量），则实际钢筋混凝土的价格应为：

$$300 \text{元/m}^3 \times 1\,100\text{m}^3 = 330\,000 \text{元}$$

单价风险由承包商承担，如果承包商将 300 元/m³ 误写成 30 元/m³，则实际工程中就按 30 元/m³ 结算。

采用单价合同，应明确编制工程量清单的方法、工程量的计算规则和工程计量方法，每个分项的工程范围、质量要求和内容必须有相应的标准。

二、总价合同

总价合同又可以分为固定总价合同和可调总价合同。总价合同是总价优先，承包商报总价，双方商讨并确定合同总价，最终按总价结算，价格不因环境变化和工程量增减而变化。通常只有设计（或业主要求）变更，或符合合同规定的调价条件，例如法律变化，才允许调整合同价格，否则不允许调整合同价格。

1. 在这类合同中承包商承担了工程量和价格风险。在现代工程中，特别在合资项目中，业主喜欢采用这种合同形式，因为：

（1）工程中双方结算方式比较简单，省事。

（2）在总价合同的执行中，承包商的索赔机会较少（但不可能根除索赔）。在正常情况下，可以免除业主由于要追加合同价款、追加投资带来的需上级，如董事会，甚至股东大会审批的麻烦。

但由于承包商承担了全部风险，报价中不可预见风险费用较高。承包商报价的确定必须考虑施工期间物价变化以及工程量变化带来的影响。同时在合同实施中，由于业主风险较小，所以他干预工程实施过程的权力较小。

2. 固定总价合同的应用条件。在以前很长时间中，固定总价合同的应用范围很小。

（1）工程范围必须清楚明确，报价的工程量应准确而不是估计数字，对此承包商必须认真复核。

（2）工程设计较细，图纸完整、详细、清楚。

（3）工程量小、工期短，估计在工程过程中环境因素（特别是物价）变化小，工程条件稳定并合理。

（4）工程结构、技术简单，风险小，报价估算方便。

（5）工程投标期相对宽裕，承包商可以详细作现场调查、复核工作量，分析招标文件，拟定计划。

（6）合同条件完备，双方的权利和义务关系十分清楚。

但现在在国内外的工程中，总价合同的使用范围有扩大的趋势，用得比较多。甚至一些大型工程的"设计—采购—施工"总承包合同也使用总价合同形式。有些工程中业主只用初步设计资料招标，却要求承包商以固定总价合同承包，这个风险非常大。

3. 总价合同的计价有如下形式：

（1）招标文件中有工程量表（或工作量表）。业主为了方便承包商投标，给出工程量表，但业主对工程量表中的数量不承担责任，承包商必须复核。

（2）招标文件中没有给出工程量清单，而由承包商制定。

在总价合同中，工程量表和相应的报价表仅仅作为阶段付款和工程变更计价的依据，而不作为承包商按照合同规定应完成的工程范围的全部内容。

合同价款总额由每一分项工程的包干价款（固定总价）构成。承包商必须自己根据工程信息计算工程量。如果业主提供的，或承包商编制的分项工程量有漏项或计算不正确，则被认为已包括在整个合同总价中。

由于国际通用的工程量计算规则适用于业主提供设计文件的单价合同（我国的工程量计算规则也有这个问题），而采用总价合同时工程量表的分项常常带有随意性和灵活性。常常需要对工程量分项和计算规则作出详细说明、修改，或用专门的计量方法。

在工程量清单的编制和分析中应考虑到如下情况：

1）承包商的工程责任范围扩大，通用的工程量的划分标准难以包容。例如由承包商承担部分的设计，在投标时承包商无法精确计算工程量。

2）通常总价合同采用分阶段付款。如果工程分项在工程量表中已经被定义，只有在该工程分项完成后承包商才能得到相应付款。则工程量表的划分应与工程的施工阶段相对应，必须与施工进度一致，否则会带来付款的困难，影响承包商的现金流量，如将搭设临时工程、采购材料和设备、设计等分项独立列出，这样可以及早付款。

4．总价合同和单价合同有时在形式上很相似。例如在有的总价合同的招标文件中也有工作量表，也要求承包商提出各分项的报价。但它们是性质上完全不同的合同类型。

总价合同在招标投标中就与单价合同的处理有区别。下面的案例具有典型性。

【案例1】　某建筑工程采用邀请招标方式。业主在招标文件中要求：

(1) 项目在 21 个月内完成；

(2) 采用固定总价合同；

(3) 无调价条款。

承包商投标报价 364 000 美元，工期 24 个月。在投标书中承包商使用保留条款，要求取消固定价格条款，采用浮动价格。

但业主在未同承包商谈判的情况下发出中标函，同时指出：

(1) 经审核发现投标书的工程量报价表中有数字计算错误，共多算了 7 730 美元。业主要求在合同总价中减去这个差额，将报价改为 356 270（即 364 000 − 7 730）美元。

(2) 同意 24 个月工期。

(3) 坚持采用固定价格。

承包商答复为：

(1) 如业主坚持固定价格条款，则承包商在原报价的基础上再增加 75 000 美元作为物价上涨风险金。

(2) 既然为固定总价合同，则总价优先，双方应确认总价。承包商在报价中有计算错误，业主也不能随意修改。所以计算错误 7 730 美元不应从总价中减去。则合同总价应为 439 000（即 364 000 + 75 000）美元。

在工程中由于工程变更，使合同工程量又增加了 70 863 美元。工程最终在 24 个月内完成。最终结算，业主坚持按照改正后的总价 356 270 美元再加上工程量增加的部分结算，即最终合同总价为 427 133 美元。

而承包商坚持总结算价款为 509 863（即 364 000 + 75 000 + 70 863）美元。最终经中间人调解，承包商的要求是合理的，业主如数支付。

【案例分析】

(1) 对承包商保留条款，业主可以在招标文件，或合同条件中规定不接受任何保留条款，则承包商保留说明无效。否则业主应在发中标函前与承包商就投标书中的保留条款进行具体商谈，作出确认或否认。不然会引起合同执行过程中的争执。因为在合同文件中，投标书的优先地位较高。

(2) 对单价合同，业主是可以对报价单中数字计算错误进行修正的，而且在招标文件中应规定业主的修正权，并要求承包商对修正后的价格的认可。但对总价合同，一般不能修正，因为总价优先，业主是确认总价。

（3）在发出的中标函中业主对投标书关于合同价格、计价方式等提出了纠正的要求。这是不恰当的，实质上这个中标函已经不能称为中标函，只是个新的要约。因为中标函必须是确定性的，完全承诺。

（4）当双方对合同的范围和条款的理解明显存在不一致时，业主应在中标函发出前进行澄清，而不能留在中标后再商谈。如果先发出中标函，再谈修改方案或合同条件，承包商要价就会较高，业主十分被动。而在中标函发出前进行商谈，一般承包商为了中标比较容易接受业主的要求。可能本工程比较紧急，业主急于签订合同，实施项目，所以没来得及与承包商在签订合同前进行认真的澄清和合同谈判。

三、成本加酬金合同

1. 成本加酬金合同是与固定总价合同截然相反的合同类型。工程最终合同价格按承包商的实际成本加一定比率的酬金（间接费和利润）计算。在合同签订时不能确定具体的合同价格，只能确定酬金的比率。在本合同的招标文件应说明中标的依据和作为成本组成的各项费用项目范围，通常授标的标准为间接费率。

2. 由于合同价格按承包商的实际成本结算，所以在这类合同中，承包商基本上不承担工程风险，而业主承担了全部工程量和价格风险，所以承包商在工程中没有成本控制的积极性，常常不仅不愿意压缩成本，相反期望提高成本以提高他自己的工程经济效益。这样会损害工程的整体效益。所以这类合同的使用应受到严格限制，通常应用于如下情况：

（1）投标阶段依据不准，工程的范围无法界定，无法准确估价，缺少工程的详细说明。

（2）工程特别复杂，工程技术、结构方案不能预先确定。它们可能按工程中出现的新的情况确定。在国外这一类合同经常被用于一些带研究、开发性质的工程项目中。

（3）时间特别紧急，要求尽快开工。如抢救，抢险工程，人们无法详细地计划和商谈。

（4）在一些项目管理合同和特殊工程的"设计—采购—施工"总承包合同中使用。

3. 在这种合同中，由于业主承担全部风险，合同条款应十分严格。业主应加强对工程的控制，参与工程方案（如施工方案、采购、分包等）的选择和决策，否则容易造成不应有的损失。

合同中应明确规定成本的开支和间接费范围。这里的成本是指承包商在实施工程过程中真实的和适当的符合合同规定范围的实际花费。承包商必须以合理的经济的方法实施工程。对不合理的开支，以及承包商责任的损失，承包商无权获得支付。业主有权对成本开支作决策、监督和审查。

4. 成本加酬金合同的变化形式。为了克服成本加酬金合同的缺点，扩大它的使用范围，人们对该种合同又作了许多改进，以调动承包商成本控制的积极性，例如：

（1）事先确定目标成本范围，实际成本在目标成本范围内按比例支付酬金，如果超过目标成本上限，酬金不再增加，为一定值；如果实际成本低于目标成本下限，业主支付一定值的酬金（见图3-6），或者当实际成本低于最低目标成本时，除支付合同规定的酬金外，另给承包商一定比例的奖励。

（2）成本加固定额度的酬金，即酬金是定值，不随实际成本数量的变化而变化。

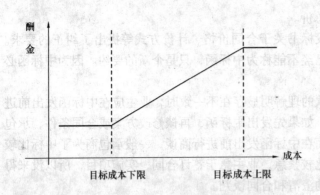

图 3-6　规定目标成本上下限的成本加酬金合同

（3）划定不同的目标成本额度范围，采用不同的酬金比例等。

所以成本与酬金的关系可以是灵活的。成本加酬金合同的形式是丰富多彩的。

四、目标合同

在一些发达国家，目标合同广泛应用于工业项目，研究和开发项目，军事工程项目中。它是固定总价合同和成本加酬金合同的结合和改进形式。在这些项目中承包商在项目可行性研究阶段，甚至在目标设计阶段就介入工程，并以总承包的形式承包工程。

目标合同也有许多种形式。通常合同规定承包商对工程建成后的生产能力（或使用功能），预计工程总成本（或目标价格），工期目标承担责任。如果工程投产后一定时间内达不到预定的生产能力，则按一定的比例扣减合同价格；如果工期拖延，则承包商承担工期拖延违约金。如果实际总成本低于预计总成本，则节约的部分按预定的比例给承包商奖励；反之，超支的部分由承包商按比例承担。

目标合同能够最大限度地发挥承包商工程管理的积极性，适用于工程范围没有完全界定或预测风险较大的情况。

目标合同工程计价方法：

1. 承包商以合同价款总额的形式报出目标价格，包括估算的直接成本、其他成本、间接费（现场管理费、企业管理费和利润），确定间接费率。由于业主原因导致工程变更、工期拖延、或业主要求赶工等造成承包商实际成本增加，应修改目标价格。

2. 通常目标合同也可用分项工程表（或工程量表）决定目标价格（合同价款总额），合同价款为每一分项工程的包干价款总和。而该分项工程表的制定并非以付款为目的，它仅用于索赔事件发生时，调整合同价款总额和承包商应分担的份额。

承包商应保留实际成本账单和各种记录，以供业主审核。对承包商责任，或发生承包商风险范围内的事件导致成本增加，或不属于合同规定的成本范围的开支，业主有权拒付。则承包商完成的合同总价为：

已完成工程总价 =（承包商实际成本 − 拒付费用）+ 酬金（间接费）

最终给承包商的付款（即承包商应得到的）为在已完成工程总价的基础上按照合同规定的比例给承包商奖励（当低于目标价格时），或对承包商的扣款（当高于目标价格时）。

3. 通常合同规定，如果承包商提出的对工程设计和实施方案的优化建议，经业主认可后实施，使工程实际成本减少，合同价款总额不予减少。这样保证承包商通过技术方案的优化获得奖励。

4. 合同结束时，业主对合同价款总额和已完工程总价进行审核。如果已完工程总价高于合同价款总额，对高出的部分，承包商按合同规定的百分比数，承担相应的部分；如果低于合同价款总额，同样承包商按合同规定的百分比获得奖励。

第四节 合同风险策划

一、工程风险的概念

工程项目的构思、目标设计、可行性研究、设计和计划都是基于对将来情况（政治、经济、社会、自然等）预测基础上的，基于正常的、理想的技术、管理和组织之上的。而在项目实施以及运行过程中，这些因素都有可能产生变化，在各个方面都存在着不确定性。这些变化会使得原定的计划、方案受到干扰，导致项目的成本（投资）增加，工期延长和工程质量降低，使原定的目标不能实现。这些事先不能确定的内部和外部的干扰因素，人们将它们称之为风险。风险是项目实施过程中的不确定因素。

工程中的风险是多角度的，常见的有如下几类：

1. 项目环境的风险

（1）在国际工程中，工程所在国政治环境的变化，如发生战争、禁运、罢工、社会动乱等造成工程中断或终止。

（2）经济环境的变化，如通货膨胀、汇率调整、工资和物价上涨。物价和货币风险在工程中经常出现，而且影响非常大。

（3）法律变化，如新的法律颁布，国家调整税率或增加新税种，新的外汇管理政策等。

（4）自然环境的变化，如复杂且恶劣的气候天气条件和现场条件，百年未遇的洪水、地震、台风等，以及工程水文、地质条件存在不确定性等。

2. 工程的技术和实施方法等方面的风险

（1）现代工程规模大，工程技术系统结构复杂，功能要求高，科技含量高。

（2）施工技术难度大，需要新技术、特殊的工艺、特殊的施工设备。

3. 项目组织成员资信和能力风险

（1）业主（包括投资者）资信与能力风险。例如：

1）业主不能完成他的合同责任，如不及时供应他负责的设备、材料，不及时交付场地，不及时支付工程款；

2）业主企业的经营状况恶化，濒于倒闭，支付能力差，资信不好，恶意拖欠工程款，撤走资金，或改变投资方向，改变项目目标；

3）业主为了达到不支付，或少支付工程款的目的，在工程中苛刻刁难承包商，滥用权力，施行罚款或扣款，或对承包商的合理的索赔要求不作答复，或拒不支付；

4）业主经常随便改变主意，如改变设计方案、实施方案，打乱工程施工秩序，发布错误的指令，非程序地干预工程，造成成本增加和工期拖延，但又不愿意给承包商以补偿；

5）在国内的许多工程中，拖欠工程款已成为承包商最大的风险之一，是影响施工企业正常生产经营的主要原因之一；

6）业主的工作人员（业主代表、工程师）存在私心和其他不正之风等。

（2）承包商（分包商、供应商）资信和能力风险。承包商是工程的实施者，是业主的最重要的合作者。承包商的资信和能力情况对业主的工程总目标的实现有决定性影响。属于承包商能力和资信风险的有如下几方面：

1）承包商的技术能力、施工力量、装备水平和管理能力不足，没有适合的技术专家和项目经理，不能积极地履行合同；

2）财务状况恶化，企业处于破产境地，无力采购和支付工资，工程被迫中止；

3）承包商的信誉差，不诚实，在投标报价和工程采购、施工中有欺诈行为；

4）设计缺陷或错误，工程技术系统之间不协调、设计文件不完备、不能及时交付图纸，或无力完成设计工作；

5）在国际工程中承包商对当地法律、语言不熟悉，对图纸和规范理解不正确；

6）承包商的工作人员、分包商、供应商不积极履行合同责任，罢工、抗议或软抵抗等。

（3）项目管理者（如工程师）的信誉和能力风险。例如：

1）工程师没有与本工程相适应的管理能力、组织能力和经验；

2）他的工作热情和积极性、职业道德、公正性差，在工程中苛刻要求承包商；或由于受到承包商不正常行为的影响（如行贿）而不严格要求承包商；

3）他的管理风格、文化偏见导致他不正确地执行合同。

（4）可能存在其他方面对项目的干扰。例如政府机关工作人员、城市公共供应部门（如水、电等部门）的干预、苛求和个人需求；项目涉及的居民或单位的干预、抗议或苛刻的要求等。

4．项目实施和管理过程风险

（1）项目决策错误。工程相关的产品和服务的市场分析和定位错误，进而造成项目目标设计错误。业主的投资预算、质量要求、工期限制得太紧，项目目标无法实现。

（2）对环境调查和预测的风险。环境调查工作不细致、不全面。

（3）起草错误的招标文件、合同条件。合同条款不严密、错误、二义性，过于苛刻的单方面约束性的、不完备的条款，工程范围和标准存在不确定性。

（4）错误地选择承包商，承包商的施工方案、施工计划和组织措施存在缺陷和漏洞，计划不周，承包商的资信不好。

（5）实施控制中的风险。例如合同未正确履行，合同伙伴争执，责任不明，产生索赔要求；没有得力的措施来保证进度、安全和质量要求；由于工程分标太细，分包层次太多，造成计划执行和调整、实施控制的困难；下达错误的指令等。

二、合同风险的概念

合同风险是指与合同相关的，或由合同引起的不确定性。它包括如下两类：

1．上述列举的风险，通过合同定义和分配，规定风险承担者，则成为该方的合同风险

（1）工程风险分担首先决定于所签订的合同的类型。如果签订固定总价合同，则承包商承担全部物价和工作量变化的风险；而对成本加酬金合同，承包商不承担任何风险；对常见的单价合同，承包商承担报价风险，业主承担工作量风险。

（2）合同条款明确规定的应由一方承担的风险。如对业主来说，有业主风险，工程变更的条款，以及允许承包商增加合同价格和延长工期的条款等。

2．合同缺陷导致的风险

（1）条文不全面，不完整，没有将合同双方的责权利关系全面表达清楚，没有预计到

合同实施过程中可能发生的各种情况。这样导致合同过程中的激烈争执，最终导致损失。

（2）合同表达不清晰、不细致、不严密、有错误、矛盾、二义性。由此导致双方错误的计划和实施准备，推卸合同责任，引起合同争执的情况。

通常业主起草招标文件和合同条件，提出设计文件，他必须对这些问题承担责任。

（3）合同签订、合同实施控制中的问题，对合同内容理解错误，不完善的沟通和不适宜的合同管理等。

合同文件的语言表达方式、表达能力，承包商的外语水平、专业理解能力或工作细致程度，以及做标期和评标期的长短等原因都可能导致合同风险。

三、合同风险的特性

1. 合同风险事件，可能发生，也可能不发生；但一经发生就会给业主或承包商带来损失，给工程的实施带来影响，可能导致费用的增加、工期的拖延或工程质量的缺陷。

风险事件在工程实施过程中常常不能立即或者正确预计到，不能事先识别，甚至可能是一个有经验的承包商也不能合理预见的。

2. 合同风险常常是相对于某个承担者而言的。对客观存在的工程风险，通过合同条文定义风险及其承担者，则成为该方的风险。在工程中，如果风险成为现实，则由承担者主要负责风险控制，并承担相应损失责任。所以对风险的定义属于双方责任划分问题，不同的表达，则有不同的风险，有不同的风险承担者。

如在某合同中规定：

"第二条，……承包商无权以任何理由要求增加合同价格，如国家调整海关税等"。

"第三十九条，……承包商所用进口材料，机械设备的海关税和其他相关的费用都由承包商负责交纳……"。

则国家对海关税的调整完全是承包商的风险，如果国家提高海关税率，则承包商要蒙受经济损失。

而如果在第三十九条中规定，进口材料和机械设备的海关税由业主交纳，承包商报价中不包括海关税，则这对承包商已不再是风险，海关税风险已被转嫁给业主。

而如果按国家规定，该工程进口材料和机械设备免收海关税，则尽管海关税上调，但本工程不存在海关税风险。

四、合同风险分配

在一个具体的环境中，采用某种承发包模式和项目管理模式实施一个确定范围、规模和技术要求的工程，则可能遇到的风险有一定的范围，它的发生和影响有一定的规律性。

工程风险是通过合同分配给承担者，作为承担者的合同风险。合同风险分配是合同总体策划的一个重要内容。合同双方在整个合同的签订和谈判过程中对这个问题会经历复杂的博弈过程。

1. 工程项目参加者对风险的不同思维

不同的人对风险有不同的主观偏好（见参考文献1），通常有如下三类：

（1）风险喜好；

（2）风险中性；

（3）风险厌恶。

工程项目参加者对风险可能存在不同的偏好。这种偏好不仅受他个人的性格、在项目中的角色和企业的抗风险能力的影响，而且受工程项目本身的特点（如赢利性）的制约。风险偏好的不同会导致对风险不同的策略选择，不同的措施，不同的风险管理成本。忽视人们对风险的偏好，会导致非理性且低效率的风险分配。

（1）承包商的风险偏好

承包商通常是典型的风险厌恶型的，他不希望自己承担很大的风险。其原因是：

1）承包商工程的营业额大，但利润率低，抗风险能力很弱。而且工程承包是他的主业，如果出现太大的风险会给他带来灾难性后果。所以危害性大的风险不能分配给承包商。

2）承包商自我抗风险能力较差。如果要他承担大的风险，他必然会大幅度提高报价，让承包商承担风险的成本会比较高。

3）对承包商来说，按照惯例，从工程投标开始风险就很大，大量的风险都由他承担。

4）不同类型的承包商的风险偏好状况不同。专业工程的承包商比工程总承包商更是风险厌恶型的；集团型的、智力密集型的、资金密集型的承包商对风险趋于中性的。

（2）业主的风险偏好

1）对大型项目的业主，由于财力雄厚，自我保险能力大于承包商，属于风险中性。则他应承担较大的风险。

2）不同类型的工程的业主，风险偏好又不同。例如信息工程领域的业主，由于工程价款在他的总投资中份额不大，而且信息工程的产品利润率很高，对工程建设他偏向风险中性。他希望承担较大的价格风险，而希望承包商承担较大的工期和质量相关的风险。

而获利很低的工程的业主是风险厌恶型的。

（3）项目管理公司的风险偏好

在工程中，项目管理公司的风险承担一直是矛盾的。

1）它的工作作用大，对工程项目的影响很大。如果它不承担风险，则它的积极性和创造性难以发挥，而且加大业主风险。

2）项目管理公司合同营业额小，所以它自身抗风险能力和自我保险能力都很弱，是风险厌恶型的。

3）由于项目管理公司的工作属于咨询性工作，在工程中，它承担风险的明确定义、状态描述、责任划分、损失的量度都很困难。

4）如果让项目管理公司承担过大的风险，则它必须提高报价，也会损害业主利益。而且让它承担风险，反过来会影响它的工作热情、积极性。在它应承担的风险发生时，它首先要自保。这样会失去它作为工程师的公正性和为项目总目标服务的宗旨，会更大程度地损害项目总目标。

所以项目管理公司仅承担职业疏忽风险，即过错风险，远远小于承包商的风险。业主可以通过其他途径，如项目管理公司的职业道德规范、信誉、资质来保证业主的利益。

2. 风险分配的重要性

合同风险如何分配是决定合同形式的主要影响因素之一。合同的起草和谈判实质上很大程度上是风险的分配问题。作为一份完备公平的合同，不仅应对风险有全面的预测和定义，而且应全面地落实风险责任，在合同双方之间公平合理地分配风险。

对合同双方来说，如何对待风险是个战略问题。由于业主起草招标文件、合同条件，确定合同类型，承包商必须按业主要求投标，所以对风险的分配业主起主导作用，有更大的主动权与责任。但业主不能随心所欲地不顾主客观条件，任意在合同中加上对承包商的单方面约束性条款和对自己的免责条款，把风险全部推给对方，他应理性分配风险。

(1) 积极的风险分配。合同文本要使风险归属清楚，责任明确，而不是躲避、推卸。明确索赔事件和业主风险，能使承包商放心地计划、报价和组织工程的实施。

(2) 灵活的风险分摊策略，以适合工程、环境、业主和承包商的具体情况。

(3) 通过合理的合同风险分配鼓励各方面工程实施和管理的积极性，促使各方积极工作。由于工程是承包商完成的，特别应使理性、诚实和有能力的承包商易于中标，通过努力获得利润，不能鼓励投机和冒险。

如果风险分配仅使业主免责而使承包商冒险，最终会损害项目总目标。

(4) 保护双方利益，达到公平合理。不应该仅仅考虑保护业主利益，应该更多考虑如何使工程高效率，且比较稳妥地完成。风险与承包商管理积极性相关。让承包商承担尽可能多的风险以调动他的积极性，但不能让承包商冒险，将他打倒。

风险分配不存在统一的评价尺度，即不存在最好的风险分配方法。每一种分配方法都有它的问题和不足。合同风险分配关键是适度，所以它需要科学性和艺术性。应防止两种倾向：

1) 在合同中过于迁就和宽容承包商，不让承包商承担任何风险，承包商常会得寸进尺，会利用合同赋予的权力推卸工程责任或进行索赔，最终工程整体效益不可能好。例如订立成本加酬金合同，承包商没有成本控制积极性，不仅不努力降低成本，反而积极提高成本以争取自己的收益；如果承包商不承担报价和对招标文件理解的风险，则丧失了报价和评标的起码尺度，各投标人之间没有公平可言。

2) 现在由于买方市场而产生的傲慢心理，以及对承包商的不信任心理，业主在合同文件起草、合同谈判及合同执行中，常常不能公平地对待承包商，在合同中过于推卸风险，压低价格，用不平等的单方面约束性条款对待承包商，例如采用固定总价合同让承包商承担所有风险。这可能产生如下后果：

①承包商报价中的不可预见风险费加大，如果合同所定义的风险没有发生，则业主多支付了报价中的不可预见风险费，承包商取得了超额利润。如果风险发生，不可预见风险费又不足以弥补承包商的损失，则他通常要想办法弥补损失，或减少开支，例如偷工减料、减少工作量、降低材料设备和施工的质量标准以降低成本，甚至放慢施工速度，或停工要求业主给予额外补偿，甚至放弃工程实施的责任。最终影响工程的整体效益。

②如果业主不承担风险，则他也缺乏工程控制的积极性和内在动力，工程也不能顺利。

③由于合同不平等，承包商不可预见的风险太大，没有合理的利润，则会对工程缺乏信心和缺乏履约的积极性。

(5) 合理且明确的分配风险有如下好处：

1) 承包商报价中的不可预见风险费较少，业主可以得到一个合理的报价；

2) 减少合同的不确定性，承包商可以准确地计划和安排工程施工；

3) 可以最大限度发挥合同双方风险控制和履约的积极性；

4) 从整个工程的角度，使工程的产出效益最好。

国际工程专家告诫：业主应公平合理地善待承包商，公平合理地分担风险责任。一个苛刻的、责权利关系严重不平衡的合同往往是一个"两面刃"，不仅伤害承包商，而且最终会损害工程的整体利益，伤害业主自己。

3. 合同风险的分配原则

对工程合同风险的分配，人们作了许多研究，提出了许多理论和方法，如合理的可预见性风险分配方法、可管理性分配风险方法等（见参考文献 1）。在现代工程项目中，合同风险分配逐渐走向综合性，结合各种理论、方法和原则的优点。在 1999 年新的 FIDIC 合同和 NEC 合同中都体现这种趋向（见参考文献 15，17）。

（1）效率原则

按照合同的效率原则，合同风险分配应从工程整体效益的角度出发，最大限度地发挥双方的积极性。风险的分配必须有利于项目目标的成功实现。

从这个角度出发分配风险的原则是：

1）谁能最有效地合理地（有能力和经验）预测、防止和控制风险，或能够有效地降低风险损失，或能将风险转移给其他方面，则应由他承担相应的风险责任；

2）承担者控制相关风险是经济的，即能够以最低的成本来承担风险损失，同时他的管理风险的成本、自我防范和市场保险费用最低；

3）他采取风险措施是有效的、方便的、可行的；

4）从项目整体来说，风险承担者的风险损失低于其他方的因风险得到的收益，在收益方赔偿损失方的损失后仍然获利，这样的分配是合理的；

5）通过风险分配，加强责任，能更好地计划和控制，发挥双方管理的和技术革新的积极性等。

（2）公平合理，责权利平衡

对工程合同，风险分配必须符合公平原则。它具体体现在：

1）承包商承担的风险与业主支付的价格之间应体现公平。合同价格中应该有合理的风险准备金。

2）风险责任与权力之间应平衡。任何一方有一项风险责任则必须有相应的权力；反之有一项权力，就必须有相应的风险责任。应防止单方面权力或单方面义务条款。例如：

①业主起草招标文件，则应对它的正确性（风险）承担责任；

②业主指定工程师，指定分包商，则应对他们的工作失误承担风险；

③承包商对施工方案负责，则他应有权决定施工方案，并有采用更为经济和合理的施工方案的权力；

④如采用成本加酬金合同，业主承担全部风险，则他就有权选择施工方案，干预施工过程；

⑤而采用固定总价合同，承包商承担全部风险，则承包商就应有相应的权力，业主不应多干预施工过程。

3）风险责任与机会对等，即风险承担者同时应能享有风险控制获得的收益和机会收益。例如承包商承担工期风险，拖延要支付违约金；反之若工期提前应有奖励；如果承包商承担物价上涨的风险，则物价下跌带来的收益也应归他所有。

4）承担的可能性和合理性，即给风险承担者以风险预测、计划、控制的条件和可能性，不鼓励承包商冒险和投机。风险承担者应能最有效地控制导致风险的事件，能通过一些手段（如保险、分包）转移风险；一旦风险发生，他能进行有效的处理；能够通过风险责任发挥他计划、工程控制的积极性和创造性；风险的损失能由于他的作用而减少。

例如承包商承担报价风险、环境调查风险、施工方案风险和对招标文件理解风险，则他应有合理的做标时间，业主应能提供一定详细程度的工程技术文件和工程环境文件（如水文地质资料）。如果没有这些条件，则他不能承担这些风险（如采用成本加酬金合同）。

公平的合同能使双方都愉快合作，而显失公平的合同会导致合同的失败，进而损害工程的整体利益。

5）但在实际工程中，公平合理往往难以评价和衡量。尽管合同法规定显失公平的合同无效，但实际工作中难以判定一份合同的公平程度（除了极端情况外）。这是因为：

①即使采用固定总价合同，让承包商承担全部风险，也是正常的。因为在理论上，承包商自由报价，可以按风险程度调整价格。

②工程承包市场是买方市场，业主占据主导地位。业主在起草招标文件时经常提出一些苛刻的不公平的合同条款，使业主权力大，责任小，风险分配不合理。但双方自由商签合同，承包商自由报价，可以不接受业主的条件，这又是公平的。

③由招标投标确定的工程价格是动态的，市场价格没有十分明确的标准。

④承包合同规定承包商必须对报价的正确性承担责任，如果承包商报价失误，造成漏报、错报或出于经营策略降低报价，这属于承包商的风险。这类报价是有效的，不违反公平合理原则。在国际工程中，对单价合同，有时单价错了一个小数点，差了10倍，如我国某承包商在国外的一个房建工程中，因招标文件理解有误，门窗报价仅为合理报价的1.9%。这类价格仍然是有效的（见参考文献14）。

(3) 在风险分配中要考虑现代工程管理理念和理论的应用，如双方伙伴关系、风险共担，达到双赢的目的等。在国外一些新的合同中，将许多不可预见的风险由双方共同承担，如不可抗力，恶劣的气候条件，汇率、政府行为、环境限制和适应性等。

让承包商承担或与业主共同承担不可预见的风险有许多优点，特别在一些大型的总承包项目中。大型的承包商抗风险能力和对风险的预见能力远远高于业主。但承包商在工程中的收益应相对提高。如果不可预见的风险太大，承包商会加大不可预见风险费，使中标的可能降低，使严谨的、有经验的承包商不能中标，而没有经验的承包商，或草率的、过于乐观的或索赔能力和技巧很好的承包商报价低，倒容易中标。这又会对业主不利。

(4) 符合工程惯例，即符合通常的工程处理方法。一方面，惯例一般比较公平合理，较好反映双方的要求；另一方面，合同双方对惯例都很熟悉，工程更容易顺利实施。

按照惯例，承包商承担对招标文件理解，环境调查风险；报价的完备性和正确性风险；施工方案的安全性、正确性、完备性、效率的风险；材料和设备采购风险；自己的分包商、供应商、雇用的工作人员的风险；工程进度和质量风险等。

业主承担的风险：招标文件及所提供资料的正确性；工程量变动、合同缺陷（设计错误、图纸修改、合同条款矛盾、二义性等）风险；国家法律变更风险；一个有经验的承包商不能预测的情况的风险；不可抗力因素作用；业主雇用的工程师和其他承包商风险等。

而物价风险的分担比较灵活，可由一方承担，也可划定范围双方共同承担。

五、业主的合同风险对策措施

1．业主对项目风险策略可以分为如下几类：

（1）避免。即在项目决策时就避免风险大的项目。趋利避害是人们对待风险的基本策略。

（2）减轻。通过一些技术、组织、管理和经济的措施为风险作准备，减轻风险的影响。

（3）保留。即将风险保留自己承担，如果风险发生，则自己承担风险的后果。例如在合同中明确规定业主风险。

（4）转移。即将风险转移，让其他人（如合作者、保险公司等）承担风险损失。

2．在工程中，上述策略可以通过具体的措施实现。

（1）选择先进的同时又是成熟的工程技术方案和施工技术方案。

（2）管理措施。如：

1）确定适当的时间目标，为起草招标文件和投标文件、评标和施工准备留有一定的时间；

2）制定严密和周全的工程实施和组织计划；

3）广泛的环境调查，尽可能多的收集信息，实现各方面信息共享；

4）通过起草完备清晰的招标文件和合同文件，明确责任和风险分配；

5）设置严格的有效的管理程序和责任体系等。

（3）合同措施：

1）制定适宜的明确的合同策略，采取明智的风险分配方式，并保证合同策略有效的贯彻；

2）起草完备的合同，减少合同中的漏洞；

3）明确双方风险的责任；

4）在合同中设置保全措施，以加大承包商的责任和加强对承包商的控制，如各种保函、保留金、对承包商设备和材料进场后所有权的定义等。

（4）投资预算中有一定的风险准备金，在工程量表中设置一定数额的暂定金额。

（5）选择有资信和能力的承包商和项目管理公司，不以最低报价作为选择的指标。

（6）通过保险和担保（如银行保函）手段转移风险等。

第五节　工程合同体系的协调

在一个工程项目中，业主要签订许多合同，如设计合同、施工合同、供应合同。同样承包商为了完成他的承包合同责任也必须订立许多分合同。这些合同从宏观上构成项目的合同体系，从微观上每个合同都定义并安排了一些合同实施活动，共同构成项目的实施过程。在这个合同体系中，各主合同之间，以及主合同和分合同之间存在着十分复杂的关系。要保证项目顺利实施，就必须对此作出周密的计划和安排。业主必须负责这些合同之间的协调。这也是合同总体策划的重要内容。在实际工作中由于合同不协调而造成的工程失误是很多的。

1．合同体系应保证工程和工作内容的完整性。业主的所有合同确定的工程或工作范围应能涵盖项目的所有工作，即只要完成各个合同，就完成了整个项目，实现项目总目标；承包商的各个分包合同与拟由自己完成的工程（或工作）一齐应能涵盖总承包合同责任。在工作内容上不应有缺陷或遗漏。在实际工程中，这种缺陷会带来设计的修改、新的附加工程、计划的修改、施工现场的停工、缓工，导致双方的争执。

为了防止缺陷和遗漏，应做好如下工作：

（1）在招标前认真地进行整个项目的系统分析，确定工程项目的系统范围。

（2）系统地进行项目的结构分解，在详细的项目结构分解的基础上确定各合同的工作范围，列出各个合同的工程量表。项目结构分解的详细程度和完备性是合同体系完备性的保证。

（3）进行项目任务（各个合同或各个承包单位，或各专业工程）之间的界面分析。确定各个界面上的工作责任、成本、工期、质量的定义。工程实践证明，许多遗漏和缺陷常常都发生在界面上。

2. 技术上的协调。这里包括极其复杂的内容，例如：

（1）几个主合同之间设计标准的一致性，如土建、设备、材料、安装等应有统一的质量、技术标准和要求。各专业工程之间，如建筑、结构、水、电、通讯之间应有很好的协调。在建筑工程项目中建筑师常常作为技术协调的中心，在工业工程项目中，生产工艺总工程师是协调的中心。

（2）分包合同必须按照承包合同的条件订立，全面反映总合同相关内容。采购合同的技术要求必须符合规定的工程技术规范。总包合同风险要反映在分包合同中，由相关的分包商承担。为了保证承包合同不折不扣地完成，分包合同一般比总承包合同条款更为严格、周密和具体，对分包单位提出更为严格的要求。

（3）各合同所定义的专业工程之间应有明确的界面和合理的搭接。例如供应合同与运输合同，土建承包合同和安装合同，安装合同和设备供应合同之间存在责任界面和搭接。界面上的工作容易遗漏，容易产生争执。

各合同只有在技术上协调，才能共同构成符合总目标的工程技术系统。

3. 价格上的协调

在工程项目合同总体策划时必须将项目的总投资分解到各个合同上，作为合同招标和实施控制的依据。

对承包商，一般在总承包合同估价前，就应向各分包商（供应商）询价，或进行洽商，在分包报价的基础上考虑到管理费等因素作为总包报价，所以分包报价水平常常又直接影响总包报价水平和竞争力。

（1）对大的分包（或供应）工程如果时间来得及，也应进行招标，通过竞争降低价格。

（2）作为总承包商，周围最好要有一批长期合作的分包商和供应商作为忠实的伙伴。这是有战略意义的。这样可以保证分包商的可靠性和分包工程质量、价格的稳定性。

（3）对承包商来说，由于与业主的承包合同先签订。一般在签订承包合同前先向分包商和供应商询价；待承包合同签订后，再签订分包合同和供应合同。则要防止在询价时分包商（供应商）报低价，而承包商中标后又报高价，特别是当询价时对合同条件（采购条件）未来得及细谈，分包商（供应商）有时找一些理由提高价格。一般可先签订分包（或供应）意向书，既要确定价格，又要留有活口，防止总合同不能签订。

4. 时间上的协调

（1）按照项目的总进度目标和实施计划确定各个施工合同的实施时间安排，在相应的招标文件上提出合同工期要求。这样每个施工合同的实施能够满足项目计划要求。

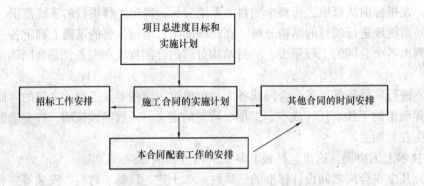

图 3-7　各工程合同时间上的协调

（2）按照各个施工合同的实施计划（开工要求）安排该合同的招标工作，由于招标经过一个过程，需要一定的时间。这样保证签约后合同的实施能符合总体计划的要求。

（3）与各施工合同相关的配套工作的安排。例如对一个施工合同，业主负责材料和生产设备的供应，现场的提供等责任。则必须系统地安排这些配套工作计划。

（4）有些配套工作计划是通过其他合同安排的。对这些合同也必须作出相应的计划。如与工程承包合同相关的业主负责的材料采购，必须安排相应的采购合同。

这样，工程活动不仅要与项目实施计划的时间要求一致，而且它们之间时间上要协调，即各种工程活动形成一个有序的，有计划的实施过程（见图 3-7）。例如设计图纸供应与施工，设备、材料供应与运输，土建和安装施工，工程交付与运行等之间应合理搭接。

每一个合同都定义了许多工程活动，形成各自的子网络。它们又一齐形成一个项目的总网络。常见的设计图纸拖延，材料、设备供应脱节等都是这种不协调的表现。

例如某工程，主楼基础工程施工尚未开始，而供热的锅炉设备已提前到货，要在现场停放两年才能安装。这样不仅要占用大量资金，占用现场场地，增加保管费，而且超过设备的保修期，再出现设备质量问题供应商将不再负责。从中可以看出，签订各份合同要有统一的时间的安排。要解决这种协调的一个比较简单的手段是在一张横道图或网络图上标示出相关合同所定义的里程碑事件和它们的逻辑关系。这样便于计划、协调和控制。

5. 合同管理的组织协调。在实际工程中，由于工程合同体系中的各个合同并不是同时签订的，执行时间也不一致，而且常常也不是由一个部门统一管理的，所以它们的协调更为重要。这个协调不仅在签约阶段，而且在工程施工阶段都要重视；不仅是合同内容的协调，而且是职能部门管理过程的协调。例如承包商对一份供应合同，必须在总承包合同技术文件分析后提出供应的数量和质量要求，向供应商询价，或签订意向书；供应时间按总合同施工计划确定；付款方式和付款时间应与财务人员商量；供应合同签订前或后，应就运输等合同作出安排，并报财务备案，作资金计划或划拨款项；施工现场应就材料的进场和储存作出安排。这样形成一个有序的管理过程。

复习思考题

1. 为什么说合同总体策划对整个项目管理有重大影响？

2. 在我国许多业主都喜欢将工程分专业分阶段平行发包。这对项目的实施和业主的项目管理产生什么影响？它会带来什么问题？

3. "固定总价合同由承包商承担全部风险，则采用固定总价合同对业主最有利"，你觉得这样说对吗？为什么？

4. "起草者可以将对自己有利的条款放进去，而对方常常不易发现，所以业主应使用自己起草的合同条件"。这样说对吗？为什么？

5. 试分析在 FIDIC 工程施工合同中，业主如何通过合同实施对项目的控制？

6. 如果一个工程采用固定总价合同，做标期很短，招标时仅仅提供初步设计文件，采用国外的技术规范，承包商会承担哪些风险？

7. 试分析在使用 FIDIC 合同的工程项目中承包商所承担的风险的种类，对这些风险提出相应的对策措施。

第四章 工 程 招 标

【本章提要】 1.工程招标投标的基本概念，从工程和工程合同的特殊性分析工程招标投标的问题和复杂性，成功的工程招标投标的标准。

2.介绍了常用的工程招标方式。

3.招标投标程序和主要工作。

4.招标文件策划。招标文件的内容、基本要求、投标人须知的内容和合同条件的选择等。

由于工程招标、工程投标和合同的签订是一体的，所以本章内容与第五章和第六章内容是互相关联的。

第一节 工程招标投标概述

一、工程招标投标的基本概念

工程合同通常都以招标投标方式委托和承接。招标投标是工程合同的形成过程❶。

1.在这个过程中对业主来说就是招标工作，业主作为买方，被称为招标人，占据着主导地位。他组织和领导整个招标工作：起草招标文件；组织和安排各种会议，如标前会议、澄清会议、标后谈判；分析、评价投标文件；最终签订合同。

2.在这个过程中，对承包商来说就是投标工作。承包商作为投标人。在工程中，合同是影响承包商利润最主要的因素，而招标投标是获得尽可能多的利润的最好机会。如何利用这个机会，签订一个有利的合同，是每个承包商都十分关心的问题。

3.在合同签订前，合同当事人可以利用法律赋予的平等权利，进行对等谈判，充分协商，可以自由地签订和修改合同。

但合同一经签订，只要它合法、有效，即具有法律约束力，受到法律保护，它即成为工程项目中合同双方的最高行为准则，双方的权利和义务就被限制在合同上。双方必须严格履行合同。如果合同执行中遇到问题，发生争执，也首先按合同规定解决。所以合同不利，常常连法律专家和合同管理专家也无能为力。

由于工程过程中大量的问题、争执、矛盾，以及许多工程和工程合同失败的原因都起

---

❶ 工程中的招标人可能有业主和总承包商，但最常见的是业主。

投标人可能是承包商还可能是分包商（对分包合同）。"承包商"一词，广义的说，是针对业主而言的，是工程承包市场上的一个主体。对一个具体的工程项目，"承包商"是针对合同实施过程而言的。"投标人"称呼通常是针对招标投标过程而言的，所以在投标人须知中一般都用"投标人"一词。对一个工程合同的招标，投标人很多，最后只有一个投标人中标，他就是本工程合同的承包商，所以在合同中就用"承包商"一词。

在招标投标阶段常常两词都要用到，通常涉及投标工作，而且涉及所有投标人，就用"投标人"一词，而涉及合同的实施，一般就用"承包商"一词。

源于招标投标过程，所以合同双方都必须十分重视招标投标阶段的合同管理工作。

二、工程招标投标的问题和复杂性

通过招标投标形成合同是工程承包合同的特点，又是承包商的业务承接方式。工程招标投标与其他领域的招标投标有很大的区别。

1. 合同标的物——工程系统的复杂性和个性化。现代工程不仅体积大，涉及专业门类多，而且科技含量高，常常是硬件和软件的结合。这是工程合同和工程的招标投标过程一切问题和复杂性的根源。

2. 工程业务方式的特殊性。工程合同与通常的货物采购合同不同。通过招标投标先确定合同价格和工期，然后再完成工程的设计、供应和施工工作。而在招标投标阶段，对合同的标的物——工程的描述常常是不完全的，双方理解也常常不一致。这导致要事先比较准确地确定合同价格和工期是十分困难的，特别对总价合同。

这是工程合同的基本矛盾，孕育着招标投标过程和合同实施过程双方的冲突。

3. 与通常市场上一般物品的买卖合同不同，工程合同的实施过程是复杂的，不是简单的一手交钱，一手交货的过程。

(1) 工程是在合同签订后完成的，在合同签订前承包商只能拿出工程的实施方案和计划，业主也只能评价实施方案和计划的可靠性和可行性。

由于工程和工程实施过程的复杂性，其实施方案和计划十分复杂，专业性很强。

(2) 由于承包商的实施方案和计划仅是一种虚拟的现实，这样对任务承担者的能力和资信就有特殊的要求，而且工程项目常常又是一次性的，使双方的合作风险很大，特别对于业主来说，所以业主必须掌握主动权。

(3) 合同实施过程是双方合作的过程。业主参与工程项目的实施，有一定干预工程过程的权力（如审批、作出同意、分部指令等），完成应由业主完成的合同责任（如提供实施条件、提供材料和设备、完成设计等），同时又必须承担相应的风险责任。

所以业主承担的风险（特别是承包商资信、能力风险和环境风险）比任何其他种类的合同都大。这不仅需要对投标人的资信和能力进行认真的甄别，而且要对他提出的实施方案进行可行性评价，对他的价格进行合理性分析。这就需要一个十分复杂的招标投标过程。

4. 工程招标投标过程的矛盾性：

在工程的招标投标过程中，招标人和投标人的的角色是不平等和不平衡的。投标人处于十分艰难的不利的境地。具体表现在：

(1) 业主采用招标方式委托工程，形成了工程的买方市场，几家、十几家甚至几十家投标人竞争一个工程，最终只能一家中标，成为承包商，所以竞争十分激烈。

1) 招标文件由业主起草，代表业主的意志，常常包括苛刻的招标条件和合同条件，而且招标文件规定投标人必须完全响应，不容许修改这些条件，不许提出保留意见，否则作为无效标处理。但投标人一经提出投标文件，从法律角度讲，业主的招标文件的内容反过来就作为投标人承认并提出的要约文件的内容。投标人对此必须承担全部法律责任。

2) 尽管合同风险很大，但由于承包市场竞争激烈，投标人为了中标，不惜竞相提出优惠条件，压低报价，以提高报价竞争力。许多年来承包工程报价中的利润一直趋于减少。

3）业主可以不受最低标限制地选择中标单位，可以以任何形式、不作任何解释宣布招标无效，而不必补偿投标人的任何投标开支。

（2）在现代工程中，由于招标投标制度逐渐完备，咨询工程师管理水平提高，在招标文件中有十分完备和严密的对投标人的制约条款和招标投标程序。合同条件都假设投标人富有经验，能胜任投标工作，几乎是全能的先知。通常施工合同都规定：

1）承包商对现场以及周围环境作了调查，对调查结果满意，达到能够正确估算费用和计划工期的程度，并已取得对影响投标报价的风险、意外事件和其他情况的所有资料。

2）按照合同原则和招标文件规定，承包商是经过认真阅读和研究招标文件，并全面、正确地理解了合同精神，明确了自己的责任和义务，对招标文件的理解自行负责。

3）承包商对投标书以及报价的正确性、完备性满意。这报价已包括了他完成全部合同责任的花费。如果出现报价问题，如错报、漏报，则均由他自己负责。

4）承包商对环境条件应有一个合理预测，只有出现有经验的承包商（在投标时承包商总是申明他是"有经验的"）不能预测的情况，才能对他免责。

5）有些合同中业主提出更为苛刻的条件，让承包商承担地质条件、环境变化等风险。

如果出现合同争执，调解人、仲裁人、法庭解决争执时都采用合同字面意义解释合同，并认定双方都清楚理解并一致同意合同内容。所以投标人一经投标，或签订合同，则表示他已自动承认了上述条件，也就是承认了自己的不利地位。

（3）投标人有如此大的责任，但业主的招标文件又常常不清楚、不细致。有些工程做标期短，投标人无力、常常也无法进行详细的计划、研究。在国际工程中招标文件的翻译要花许多时间，不同的语言在翻译时会产生差异。

（4）由于参加竞标的投标人很多，中标的可能性通常很小，在投标期间投标人不可能花很多时间和精力去作详细的环境调查和详细的计划，否则如不中标损失太大（招标人没有责任补偿不中标的投标人的这些损失），但这必然影响投标报价的精度。

所以投标人处于两难的境地。这一切表明，承包商的投标风险很大，实际工程中这方面失误也很多。

5. 业主和承包商信息的不对称。在整个工程合同的生命期中，业主和承包商的信息不对称在如下两个阶段中状况是不同的。

（1）在招标投标过程中，业主作为工程项目的投资者，在事前就对工程项目的目标系统、要求作了全面考虑，对工程环境作了调查研究，有比较长时间的可行性研究、决策和准备的过程，他已经作了地质勘探，委托设计。他起草招标文件，对工程有比较成熟的思考，掌握较多的环境信息。

而承包商只有通过对业主的招标文件的分析和理解、现场调查和对业主资信和能力的了解获得信息。由于做标时间短，同时不中标的可能性又很大，承包商很难作深入的调查研究。所以在这个阶段，对工程目标、环境等方面的信息，业主比承包商有利。

但对工程的实施方案、承包商的资信和能力的信息，业主又处于不利地位上。

（2）而在施工过程中，业主不参与工程的具体实施，仅作总体的宏观的控制，同时业主通常不是工程领域的专家；而承包商具体在现场实施工程，作详细的计划和组织设计，采购材料和设备，所以他在工程实施技术和组织、实施环境、工程材料和劳务市场等方面的信息优势远远超过业主。

在现代工程中，这种信息不对称性对合同风险和责任的分配，争执的解决有很大的影响。

6. 工程招标容易出现腐败现象，不管在公共工程还是在私营工程中都是这样，所以上层管理者对它要有严密的控制，要求有透明的规范化的程序，要求有比较严密的制衡。社会的各个方面又要求保证工程招标投标的公平性和公开性。

在我国，有比较严密的招标投标法，各地还有详细的招标投标管理办法。近十几年来，人们对招标投标过程如何公开、公正和防止腐败作了大量的研究，采取了各式各样的措施。但工程招标投标仍是我国腐败的重灾区，出现的问题有普遍的、触目惊心的，影响是巨大的，而且无法有效解决。这些问题有其深刻的社会和历史的根源。不仅仅涉及招标投标程序的科学性，而且涉及法制的健全程度、国家投资管理体制和管理机制、用人制度、社会诚实信用氛围和人们的价值观等。

许多年来，人们过于注重从招标投标程序解决我国工程方面的腐败问题，赋予工程招标投标组织和过程过大的反腐败职能，其结果不仅效果不大，而且大大削弱了工程招标投标和工程管理自身的科学性。

三、成功的招标投标的标准

招标投标的目的是为了顺利地实现项目的总目标，并不仅仅是为了签订合同而招标的，也并不是为了履行一个法律程序而招标的。一个成功的招标必须符合合同原则，具体地说必须符合以下基本要求：

1. 签订一份合法的合同。这是招标投标工作最基本的要求。如果工程合同合法性不足，会导致整个合同，或合同的部分条款无效。这将导致合同中止，激烈的合同争执，工程不能顺利实施，合同各方都会蒙受损失。合法的工程合同必须符合如下基本要求：

(1) 工程项目已具备招标投标、签订和实施合同的一切条件，包括：

1) 具有相应的工程建设项目立项的批准文件。

2) 具有各种工程建设的许可证，建设规划文件，城建部门的批准文件。这样保证工程建设和运营过程符合法律的要求，对社会、对公共利益没有不当影响。

3) 招标投标过程符合法定的程序。为了保证招标投标活动符合公开、公平、公正和诚实信用的原则，防止招标过程中的腐败行为，我国的招标投标法规定了比较严密的程序。

通过这些程序保证各项工作透明、公开、公正，保证对各投标人使用统一尺度，保证在合同的签订过程中没有欺诈和胁迫行为，这是必须执行的。

(2) 工程承包合同的目的、内容（条款）和所定义的活动符合合同法和其他各种法律的要求。例如合同的标的物合法，税赋和免税的规定、外汇额度条款、劳务进出口、劳动保护、环境保护等条款要符合相应的法律规定，所采用的技术、安全、环境等方面的规范符合国家强制性标准的要求。

(3) 各主体资格的合法性、有效性。即招标单位和投标人都要具有发包和承包工程、签订合同所必需的权力能力和行为能力。在我国，业主发包工程需要具有相应的发包资格；承包商承包一项工程，不仅需要相应的权利能力（营业执照、许可证），而且要有与工程规模、专业要求相应的行为能力（资质等级证书），这样合同主体资格才有效。

对联营承包合同，国内企业与境外企业组成联营体必须符合国家关于境外企业的管理规定。联营体各方均应当具备承担招标项目的相应能力。如果由同一专业的单位组成的联营体，按照资质等级较低的单位确定联营体资质等级。

有些招标文件中或当地法规对外地或外国的承包商有一些专门的规定，如在当地注册，获得许可证等。

2．双方在互相了解、互相信任基础上签订合同

(1) 业主的目标是寻找一位合格的资信好，有能力，且其技术、方案都能保证工程顺利实施的承包商。业主通过资格预审和投标文件分析等手段已了解承包商的资信、能力、经验，以及承包商为工程实施所作的各项安排，相信承包商能圆满完成合同责任。

通过竞争选择，业主接受承包商的报价。在所有的投标人中，承包商的报价低而合理。

(2) 承包商已了解业主的资信，相信业主的支付能力；全面了解业主对工程、对承包商的要求和自己的责任，理解招标文件、合同文件；了解工程环境状态和自己所面临的风险、工程难度，并已作了周密的安排；承包商的报价是有利的，已包括了合理的利润。

所以招标投标过程是双方互相了解、真诚合作，形成伙伴关系的过程，而不是互相防范、互相戒备、斗智斗勇的过程。在安排招标投标程序时应留有充分的时间和工作过程使双方互相了解。

3．签订一份完备的、周密的、含义清晰的同时又是责权利关系平衡的合同，以保证工程顺利实施，减少合同执行中的漏洞、争执和不确定性。

在工程实施过程中，常有如下情况发生：

(1) 合同签订后才发现，合同中缺少某些重要的必不可少的条款，但双方已签字，难以或不可能再作修改或补充，或任何修改和补充都会引起激烈的合同争执。

(2) 在合同实施中发现，合同规定含混不清，难以分清双方的责任和权益；不同的合同条款，不同的合同文件之间规定和要求不一致。

(3) 合同条款本身缺陷和漏洞太多，对许多可能发生的情况未作估计和具体规定。有些合同条款都是一些原则性的抽象的规定，可执行性太差，可操作性不强；合同中出现错误、矛盾和二义性；业主或承包商无法用合同条文保护自己的权益，或制约对方。

这些都是导致合同争执，甚至合同失败的原因，应该避免出现。

4．双方对合同有一致的解释。在合同签订前双方对合同的理解，包括对合同所确定的工程范围、双方责任的划分、风险的分配、合同所确定的程序等有一致的理解。

双方对合同理解的不一致会导致报价和计划的失误，合同争执和索赔。

在国际上，人们曾总结许多成功的工程项目的经验，将项目成功的原因归结为13个因素，其中最重要的一项因素是通过合同明确项目目标，合同各方在对合同统一认识、正确理解的基础上，就工程项目的总目标达成共识（见参考文献21）。

在招标过程中，人们（特别是业主）必须对上述问题有一个清醒的认识，有理性的思维。招标是为工程的目标服务的，是为了获得一个成功的工程。

第二节　招标方式的选择

工程招标方式有公开招标、有限招标（选择性竞争招标）、议标等，各种招标方式有

其特点及适用范围。

1. 公开招标。公开招标是指招标人通过公开媒体（如网络、报纸、电视等）公布招标公告，邀请不特定的法人或者其他组织投标，对投标人的数量不作十分具体的限定。

我国招标投标法规定，依法必须进行招标的项目，其招标投标活动不受地区或者部门的限制。资格预审时，招标人不得以不合理的条件限制、排斥潜在投标人或者投标人，不得对潜在投标人或者投标人实行歧视待遇。任何单位和个人不得以行政手段或者其他不合理方式限制投标人的数量，不得违法限制或者排斥本地区、本系统以外的法人或者其他组织参加投标，不得以任何方式非法干涉招标投标活动。

这种招标方式使业主选择范围大，投标人之间充分地平等竞争，有利于降低报价，提高工程质量，缩短工期。但招标所需时间较长，业主有大量的管理工作，如准备许多资格预审文件和招标文件。资格预审、标前会议、投标文件审查、澄清会议、评标工作量大，且必须严格认真，以防不合格投标人混入。在这个过程中，严格的资格预审是十分重要的。

必须看到，公开招标不仅会造成业主时间、精力和金钱的浪费，而且导致许多无效投标，造成大量社会资源的浪费。许多投标人参与竞争，每家都要花许多费用和精力分析招标文件，作环境调查，做施工方案，做报价，起草投标文件。除中标的投标人外，其他投标人的花费都是徒劳的。这会导致承包商经营费用的提高，最终导致整个承包市场上工程价格的提高。

2. 议标。即业主直接与一个承包商进行合同谈判，签订合同。由于没有竞争，承包商报价较高，工程合同价格自然很高。一般在如下一些特殊情况下采用：

（1）业主对承包商十分信任，可能是老主顾关系，承包商资信很好。

（2）由于工程的特殊性，如军事工程、保密工程、特殊专业工程和仅由一家承包商控制的专利技术工程等。

（3）有些采用成本加酬金合同的情况。

（4）在一些国际工程中，承包商帮助业主进行项目前期策划，作可行性研究，甚至作项目的初步设计。当业主决定上马这个项目后，一般都采用总承包的形式委托工程，采用议标形式签订合同。因为该承包商最熟悉业主的要求、工程环境和工程的技术要求。

在此类合同谈判中，业主比较省事，仅一对一谈判，无须准备大量的招标文件，无须复杂的管理工作，时间又很短，能够大大地缩短项目周期。甚至许多项目可以一边议标，一边开工。但由于没有竞争，合同价格比较高，而且对其他的承包商不公平和公正。

如果承包商能力和资信好，有足够的资本，报价合理（或报价有比较明确的依据），双方愿意，则通过议标直接签订合同也是一个很好的方法。

在我国，议标并不是法律提倡的招标方式，但在实际工程中，采用的还是很多的。

3. 选择性竞争招标，即邀请招标，指业主根据工程的特点，有目标、有条件地选择几个企业或者其他组织，以投标邀请书的方式邀请他们投标。这是国内外经常采用的招标方式。采用这种招标方式，业主的事务性管理工作较少，招标所用的时间较短，费用低，同时业主可以获得一个比较合理的价格。

在我国，选择性竞争招标是受到限制的。只有在如下情形下，经批准才可以进行邀请招标：

（1）项目技术复杂或有特殊的专业性要求，只有少量几家潜在投标人可供选择的；

（2）受自然地域环境限制的；

（3）涉及国家安全、国家秘密或者抢险救灾，适宜招标但不宜公开招标的；

（4）拟公开招标的费用与项目的价值相比，不值得的；

（5）法律、法规规定不宜公开招标的。

业主对被邀请的投标人要作比较多的调查，进行更为严格的资格预审。

我国的招标投标法规定，采用邀请招标，投标人数量不得少于3家。

国际工程经验证明，如果技术设计比较完备，信息齐全，签订工程承包合同最可靠的方法是采用选择性竞争招标。

第三节　招标投标程序和主要工作

在现代工程中，已形成十分完备的招标投标程序和标准化的文件。在我国，有招标投标法，建设部以及许多地方的建设管理部门都颁发了工程招标投标管理和合同管理法规，还颁布了招标文件以及各种合同示范文本。在国际上也有一整套公开招标的国际惯例。

为了达到招标的目标，不仅要保证招标投标程序安排是科学的、合理的、合法的，而且要在各项工作的时间安排上合理，以保证各方面有充裕的时间完成相关工作，并进行有效的沟通，否则会给合同双方和将来合同的执行带来严重的问题。

通常工程招标投标的工作程序见图4-1。

一、招标前准备工作

这主要是业主的工作。

1.建立招标的组织机构。通常成立项目的招标委员会，并委托咨询公司（招标代理单位或项目管理公司）负责招标过程的事务性管理工作。

2.完成工程的各种审批手续，如规划、用地许可、项目的审批等。使本合同已具备法律规定的实施条件。

3.向政府的招标投标管理机构提出招标申请，取得相应的招标许可。

4.需要对合同的标的物（工程）完成符合招标和签订合同要求的技术设计，能够使投标人正确的制定实施方案和报价。如对施工合同必须完成工程图纸、规范等，对总承包合同，必须完成设计任务书。

二、发布招标通告或发出招标邀请

1.对公开招标项目一般在公共媒体（如报纸、杂志、互联网）上发布招标公告，介绍招标工程的基本情况、资金来源、工程范围、招标投标工作的总体安排。

招标人应通过招标公告使有资质和能力的投标人尽快，而且方便获得信息。从发出招标公告到资格预审文件提交截止应安排一定的时间，以保证有充分的投标人参与竞争，保证竞争的公平性和公正性。

2.如果采用邀请招标方式，则要在广泛调查的基础上确定拟邀请的单位。招标人必须对相关工程领域的潜在的承包商基本情况有比较多的了解，在确定邀请对象时应该有较多的选择。防止有一些投标人中途退出，导致最终投标人数量达不到法律规定的要求。

3.一般从资格预审到开标，投标人的人数会逐渐减少。即发布招标公告后，会有大量的单位来了解情况，但提供资质预审文件的单位就要少一点；买招标文件的单位又会少一点；提交投标书的单位还会进一步减少；甚至有的单位在投标后还会撤回标书。

所以在确定资格预审的标准和进行审查时，业主必须对投标人有基本的了解和分析，应有一个总体把握，保证最终有一定数量的有效投标人，不仅要达到法律规定的最少投标人数，而且要形成比较激烈的竞争。这样能取得一个合理的价格，选择余地较大，否则在开标时会很被动。如果投标人不能达到法律要求的最少数量，会导致招标无效。

三、资格预审

资格预审是合同双方的初次互相选择。业主为全面了解投标人的资信、企业各方面的情况以及工程经验，发布统一内容和格式的资格预审文件。为了保证公开、公平竞争，业主在资格预审中不得以不合理条件限制或者排斥潜在投标人，不得对潜在投标人实行歧视待遇。

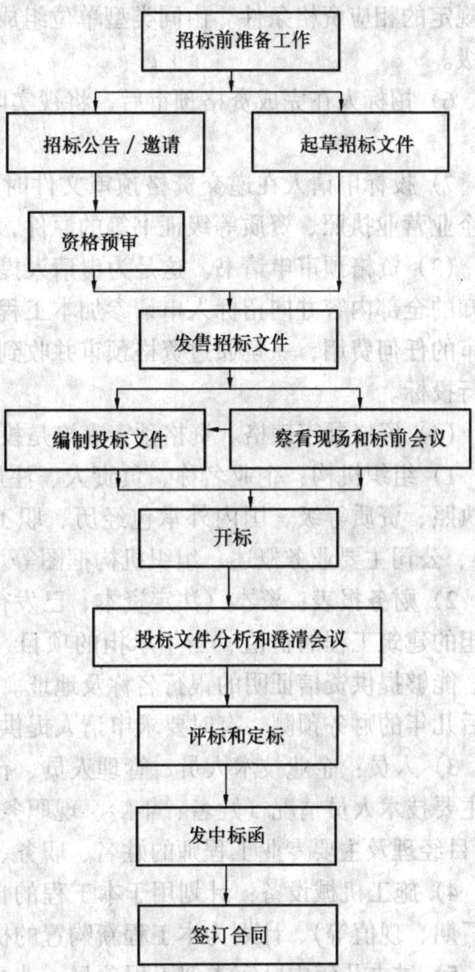

1. 资格预审文件内容通常包括：

(1) 资格预审邀请书。包括招标人对拟投标人的预审邀请，本工程名称、资金

图 4-1　招标投标程序

来源、资格预审过程的时间安排、预审文件的价格、招标人的联系方式、送达地点等。

(2) 资格预审须知。

1) 招标工程名称和工程范围。

2) 资格预审要求与合格的申请人应具备的基本条件，如所要求企业的资质等级和能力、同类工程的经历和经验、拟派出的项目经理及主要的专业工程师的资质、工程经验和经历、质量保证体系、企业经营状况、商业信誉和财务信用。

申请人符合列明的资格条件和标准，达到业主满意的程度，即通过资格预审。

3) 要求投标申请人应向业主提供令人满意的准确详细的证明材料，证明其能充分满足业主要求，有能力和充分的资源有效地履行合同。在审查过程中应根据招标人的要求对所提供材料中的问题进行澄清。

4) 资格预审材料的内容，提交的份数要求，提交截止时间，送达地址，联系人，联系方式等的说明。

5) 如果投标申请人是联营体，则应说明各联营成员负责承担工程的各主要部分。联营体各方均应当具备承担招标项目的能力，均应当具备国家有关规定或者招标文件对投标人规定的相应资格条件。由同类型单位组成的联营体，按照资质等级较低的单位确定资质等级。

6）招标人在完成资格预审后，将视实际情况和需要经综合比选确定最终入围的申请人。

7）投标申请人在递交资格预审文件时应携带证明申请人的身份及组织机构的文件，如企业营业执照、资质等级证书等的原件，以备业主核查。

（3）资格预审申请书。这是为申请人提供的统一格式的申请书。申请人表示承认预审须知的全部内容并向招标人申请参加本工程招标的资格预审，理解招标人不负担参加资格预审的任何费用，一旦通过资格预审并收到投标邀请或入围通知，保证按招标文件的要求进行投标。

（4）资格预审表格。资格预审表格是投标人提出的资格预审实质性内容。

1）组织机构：企业名称、负责人、注册地址、联系方式、成立时间、企业级别、营业执照、资质等级、国内外承包经历、职工总人数（其中技术人员、管理人员、行政人员）、公司主要业务概述、组织机构框图等。

2）财务报表：资本（法定资本、已发行股本、固定资产、流动资金）、过去5年每年承担的建筑工程的价值、当年承担的项目、目前承担的工程的大概价值、年最大施工能力、能够提供资信证明的银行名称及地址。有时还要求提供公司前3年审计报表的副本和今后几年的财务预测。有时要求申请人提供从申请人往来银行处获取证明材料的授权。

3）人员：企业技术人员、管理人员、行政人员、工人、其他人员的数量，公司领导和主要技术人员情况（姓名、年龄、现职务、从事施工经验），拟用于本工程的主要人员（项目经理及主要专业工程师的姓名、职务、在本公司的经历、负责过的主要工程）等。

4）施工机械设备：计划用于本工程的自有的主要设备（种类（名称）、数量、型号、出厂期、现值等）、计划为本工程新购置的机械设备、计划为本工程租用的机械设备。

5）过去几年中已完类似工程项目：业主名称、项目所在地、承包范围、项目管理单位、合同金额、合同是否圆满并按期完成、质量与安全、开工和竣工日期。

6）履约状况。在过去五年中是否有重大违约或被逐或因申请人的原因被解除合同。

7）在建工程项目介绍：业主名称、项目所在地、承包范围、项目管理单位、合同金额、在项目中参与的份额，工程计划完工日期。包括已收到"中标通知书"但未签署合同的项目。

8）介入诉讼案件。详细说明近期内介入的诉讼案件的情况。

9）其他资料，如具备完善的质量保证体系、环境管理体系、健康和安全体系等。

2.投标人按要求填写并提交资格预审文件。按照诚实信用原则，投标人必须提供真实可靠的资格审查资料。

3.业主必须对投标人申请人提出的资格预审文件作出全面审查和综合评价，以确定投标人是否初选合格，并通知合格的投标人。

4.对邀请招标项目，业主同样必须要求各被邀请投标人提供资格预审文件，考察各被邀请人的资质、同类工程的业绩等。被邀请人应有具备承担本合同实施所必须的法律条件和行为能力。在这种情况下，到被邀请人的在建工程的现场考察是最有效和有价值的，能更直接获得在书面资格预审文件上了解不到的东西。

5. 对通过资格预审的投标人发出投标邀请函或通知书。投标通知书主要包括招标人、工程项目名称、建设资金来源、招标会议的主要安排、招标文件的购买或押金数量、招标人的联系方法和联系人等。必须说明投标人参与招标的一切费用自理。

四、起草招标文件

在合同总体策划的基础上，起草招标文件。成功的招标需要一个稳定的项目实施策略和计划，正确的合同策划，并起草一份好的招标文件。

五、投标人购买标书和起草投标文件

只有通过资格预审的投标人才可以购买招标文件，参加投标。从投标人购买投标文件到投标截止是投标人的做标过程。这段时间不能太短，否则承包商的投标风险太大。我国招标投标法规定这个阶段至少 20 天。

六、标前会议和现场考察

标前会议是双方的又一次重要接触。投标人都派正式代表在投标人须知上所规定的时间和地点出席标前会议（投标答疑会）。

1. 标前会议的基本目的是业主解答投标人提出的问题和组织投标人考察现场。通常在标前会议前，投标人已初步阅读、分析了招标文件，将其中的问题（如错误、不理解的地方、缺陷、需要业主补充说明的地方）在标前会议上向业主提出，由业主统一解答。所以它又是投标答疑会议和招标文件的澄清会议。

为了使投标人有充裕时间分析理解招标文件和了解现场情况，保证及时制定实施方案和做标，标前会议和考察现场应在投标截止期足够一段时间之前进行。

2. 投标人要求对招标文件进行澄清，或提出任何问题应在标前会议召开前，以书面形式送达业主。这对于承包商了解业主的意图，解决招标文件分析中的问题，正确制定方案和报价是十分有好处的。

投标人一定要多问，不可自以为是地解释合同。在标前会议上，一般着重对合同文件和技术文件（如图纸，规范、工程量表等）中不一致、矛盾的、含糊的地方提出疑问。作为业主，必须作出回答。

3. 对招标文件中的问题的澄清和答复，业主随后可以用会议纪要、补充或修改文件的形式，提供给所有获得招标文件的投标人。

4. 业主对招标文件的修改、补充，通常必须符合如下规定：

（1）业主要求对招标文件进行修改或补充，必须以补充通知的方式发给各投标人，并对他们起约束作用，而不以会议纪要的形式发出。

（2）为了使投标人有合理的时间做标或修改投标报价或投标文件，通常规定，业主如果对招标文件进行补充和修改，应在投标截止期至少 15 日前送达所有投标人。

（3）如果招标文件有重大修改时，业主可以酌情延长递交投标文件的截止时间。

七、投标截止和开标

在工程合同的生命期中，投标截止期是一个重要的里程碑事件，有重要的法律意义。

1. 投标人必须在该时间前提交投标文件，否则投标无效。

2. 投标人的投标文件从这时间开始正式作为要约文件，如果投标人违反投标人须知中的规定，业主可以没收他的投标保函；而在此前，投标人可以撤回、修改投标文件。

3. 国际工程合同规定，投标人投标报价是以投标截止期前 28 天当日（即"基准期"）

的法律、汇率、物价状态为依据。如果基准期后法律、汇率等发生变化，承包商有权调整合同价格。

而开标通常仅是一项事务性工作。一般当众检查各投标书的密封及表面印鉴，剔除不合格的标书，再当场拆开并宣读所有合格的投标书的报价和工期等指标。

八、合同的商谈和签订过程

从开标到合同的最终签订是合同的商谈和签订过程。由于工程合同的签定并不是简单的对合同条件的承诺和协议书的签订过程，而且是对合同状态的各个因素的统一认识和承诺的过程，所以在投标人提出投标书（要约）后，招标人和投标人之间有十分复杂的工作过程。

在这个过程中，业主必须对投标人实施方案的可靠性，可行性，报价的真实性全面分析，以保证可靠地发出承诺（中标函）。

1. 投标文件分析。业主为了有把握地授标，必须对入围的有效投标文件从价格、工期、实施方案、项目组织等各个角度进行全面的分析和审查，全面了解各投标文件的内容和存在的问题，为澄清会议、评标和定标提供依据。这是业主在合同签订前最重要的工作之一。

由于工程投标文件的复杂性和重要性，这个工作的重要性怎么强调也不过分。业主应该予以充分重视，同时应安排充裕的人力和时间做这项工作，否则业主选择承包商会有很大的盲目性，会增加业主的风险。

2. 澄清会议。这是业主与承包商的又一次重要接触。通过澄清会议，业主可以要求投标人解释对投标文件分析中发现的问题，如报价问题、施工方案问题、项目组织问题等，进行澄清。并可以通过面试对投标人拟委派的工程项目经理进行询问和考察。投标人可以利用澄清会议进一步了解业主，同时让业主了解自己，可以通过实施一些投标策略，进一步加强自己投标的竞争力。

3. 评标。业主在通过澄清会议后，按照预定的评价指标，对各个投标进行综合评价，作评标报告。现在一般多采用多指标评分的办法，综合考虑价格、工期、实施方案、项目组织、企业资信等方面因素，分别赋予不同的权重，进行评分。

4. 定标。按照评标报告的分析结果，根据招标规则，确定中标候选人。由招标委员会对中标候选人进行进一步的审查，最后决定中标单位。

5. 发中标函。招标人向中标人发出中标函。中标函是业主的承诺书，它表明，业主接受承包商的要约（投标书），与承包商协商达成一致，以在本中标函中注明的合同价格向承包商委托工程。承包商正式承担工程责任。如果承包商没有正当的理由不签约，或不履行合同责任（如在规定的时间内不开工），业主有权没收承包商的投标保证金。

按照合同法原则，承诺书必须是完全承诺，不能有任何商榷。

6. 签订合同协议书

按照合同法，中标函发出合同已正式生效。但通常正式签订合同协议书是工程惯例。

（1）合同必须在投标有效期内签订。我国的招标投标法规定，在中标函发出后一定时间内必须签订合同协议书。

（2）从中标函发出，到签订合同协议书，业主和承包商通常还可以进行标后谈判。可以对合同条件、合同价格等进行进一步完善。

（3）在我国，通常要求承包商在签订合同协议书前必须向业主提交履约保函。

（4）业主向未中标的投标人发出未中标函，并退回他们的投标保函。

第四节　招标文件策划

一、招标文件的组成

通常由业主委托咨询工程师起草招标文件。在整个工程的招标投标和施工过程中招标文件是一份最重要的文件。

按工程性质（国内或国际）、工程规模、招标方式、合同种类的不同，招标文件的内容会有很大差异。工程施工招标文件通常包括如下几方面内容：

1. 投标人须知。投标人须知是指导投标人投标的文件。

2. 合同文件。包括：

（1）投标书及附件。这里业主提供的统一格式和要求的投标书，承包商可以直接填写。

（2）合同协议书格式。它由业主拟定，是业主对将签署的合同协议书的期望和要求。

（3）合同条件。业主提出或确定的适用于本工程的合同条件文本。通常包括通用条件和专用条件。

（4）合同的技术文件，如技术规范、图纸、工程量表等。

（5）其他合同文件，如履约保函格式、预付款保函格式、业主供应材料设备一览表等。

在我国，还可能有质量保修书、廉洁协议书等。

3. 业主提供的其他文件。包括要求投标人提供的资格证明及辅助材料表；城市规划管理部门确定的规划控制条件和用地红线图；建设场地勘察报告，如工程地质、水文地质、工程测量等资料；供水、供电、供气、供热、环保、市政道路等方面的基础资料；由业主获得的场地内和周围自然环境的情况的资料，如毗邻场地和在场地上的建筑物、构筑物和设备的资料、场地地表以下的设备、设施、地下管道和其他设施的资料等。

二、招标文件的基本要求

从上面的分析可见，招标文件是法律、工程技术、商务几方面的综合性文件。

1. 招标文件必须按照前面合同总体策划结果起草，符合项目的总体战略，符合合同原则，有利于达到前述的成功的招标投标的标准。作为一个严肃的理性的业主，应有一个基本理念：招标文件不是为自己起草的，而是为工程总目标起草的。

2. 应有条理性和系统性，清楚易懂，不应存在矛盾、错误、遗漏和二义性等问题。对承包商的工程范围、风险分担、双方责任应明确，清晰。业主要使投标人十分简单和方便地进行招标文件分析，合法性、完整性审查，能清楚地理解招标文件，明了自己的工程范围、技术要求和合同责任。使投标人十分方便且精确地计划和报价，能够正确地执行。

3. 按照诚实信用原则，业主应提出完备的招标文件，尽可能详细地、如实地、具体地说明拟建工程情况和合同条件；出具准确的、全面的规范、图纸、工程地质和水文资料。通常业主应对招标文件的正确性承担责任，即如果其中出现错误、矛盾，应由业主负责。招标文件中的规范和图纸必须是准确的，但工程量表可以是不准确的。

对业主在招标文件中提供的资料承担的责任，使业主处于两难的境地：

（1）业主提供的资料越详细，不仅业主的花费越大，而且资料出错的可能性就越大，业主的责任就越大。因为作为投标人有权相信业主提供的资料的真实性和准确性。

（2）如果业主提供的资料越少，虽然业主的责任减小，但投标人在投标阶段的现场调查和信息的收集工作量就越大。这样不仅投标人所需要的做标期较长，出错的可能性加大，而且每个投标人都要做同样的工作，社会资源的浪费就越大。

【案例2】 我国某水电站建设工程，采用国际招标，选定国外某承包公司承包引水洞工程施工。在招标文件列出应由承包商承担的税赋和税率。但在其中遗漏了承包工程总额3.03%的营业税，因此承包商报价时没有包括该税。

工程开始后，工程所在地税务部门要求承包商交纳已完工程的营业税92万元，承包商按时缴纳，同时向业主提出索赔要求。

对这个问题的责任分析为：业主在招标文件中仅列出几个小额税种，而忽视了大额税种，是招标文件的不完备，或者是有意的误导行为。业主应该承担责任。

索赔处理过程：索赔发生后，业主向国家申请免除营业税，并被国家批准。但对已交纳的92万元税款，经双方商定各承担50%。

【案例分析】 如果招标文件中没有给出税收目录，而承包商报价中遗漏税赋，本索赔要求是不能成立的。这属于承包商环境调查和报价失误，应由承包商负责。因为合同明确规定："承包商应遵守工程所在国一切法律"，"承包商应交纳税法所规定的一切税收"。

为了解决这个问题，有些业主在招标文件中尽可能多的提供他收集到的认为对投标人有用的资料。但除合同文件规定的资料外，在投标人须知中注明，由业主提供的关于现场及周围环境的资料和数据，仅是供投标人参考的，业主对其正确性不承担责任。要求承包商在使用这些资料时注意核查其准确性，作出自己的判断和推测，并对此负责。

三、投标人须知

投标人须知虽然由业主起草和提供，但它实质上是业主和投标人对招标阶段的工作程序安排、双方责任、工作规则（如投标要求、评标规定、无效标书条件）等所约定的"合同条件"。投标人须知的内容通常包括：

1. 前附表。为了使投标人对投标人须知的重要内容一目了然，前附表主要列出投标人须知中一些重要条款的条款号和主要内容，例如工程范围，招标方式、报价方式、工期要求，质量要求，投标有效期，投标保证金金额，踏勘现场和招标答疑会的时间和地点，投标截止时间，开标时间、地点、评标方法等。

2. 专用词汇定义和招标工程的基本情况说明。

（1）与合同条件一样，投标人须知也必须对招标文件中的一些词汇进行定义。

（2）招标工程的基本情况说明，包括合同名称、合同编号、工程范围、工程概述、投资来源、招标单位、公证单位等。

3. 招标过程的主要工作（踏勘现场、招标答疑会、开标、评标、签合同、发出开工令等）的说明，时间和地点的安排。在招标过程中，业主有权对预定的时间表作出变更和修正，对此业主对投标人不承担任何责任。

4. 对投标人与业主之间与投标有关的来往通知、函件和文件所使用的文字的说明。

5. 招标文件的内容。

（1）列出本招标文件的目录。

（2）招标文件的修改、补充方面的规定。

6. 关于投标人。

（1）投标人必须符合本工程要求的资质等级，通过业主的资格预审，并接到业主投标邀请书。投标人应按照投标人须知的要求，提供令业主满意的投标文件。

（2）对联营体投标的说明。

1）如若要以联营体形式来投标，应在资格预审阶段事先取得业主的同意。

2）在投标阶段，不允许投标人相互之间组成新的联营体参加投标。

3）联营体中标后，联营体各方应当共同与业主签订合同，向业主承担连带责任。

4）业主对联营体各方之间签订的联营承包合同主要内容、联营体的管理等的要求。联营承包合同作为工程承包合同的附件，必须连同投标文件一起提交业主。

（3）对现场考察及投标费用的责任。

1）投标人应被邀请对工程现场和周围环境进行现场考察，以获取那些应由投标人自己负责的有关编制投标书和签署合同所需的所有资料。投标人若认为有必要，也可经业主允许和事先安排，独自增加现场考察活动。考察现场的费用由投标人自己承担。

2）投标人及其代表必须承担在现场考察过程中，由于他们的行为以及其他原因所造成的人身伤害、财产损失或损坏，或费用。业主在投标人及其代表考察过程中不负任何责任。

3）在现场考察中由业主提供的关于现场及周围环境的资料和数据，仅供投标人做标时参考。业主对投标人由此而作出的推论、解释和结论不承担责任。

4）不论投标结果如何，投标人应承担其投标文件编制与递交所涉及的一切费用。

（4）投标人对招标文件的理解负责。如果投标人的投标文件不能满足招标文件的要求，责任由投标人自负。业主有权拒绝没有实质性响应招标文件要求的投标文件。

（5）每位投标人对本合同只能提交一份投标文件，不允许以任何方式参与同一合同的其他投标人的投标。

（6）投标人在投标文件的审查、澄清、评价和比较以及授予合同的过程中，对业主施加影响的任何行为，都将导致取消投标资格。

7. 投标文件的要求。

（1）投标文件组成。

（2）要求投标人提供统一格式的投标文件和统一格式的电子文件。这样方便评标工作中文本处理。当投标人提交的书面投标文件内容与电子文件内容不一致时，以前者为准。

（3）投标人必须按照招标文件提供的投标文件格式、工程量清单及其他附录、资料的要求及顺序如实填写投标书。

（4）投标文件的正本和副本份数的规定。正本和副本如有不一致之处，以正本为准。

（5）投标文件的签署要求。投标文件的正本与副本均应使用不能擦去的墨水打印或书写，并由投标人正式授权人签署。

全套投标文件应无涂改和行间插字，除非这些删改是根据业主指示进行的，或者是投标人造成的必须修改的错误。在后一种情况下，修改处应由投标文件签字人签字确认。

（6）投标文件必须实质性响应招标文件的要求。如果投标文件未实质性响应招标文件的要求，业主有权予以拒绝，并且不允许投标人通过修正或撤消其不符要求的差异，使之成为具有响应性的合格的投标文件。

（7）投标文件的递交规定。

1）投标文件的封装要求。通常投标文件正本和副本均应在标书内和骑页边加盖投标人公章及法定代表人或授权代理人印章，投标人应将投标文件正本或副本分别封装在内层包封和一个外层包封中，并在包封上正确注明"正本"或"副本"字样。在内层和外层上都应注明工程名称和公开开标前不得开封的说明。

2）在外层和内层包封上都应注明投标人的名称与地址，以便投标人被宣布迟到时，能原封退回。在规定时间之后收到的投标文件，将被迅速、原封地退还投标人，并注明收到投标书的详细日期和时间。

3）如果外层包封上没有按上述规定密封并加写标志，业主将不承担标书错放或提前开封的责任，由此造成的过早开封的投标书，业主将予以拒绝，并退还给投标人。

（8）关于投标文件的修改与撤回。

1）投标人可以在递交投标文件以后，修改或撤回其投标文件，但这种修改与撤回的通知，须在投标截止期前，以书面形式送达业主。

2）投标人的修改或撤回通知书，应按对投标文件同样的规定编制、密封、印记和递交，并在封面标明"修改"或"撤回"字样。

3）在投标截止期后到规定的投标有效期终止之日，投标人不能修改和撤回投标文件，否则其投标保证金将被没收。

8. 投标报价。

（1）投标报价应是招标文件所确定的招标范围内的全部工程内容的价格体现。其应包括但不限于施工设备、劳务、管理、材料、安装、缺陷修补、利润、税金和合同包含的所有风险、责任及政策性文件规定等各项应有费用。

（2）对工程保险，按照合同规定保险责任人，投标报价中可包含或不含此费用。

（3）投标人应填写工程量清单中所述的所有工程分项的单价和合价。对投标人没有填入单价和合价的项目，业主将认为此分项费用已包括在工程量清单的其他单价或合价之中。

（4）对单价合同，招标文件中提供的工程量清单只作为投标的共同基础，不作为支付和最终结算的依据。

（5）合同所采用的计价方式，计价的依据、价格调整的规定等。

（6）对业主供应的材料或设备的范围和计价方法的规定。

（7）对投标价格算术错误的修正，以及不一致的处理规定。

（8）业主通常有权接受或拒绝投标人报价的偏离或选择性报价。对投标文件中超出招标文件规定的建议、偏离、选择性报价或其他因素在评标时将不予考虑。

9. 关于投标截止日期和投标有效期。

（1）投标人须知应具体规定投标截止期。投标人应按须知所述的地点，在投标截止期前将投标文件递交给业主。业主将拒绝投标截止期以后递交的投标文件。

业主可以通过补充通知的方式，延长递交投标文件的截止日期。则业主与投标人在投标人须知中规定的关于投标截止期方面的全部权利和义务，将适用于延长后新的投标截止期。

（2）投标有效期通常指开标至业主发出中标通知书之日后的一定时间（通常为30天）。

（3）在原定投标有效期满之前如果出现特殊情况，业主可以书面函件的形式向投标人提出延长投标有效期的要求。投标人可以拒绝这种要求而不被没收投标保证金。同意延期的投标人，不得修改其投标文件，但需要相应地延长投标保证金的有效期。在延长期内，关于投标保证金的退还与没收的规定仍然适用。

10. 投标保证金或保函。

（1）投标人应按照投标人须知的方式和金额提供投标保证金（或保函）。投标保证金通常与投标书同时递交。

对未能按要求提交投标保证金的投标文件，将视为不合格投标文件，业主将予以拒绝。

（2）未中标投标人的保证金，将在投标有效期截止后一定时间内退还。

（3）中标人的投标保证金，在签署合同并按要求提供了履约保证金后予以退还。

（4）投标保证金的退还不计利息。

（5）如有下列情况，将不退还投标保证金：

1）投标人在投标有效期内撤回投标书。

2）中标人未能在规定期限内，签署合同协议书，以及提供符合要求的履约保证金。

3）投标人有不正当竞争行为。

4）投标人有欺诈行为。

5）由投标人须知规定的不退还投标保证金的其他情况。

11. 投标人答辩过程，答辩参加人，对投标文件澄清的要求。

12. 开标与评标。

（1）开标方式和过程。

（2）无效标书的规定。

（3）评标过程、评标方法和评标指标。

确定评标的指标和权重分值对整个合同的签订（承包商选择）和执行影响很大。它反映业主的招标和合同实施战略。实践证明，如果仅选择低价中标，又不分析报价的合理性和其他因素，工程过程中争执较多，工程合同失败的比例较高。因为它违反公平合理原则，承包商没有合理的利润，甚至要亏损，当然不会有很高的履约积极性。所以业主越来越趋向采用综合因素评标，从报价、工期、方案、资信、管理组织等各方面因素逐项打分，综合评价，择优选择中标人。

13. 授予合同和签订合同协议书的过程和条件。

通常规定，业主将把合同授予其投标文件在实质上响应招标文件要求和按评标规则评为最适宜的投标人。业主不保证最低报价中标。

四、合同条件的选择

合同协议书和合同条件是合同文件中最重要的部分。在实际工程中业主可以按照需要，自己（通常委托咨询公司）起草合同协议书（包括合同条款），也可以选择标准的合同条件。在使用标准的合同条件时，可以按照自己的需要通过专用条款对标准的文本作修改、限定或补充。合同双方都应尽量使用标准的合同条件。

对一个工程，有时会有几个同类型的合同条件供选择，特别在国际工程中。合同条件的选择应注意如下问题：

1. 大家从主观上都希望使用严密的、完备的合同条件。但合同条件应该与双方的管理水平相配套。双方的管理水平很低，却使用十分完备、周密，同时规定又十分严格的合同条件，则这种合同条件没有可执行性。例如如果选用 FIDIC 合同条件，合同双方必须能够执行它的管理程序，要有相应的信息反馈速度，业主、承包商、工程师的决策过程必须很快，否则双方都不能准确执行合同。

2. 最好选用双方都熟悉的合同条件，这样能较好地执行。如果双方来自不同的国家，由于承包商是工程合同的具体实施者，选用合同条件时应更多地考虑承包商的因素，使用承包商熟悉的合同条件，而不能仅从业主自身的角度考虑这个问题。在实际工程中，许多业主都选择自己熟悉的合同条件，以保证自己在工程管理中有利的地位和主动权，但结果工程都不能顺利进行。

【案例 3】 在国内某合资项目中，业主为英国人，承包商为中国的一个建筑公司，工程范围为一个工厂的土建施工，合同工期 7 个月。业主不顾承包商的要求，坚持用 ICE 合同条件，而承包商在此前未承接过国际工程。承包商从做报价开始，在整个工程施工过程中一直不顺利，对自己的责任范围，对工程施工中许多问题的处理方法和程序不了解，业主代表和承包商代表之间对工程问题的处理差异很大。

最终承包商受到很大损失，许多索赔未能得到解决。而业主的工程质量很差，工期拖延了一年多。由于工程迟迟不能交付使用，业主不得已又委托其他承包商进场施工，对工程的整体效益产生极大的影响。

3. 尽可能使用标准的合同条件。标准合同使管理规范化、高效率。

4. 合同条件的使用应注意到其他方面的制约。例如我国工程估价有一整套定额和取费标准，这是与我国所采用的施工合同文本相配套的。如果在我国工程中使用 FIDIC 合同条件，或在使用我国的施工合同示范文本时，业主要求对合同双方的责权利关系作重大的调整，则必须让承包商自由报价，不能使用定额和规定取费标准；而如果要求承包商按定额和取费标准计价，则不能随便修改标准的合同条件。

在我国的施工合同示范文本中规定，许多应由业主完成的工作，也可以在专用条款中约定由承包商承担，但由业主承担相关费用。例如：

（1）业主供应的材料设备进场后需要重新检验或试验，由承包商负责，费用由业主承担；

（2）承包商按专用条款约定的数量和要求，向业主提供施工现场办公和生活的房屋及设施，发生的费用由业主承担；

（3）承包商在动力设备、高电压线路、地下管道、密封防震车间、易燃易爆地段以及临街交通要道附近施工时，以及在实施爆破作业，在易燃、放射、毒害性环境中施工（含储存、运输、使用）及使用毒害性、腐蚀性物品施工时，承包商应在施工前 14 天以书面形式通知工程师，并提出相应的安全保护措施，经工程师认可后实施，保护措施费用由业主承担。

如果删去"费用由业主承担"，则表示业主要求承包商承担这些工作，并让承包商在报价中应考虑这些费用，而不要通过工程过程中的费用索赔解决。

五、合同条件中的一些重要条款的确定

业主起草招标文件，他对合同中的一些重要条款作出决定。例如：

1. 适用于合同关系的法律。

2. 合同争执仲裁的地点和程序。在国际工程合同中这是一个重要条款。为了保证争执解决的公平性和鼓励合同双方尽可能通过协商解决争执，一般采用在被诉方所在地仲裁的原则。例如在鲁布革工程中，业主是我国水电部鲁布革工程局，承包商是日本大成公司。施工合同规定，如果承包商提出仲裁，则在北京仲裁；如果业主提出仲裁，则到日本东京仲裁。

3. 付款方式。如采用进度付款、分期付款、预付款或由承包商垫资承包。这由业主的资金来源保证情况等因素决定。让承包商在工程上过多地垫资，会对承包商的风险、财务状况、报价和履约积极性有直接影响。当然如果业主超过实际进度预付工程款，在承包商没有出具保函的情况下，又会给业主带来风险。

4. 合同价格的调整条件、范围、调整方法，特别是由于物价上涨、汇率变化、法律变化、海关税变化等对合同价格调整的规定，这直接影响承包商的价格风险状态。

5. 合同双方风险的分担。即将工程风险在业主和承包商之间合理分配。基本原则是：通过风险分配激励承包商努力控制三大目标、控制风险，达到最好的工程经济效益。

6. 对承包商的激励措施。在国外一些高科技的开发型工程项目中奖励合同用得比较多。这些项目规模大、周期长、风险高，采用奖励合同能调动双方的积极性，更有利于项目的目标控制和风险管理，合同双方都欢迎，收到很好的效果。各种合同中都可以订立奖励条款。恰当地采用奖励措施可以鼓励承包商缩短工期、提高质量、降低成本，激发承包商的工程管理积极性。通常的奖励措施有：

（1）提前竣工的奖励。这是最常见的，通常合同明文规定工期提前一天业主给承包商奖励的金额。

（2）提前竣工，将项目提前投产实现的盈利在合同双方之间按一定比例分成。

（3）承包商如果能提出新的设计方案、新技术，使业主节约投资，则按一定比例分成。

（4）奖励型成本加酬金合同。对具体的工程范围和工程要求，在成本加酬金合同中，确定一个目标成本额度，并规定，如果实际成本低于这个额度，则业主将节约的部分按一定比例给承包商奖励。

（5）质量奖。这在我国用得较多。合同规定，如工程质量达全优（或优良），业主另外支付一笔奖励金。

7. 项目管理机制的设计。业主在工程施工中对工程的控制是通过合同实现的，通过合同保证对工程的控制权力，是业主合同策划的基本要求。在合同中必须设计完备的控制措施，例如变更工程的权力；对进度计划审批权力，对实际进度监督的权力；当承包商进度不能保证工程进度时，指令加速的权力；对工程质量的绝对的检查权；对工程付款的控制权力；在特殊情况下，在承包商不履行合同责任时，业主的处置权力。

8. 为了保证诚实信用原则的实现，必须有相应的合同措施。如果没有这些措施，或措施不完备，则难以形成诚实信用的氛围。例如要业主信任承包商，业主必须采取如下措施"抓"住承包商：

（1）工程中的保函、保留金和其他担保措施。

（2）承包商的材料和设备进入施工现场，则作为业主的财产，没有业主（或工程师）的同意不得移出现场。

（3）合同中对违约行为的处罚规定和仲裁条款。例如在国际工程中，在承包商严重违约情况下，业主可以将承包商逐出现场，而不解除他的合同责任，让其他承包商来完成合同，费用由违约的承包商承担。

复习思考题

1. 简述成功的招标投标的标准。
2. 阅读我国的招标投标法，了解招标投标的基本过程和要求。
3. 阅读一份实际工程施工招标文件，对投标人须知作出分析。
4. 选择合同条件应注意什么问题？
5. 调查一个工程项目的招标过程，试用流程图描述业主的招标程序。

第五章 工 程 投 标

【本章提要】 主要介绍承包商的投标工作，包括投标工作程序和工作内容、合同评审方法、承包商合同风险对策、合同评审表。合同评审对工程投标报价、合同的签订、合同的实施有很重要的作用，是承包商在签约前重要的合同管理工作。

第一节 概 述

1. 承包商的基本目标

在招标投标阶段，承包商作为投标人，他的总体目标是通过投标竞争，在众多的投标人中为业主选中，签订合同。他具体的目标是：

(1) 提出有利的同时又具有竞争力的报价。投标报价是承包商对业主要约邀请（招标文件）的要约。它在投标截止期后即具有法律效力。报价是能否取得承包工程资格，取得合同的关键。报价必须符合两个基本要求：

1) 报价应是有利的。它应包含承包商为完成合同规定的义务的全部费用支出和期望获得的利润。承包商都期望通过工程承包取得盈利。

2) 它又应具有竞争力。由于通过资格预审，参加投标竞争的许多投标人都在争夺承包工程资格。他们之间主要通过报价进行竞争。所以承包商的报价又应是低而合理的。一般地说，报价越高，竞争力越小。

(2) 签订一个有利的合同。对承包商来说，有利的合同主要表现在如下几方面：

1) 合同条款比较优惠或有利；

2) 合同价格较高或适中；

3) 合同风险较小；

4) 合同双方责权利关系比较平衡；

5) 没有苛刻的、单方面的约束性条款等。

2. 在这个阶段承包商合同管理的主要工作内容

由于工程承包市场竞争十分激烈，招标程序和文件十分完备，而且从前面几章分析可见，现代工程趋向于加大承包商的合同责任和风险，承包商在招标投标过程中又处于不利地位，所以要签订一个对承包商有利的合同常常是十分困难的。但承包商必须签订一份明白的合同，即对合同中的不利条款，对自己的合同责任，以及由此带来的问题和风险是清楚的，而且是有准备和有对策的。

在这个阶段承包商要组织强有力的投标班子，要有企业和项目的各种人员的共同努力、协调工作。在这个阶段涉及合同管理的工作主要包括：

(1) 投标以及合同签订的高层决策工作。例如投标方向的选择，投标策略的制定，合同谈判策略的确定，合同签订的最后决策等。

（2）合同谈判工作。承包商应选择熟悉合同，有合同管理和合同谈判方面知识、经验和能力的人作为主谈者进行相关的谈判工作。

（3）招标文件分析、合同评审工作。通过这些分析和评审为工程预算、制定报价策略、报价、合同谈判和合同签订提供决策的信息、建议、意见，甚至警告。

（4）进行工程项目的分包（工程分包、劳务分包、采购等）策划、分包合同的选择、风险分配策划，解决各分包合同之间的协调问题等。这与前面业主的合同总体策划工作相似。

在这个阶段，要防止错误的选择投标方向，错误的投标策略，错误理解招标文件和合同文件，制定错误的实施方案和报价失误。

第二节　投标工作过程

一、概述

从购得招标文件到投标截止期，投标人的主要工作就是做标和投标。这是承包商在合同签订前的一项最重要的工作。

1. 在这一阶段，投标人完成投标前工作、招标文件分析、现场考察和环境调查，确定工程项目范围、实施方案和计划，作工程预算，作投标决策，并按业主要求的格式、内容做标，按时将投标书送达投标人须知中规定的地点。这阶段的工作过程可见图5-1。

2. 投标书作为投标人的要约文件，它的签署表示投标人对招标文件中所确定的招标条件和要求的认可，愿意以自己的投标报价承接招标文件所描述的工程任务，并修补其任何缺陷。投标书一经签字和提交，在投标截止期后生效。它也是有法律约束力的合同组成部分。

在工程中，招标人处于主导地位。投标人必须按照招标文件的要求制定计划、报价、投标，不允许修改合同条件，甚至不允许使用保留条款。

3. 从发售招标文件到投标截至的时间不能太短，否则会加大承包商的投标报价和合同签订的风险。对此投标人要有基本估计。

二、投标前工作

1. 投标方向的选择。

承包商通过工程承包市场调查，大量收集工程招标信息。在许多可选择的招标工程中，他必须就投标方向作出选择，这是承包商的一次重要的决策。这对承包商的报价策略、合同谈判策略和合同签订后

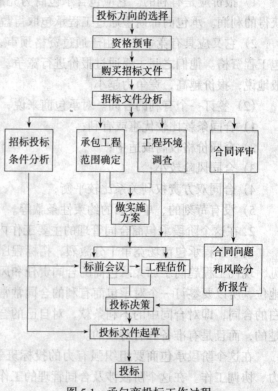

图 5-1　承包商投标工作过程

实施策略的制定有重要的指导作用，他的决策依据是：

(1) 承包市场情况，竞争形势，如市场处于发展阶段或处于不景气阶段。

(2) 该工程可能的竞争者数量以及竞争对手状况，以确定自己在工程投标中的竞争力和中标的可能性。

(3) 工程及业主状况。

1) 工程的特点、性质、规模，技术难度，时间紧迫程度，是否为重大的有影响的工程（如一个地区的形象工程），该工程施工所需要的工艺、技术和设备。

2) 业主对投标人的基本要求。如投标人企业规模、等级、专业要求、经验要求、对工程的垫资要求等。

3) 业主的合同策略，如承包方式、合同种类、招标方式、合同的主要条款。

4) 业主的资信，如业主的身份、经济状况、资信，建设资金的落实情况，过去有没有不守信用，不公平合理对待承包商（如拖欠工程款）的历史。

5) 承包商自身的情况，包括本公司的优势和劣势，技术水平，施工力量，资金状况，同类工程经验，现有的在手工程数量等。

(4) 承包商的经营和发展战略。投标方向的选择要能最大限度地发挥自己的优势，符合承包商的经营总战略，如正准备在该地区或该领域发展，力图打开局面，则应积极投标。承包商不要企图承包超过自己施工技术水平、管理水平和财务能力的工程，以及自己没有竞争力的工程。

2. 承包商在决定参加投标后，就应积极与业主进行广泛的联系，了解情况，通过业主的资格预审。

这是合同双方的第一次互相选择：承包商有兴趣参加该工程的投标竞争，并证明自己能够很好地完成该工程的施工任务；业主觉得承包商符合招标工程的基本要求，是一个可靠的、有履约能力的公司。

3. 只有通过资格预审，承包商才有可能获得招标文件，才有资格参与投标竞争。

三、全面分析和正确理解招标文件，进行合同评审

1. 承包商对招标文件理解的责任

招标文件是业主对投标人的要约邀请文件，它几乎包括了全部合同文件。它所确定的招标条件和方式、合同条件、工程范围和工程的各种技术文件是承包商制定实施方案和报价的依据，也是双方商谈的基础。承包商对招标文件有如下责任：

(1) 一般合同都规定，承包商对招标文件的理解负责，必须按照招标文件的各项要求报价、投标、工程施工。他必须全面分析和正确理解招标文件，弄清楚业主的意图和要求，由于对招标文件理解错误造成实施方案和报价失误由承包商自己承担。

业主对承包商就招标文件作出的推论、解释和结论概不负责，对向投标人提供的参考资料和数据，业主并不保证它们是否准确地反映现场实际状况。

(2) 投标人在递交投标书前被视为已对规范、图纸进行了检查和审阅，并对其中可能的错误、矛盾或缺陷做了注明，应在标前会议上公开向业主提出，或以书面的形式询问。对其中明显的错误，如果承包商没有提出，则可能要承担相应的责任。按照招标规则和诚实信用原则，业主（工程师）应作出公开的明确的答复。这些答复（书面的！）作为对这些问题的解释，有法律约束力。承包商切不可随意理解招标文件，导致盲目投标。

在国际工程中，我国许多承包商由于外语水平限制，投标期短，语言文字翻译不准确，引起对招标文件理解不透、不全面或错误，发现问题又不问，自以为是地解释合同，造成许多重大失误。这方面教训是极为深刻的。

2. 招标文件分析工作

投标人取得（购得）招标文件后，通常首先进行总体检查，重点是招标文件的完备性。一般要对照招标文件目录检查文件是否齐全，是否有缺页，对照图纸目录检查图纸是否齐全。然后分三部分进行全面分析：

（1）投标人须知分析。通过分析不仅掌握招标条件、招标过程、评标的规则和各项要求，对投标报价工作作出具体安排，而且要了解投标风险，以确定投标策略。

（2）工程技术文件分析，即进行图纸会审，工程量复核，图纸和规范中的问题分析。从中了解承包商具体的工程项目范围、技术要求、质量标准。在此基础上作施工组织和计划，确定劳动力的安排，进行材料、设备的分析，作实施方案，进行询价。

（3）合同评审。分析的对象是合同协议书和合同条件。从合同管理的角度，招标文件分析最重要的工作是合同评审。

合同评审是一项综合性的、复杂的、技术性很强的工作。它要求合同管理者必须熟悉合同相关的法律、法规，精通合同条款，对工程环境有全面的了解，有合同管理的实际工作经验和经历。

四、全面的环境调查

1. 承包商对环境调查的责任

（1）工程合同是在一定的环境条件下实施的。工程环境对工程实施方案、合同工期和费用有直接的影响。环境又是工程风险的主要根源。承包商必须收集、整理、保存一切可能对实施方案、工期和费用有影响的工程环境资料。这不仅是工程预算和报价的需要，而且是做施工方案、施工组织、合同控制、索赔（反索赔）的需要。

（2）承包商应充分重视和仔细地进行现场考察和环境调查，以获取那些应由投标人自己负责的有关编制投标书、报价和签署合同所需的所有资料，并对环境调查的正确性负责。

（3）合同规定，只有当出现一个有经验的承包商不能预见和防范的任何自然力的作用，才属于业主风险。

2. 环境调查有极其广泛的内容，包括工程项目所在国、所在地以及现场环境

（1）政治方面。政治制度，政局的稳定性，国内动乱、骚乱、政变的可能，宗教及其种族矛盾，发生战争、封锁、禁运等的可能。在国际工程中，应考虑该国与我国的关系等。

（2）法律方面。了解与工程项目相关的主要法律及其基本精神，如合同法、劳工法、移民法、税法、海关法、环保法、招标投标法等，及与本项目相关的特殊的优惠或限制政策。

（3）经济方面。经济方面所要调查的内容繁多，而且要详细，要做大量的询价工作。

1）市场和价格。例如建筑工程、建材、劳动力、运输等的市场供应能力、条件和价格水平，生活费用价格，通讯、能源等的价格，设备购置和租赁条件和价格等。

2）货币。如通货膨胀率、汇率、贷款利率、换汇限制等。

3）经济发展状况及稳定性，在工程项目实施中有无大起大落的可能。

（4）自然条件方面。

1）气候。如气温、降雨量、雨期分布及天数。

2）可以利用的建筑材料资源。如砂、石、土壤等。

3）工程的水文、地质情况、施工现场地形、平面布置、道路、给排水、交通工具及价格、能源供应、通讯等。

4）各种不可预见的自然灾害的情况，如地震、洪水、暴雨、风暴等。

（5）参加投标的竞争对手情况，他们的能力、实绩、优势、基本战略、可能的报价水平。

（6）过去同类工程的资料，包括价格水平、工期、合同及合同执行情况、经验和教训等。

（7）其他方面。例如当地有关部门的办事效率和所需各种费用；当地的风俗习惯、生活条件和方便程度；当地人的商业习惯、当地人的文化程度、技术水平和工作效率等。

3．环境调查应符合如下要求

（1）保证真实性。反映实际，不可道听途说，特别从竞争对手处或从业主处获得的口头信息，更要注意其可信度。

（2）全面性。应包括对工程的实施方案、价格和工期，对承包商顺利的完成合同责任，承担合同风险有重大影响的各种信息，不能遗漏。国外许多大的承包公司制定标准格式，固定调查内容（栏目）的调查表，并由专人负责处理这方面的事务。这样使调查内容完备，使整个调查工作规范化、条理化。

（3）应建立文档保存环境调查的资料。许多资料，不仅是报价的依据，而且是施工计划、实施控制和索赔的依据。

（4）承包商对环境的调查常常不仅要了解过去和目前的情况，还需对其趋势和将来有合理的预测。

当然承包商在中标前不能花很多的时间、精力和费用来作环境调查，所以他对现场调查准确性所能负的责任又有一定的限制。

五、确定工程承包项目范围

1．工程承包项目范围的影响因素

承包商的总任务是完成一定范围的工程承包项目。在前面第二章介绍的承包商的合同责任，必须通过合同实施活动完成。工程承包项目范围指承包商按照工程承包合同应完成的活动的总和。它直接决定实施方案和报价。在签约前，承包商必须就工程承包项目的范围与业主达成共识。

对不同的承包合同，承包商的工程项目范围的确定方法不同。通常由如下因素决定：

（1）合同条件。

（2）业主要求，或工程技术文件，如规范、图纸、可交付成果清单（如设备表、工程量表）。

（3）环境调查资料。

（4）项目的其他限制条件和制约因素。如项目的总计划，上层组织的项目实施策略等。它们决定了项目实施的约束条件，如预算的限制，资源供应的限制，时间的约束等。

（5）其他，如过去同类项目的相关资料和经验教训。

2．工程承包项目范围确定的程序

（1）招标文件分析，环境条件调查和项目的限制条件研究。

（2）确定最终可交付成果，即竣工工程的结构。

承包商按照合同必须完成一定范围的工程。它是承包商最终可交付的成果。承包商的一切活动和报价都是环绕着最终竣工的工程进行的。竣工工程的范围是决定承包商合同责任的最重要的因素，也是业主和工程师最关注的对象。它还会影响工程变更、索赔和合同争执。承包商必须对工程范围进行详细分析。

1）对施工合同，业主在招标文件中提供比较详细的工程技术设计文件。施工项目的可交付成果由如下几方面因素确定：

①技术规范。主要描述了项目的各个部分在实施过程中采用的通用技术标准和特殊标准，包括设计标准、施工规范、具体的施工做法、竣工验收方法、试运行方式等内容。

②图纸。它是竣工工程的图形表达。

③工程量表。工程量表是可竣工工程的详细数量的定义和描述。对业主给出的工程量表中的数量通常要复核它的准确性。

2）对"设计-采购-施工（EPC）"总承包合同，在招标文件中业主提出"业主要求"，它主要描述业主所要求的最终交付的工程的功能，相当于工程的设计任务书。它从总体上定义工程的技术系统要求，是工程范围说明的框架资料。在投标阶段，竣工工程的范围的细节有很大的不确定性。这是总承包合同最大的风险。

承包商的最终竣工工程的范围确定必须从功能分析入手：

①从项目的目标分析研究项目的总体功能要求；

②将总体功能分解，得到各个子系统（单体）功能，再分解到各部分各专业功能；

③确定完成这些功能的工程系统要求，进而才能确定工程系统范围。

（3）确定由合同条件定义的项目过程。这是由承包商合同责任定义的在可交付成果（工程）的形成过程中承包商应完成的活动。如对施工合同，承包商的主要责任包括工程施工、竣工和维修责任。而总承包合同可能包括工程的规划、设计、施工、项目的永久设备和设施的供应和安装、竣工、保修、运营维护等。

（4）承包商的其他合同责任。由合同条件、现场环境、法律和其他制约条件产生的其他活动。

1）一些为实施过程服务的，不作为最终可交付成果的工作，如为运输大件设备要维护和加固通往现场的道路，为保证技术方案的安全性和适用性而进行的试验研究工作。

2）由现场环境条件和法律等产生的工作任务，如按照环境保护法，需要采取环境保护的措施，对周边建筑物保护措施，或为保护施工人员的安全和健康而采取保护措施，交纳规定的各种税费等。

3）合同规定的其他任务。如购买保险和提供履约担保等。还可能有特殊的服务和供应责任，如为业主代表提供办公设施等。

上述这些活动共同构成承包商的施工项目活动的范围（见图5-2）。

六、制定实施方案

承包商的实施方案是按照他自己的实际情况（如技术装备水平、管理水平、资源供应能力、资金等），在具体环境中全面、安全、稳定、高效率完成合同所规定的上述工程承包项目的技术、组织措施和手段。实施方案的确定有两个重要作用：

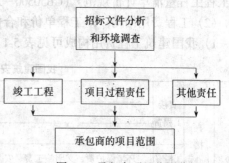

图 5-2　承包商项目范围分析

1. 作为工程预算的依据。不同的实施方案则有不同的工程预算成本，则有不同的报价。

2. 虽然施工方案及施工组织文件不作为合同文件的一部分，但在投标文件中承包商必须向业主说明拟采用的实施方案和工程总的进度安排。业主以此评价承包商投标的科学性、安全性、合理性和可靠性。这是业主选择承包商的重要决定因素。

实施方案通常包括如下内容：

（1）施工方案，如工程施工所采用的技术、工艺、机械设备、劳动组合及其各种资源的供应方案等。

（2）工程进度计划。在业主招标文件中确定的总工期计划控制下确定工程总进度计划，包括总的施工顺序，主要工程活动工期安排的横道图，工程中主要里程碑事件的安排。

（3）现场的平面布置方案，如现场道路、仓库、办公室、各种临时设施、水电管网、围墙、门卫等。

（4）施工中所采用的质量保证体系和安全，健康和环境保护措施。

（5）其他方案，如设计和采购方案（对总承包合同）、运输方案、设备的租赁、分包方案。

七、工程预算

1. 工程预算的依据

工程预算是核算承包商为全面地完成招标文件规定的义务所必需的费用支出。它是承包商的保本点，是工程报价的基础。而报价一经被确认，即成为有法律约束力的合同价格。所以承包商必须按实际情况作工程预算。它的计算基础为：

（1）招标文件确定的承包商的项目范围。投标报价应是承包商完成招标文件所确定的项目范围内的全部工作的价格体现，应包括但不限于施工设备、劳务、管理、材料、安装、缺陷修补、利润、税金和合同包含的所有风险、责任及法律法规规定的各项应有费用。

（2）工程环境，特别是劳动力、材料、机械、分包工程以及其他费用项目的价格水平。

（3）实施方案，以及在这种环境中按这种实施方案施工的生产效率和资源消耗水平。

2. 工程预算结果

（1）对工程工作量表中的各个工程分项报出单价和合价。工程预算是在工程量表的基础上进行的。工程量表通常由招标文件给出，工程项目划分有一定的规则，如在国际上经常采用《建筑工程计算规则（国际通用）》和《建筑工程量标准计算方法》，在我国有《建设工程工程量清单计价规范》（GB50500—2003）（见参考文献 25）。

（2）工程费用结构。即工程单价和合价中应包括的费用项目。

1）我国建筑工程费用构成可见表 5-1。

我国建筑安装工程费用结构表 表 5-1

我国建筑安装工程费用	直接费	直接工程费	人工费
			材料费
			施工机械使用费
		措施费	环境保护费、文明施工费、安全施工费、临时设施费、夜间施工费、二次搬运费、大型机械设备进出场及安拆费、混凝土、钢筋混凝土模板及支架费、脚手架费、已完工程及设备保护费、施工排水、降水费
	间接费	规费	工程排污费、工程定额测定费、社会保障费（养老保险费、失业保险费、医疗保险费）、住房公积金、危险作业意外伤害保险
		企业管理费	管理人员工资、办公费、差旅交通费、固定资产使用费、工具用具使用费、劳动保险费、工会经费、职工教育经费、财产保险费、财务费、税金、其他
	利润		
	税金		

2）国际工程的费用所包含的详细的分项基本上与我国的相同，但在归类和费用名称上略有差异。国际工程的费用由直接费，工地管理费，企业管理费，利润（包括风险）和税金构成。其中：

直接费包括人工费、材料费、机械费；

工地管理费不仅包括我国建筑工程费用中的措施费，与现场相关的部分规费（如工程排污费、相关保险），现场管理人员的工资、办公费、差旅费、工器具使用费等；

企业管理费是工程承包企业总部的经营和管理的相关费用；

利润和工程的风险准备金等。

3. 工程预算过程

以国际工程为例，介绍工程费用的预算过程。

（1）直接费

1）人工费：仅指生产工人的工资及相关费用。

人工费 = 人工工资单价 × 工作量 × 劳动效率

人工工资单价按照劳动力供应和投入方案，工程小组劳动组合，人员的招聘、培训、调遣、支付工资、解聘所支付的费用及社会福利保险，承包商应支付的税收等计算平均值（通常以日或小时为单位）；劳动效率的单位一般为每单位工程量的用工时（或日）数。

2）材料费：

材料费 = 材料预算单价 × 工作量 × 每单位工程量材料消耗标准

材料单价按照采购方案，材料技术标准综合考虑市场价格、采购、运输、保险、储存、海关税等各种费用计算得到。

3）设备费用：

进入直接费的设备费一般仅为该分项工程的专用设备。

$$设备费 = 设备台班费 \times 工作量 \times 每单位工程量设备台班消耗量$$

设备台班费按照设备供应方案，综合考虑设备的折旧费、调运、清关费用、进出场安装及拆卸费用、燃料动力费、操作人员工资、维护保养费用等计算得到设备总费用；再按照设备的计划使用时间（台班数），或该分项工程的工程量分摊到每台班或单位分项工程量上。

4）每项工程直接费及工程总直接费：

对于每一个工程分项（按招标文件工作量表）其直接费为该分项的人工费，材料费，机械费之和，而工程总直接费为：

$$工程总直接费 = \Sigma 各分项工程直接费$$

这是一个重要数字，这在一般的国际和国内工程中算法比较统一。

（2）工地管理费

报价中的其他分摊费用包括极其复杂的内容，而且有不同的范围和划分方法。例如有的工程将早期的现场投入作为"开办费"独立列项报价；有的将它作为一般工地管理费分摊进入单价中。通常工地管理费主要包括：现场清理、进场道路费用、现场试验费、施工用水电费用、施工中通用的机械费、脚手架费、临时设施费、交通费、现场管理人员工资、行政办公费、劳保用品费、保函手续费、保险费、广告宣传费等。

这些费用要根据承包商的合同责任、现场环境情况、施工组织和实施方案等，分项独立预算，最后求和。即

$$工地管理费总额 = \Sigma 工地管理费各分项计算值$$

$$工地管理费分摊率 = （工地管理费总额/工程直接费）\times 100\%$$

则，工地总成本 = 工程总直接费 + 工地管理费

（3）企业管理费及其他待摊费用

本项主要包括企业管理费，利息和佣金等。

企业管理费一般由企业按企业计划的工地总成本额（或总合同额）与企业预计的管理费开支总额计算，确定一个比例分摊到各个工程上。则：

企业管理费 = 工程总成本 × 企业部管理费分摊率

这里企业管理费分摊率是一个重要数字。则：

工程预算总成本 = 工地总成本 + 企业管理费

（4）利润和风险系数

在预算工程总成本的基础上如何考虑，以及考虑多少利润率和不可预见风险费率？它是承包商的报价策略，由企业管理者按投标策略和企业经营战略确定。必须综合考虑承包商的经营总战略、建筑市场竞争激烈程度（特别是参加本工程投标的主要竞争对手情况）、工程特点、企业特点和合同的风险程度等因素，以调整不可预见风险费和利润率水平。

$$利润（包括风险金等）= 工程总成本 \times 目标利润率$$

$$总报价（不含税）= 工程总成本 + 利润（包括风险金等）$$

$$总分摊费用 = 工地管理费 + 企业管理费 + 利润等$$

$$总分摊率 = （总分摊费用/总直接费）\times 100\%$$

（5）工程量表中各分项工程报价

在此基础上就可以确定工程量表中所列各分项工程的单价和合价。

如果采用平衡报价方法，即各个分项工程按照统一的分摊率分摊间接费用，则

某分项总报价＝该分项工程直接费×（1＋总分摊率）

某分项单价＝该分项总报价/分项工程量

如果采用不平衡报价方法，在保证总报价不变的情况下，按照不同的分项工程选择不同的分摊率。一般对在前期完成的分项工程，或估计工程量会增加的分项工程提高分摊率。

八、编制投标文件

按照招标文件的要求填写投标书，并准备相应的投标文件，在投标截止期前送达业主。投标文件是承包商提交的最重要的文件。

1. 投标文件的内容

投标文件是承包商对业主招标文件的响应。通常工程投标文件包括如下内容：

（1）投标书。通常是以投标人给业主保证函的形式。这封保证函由业主在招标文件中统一给定，投标人只需填写数字并签字即可。其主要内容包括：

1）投标人完全接受招标文件的要求，按照招标文件的规定完成工程施工、竣工及保修责任，并写明总报价金额。

2）投标人保证在规定的开工日期开工，或保证业主（工程师）一经下达开工令则尽快开工，并说明整个施工期限。

3）说明投标报价的有效期。在此期限内，投标书一直具有法律约束力。

4）说明投标书与业主的中标函都作为有法律约束力的合同文件。

5）理解业主接受任何其他标书的行为，业主授标不受最低标限制。

投标书必须附有投标人法人代表签发的授权委托书。他委托承包商的代表（项目经理）全权处理投标及工程事务。

投标书作为要约文件也应该是无歧义的，即不能有选择性的、二义性的结果和语言。

（2）投标书附录。投标书附件是投标书的一部分。它通常是以表格的形式，由承包商按照招标文件的要求填写，作为要约的内容。它是对合同文件中一些定量内容的定义。一般包括：履约担保的金额、第三方责任保险的最低金额、开工期限、竣工时间、误期违约金的数额和最高限额、提前竣工的奖励数额、工程保修期、保留金百分比和限额、每次进度付款的最低限额、拖延付款的利率等。

按照合同的具体要求还可能有外汇支付的额度、预付款数额、汇率、材料价格调整方法等其他说明。

（3）标有价格的工程量表和报价综合说明。该工程量表一般由业主在招标文件中给出，由承包商填写单价和合价后，作为一份报价文件，对单价合同它是最终工程结算的依据。

（4）投标保函。它按照招标文件要求的数额，并由规定的银行出具，按招标文件所给出的统一格式填写。

（5）承包商提出的与报价有关的技术文件，主要包括：施工总体方案、具体施工方法的说明、总进度计划、质量保证体系、安全、健康及文明施工保证措施、技术方案优化与合理化建议、施工主要施工机械表、材料表及报价、供应措施、项目组成员名单、项目组织人员详细情况、劳动力计划及点工价格、现场临时设施及平面布置，承包商建议使用现

场外施工作业区等。

如果承包商承担大部分设计，则还包括设计方案资料（即标前设计），承包商须提供图纸目录和技术规范。

（6）属于原招标文件中的合同条件、技术说明和图纸。承包商将它们作为投标文件提出，这表示它们在性质上已属于承包商提出的要约文件。

（7）投标人对投标或合同条件的保留意见或特别说明无条件同意的申明。

（8）按招标文件规定提交的所有其他材料，如资格审查及辅助材料表，法定代表人资格证明书、授权委托书等。

（9）其他，如竞争措施和优惠条件。

第三节　合同评审方法

一、承包合同的合法性分析

这是对承包合同有效性的控制，通常由律师完成。

工程合同必须在合同的法律基础范围内签订和实施，否则会导致合同全部或部分无效。这是最严重的，影响最大的问题。在不同的国家，对不同的工程（如公共工程或私营工程），合同合法性的具体内容可能不同。承包商必须按照第四章合法合同的要求进行逐一审查。

在国际工程中，有些国家的政府工程，在合同签订后，或业主向承包商发出授标意向书（甚至中标函）后，还得经政府批准，合同才能正式生效。这通常会在招标文件中有特别说明。承包商分析时应特别予以注意。

二、承包合同的完备性审查

一个工程承包合同是要在一定环境条件下完成一个确定范围的工程项目，则该承包合同所应包含的项目范围，工程管理的各种说明，工程过程中所涉及的可能出现的各种问题的处理，以及双方责任和权益等，应有一定的范围。所以合同的内容应有一定范围。

广义地说，工程合同的完备性包括相关合同文件的完备性和合同条款的完备性。

1. 合同文件的完备性是指属于该合同的各种文件（特别是环境、水文地质等方面的说明文件和技术设计文件，如图纸、规范等）齐全。在获取招标文件后应对照招标文件目录和图纸目录作这方面的检查。如果发现不足，则应要求业主（工程师）补充提供。

【案例4】　某工厂建设工程，承包商承包厂房、办公楼、住宅楼和一些附属设施的工程的施工。合同采用固定总价形式。

在工程施工中承包商现场人员发现缺少住宅楼的基础图纸，再审查报价发现漏报了住宅楼的基础价格约30万人民币。承包商与业主代表交涉，承包商的预算员坚持认为，在招标文件中业主漏发了基础图，而业主代表坚持是承包商的预算师把基础图弄丢了，因为招标文件目录中有该部分的图纸。而且如果业主漏发，承包商有责任在报价前应向业主索要。由于采用了固定总价合同，承包商最终承担了这个损失。这个问题是承包商合同管理失误导致的损失，他应该：

（1）接到招标文件后应对招标文件的完备性进行审查，将图纸和图纸目录进行校对，如果发现有缺少，应要求业主补充。

(2) 在制定施工方案或作报价时仍能发现图纸的缺少，这时仍可以向业主索要，或自己出钱复印，这样可以避免损失。

2. 合同条款的完备性是指合同条款齐全，对各种问题都有规定，不漏项。合同条件的缺陷会导致计划的缺陷，双方对合同解释不一致，工作不协调和合同争执。

例如缺少工期拖延违约金的最高限额的条款；缺少工期提前的奖励条款；缺少业主拖欠工程款的处罚条款。

合同中缺少对承包商权益的保护条款，如没有明确定义在工程受到外界干扰情况下承包商的工期和费用的索赔权等。

在某国际工程施工合同中遗漏工程价款的外汇额度条款，结果承包商无法获得已商定好的外汇款额。

由于没有具体规定，如果发生这些情况，业主完全可以以"合同中没有明确规定"为理由，推卸自己的合同责任，使承包商受到损失。

合同条件完整性审查方法通常与使用的合同文本有关：

(1) 如果采用标准的合同文本，如使用 FIDIC 条件，则一般认为该合同条件完整性问题不太大。因为标准文本条款齐全，内容完整，如果又是一般的工程项目，则可以不作合同的完整性分析。但对特殊的工程，双方有一些特殊的要求，有时需要增加内容，即使 FIDIC 合同也须作一些补充。这里主要分析专用条款的完备性和适宜性。

(2) 如果未使用标准文本，但该类合同有标准文件存在，则可以以标准文本为样板，将所签订的合同与标准文本的对应条款一一对照，就可以发现该合同缺少哪些必需条款。例如签订一个工程施工合同，而合同文本是由业主自己起草的，则可以将它与 FIDIC 条件相比，以检查所签订的合同条款的完整性。

(3) 对无标准文本的合同类型（如在我国，联营承包合同、"CM"合同），合同管理者应尽可能多地收集实际工程中的同类合同文本，进行对比分析和互相补充，以确定该类合同范围和结构形式，再将被分析的合同按结构拆分开，就可以分析出该合同是否缺少，或缺少哪些必需条款。

3. 合同条款的完备性是相对的概念。早期的合同都十分简单，条款很少，现在逐渐完备起来，同时也复杂起来。但不管怎样，可以说没有一份合同是完备的，即使是标准文本！即使是国际上标准的合同条件也在不断地修改和补充。另外对于常规的工程，双方比较信任，具有完备的规范和惯例，则合同条款可简单一些，合同文件也可以少一些。

在实际工程中有些业主希望合同条件不完备，认为这样他自己更有主动权，可以利用这个不完备推卸自己的责任，增加承包商的合同责任和工作范围；有些承包商也认为合同条件不完备是他的索赔机会。这种想法都是很危险的。这里有如下几方面问题：

(1) 由于业主起草招标文件，他应对招标文件的缺陷、错误、二义性、矛盾承担责任。

(2) 虽然业主对它承担责任，但承包商能否有理由提出索赔，以及能否取得索赔的成功，都是未知数。在工程中，对索赔的处理业主处于主导地位，业主会以"合同未作明确规定"，而不给承包商付款。

(3) 合同条件不完备会造成合同双方对权利和责任理解的错误，会引起双方对工程项目范围确定、实施计划、组织的失误，最终造成工程不能顺利实施，导致合同争执。

所以合同双方都应努力签订一个完备的合同。

三、合同双方责任和权利及其关系分析

由于工程合同的复杂性，合同双方的责权利关系是十分复杂的。合同应公平合理地分配双方的责任和权利，使它们达到总体平衡。在合同审查中应列出双方各自的责任和权利，在此基础上进行责权利关系审查。

合同双方权利和责任是由合同条款明确规定的，或默示的，或由合同条款引导出的。

1. 在承包合同中合同双方责任和权力是互相制约，互为前提条件的（见图5-3）。

（1）业主有一项合同权利，则必是承包商的一项合同责任；反之，承包商的一项权利，又必是业主的一项合同责任。

（2）对于合同任何一方，他有一项权利，他必然又有与此相关的一项责任；他有一项责任，则必然又有与此相关的一项权利，这个权利可能是他完成这个责任所必需的，或由这个责任引申的。

例如承包商对实施方案的安全、稳定承担责任，则在不妨碍合同总目标，或为了更好地完成合同的前提下，他应有变更，或选择更为科学、合理、经济的实施方案的权利。

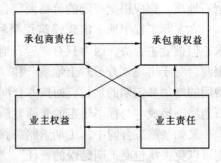

图5-3 业主、承包商责任、权益关系

投标人对环境调查、实施方案和报价承担责任，但他应有合理的做标期、进入现场调查和获得信息的权利。

（3）如果合同规定业主有一项权利，则要分析该项权利的行使对承包商的影响；该项权利是否需要制约，业主有无滥用这个权利的可能；业主使用该权利应承担什么责任，这个责任常常就是承包商的权利。这样可以提出对这项权利进行反制约。如果没有这个制约，则业主的权利可能是不平衡的。

例如FIDIC规定，工程师有权要求对承包商的材料、设备、工艺进行合同中未指明或规定的检查，承包商必须执行，甚至包括破坏性检查。但如果检查结果表明材料、工程设备和工艺符合合同规定，则业主应承担相应的损失（包括工期和费用赔偿）。这就是对业主和工程师检查权的限制，以及由这个权利导致的合同责任，以防止工程师滥用检查权。

（4）如果合同规定承包商有一项责任，则应分析，完成这项合同责任有什么前提条件。如果这些前提条件应由业主提供，或完成，则应作为业主的一项责任，在合同中作明确规定，进行反制约。如果缺少这些反制约，则合同双方责权利关系不平衡。

例如合同规定，承包商必须按规定的日期开工，则同时应规定，业主必须按合同及时提供场地、图纸、道路、接通水电，及时划拨预付款，办理工程各种许可证，包括劳动力入境、居住、劳动许可证等。这是及时开工的前提条件，必须作为业主的责任。

（5）合同所定义的事件或工程活动之间有一定的联系（即逻辑关系），使合同双方的有些责任是连环的、互为条件的，则双方的责任之间又必然存在一定的逻辑关系。

例如某工程的部分设计是由承包商完成的。则对设计和施工，双方责任可见图5-4。所以，应具体定义这些活动的责任和时间限定。这在索赔和反索赔中是十分重要的，在确定干

图 5-4　某工程业主和承包商责任连环

扰事件的责任时常常需要分析这种责任连环。

通过这几方面的分析，可以确定合同双方责权利是否平衡，合同有无逻辑问题，即执行上的矛盾。

2. 业主和承包商的责任和权益应尽可能具体、详细，并注意其范围的限定。

例如，某合同中地质资料说明，地下为普通地质，砂土。合同条件规定："如果出现岩石地质，则应根据商定的价格调整合同价"。

在实际工程中地下出现建筑垃圾和淤泥，造成施工的困难，承包商提出费用索赔要求，但被业主否决，因为只有"岩石地质"才能索赔，索赔范围太小，承包商的权益受到限制。对于出现"普通砂土地质"和"岩石地质"之间的其他地质情况，也会造成承包商费用的增加和工期的延长，而按本合同条件规定，属于承包商的风险。如果将合同中"岩石地质"换成"与标书规定的普通地质不符合的情况"，就扩大了承包商索赔范围。

又如某施工合同中，工期索赔条款规定："只要业主查明拖期是由于意外暴力造成的，则可以免去承包商工期延误的责任"。

这里"意外暴力"不具体，比较含糊，而且所指范围太狭窄。最好将"意外暴力"改为"非承包商责任的原因"。

3. 双方权利的保护条款。一个完备的合同应对双方的权利都能形成保护，对双方的行为都有制约。这样才能保证项目的顺利进行。FIDIC 合同在这方面比较公平，例如：

（1）业主（包括工程师）的权利，包括：指令权，工程的绝对的检查权，承包商责任和风险的限定，对转让和分包工程的审批权，变更工程的权利，进度、投资和质量控制的权利，在承包商不履行或不能履行合同，或严重违约情况下的处置权等。

另外，通过履约保函、预付款保函、保留金、承包商材料和设备出场的限制条款保护业主利益。

（2）承包商的权利，包括业主风险的定义、工期延误罚款的最高限额的规定、承包商的索赔权（合同价调整和工期顺延）、仲裁条款、业主不支付工程款时承包商采取措施的权利、在业主严重违约情况下中止合同的权利等。

四、合同条款之间的联系分析

通常合同审查还应注意合同条款之间的内在联系。同样一种表达方式，在不同的合同环境中，有不同的上下文，则可能有不同的风险。

由于合同条款所定义的合同事件和合同问题具有一定的逻辑关系（如实施顺序关系，空间上和技术上的互相依赖关系，责任和权利的平衡和制约关系，完整性要求等），使得合同条款之间有一定的内在联系，共同构成一个有机的整体，即一份完整的合同。

例如施工合同有关工程质量管理方面规定程序包括，承包商完美的施工，全面执行工程师的指令，工程师对承包商质量保证体系的检查权，材料、设备、工艺使用前的认可权，进场时的检查权，隐蔽工程的检查权，工程的验收权，竣工检验，签发各种证书的权利，对不符合合同规定的材料、设备、工程的拒收和处理的权利，在承包商不执行工程师指令的情况下业主行使处罚的权利等。

有关合同价格方面的规定涉及：合同计价方法、量方程序、进度款结算和支付、保留金、预付款、外汇比例、竣工结算和最终结算、合同价格的调整条件、程序、方法等。

工程变更问题涉及：工程范围，变更的权力和程序，有关价格的确定，索赔条件、程序、有效期等。

它们之间还互相联系，构成一个有机的整体。例如质量检查合格，工程师签发证书，才能进入量方程序。工程变更确认后，就可进入工程款结算程序等。

通过内在联系分析可以看出合同中条款之间的缺陷、矛盾、不足之处和逻辑上的问题等。

五、承包商合同风险分析

1. 概述

由于承包工程的特点和工程承包市场的激烈竞争，工程承包风险很大，范围很广，是造成承包工程失败的主要原因。现在，风险管理已成为衡量工程项目管理水平的主要标志之一。

从前面各章的分析可见，承包商在招标投标阶段和合同实施阶段承担很大的风险。承包商有与业主相似的风险策划问题，他们的风险策划的原则是相同的，方法是相似的。但承包商作为工程的实施者，他的风险分析应更为详细，对策应更为具体。

（1）承包商在投标阶段必须对风险作全面分析和预测。主要考虑如下问题：

1）工程实施中可能出现的风险的类型，种类，风险发生的规律，如发生的可能性，发生的时间及分布规律。

当然，上面分析的合同条件中出现的问题，如合法性不足、完备性不足、责权利不平衡等都是承包商的风险。

2）风险的影响，即风险如果发生，对承包商的施工过程，对工期和成本（费用）所造成的影响。如果自己完不成合同责任，应承担的经济的和法律的责任等等。

3）对分析出来的风险进行有效的对策和计划，即考虑如何规避风险。如果风险发生应采取什么措施予以防止，或降低它的不利影响，为风险作组织、技术、经济等方面的准备。

（2）承包商风险分析的准确程度、详细程度和全面性主要依靠如下几方面因素：

1）承包商对环境状况的了解程度。要精确地分析风险必须作详细的环境调查，大量占有第一手资料。

2）招标文件的完备程度和承包商对招标文件分析的全面程度、详细程度和正确性。

3）对业主和工程师资信和意图了解的深度和准确性。承包商对业主的项目总目标和项目的立项过程的了解是十分重要的。虽然通常业主是在工程设计完成后招标，但承包商应尽可能提前介入项目，与业主联系。在国际工程中，许多总承包商常常为业主做目标设计、可行性研究、工程规划（甚至可能是免费的）。这是许多总承包企业的经营策略。它的好处有：

①尽早与业主建立良好的关系，使业主了解自己，这样获得项目的机会更大。

②前期介入可以更好的理解业主对整个项目的需求和项目的目的、目标和意图，能对项目产品的市场、项目的运营、项目融资、工艺方案的设计和优化有更好的把握。使工程的投标和报价更为科学和符合业主的要求，更容易中标。

在现代总承包项目中，业主对施工方法和施工管理的关注在减低。承包商的竞争力和获得经济效益的机会常常在项目产品的市场策划，提高项目的运营效率，项目的融资方案、项目工艺方案的优化上。

③通过前期交往熟悉工程环境和项目的立项过程，可以减少风险。

4）对引起风险的各种因素的合理预测及预测的准确性。

5）做标期的长短。即承包商是否在投标阶段有足够的时间进行风险分析和研究。

2. 承包商合同风险的总评价

承包商在投标前必须对本工程的合同风险有一个总体的评价。一般地说如果工程存在以下问题，则合同风险很大：

（1）工程规模大、工期长，而业主要求总承包，采用固定总价合同形式。

（2）业主仅给出设计任务书或初步设计文件让承包商做标，图纸不详细、不完备，工程量不准确、范围不清楚，或合同中的工程变更赔偿条款对承包商很不利，但业主要求采用固定总价合同。

（3）业主为了加快项目进度，将做标期压缩得很短，承包商没有时间详细分析招标文件和做环境调查。这不仅对承包商风险太大，而且会造成对整个工程总目标的损害，常常欲速则不达。

（4）招标文件为外文，采用承包商不熟悉的技术规范、合同条件。

（5）工程环境不确定性大。如物价和汇率大幅度波动、水文地质条件不清楚，而业主要求采用固定价格合同。

（6）业主有明显的非理性思维苛刻要求承包商，招标程序不规范，要求最低价中标。

大量的工程实践证明，如果存在上述问题，特别当一个工程中同时出现上述问题，则这个工程可能彻底失败，甚至有可能将整个承包企业拖垮。这些风险造成的损失的规模，在签订合同时常常是难以想象的。承包商若参加投标，应要有足够的思想准备和措施准备。

在国际工程中，人们分析大量的工程案例发现，一个工程合同争执、索赔的数量和工期的拖延量与如下因素有直接的关系：采用的合同条件，合同形式，做标期的长短，合同条款的公正性，合同价格的合理性，业主平行发包的承包商的数量，评标的充分性，设计的深度及准确性等。

【案例5】 某中外合资项目，合同标的为一商住楼的施工工程。主楼地下一层，地上 24 层，裙楼 4 层，总建筑面积 36 000m²。合同协议书由甲方自己起草，合同工期为 670 天。

合同中的价格条款为：

"本工程合同价格为人民币 3 500 万元。此价格固定不变，不受市场上材料、设备、劳动力和运输价格的波动及政策性调整影响而改变。因设计变更导致价格增减另外计算。"

本合同签字后经过了法律机关的公证。

显然本合同属固定总价合同。在招标文件中，业主提供的图纸虽称为"施工图"，但实际上很粗略，没有配筋图。

在承包商报价时，国家对建材市场实行控制，有钢材最高市场限价，约 1 800 元/t。承包商则按此限价投标报价。

工程开始后一切还很顺利，但基础完成后，国家取消钢材限价，实行开放的市场价格，市场钢材价格在很短的时间内上涨至 3 500 元/t 以上。另外由于设计图纸过粗，合同签订后，设计虽未变更，但却增加了许多承包商未考虑到的工作量和新的分项工程。其中最大的是钢筋。承包商报价时没有配筋图，仅按通常商住楼的每平米建筑面积钢筋用量估算，而最后实际使用量与报价所用的钢筋工程量相差 500t 以上。按照合同条款，这些都应由承包商承担。

开工后约 5 个月，承包商再作核算，预计到工程结束承包商至少亏本 2 000 万元。承包商与业主商议，希望业主照顾到市场情况和承包商的实际困难，给予承包商以实际价差补偿，因为这个风险已大大超过承包商的承受能力。承包商已不期望从本工程获得任何利润，只要求保本。但业主予以否决，要求承包商按原价格全面履行合同责任。

承包商无奈，放弃了前期工程及基础工程的投入，撕毁合同，从工程中撤出人马，蒙受了很大的损失。而业主不得不请另外一个承包商进场继续施工，结果也蒙受很大损失，不仅工期延长，而且最后花费也很大。因为另一个承包商进场完成一个半拉子工程，只能采用议标的形式，价格也比较高。

在这个工程中，几个重大风险因素集中都一起：工程量大、工期长、设计文件不详细、市场价格波动大、做标期短、采用固定总价合同。最终不仅打倒了承包商，而且也伤害了业主的利益，影响了工程整体效益。

3. 总承包合同风险分析

在所有的工程合同中，对承包商来说，"设计-采购-施工"总承包合同风险最大，分析研究也最困难。正确了解总承包合同风险，对承包商有重要意义。

(1) 承包商对工程范围承担的风险。从第三章第三节的分析可见，承包商按照合同条件和业主要求确定工程范围、工作量和质量要求，并提出报价。但业主要求主要是针对功能的，没有明确的工作量（连图纸都没有！）。总承包合同都规定，合同价格应包括为满足业主要求或合同隐含要求的任何工作，以及（合同虽未提及但）为工程的稳定、或完成、或安全和有效运行所需的所有工作。所以在投标时工作量和质量的细节是不确定的。承包商报价后才有详细设计和施工计划，但这些必须经过业主的批准才能进一步实施。则最终按照详细设计核算的工程量与投标报价时的假定工作量之间可能存在很大的差异（即图5-5中的差异 1）。在工程施工中工作量和质量还可能有变化（即差异 2）。而如果业主提出的修改意见，或不批准没有超过原先提出的业主要求，以及工程的功能没有变化，则这些不作为工程变更。

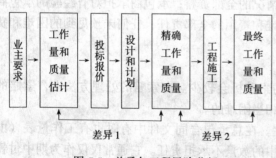

差异 1　　差异 2

图 5-5　总承包工程风险分析

【案例6】　某工程采用固定总价合同。在工程中承包商与业主就设计变更影响产生争执。最终实际批准的混凝土工作量为 66 000m³。对此双方没有争执，但承包商坚持原合同工程量为 40 000m³，则增加了 65%，共 26 000m³；而业主认为原合同工程量为 56 000m³，则增加了 17.9%，共 10 000m³。双方对合同工程量差异产生的原因在于：

承包商报价时业主仅给了初步设计文件，没有详细的截面尺寸。同时由于做标期较短，承包商没有时间细算。承包商就按经验匡算了一下，估计为 40 000m³。合同签订后详细施工图出来，再细算一下，混凝土量为 56 000m³。当然作为固定总价合同，这个 16 000m³ 的差额（即 56 000－40 000）最终就作为承包商的报价失误，由他自己承担。

同样的问题出现在我国的一大型商业网点开发项目中。本项目为中外合资项目，我国一承包商用固定总价合同承包土建工程。由于工程巨大，设计图纸简单，做标期短，承包商无法精确核算。对钢筋工程，承包商报出的工作量为 1.2 万 t，而实际使用量达到 2.5 万 t 以上。仅此一项承包商损失超过 600 万美元。

(2) 承包商对业主要求承担风险。承包商必须按照合同条件和业主要求报价，但业主对业主要求中的任何错误、不准确、遗漏不承担负责，业主要求中的任何数据和资料并不应被认为是准确性的和完备性的表示。承包商从业主处得到的任何数据或资料不应解除承包商对工程的设计和施工的责任。业主仅对业主要求中的下列数据和资料的正确性负责：

1) 在合同中规定由业主负责的、或不可变的部分、数据、资料；

2) 对工程或其任何部分的预期目的的说明；

3) 竣工工程的试验和性能的标准；

4) 除合同另有说明外，承包商不能核实的部分、数据和资料。

这导致承包商的工程范围的不确定性和风险很大。承包商正确完整地理解业主的目标，与业主在投标前充分沟通是十分重要的。

(3) 承包商承担着很大的现场环境和水文地质条件的风险责任。现场水文地质资料及环境方面的所有有关资料等由业主提供，但不作为业主要求和合同文件。承包商应负责核实和解释所有此类资料。除合同明确规定的情况以外，业主对这些资料的准确性、充分性和完整性不承担责任。

(4) 总承包合同通常采用总价合同形式。

1) 承包商对报价负责，即使是报价中的数字计算错误，评标或工程结算时一般都不能修正，因为总价优先，双方确认的是合同总价。

2) 价格不因环境的变化和工程量增减而变化。所以在这类合同中承包商承担了几乎全部工作量和价格风险。除了业主要求和工程有重大变更，一般不允许调整合同价格。

3) 承包商应支付各项税费。除合同明确规定的情况外，合同价格不应因任何这些税费变化进行调整。

4) 对不可预见的风险，除合同另有说明外，承包商被认为已经取得对工程可能产生影响和作用的有关风险、意外事件和其他情况的全部资料；承包商承担对有经验的承包商可以预见到的，为顺利完成工程的所有困难和费用的全部责任；任何未预见到的困难和费用合同价格不应考虑予以调整。

(5) 索赔的不确定性。

1) 在总承包合同的执行中，承包商的索赔机会较少。在索赔的处理方法上，索赔的原因分析、索赔值的计算和最终解决都是相当困难的。

2) 工作量和工程质量标准的不确定性。在总承包合同文件中有时也有工作量表（由承包商制定）和报价。但业主对工程量表中的数量不承担责任。它通常仅仅作为期中付款和可能有的变更计价的依据，而不属于合同规定的工程资料，不作为承包商完成工程或设计的全部内容。如果承包商分项工程量有漏项或计算不正确，则被认为已包括在整个合同总价中。

所以承包商在总承包合同中对工作量以及质量的相关风险有：

①由于投标报价时尚没有设计或设计深度不够所造成的工程量项目遗漏和计算误差，包括对业主要求理解的错误导致的工程范围不确定造成的损失。对固定总价合同，业主有时也给工作量清单，有时仅给图纸、规范让承包商算标。则承包商必须对工作量作认真复核和计算。如果工作量有错误，由承包商负责。

②对业主所要求的技术标准理解错误，由质量风险导致的价格风险。

③工程过程中由于物价和人工费涨价所带来的风险。

例如在某国际工程中，工程范围为一政府的办公楼建筑群，采用固定总价合同。承包商算标时遗漏了其中的一座做景观用的亭阁。这一项使承包商损失了上百万美元。

3）同样，对供应、承包商在签订合同前按照业主要求分析材料和设备的需求，再向供应商询价后报价。在签订总承包合同后才能正式签订采购合同。这会导致承包商在材料和生产设备采购方面的数量、质量和价格风险。

4）变更范围问题。总承包合同的变更范围很小。通常总承包合同规定，变更是经业主指示或批准的，对业主要求或工程所做的变更。在业主要求不变的情况下，业主对设计、施工计划的调整要求，一般不作为工程变更。

5）由于投标报价时设计深度不够所造成的工程量计算误差。对固定总价合同，如果业主用初步设计文件招标，让承包商计算工作量报价，或尽管施工图设计已经完成，但做标期太短，承包商无法详细核算，通常只有按经验或统计资料估算工作量。这时承包商处于两难的境地：工作量算高了，报价没有竞争力，不易中标；算低了，自己要承担风险和亏损。在实际工程中，这是一个用固定总价合同带来的普遍性的问题。在这方面承包商的损失常常是很大的。

4. 合同条件中的风险分析

无论是在单价合同还是总价合同中，一般都有明确规定承包商应承担的风险条款和一些明显的或隐含着的对承包商不利的条款。常见的有：

(1) 工程变更的补偿范围和补偿条件。例如某合同规定，工程量变更在5%的范围内，承包商得不到任何补偿。则在这个范围内工程量可能的增加是承包商的风险。

(2) 合同价格的调整条件。如对通货膨胀、汇率变化、税收增加等，合同规定不予调整，则承包商必须承担全部风险；如果在一定范围内可以调整，则承担部分风险。

(3) 工程合同条件常赋予业主和工程师对承包商工程和工作的认可权和各种检查权。但这必须有一定的限制和条件，应防止写有"严格遵守工程师对本工程任何事项（不论本合同是否提出）所作的指示和指导"。特别当投标时设计深度不够，施工图纸和规范不完备时，如果有上述规定，业主可能使用"认可权"或"满意权"提高工程的设计、施工、材料标准，而不对承包商补偿。则承包商必须承担这方面变更风险。

(4) 业主为了转嫁风险提出单方面约束性的、过于苛刻的、责权利不平衡的合同条款。明显属于这类条款的是，对业主责任的开脱条款。这在合同中经常表现为："业主对……不负任何责任"。例如：

1）业主对任何潜在问题，如工期拖延、施工缺陷、付款不及时等所引起的损失不负责；

2）业主对招标文件中所提供的地质资料、试验数据、工程环境资料的准确性不负责；

3）业主对工程实施中发生的不可预见风险不负责；

4）业主对由于第三方干扰造成的工期拖延不负责等。

这样将许多属于业主责任的风险推给承包商。

与这一类条款相似的是表达形式有："在……情况下不得调整合同价格"，或"在……情况下，一切损失由承包商负责"。

例如某合同规定："承包商无权以任何理由要求增加合同价格，如市场物价上涨，货币价格浮动，生活费用提高，工资的基限提高，调整税法，关税，国家增加新的赋税等"。

例如，某分包合同规定，"对总承包商因管理失误造成的违约责任，仅当这种违约造成分包商人员和物品的损害时，总承包商才给分包商以赔偿，而其他情况不予赔偿"。这样，总承包商管理失误造成分包商成本和费用的增加不在赔偿之内。

有时有些特殊的规定应注意。例如某承包合同规定，合同变更的补偿仅对重大的变更，且仅按单个建筑物和设施地平面以上体积变化量计算补偿。这实质上排除了工程变更索赔的可能。在这种情况下承包商的风险很大。

（5）其他形式的风险型条款。如：

1）要承包商大量垫资承包，工期要求太紧，超过常规，过于苛刻的质量要求等。

2）合同中对一些问题不作具体规定，仅用"另行协商解决"等字眼。

3）业主要求承包商提供业主的现场管理人员（包括监理工程师）的办公和生活设施，但又没有明确列出提供的具体内容和水准，承包商无法准确报价。

4）对业主供应的材料和生产设备，合同中未明确规定详细的送达地点，没有"必须送达施工和安装现场"的规定。这样很容易对场内运输，甚至场外运输责任引起争执。

5）付款条款不清楚，付款程序不明确。例如某合同中对付款条款规定：

"工程款根据工程进度和合同价格，按照当月完成的工程量支付。乙方在月底提交当月工程款账单，在经过业主上级主管审批后，业主在15天内支付"。

由于没有对业主上级主管的审批时间限定，所以在该工程中，业主上级利用拖延审批的办法大量拖欠工程款，而承包商无法对业主进行约束。

6）索赔程序和有效期限制太紧，会造成承包商无法及时发现索赔事件导致索赔无效等。

第四节　承包商合同风险的对策

对于承包商，在任何一份工程承包合同中，问题和风险总是存在的，没有不承担风险，绝对完美的合同（即使在成本加酬金合同中）。对分析出来的合同风险必须进行认真的对策研究。这常常关系到一个工程的成败，任何承包商都不能忽视这个问题。

一、采取回避策略

从与业主联系准备参加投标竞争开始，承包商必须时刻注意项目的风险。如果发现有重大的超过自己承受能力的风险，或恶意的业主，可以考虑退出竞争。在退出时要考虑保护自己，防止损失，或防止更大的损失。

1. 即使投标人已经发出投标文件，在投标截止期前，还可以撤回投标。

2. 在投标截止期后，在中标函发出前，投标人如果撤回投标书，按照合同法和投标人须知的规定，招标人有权没收他的投标保函。所以开标后如果发现工程风险太大，或者自己的投标报价失误，投标人应采取措施有计划退却，尽量不使自己失去投标保函。

3. 在中标函发出后，在工程实施过程中，当出现超出承包商承担能力的风险，承包商还可以撤出工程。

二、在报价中考虑

1. 提高报价中的不可预见风险费。合同中包含风险较大，承包商可以提高报价中的不可预见风险费，为风险作资金准备，以弥补风险发生所带来的部分损失，使合同价格与风险责任相平衡。这体现合同双方责权利关系的平衡。风险附加费的数量一般根据风险发生的概率和风险一经发生承包商将要受到的损失量确定。所以风险越大，承包商的报价就应越高。

风险附加费太高对双方都不利：业主必须支付较高的合同价格；承包商的报价随着风险附加费的增加，竞争力逐渐降低，难以中标。

同样的工程和环境条件对每个投标人的风险状态不同，同时各投标人对风险有不同的认识，所以在报价中的风险附加费各不相同。这在很大程度上影响各投标人的报价的竞争力。

2. 采取一些报价策略。许多承包商采用一些报价策略，以降低、避免或转移风险。例如：

（1）开口升级报价：将工程中的一些风险大、花钱多的分项工程或工作抛开，仅在报价单中注明，由双方再度商讨决定。这样大大降低了总报价，用最低价吸引业主，取得与业主商谈的机会，而在议价谈判和合同谈判中逐渐提高报价。

（2）多方案报价：在报价单中注明，如果业主修改某些苛刻的，对承包商不利的风险大的条款，则可以降低报价。按不同的情况，分别提出多个报价供业主选择。这在合同谈判（标后谈判）中用得较多。

（3）采用不平衡报价策略。即在总价价不变的情况下，适当调整分项工程单价，达到有利的结果。如预计在实施过程中工程量会增加，则适当提高报价；对项目早期的分项工程适当提高价格，以提前回收工程价款。

（4）在报价单中，建议将一些花费大、风险大的分项工程按成本加酬金的方式结算。

报价策略的使用一定要符合招标文件的许可，或没有明确禁止。由于业主和工程师管理水平的提高，招标程序的规范化和招标规则的健全，有些策略的应用余地和作用已经很小，弄得不好会使业主觉得投标人没有响应招标文件的要求，导致投标无效或造成报价失误。

3. 在法律和招标文件允许的条件下，在投标书中使用保留条件、附加或补充说明，这样可以给合同谈判和索赔留下伏笔。

但现在在许多招标文件中，特别在合同条件中，不允许承包商提出保留条件或附加说明。例如某合同规定："甲乙双方一致认为，乙方已放弃他在投标文件中所提出的保留意见，以及他在投标会议上提出的附加条件……"。

业主利用这一条保证各投标人有统一的条件，减少了评标的困难和不一致，也减少了将来的麻烦。

三、通过谈判，完善合同条文，双方合理分担风险

合同双方都希望签认一个有利的，风险较少的合同。但在工程过程中许多风险是客观存在的，问题是由谁来承担。减少或避免风险，是承包合同谈判的重点。合同双方都希望推卸和转嫁风险，所以在合同谈判中常常几经磋商，有许多讨价还价。

通过合同谈判，完善合同条文，使合同能体现双方责权利关系的平衡和公平合理。这是在实际工作中使用最广泛，也是最有效的对策。

1. 充分考虑合同实施过程中可能发生的各种情况，在合同中予以详细具体地规定，防止意外风险。所以，合同谈判的目标，首先是对合同条文拾遗补缺，使之完整。

2. 使风险型条款合理化，力争对责权利不平衡条款，单方面约束性条款作修改或限定，防止独立承担风险。例如合同规定，承包商应按合同工期交付工程，否则必须支付相应的违约罚款。合同同时应规定，业主应及时交付图纸，交付施工场地、行驶道路，支付已完工程款等，否则工期应予以顺延。

3. 将一些风险较大的合同责任推给业主，以减少风险。当然，常常也相应地减少收益机会（如管理费和利润的收益）。例如让业主负责提供价格变动大，供应渠道难以保证的材料；由业主支付海关税，并完成材料、机械设备的入关手续等。

4. 通过合同谈判争取在合同条款中增加对承包商权益的保护性条款。

对不符合工程惯例的单方面约束性条款或条款缺陷，在谈判中可列举工程惯例，如FIDIC条件的规定，劝说业主取消或修改。

四、购买保险

工程保险是业主和承包商转移风险的一种重要手段。当出现保险范围内的风险，造成财务损失时，承包商可以向保险公司索赔，以获得一定数量的赔偿。一般在招标文件中，业主都已指定承包商投保的种类，并在工程开工后就承包商的保险作出审查和批准。通常承包工程保险有工程一切险，施工设备保险，第三方责任险，人身伤亡保险等。

承包商应充分了解这些保险所保的风险范围、保险金计算、赔偿方法、程序、赔偿额等详细情况，以作出正确的保险决策。

五、采取技术的、经济的和组织的措施

在承包合同的签订和实施过程中，采取技术的、经济的和组织的措施，以提高应变能力和对风险的抵抗能力。例如：

1. 组织最得力的投标班子，进行详细的招标文件分析，作详细的环境调查，通过周密的计划和组织，作精细的报价以降低投标风险；

2. 对技术复杂的工程，采用新的，同时又是成熟的工艺，设备和施工方法；

3. 对风险大的工程派遣最得力的项目经理、技术人员、合同管理人员等，组成精干的项目管理小组；

4. 施工企业对风险大的工程，在技术力量、机械装备、材料供应、资金供应、劳务安排等方面予以特殊对待，全力保证该合同实施；

5. 对风险大的工程，应作更周密的计划，采取有效的检查、监督和控制手段；

6. 风险大的工程应该作为施工企业的各职能部门管理工作的重点，从各个方面予以保证。

六、与其他单位合作，共同承担风险

在总承包合同投标前，承包商必须就如何完成合同范围的工程作出决定。因为任何承包商都不可能自己独立完成全部工程（即使是最大的公司），一方面没有这个能力，另一方面也不经济。他必须与其他承包商合作，就合作方式作出选择。其目的是为了充分发挥各自的技术、管理、财力的优势，以共同承担风险。

1. 分包

分包在工程中最为常见。分包常常出于如下原因：

（1）技术上需要。总承包商不可能，也不必具备总承包合同工程范围内的所有专业工程的施工能力。通过分包的形式可以弥补总承包商技术、人力、设备、资金等方面的不足。同时总承包商又可通过这种形式扩大经营范围，承接自己不能独立承担的工程。

（2）经济上的目的。对有些分项工程，如果总承包商自己完成会亏损，而将它分包出去，让报价低同时又有能力的分包商承担。这不仅可以避免损失，而且可以取得一定的经济效益。

（3）转嫁或减少风险。通过分包，可以将总包合同中与分包工程相关的部分风险转嫁给分包商。这样，大家共同承担总承包合同风险，提高工程经济效益。从前面第二章第四节分析可见分包商承担与分包工程相关的风险。

（4）业主的要求。业主指令总承包商将一些分项工程分包出去。通常有如下两种情况：

1）对于某些特殊专业或需要特殊技能的分项工程，业主仅对某专业承包商信任和放心，可要求或建议总承包商将这些工程分包给该专业承包商，即业主指定分包商。

2）在国际工程中，一些国家规定，外国总承包商承接工程后必须将一定量的工程分包给本国承包商，或工程只能由本国承包商承接，外国承包商只能分包。这是对本国企业的一种保护措施。

业主对分包商有较高的要求，也要对分包商作资格审查。没有工程师（业主代表）的同意，承包商不得随便分包工程。由于承包商向业主承担全部工程责任，分包商出现任何问题都由总包负责，所以分包商的选择要十分慎重。一般在总承包合同报价前就要确定分包商的报价，商谈分包合同的主要条件，甚至签订分包意向书。国际上许多大承包商都有一些分包商作为自己长期的合作伙伴，形成自己外围力量，以增强自己的经营实力。

（5）当然过多的分包，如专业分包过细、多级分包，会造成管理层次增加和协调的困难，业主会怀疑承包商自己的承包能力。这对合同双方来说都是极为不利的。

在这里要加强对分包商和供应商的选择和控制工作，防止由于他们的能力不足，或对本工程没有足够的重视而造成工程和供应的拖延，进而影响总承包合同的实施。

2. 联营承包

（1）联营承包的优点。

1）承包商可通过联营进行联合，以承接工程量大、技术复杂、风险大、难以独家承揽的工程，使经营范围扩大。

2）在投标中发挥联营各方技术和经济的优势，珠连璧合，使报价有竞争力。而且联营通常都以全包的形式承接工程，各联营成员具有法律上的连带责任，业主比较欢迎和放心，容易中标。

3）在国际工程中，国外的承包商如果与当地的承包商联营投标，可以获得价格上的优惠。这样更能增加报价的竞争力。

4）在合同实施中，联营各方互相支持，取长补短，进行技术和经济的总合作。这样可以减少工程风险，增强承包商的应变能力，能取得较好的工程经济效果。

5）联营仅在某一工程中进行。该工程结束，联营体解散，无其他牵挂。如果愿意，各方还可以继续寻求新的合作机会。所以它比合营、合资有更大的灵活性。合资成立一个具有法人地位的新公司通常费用较高，运行形式复杂，母公司仅承担有限责任，业主不信任。

联营承包已成为许多承包商的经营策略之一，在国内外工程中都较为常见。

（2）联营成员之间的关系是平等的，按各自完成的工程量进行工程款结算，按各自承担的工程范围或投入资金的比例分配利润。

在该合同的实施过程中，联营成员之间的沟通和工程管理组织，通常有两种形式：

1）在联营成员中产生一个牵头的承包商为负责人，具体负责联营成员之间，以及联营体与业主之间的沟通和工程中的协调。

2）各联营成员派出代表组成一个管理委员会，负责工程项目的管理工作，处理与业主及其他方面的各种合同关系。

由于联营合同风险较大，承包商应争取平等的地位。如果自身有条件，应积极地争取领导权，这样在工程中更为主动。

（3）联营承包合同在实施和争执的解决等方面与承包合同有很大的区别。联营承包合同受总承包合同关系的制约，属于它的一个从合同。这往往被人们忽略，而容易带来不必要的损失和合同争执。联营承包合同有如下特点：

1）联营承包合同的基本原则是，合同各方应有互相忠诚和互相信任的责任，在工程过程中共同承担风险，共享权益。

2）但"互相忠诚和互相信任"，往往难以具体地、准确地定义和责难。联营成员之间必须非常了解和信赖，真正能同舟共济，否则联营风险较大。

3）由于在工程中共同承担风险，则在总承包合同风险范围内的互相干扰和影响造成的损失是不能提出索赔的，所以联营成员之间索赔范围很小。这往往特别容易被人们忽略而引起合同争执。

4）联营各方在工程过程中，为了共同的利益，有责任互相帮助，进行技术和经济的总合作，可以互相提供劳务、机械、技术甚至资金，或为其他联营成员完成部分工程责任。但这些都应为有偿提供。则在联营承包合同中应明确区分各自的责任界限和利益界限，不能有"联营即为一家人"的思想。

七、在工程过程中加强索赔管理

用索赔和反索赔来弥补或减少损失，这是一个很好的，也是被广泛采用的对策。通过索赔可以提高合同价格，增加工程收益，补偿由风险造成的损失。

许多有经验的承包商在分析招标文件时就考虑其中的漏洞、矛盾和不完善的地方，考虑到可能的索赔，甚至在报价和合同谈判中为将来的索赔留下伏笔，人们把它称为"合同签订前索赔"，但这本身常常又会有很大的风险。

八、合同风险对策措施的选择

除了采取回避策略外，在合同的形成过程中，上述这些针对风险的措施的选择不仅有时间上的先后次序，而且有不同的优先级。一般风险措施选择的优先次序如下：

1. 技术、经济和组织的措施。这是在合同签订前首先考虑的对待风险的措施。特别对合同明确规定的一些风险，例如承包商承担的实施方案风险、报价的正确性、环境调查的正确性、承包商的工作人员和分包商风险等。

2. 购买保险。这是由业主指定的。它不能排除风险，但可以部分地转移由保险合同限定的风险。

3. 采用联营承包或分包措施。

4. 在报价中提高不可预见风险费。对于通过上述措施无法解决的风险可以通过报价中的不可预见费考虑。但这会影响到报价的竞争力。

5. 通过合同谈判，修改合同条件。这主要有两个问题：

（1）合同谈判是在投标后，签约前，在时间上比较滞后。

（2）谈判的结果是不确定的，可能谈不成，可能双方都要作让步。而这主动权常常在于业主。所以在投标中不能对它寄予太高的期望。

6. 通过索赔弥补风险损失。但索赔本身是有很大风险的，而且在合同执行过程中进行，所以在合同签订前不能寄希望于索赔。

第五节　合同审查表

1. 合同审查表的作用

上述分析和研究的结果可以用合同审查表进行归纳整理。用合同审查表可以系统地进行合同文本中的问题和风险分析，提出相应的对策。合同审查表的主要作用有：

（1）将合同文本"解剖"开来，使它"透明"和易于理解，使承包商和合同主谈人对合同有一个全面的了解。

这个工作非常重要，因为合同条文常常不易读懂，连惯性差，对某一问题可能会在几个文件或条款中予以定义或说明。所以首先必须将它归纳整理，进行结构分析。

（2）检查合同内容上的完整性。可发现它缺少哪些必需条款。

（3）分析评价每一合同条文执行的法律后果，将给承包商带来的问题和风险，为报价策略的制定提供资料，为合同谈判和签订提供决策依据。

（4）通过审查还可以发现：

1）合同条款之间的矛盾性，即不同条款对同一具体问题的规定或要求不一致；

2）对承包商不利，甚至有害的条款，如过于苛刻、责权利不平衡、单方面约束性条款；

3）隐含着较大风险的条款；

4）内容含糊，概念不清，或自己未能完全理解的条款。

所有这些均应向业主提出，要求解释和澄清。

对于一些重大的工程或合同关系和合同文本很复杂的工程，合同审查的结果应经律师或合同法律专家核对评价，或在他们的直接指导下进行审查。这会减少合同中的风险，减少合同谈判和签订中的失误。国外的一些管理公司在作合同审查后，还常常委托法律专家对审查结果作鉴定。

2. 要达到合同审查目的，审查表至少应具备如下功能：

(1) 完整的审查项目和审查内容。通过审查表可以直接检查合同条文的完整性。

(2) 被审查合同在对应审查项目上的具体条款和内容。

(3) 对合同内容的分析评价，即合同中有什么样的问题和风险。

(4) 针对分析出来的问题提出建议或对策。

表 5-2 为某承包商合同审查表的格式，按不同的要求，其栏目还可以增减。

合 同 审 查 表   表 5-2

审查项目编号	审查项目	合同条文	内容	问题和风险分析	建议或对策
......		......	......	......	......
J020200	工程范围	合同第 13 条	包括在工程量清单中所列出的供应和工程，以及没有列出的但为工程经济地和安全地运行必不可少的供应和工程	工程范围不清楚，甲方可以随便扩大工程范围，增加新项目	1. 限定工程范围仅为工程量清单所列 2. 增加对新的附加工程重新商定价格的条款
		......	......	......	......
S060201	海关手续	合同第 40 条	乙方负责交纳海关税，办理材料和设备的入关手续	该国海关效率太低，经常拖延海关手续，故最好由甲方负责入关手续	建议加上"在接到到货通知后×天内，甲方完成海关放行的一切手续"
		......	......	......	......
S070506	外汇比例	无	无	这一条极为重要，必须补上	在合同谈判中要求甲方补充该条款，美元比例争取达 70%，不低于 50%
S080812	维修期	合同第 54 条	自甲方初步验收之日起，维修保质期为 1 年。在这期间发现缺点和不足，则乙方应在收到甲方通知之日一周内进行维修，费用由乙方承担	这里未定义"缺点"和"不足"的责任，即由谁引起的	在"缺点和不足"前加上"由于乙方施工和材料质量原因引起的" ......

3. 合同审查表的格式

(1) 审查项目。审查项目的建立和合同结构标准化是审查的关键。在实际工程中，某一类合同，如国际工程施工合同，它的条款内容、性质和说明的对象常常有一致性。可以将这类合同的结构固定下来，作为该类合同的标准结构。合同审查可以以合同标准结构中的项目和子项目作为对象，它们即为审查项目。

(2) 编码。这是为了计算机数据处理的需要而设计的，以方便调用、对比、查询和储存。应设置统一的合同结构编码系统。

编码应能反映所审查项目的类别、项目、子项目等。对复杂的合同还可细分。

（3）合同条款号。即对应审查项目上被审查合同的对应条款号。

（4）内容。即被审查合同相应条款的内容，这是合同风险分析的对象。在表上可直接摘录（复印）原合同文本内容，即将合同文本按检查项目拆分开来。

（5）问题和风险分析。这是对该合同条款存在的问题和风险的分析。这里要具体地评价该条款执行的法律后果，将给承包商带来的风险。目前合同问题和风险分析主要依赖合同管理者的知识、经验和能力。合同管理者应注重经验的积累，合同结束后应作合同后评价，对照合同条款与合同执行的情况，分析合同实施的利弊得失。这样，合同理解水平，合同谈判和合同管理水平将会不断提高。

（6）建议或对策。针对审查分析得出的合同中存在的问题和风险，应采取相应的措施。这是合同管理者对报价和合同谈判提出的建议。

合同审查后，将合同审查结果以最简洁的形式表达出来，交承包商和合同谈判主谈人。合同主谈人在谈判中可以针对审查出来的问题和风险与对方谈判，同时在谈判中落实审查表中的建议或对策，这样可以做到有的放矢。

复习思考题

1. 承包商在投标截止期后承担什么样的法律责任？这些责任会造成承包商的什么损失？

2. 我国的许多承包商在国际工程的投标过程中十分注重图纸的分析和研究，而忽视对投标人须知、合同条件的研究。这会产生什么危害？

3. 有些承包商认为，在投标阶段发现招标文件中有错误、遗漏、含义不清的地方，是承包商的索赔机会，不必向业主澄清。你觉得这种观点对吗？

4. 阅读 FIDIC 工程施工合同，分析承包商的风险范围，并提出相应的对策措施。

5. 向保险公司了解工程中保险的种类、范围、保险费用、赔偿条件、赔偿额度以及相应保险合同的主要条款。

6. 试分析 EPC 合同承包商的风险。

7. 举例说明，承包商的一项责任，同时又隐含着他的一项权利；业主的一项权利，同时又隐含着他的一项责任。

8. 试分析工程施工项目范围是由哪些因素决定的？

第六章 合同的商谈和签订

【本章提要】 本章主要介绍从开标到签订合同期间业主和承包商的管理工作，包括：

1. 合同状态研究。双方签订合同不仅仅是对合同协议书的承诺，而且是对合同状态的承诺。这对于理解和分析工程合同有重大的理论意义。

2. 投标文件的分析方法。这是业主在签订合同前一项重要工作，是减小业主授标风险的有力措施。

3. 澄清会议和评标。

4. 发出中标函和标后谈判。

5. 合同谈判和签订过程中应注意的问题。

第一节 合同状态研究

1. 合同状态的基本概念

对于一份工程合同，承包商的工程项目的范围多大？什么样的价格合理？什么样的条款公平？如何分析和评价合同中双方的责任和风险，以及风险的大小？

这些不仅由合同的内容（文字表达），而且由合同签订和实施过程的内部和外部各方面因素决定的。工程承包合同是整体的概念，必须整体地理解和把握。这个整体不仅包括全部合同条款、全部合同文件，而且还包括合同签订和实施的内部和外部的各种因素。

从前面各章内容分析可见合同的形成过程包括：

(1) 业主提出了招标文件（包括合同协议书、合同文件、规范、图纸），确定了承包商的工程范围，业主和承包商的合同责任，以及合同实施过程中各种问题（如合同价格调整、工期管理、质量管理、违约责任等）的处理规定。这是业主的要约邀请。

(2) 承包商在环境调查的基础上，确定完成承包商合同责任的技术、组织和管理的方案。

(3) 在此基础上承包商作工程预算，提出投标报价。这是承包商的要约。如果业主对承包商的要约作出承诺，发出中标函，双方即可签订合同，确定合同价格和工期。

所以一份工程合同的签订实质上是双方对合同文件（包括双方的合同责任、工程范围和详细的工程量等）、工程环境条件、具体实施方案（包括工期、技术组织措施等）和合同价格诸方面的共同承诺。这几个方面互相联系、互相影响，又互相制约，共同构成本工程的"合同状态"，如图 6-1 所示。

合同状态是合同签订时各方面要素的总和。

2. 合同状态各因素之间的关系

合同状态各因素之间存在着极其复杂的内部联系，如果在工程中某一因素变化，打破"合同状态"，则应按合同规定调整"合同状态"，以达成新的平衡。下面以 FIDIC 合同条件为例分析合同状态诸因素的关系。

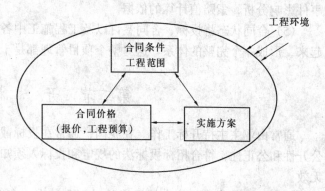

图 6-1 工程"合同状态"

(1) 合同文件的修改、变更，会造成承包商工程范围、工作内容、性质、合同责任的变化，对此常需修改实施方案，并按规定调整合同价格和延长工期。

此外合同文件不仅规定承包商的合同责任，而且还规定业主的合同责任，合同的签订就表示业主承诺全面完成他的合同责任，否则就要调整合同价格，延长合同工期。

(2) 环境变化。环境变化是工程的外部风险，这在工程中极为常见，它会引起实施方案的变化、工程项目范围的增加和价格的调整。FIDIC 合同规定，当出现一个有经验的承包商也无法预料的除现场气候条件以外的外界障碍或条件，则应延长工期，调整合同价格。

(3) 实施方案的变化。通常实施方案由承包商制定，作为投标文件的附件供业主审查。尽管它不作为合同文件的一部分，但仍是合同实施的依据。承包商对实施方案的完备性、稳定性和安全性负责。但在工程施工中如果业主要求修改已定的实施方案，例如指令承包商采用更先进的设备和工艺，缩短或延长工期，变更实施顺序；或由于业主不能完成他的合同责任，造成对实施方案的干扰；或由于环境变化导致承包商实施方案的变更，则应调整合同价格，延长工期。

由此可见，"合同状态"四个方面互相联系、互相影响，其中合同价格和工期是核心。

3. "合同状态"的作用

"合同状态"在合同管理和索赔中有重要的理论价值和实际应用价值。

(1) 给人们以整体合同的概念。在分析合同文件，作报价，进行合同谈判，合同实施控制中必须系统地看问题，考虑"合同状态"的各个要素。一个合同条款是否有风险，或风险大小如何，不仅要看它的表达，而且要看该合同的具体环境，合同价格所包括的内容，所采用的实施方案等。例如在一个经济十分稳定的国度里使用固定总价合同，其物价风险很小，而且容易预测；而同样的合同使用在经济不稳定，物价波动大的国度，风险可能非常大。所以无论承包商、工程师或业主，都必须有"合同状态"的概念。

(2) "合同状态"反映一个完整的系统的工程计划，所以又常被称为"计划状态"。这个计划包括了双方责任、工期、实施方案、费用、环境，并考虑了它们之间的有机联系，所以是全面的。它能符合并充分体现项目的整体目标。

(3) 作为合同实施的依据。双方履行合同实质上是实施"合同状态"，即在确定的环境中，按预定的实施方案，完成合同规定的义务。所以合同状态又是项目控制的依据。

(4) 确定"合同状态"的各项文件是索赔（反索赔）和争执解决的依据。承包商的索赔实质上是工程过程中由于某些因素的变化，使原定"合同状态"被打破，从而按合同规定提出调整合同价格的要求，以建立新的平衡。所以"合同状态"是索赔理由分析，干扰事件影响分析，索赔值计算的依据。

(5) 合同状态将投标、合同签订以及工程施工中各方面和项目管理各种职能工作联系起来，形成一个完整的体系。这对整个项目管理都是十分重要的。

第二节 开 标

通常由业主主持开标工作。在我国，通常在投标截止期后立即开标。开标工作要保证公开性和公正性，符合招标投标法的规定和投标人须知的要求，否则会导致整个招标工作无效。

1. 开标工作是在招标文件规定的时间和地点，在有全部投标人委派的代表、招标人和公证人员在场的情况下进行的。参加开标的各投标人代表应携个人身份证签名报到，以证明其出席。

2. 业主对投标书进行初次审查，由投标人或者其推选的代表检查各投标文件的密封情况，也可以由招标人委托的公证机构检查并公证，经确认无误后，由工作人员当众拆封，宣读投标人名称、投标价格和投标文件的其他主要内容。在投标截止期前收到的所有投标文件，开标时都应当当众予以拆封、宣读。

对投标人在投标截止期前提交了合格的撤回通知书的投标书不予开封。

在开标后，一般首先当场宣布一些不合格的标书。无效标书的条件通常在投标人须知中予以专门的规定。导致投标文件无效的情况有：

(1) 投标截止期以后送达的投标文件。

(2) 投标文件未经法定代表人或授权代理人签署，或未加盖投标人公章及法定代表人或授权代表印章。

(3) 投标文件未按规定密封、标记。

(4) 未按规定的格式填写，内容不全或字迹模糊、辨认不清。

(5) 投标人未按规定出席开标会议。

(6) 存在其他违反相关法律和招标文件规定的其他情况。

无效标书的鉴定经常会引起业主与投标人，以及投标人之间的争执。作为业主不要轻易宣布一份投标书无效，这样会导致最终投标人数达不到法律规定的最少数目。但投标人之间经常会互相攻击，甚至在业主授标后，以这个为理由否定招标的有效性。

3. 唱标。

(1) 开标时当众宣布投标人的名称、投标价格总额、补充函件和投标撤回书以及要求的投标保证金的提供方式和金额，以及业主认为适当的其他细节。

(2) 开标时，当众宣布评标、定标细则。

(3) 如果投标人在投标截止期前发出投标书修改通知，该通知书应该与投标文件的有效条件一样。该投标书在按照有效的修改通知修改后再唱标。

4. 对明显不符合招标要求的投标书的处理。

(1) 投标书没有实质性响应招标文件的要求和规定。实质性响应投标文件，即应该与招标文件的所有条款、条件和规定相符，无显著差异和保留。没实质性响应招标文件表现为：

1）投标人限制或改动招标条件，造成对工程的范围、质量及使用产生实质性影响，或者对合同中规定的业主权利及投标人的责任造成实质性限制，而且保留或纠正这种差异，将会对其他实质上响应要求的投标人的竞争地位产生不公正的影响。

2）投标人的条件和资格与投标内容不符，或提出的施工方法，履约方法与招标要求的工期目标和工程性质不符。

3）投标书存在二义性或可选择性，如可以作不同的解释，可以接受或者拒绝中标函，投标人采用多方案投标，或用选择性的语言。

4）投标书不确认投标文件附录的要求。

5）严重的不平衡报价，导致资金流不平衡。

6）参照性报价，如自己没有具体报价，仅申明比其他投标人报价低一定量，或低几个百分比。

7）投标书后开具的保函与招标文件要求不一样。

如果投标文件未实质性响应招标文件的要求，业主将予以拒绝，并且不允许投标人通过修正或撤消其不符要求的差异使之成为具有响应性的投标文件。

（2）不完整。没有按要求提供投标保证金，没有正确地签署投标书文件，投标文件没有按照招标文件的要求编制，有违反业主要求的投标策略。

对这些标书将不进入投标文件分析的程序。

第三节　投标文件分析

通常开标后，业主必须对有效的实质性响应招标文件要求的投标文件进行全面分析。这个过程又叫投标文件审查，或清标。

在市场经济条件下，对一些大型的、复杂的、专业性比较强的工程，投标文件分析工作极为重要。而目前我国许多地方工程开标后仅在两三个小时之内就完成投标文件分析、评标、定标工作。尽管也请来一些专家评标，有一套评标办法、打分的标准、计算的公式，但它缺少严格的投标文件的分析过程，或者这个过程太短。人们（业主、工程师、评标专家）都不可能在这么短的时间内对4~5份甚至更多的投标文件进行全面的分析，找出其中的问题。所以评价打分是盲目的，澄清会议上提出的问题也是肤浅的。这种定标有很大的盲目性。

一、投标文件中可能存在的问题

由于做标期较短，投标人对环境不熟悉；由于竞争激烈，投标人不可能花许多时间、费用和精力做标；由于不同投标人有不同的投标策略等等，使得每一份投标书中会有这样或那样的问题。例如：

1. 报价错误。包括运算错误、打印错误等。

2. 实施方案不科学、不安全、不完备，不能保证质量、安全和工期目标的实现。

3. 投标人未按招标文件的要求做标，缺少一些业主所要求的内容。

4. 投标人对业主的招标文件理解错误。

5. 投标人不适当地使用了一些报价策略，例如有附加说明，严重的不平衡报价等。

这些问题如果不进行分析或处理，会导致业主盲目授标，导致签订的合同背离前述成功的招标投标的要求。

二、投标文件分析的重要性

业主在开标后不能立即确定中标人，囫囵吞枣地接受某一报价，即使它是最低报价。通常在招标过程中，在发出中标函之前，业主是有主动权的。他有选择的余地，这时如果他要求投标人修改实施方案，修改报价中的错误，缩短工期等，一般投标人会积极相应，因为这时他须与其他投标人竞争。而一经中标函发出，则业主摒弃了其他投标人，确定了承包商，那么业主的选择余地就没有了。如果这时再发现该投标文件中有什么问题，业主就极为被动。所以业主在未弄清投标文件的各个细节问题之前，不能贸然授标。

投标文件分析是业主委托的项目经理在招标阶段的一项十分重要而且复杂的工作。作为业主，应在这项工作上舍得投入时间、精力和金钱，因为它是避免合同实施过程中合同争执的非常有效的措施。

1. 投标文件分析是正确授标的前提。

投标文件中投标书及附件、合同条件、报价的工程量表等都属于有法律约束力的合同文件。施工组织和计划虽然不属于合同文件，但它却代表着投标人为完成工程所采用的施工方案、人员组织。这些文件描述投标人完成合同责任的方法，代表着投标人的管理水平。从某种意义上讲，选择了一个投标人，则选择了整个工程的实施方案，就决定了这个工程所采用的技术水平。

只有全面正确地分析了投标文件，才能正确地评标、决标，各个投标人之间才有一个比较统一的公平合理的尺度。

2. 投标文件分析是澄清会议和标后谈判的依据。在授予合同前与多个投标人谈判是必要的和有利的，可以澄清投标人意图，弄清投标文件中的问题，并详细了解投标人的能力、管理水平和工作思路。

澄清会议是投标人的项目经理的一次答辩会，是双方的一次重要接触。所以全面分析投标文件能使澄清会议更有的放矢，更有效果。

3. 减少合同执行中的争执，使双方更加互相了解，使合同实施更为顺利。投标文件是投标人的要约文件。从投标文件分析中可以看出投标人对招标文件和业主意图理解的正确程度。如果投标文件出现大的偏差，如报价太低、施工方案不安全合理、工程范围与合同要求不一致，则必然会导致合同实施中的矛盾、失误、争执。由于做标期比较短，在投标文件中的问题和错误总是有的。

国内外工程实践证明，不作投标文件分析，仅按总报价授标是十分盲目的行为，必然导致工程中的合同争执，甚至导致项目的失败。

4. 防止对业主不利的投标策略，特别是报价策略。例如过度的不平衡报价、开口升级报价、多方案报价等。这些投标策略常常是投标人在工程过程中通过索赔增加工程收益的伏笔。有时承包商在投标文件中使用保留条件，如果对这些保留条件不作分析处理，必然会导致工程过程中的争执，会损害业主利益。

三、投标文件分析的内容和方法

1. 投标文件总体审查

（1）投标书的有效性分析。如印章、授权委托书是否符合要求。

（2）投标文件的完整性。即投标文件中是否包括招标文件规定应提交的全部文件，特别是授权委托书、投标保函和各种业主要求提交的文件。

（3）投标文件与招标文件一致性的审查。一般招标文件都要求投标人完全按招标文件的要求投标报价，完全响应招标要求。这里必须分析是否完全报价，有无修改或附带条件。

总体评审确定了投标文件是否合格。如果合格，即可进入报价和技术性评审阶段；如果不合格，则作为废标处理，不作进一步审查。进一步的评审一般按工程规模选择 3～5 家总体审查合格，报价低而合理的标进行详细审查分析，一般对报价明显过高，没有竞争力的投标书不作进一步的详细评审。

2. 报价分析

报价分析是通过对各家报价进行数据处理，作对比分析，找出其中的问题，对各家报价作出评价，为澄清会议、评标、定标、标后谈判提供依据。报价分析必须是细致的、全面的，不能仅分析总价，即使签订的是总价合同。对单价合同，因为单价优先，总报价常常不反映真实的价格水平，所以这个问题更为重要。

报价分析一般分三步进行：

（1）对各报价本身的正确性、完整性、合理性进行分析。通过分别对各报价进行详细复核、审查，找出存在的问题，例如：

1）明显的数字运算错误，单价、数量与合价之间不一致，合同总价累计出现错误等。对这种情况，一般在投标人须知中已经赋予业主修正的权力，业主可以按修正后的价格作为投标人的报价，作为评标的依据，并进行重新排序。

2）对有些分项，投标人没有报价，仅用附加说明。这在投标人须知中应明确规定，投标人的附加说明无效，对此可有两种处理：

①以"0"作为单价计算，即承包商完成该项工程，业主不付款，被认为已包含在其他分项价格中。

②宣布投标人投标无效，不予承认。

在此基础上分析这些问题对总报价的影响，以及如果消除错误，合理的报价应为多少。对这些错误应按照投标人须知修改，并在投标书被接受前双方达成一致。

（2）对各报价进行对比分析。这项分析是整个报价分析的重点。如果标底作得比较详细，可以把它也纳入各投标人的报价中一起分析。

1）通过各个报价之间的对比分析，可以确定本工程以及各个分项的基本的市场价格水平，它不仅可用于衡量某个报价（如最低报价）的合理性，而且对工程过程中决定工程量增加的价格，决定平均劳动生产效率（在处理一些索赔中人们常常要考虑到市场价格水准和平均劳动效率）有很大的作用。

2）可以确定各个报价之间的相对水平，分析各个总报价以及各分项报价的不平衡性，以找出其中的问题，特别是投标人的投标策略。

由于各个投标人对招标文件的理解状况、报价意图和策略不一，管理水平、技术装备、劳动效率各有差异，如果他们在投标做报价时没有相互联系、串通（当然这是违法的），则他们各自的报价必然是不平衡的。例如总报价最低的标，其中有些分项报价可能偏高，甚至最高或明显不合理。

按招标工程范围和规模不同，报价之间的对比分析可以分为如下几个层次：

①总报价对比分析；

②各单位工程报价对比分析；

③各分部工程报价对比分析；

④各分项工程报价对比分析；

⑤各专项费用（如间接费率）对比分析等。

报价对比分析通常用对比分析表进行。表6-1是某项目墙体分部工程的报价分析对比表。表中投标人1到投标人5是按总报价由低到高排列。

某项目墙体工程的报价分析对比表　　　　　　　　　表6-1

投标单位	数量	报价（元）	相对比	次序	与算术平均值比较
投标人1		351 595.39	114.24%	3	102.15%
投标人2		307 757.15	100.00%	1	89.42%
投标人3		369 274.23	119.99%	5	107.29%
投标人4		328 945.29	106.88%	2	95.57%
投标人5		363 348.12	118.06%	4	105.57%

该项报价算术平均值 = 344 184.03（元）

最理想报价 = 286 184.15（元）

算术平均值为各报价的平均数；最理想报价为墙体工程中所属各分项工程的最低报价之和，它是取各家长处的最佳报价。

通常，某项报价高于算术平均值，则认为它偏高或过高。例如表6-1中，投标人1总报价最低，所以排在第一位。但他的墙体工程报价高于算术平均值，处于第三位，属于偏高一类。则在议价谈判中应提出让投标人1对此项作出解释，甚至可与他商讨以降低这一项报价。通过对墙体工程中各分项工程的对比分析，还可以进一步分析具体的原因。

如果某一项报价是最低报价，它远低于其他承包商的报价，例如与其他报价相对比都在130%以上，则认为该最低报价偏低或过低，则应进一步分析其中的原因，了解该投标人的报价意图或施工方案的独到之处。如果总报价过低，则要分析投标人的报价有无依据，报价中可能有重大的错误，或有可能导致重大危险的报价策略。

报价分析应特别注意工程量大、价格高、对总报价影响大的分项。

(3) 写出报价分析报告。将上述报价分析的结果进行整理、汇总，对各家报价作评价，并对议价谈判、合同谈判和签订提出意见和建议。

通过报价分析，将各家报价解剖开来分析对比，使决标者一目了然，能够有效地防止决标失误。通过议价谈判，可以使各家报价更低、更合理。

3. 技术性评审

(1) 这主要是对施工组织与计划的审查分析。

在开标后、定标前，业主审查施工方案，发现其中有问题可要求投标人作出说明或提供更详细的资料，也可以建议投标人修改。当然投标人可以不修改（不过业主可以考虑不授标），也可以在修改方案的同时要求修改报价（因为原投标价格是针对原方案的）。不过在通常情况下，投标人会积极修改，而不提高报价，因为投标人要争取中标，还必须与几个投标人竞争，在中标前常常必须迎合业主的意愿。

中标后或在合同执行中，如果业主再要求承包商修改方案，则作为变更指令，一般要赔偿承包商的损失。

(2) 技术评审主要分析：

1) 投标人对该工程的性质、工程范围、难度、自己工程责任的理解的正确性。评价施工方案、作业计划、施工进度计划的科学性和可行性，能保证合同目标的实现。

2) 工程按期完成的可能性。评标时，工期分值是按投标人报的总工期计算的，通常只要报得短就可以获得奖励分。但工期是由施工方案、施工组织措施保证的。许多投标书中施工方案明显不能保证工期，例如进度计划中没有考虑冬雨期气候的影响，没有考虑到农忙时农民工回乡务农的时间。所以这个工期常常是不能保证的，但工期奖励分仍可以拿到。因为施工方案、施工组织是专家评审的，而工期分是由工作人员按公式计算的。

3) 施工的安全、劳动保护、质量保证措施、现场布置的科学性。

4) 投标人用于该工程的人力、设备、材料计划的准确性，各供应方案的可行性。

5) 项目班子评价。主要为项目经理、主要工程技术人员的工作经历、经验。

4. 其他问题分析

(1) 潜在的合同索赔的可能性。

(2) 对投标人拟雇用的分包商的评价。

(3) 投标人提出对业主的优惠条件，如赠与、新的合作建议。

(4) 对业主提出的一些建议的响应。

(5) 投标文件的总体印象，如条理性、正确性、完备性等。

第四节 澄 清 会 议

一、澄清会议的目的

澄清会议是承包商与业主的又一次重要的接触。业主和承包商都应重视这项工作。通过澄清会议，主要解决：

1. 对投标文件分析发现的问题、矛盾、错误、不清楚的地方，含义不明确的内容，业主（工程师）一般要求投标人在澄清会议上作出答复、解释，或者说明，也包括要求投标人对不合理的实施方案、组织措施或工期作出修改。

但是澄清或者说明不得超出投标文件的范围或者改变投标文件的实质性内容。

作为业主，在澄清会议前，应进行全面的投标文件分析，对其中的问题在澄清会议上请投标人解答。通过澄清会议，业主还会进一步直接地了解投标人的项目经理的能力。这时业主手中还抓住几个投标人，还有选择的余地。一经发出中标函，则确定了承包商，即表示接受了承包商的报价条件。如果再发现问题，则业主就十分被动。案例1清楚地说明了这个问题的重要性。

2. 投标人对投标文件的解释和说明的过程。投标人说服业主，吸引业主，显示自己的能力，使业主进一步了解承包商的实施方案和报价。通过澄清会议，向业主澄清投标书中的问题，向业主解释投标人的实施方案和报价的依据，使业主对自己的能力放心。

3. 对施工项目经理的面试。为了证实投标人在投标文件中承诺拟在本工程中投入的主要人员具备相应的技术和管理水平，业主一般在定标前的适当时候组织投标人拟投入工程的主要人员进行答辩。投标人参加答辩的人员可能包括投标书中列出拟在本项目中投入的项目经理、项目总工程师等。

这个问题对业主来说是十分重要的。承包商的项目经理是项目实施工作的直接承担者。他的能力、知识和素质对工程的成功有决定性影响。

对项目经理的面试应注重他对本工程的了解程度、对工程环境和方案的熟悉程度，对项目过程中可能的风险事件的处理措施，而不要拘泥于一般的书本知识。

4. 双方对合同条件、报价、方案的进一步磋商。

澄清会议是投标人之间又一次更为激烈的竞争过程，特别对投标报价进入前几名的投标人。入围的几家投标人进行更为激烈的竞争，任何人都不可以掉以轻心。由于这时还与几个竞争对手竞争，所以投标人应积极地将自己的实力、能力向业主展示，全面解答业主提出的各个问题，让业主了解自己的投标方案和依据，甚至在有必要的情况下，可以向业主提出更为优惠的条件，以吸引业主。所以澄清会议决不仅仅是对投标书中问题的解答。

（1）一般在法律和招标文件中都规定，在发出中标函之前，招标人不得与投标人就投标价格、投标方案等实质性内容进行谈判。不允许调整合同价格，投标人提出的进一步的优惠条件、建议、措施也不作为评标依据，否则会影响公正和公平原则。

（2）但在不违反招标投标法和不影响招标条件的前提下，投标人常常都可以提出优惠的条件吸引业主，提高自己报价的竞争力。这对于入围进入前几名的投标人尤为重要。如向业主提出一些合同外承诺，包括向业主赠与设备、帮助业主培训技术人员、扩大服务范围等，应在合同签订前以备忘录或附加协议的形式确定下来。它们同样有法律约束力。

二、澄清会议的形式

1. 为了有助于投标文件的审查、评价和比较，业主可以个别地要求投标人澄清其投标文件。澄清会议一般不以公开的形式进行。

2. 对涉及投标文件修改，报价的修改或其他重要问题的澄清要求与答复，应以书面函件的形式进行，并由双方签字确认。

3. 按照法律和招标投标规则，在开标后，合同签订前双方不应寻求、提出或允许更改投标价格或投标的实质性内容。投标人提出的一些优惠条件尽管会影响业主的决标意向，但不能作为评标条件。但按照投标人须知规定，对业主评标时发现的算术错误的改正，不在此列。

4. 双方还可以用书面形式进行询问和解答。

三、一些问题的处理

1. 报价错误的修正。对投标人报价中发现的数字运算错误，不同的合同有不同的处理方式。

（1）对单价合同，如果有计算上或累计上的算术错误，修正错误的原则如下：

1）如果用数字表示的数额与用文字表示的数额不一致时，以文字数额为准。

2）当单价与工程量的乘积与合价之间不一致时，通常以标出的单价为准。如果业主认为单价有明显的小数点错位，可以以标出的合价为准，并修正单价。

业主将按上述修改错误的方法，修正投标报价。在投标人同意后，修正后的报价对投标人起约束作用。如果投标人不接受修正后的报价，则其投标将被拒绝并且其投标保证金也将被没收。

这种修改可能会导致投标人按照总报价排序的变更，可能会引起其他投标人的强烈的反驳。特别是当修正错误后，使该报价低于原来的最低标，则招标人和该投标人必须提供清楚的证明材料，证明错误的存在和正确报价。

（2）对固定总价合同，在清标阶段发现投标人报价有计算错误的处理有如下方法：

1）错误不予调整。就以总价签订合同，最终支付。典型的是前面案例说明的情况。

2）允许调整。即对投标中出现的错误，允许投标人调整，甚至撤回投标书。不能因为投标人的错误使业主获得额外的收益。这类错误指：

A. 重大偏差。如此类错误是严重的，涉及重要事项，涉及对招标文件理解的重大错误。

B. 不修改此类错误会导致合同显失公平和不合理。

C. 撤回不会严重伤害业主或给业主造成损失。

D. 此类错误非常可能发生（如做标期很短）。

但允许这样修改会降低投标人对报价的责任，使投标报价的评审和授标失去统一的尺度，而且会鼓励投标人采用一些报价策略，所以现在在工程中都不用这种方法。

3）折中方法。即通常投标人对报价的正确性负责，但如果投标报价的费率或价格出现"明显意外的错误"，则可以使用合理的费率和价格。

4）通常投标人对招标文件理解的错误造成报价失误不能免责。

2. 对投标文件中可接受的变化或偏离进行适当调整。

在投标人须知中，业主通常保留接受或拒绝任何变化、偏离或选择性报价的权力。在评标时不考虑投标人在标书中提出使业主得到招标文件没有要求的利益。

如果在投标书中存在着与招标文件要求不同的变化、偏离、选择性报价或其他缺陷，这些缺陷与工程范围和承包合同价格相比微小，可以忽略，且这种改变不影响其他投标人的竞争优势，对各方面还是公正的，则应允许修正。但严格的掌握也可以作为无效投标处理。

3. 对投标人在投标文件中提出的实施方案的优惠措施的处理。

为了使招标人的利益最大化，通常允许投标人在投标文件中提出优化实施方案的建议，由此造成的差异常常是允许的。在评标中可以按照投标人须知中的规定，赋予一定的权重分值。

4. 投标人在开标后发现自己的投标与其他方面差距太大，过于低于其他标书。则应分析自己投标中的错误，应积极采取对策，设法修改标价，或撤回投标，并设法使自己免责。

第五节 评标和定标

一、基本要求

在投标文件分析和澄清会议后就可以进行评标程序。

1. 评标由招标人依法组建的评标委员会负责。招标人应当采取必要的措施，保证评标在严格保密的情况下进行。评标委员会完成评标后，应当向招标人提出书面评标报告，并推荐合格的中标候选人。

2. 如果评标委员会经评审，认为所有投标文件都不符合招标文件的要求，可以否决所有投标文件。按照招标投标法规定，招标人应当重新招标。

在中标函发出前任何时候，业主有权接受和拒绝任何投标文件，或拒绝所有投标文件，或宣布投标无效，并对由此引起的对投标人的影响不承担任何责任，也无须将这样做的理由通知受影响的投标人。

3. 评标委员会成员应当客观、公正地履行职务，遵守职业道德，不得私下接触投标人，不得收受投标人的财物或者其他好处。

4. 开标后，直到宣布授予中标人合同为止的工作过程不需要公开。通常投标文件分析、评标和定标过程中的审查、澄清、评价和比较，授予合同有关的信息是保密的。

招标代理机构和评标委员会必须履行对与招标投标活动有关的情况和资料的保密责任。

二、评标的标准

本着公开、公平、公正和诚实信用的原则，在招标文件中应该明确公布评标的标准和评标方法。通常评标因素主要包括：

1. 投标报价；

2. 施工组织设计方案与技术措施；

3. 质量、安全及文明施工等保证措施；

4. 技术方案优化与合理化建议；

5. 投标人在本项目上的项目组织、项目经理、人员及设备及技术力量的投入；

6. 公司信誉及相关工程业绩；

7. 投标人答辩；

8. 其他竞争措施及优惠条件。

三、定标

招标人评标，通常授予上述各个指标一定的分值，综合打分选择中标人。业主应把合同授予其投标文件在实质上响应招标文件要求和按预定的评标指标评为最适宜（如分数最高）的投标人。业主不保证最低报价中标。

有时由评标委员会推荐的中标候选人1~3人，并标明排列顺序，由业主作出最终决策。

第六节 签 订 合 同

一、发出中标函

业主在最终确定一中标人后，向他发出中标函。

1. 在投标有效期截止前，业主向中标人发出中标函。中标函采用招标文件所附的格式。按照合同法的规定，中标函作为承诺书，必须对要约无条件接受。因此业主在中标函中必须用肯定性的语言，而且不能再提出任何商榷。如果有条件，则为新的要约。最终双方必须对新的要约达成一致，合同才能成立。

2. 中标函有时不能形成一份合同。如：

（1）双方对合同的重大问题尚未实质性达成一致时，没有完全、无条件承诺（见案例1）。

（2）在国际工程中，有时招标文件申明，在中标函发出后，需要第三方（如上级政府）批准或认可，才能正式签订合同。对此，通常业主先给已选定的承包商一意向书。这一意向书不属于确认文件，它不产生合同，对业主一般没有约束力，实际用途较小。

在接到意向书后，承包商需要进行施工的前期准备工作（一般为了节省工期），如调遣队伍，订购材料和设备，甚至作现场准备等。而如果由于其他原因合同最终没有签订，承包商很难获得业主的费用补偿。

【案例7】 在某国际工程中，经过澄清会议，业主选定一个承包商，并向他发出一函件，表示"有意向"接受该承包商的报价，并"建议"承包商"考虑"材料的订货；如果承包商"希望"，则可以进入施工现场进行前期工作。而结果由于业主放弃了该开发计划，工程被取消，工程承包合同无法签订，业主又指令承包商恢复现场状况。而承包商为施工准备已投入了许多费用。承包商就现场临时设施的搭设和拆除，材料订货及取消订货损失向业主提出索赔。但最终业主以前述的信件作为一"意向书"，而不是一个肯定的"承诺"（合同）为由反驳了承包商的索赔要求（见参考文献11）。

（3）有时业主要求承包商在收到意向书后，或中标函发出前或正式有效合同签订前进行一些前期准备工作，且业主已经提供场地，承包商已经实际进场，虽然没有发出中标函或签订正式合同，但合同已实际成立和履行。如果最终没有能签订正式合同，则承包商对所履行的工作有权获得合理数额的支付。

由于正式合同没有成立，所以不能按照合同索赔，只能对意向书中涉及的材料定购、分包合同、现场准备方面的合理费用的索赔。

对此比较好的处理办法是，由业主下达指令明确表示对这些工作付款，或双方签订一项单独施工准备合同。如果本工程承包合同不能签订，则业主对承包商作费用补偿；如果工程承包合同签订，则该施工准备合同无效（已包括在主合同中）。

二、标后谈判

在发出中标函后，双方应签订合同协议书。一般投标人须知明确规定，中标人在收到中标通知书后一定时间内派出全权代表与业主签署合同协议书。招标人与中标人必须按照招标文件和中标人的投标文件订立合同的，不得订立背离合同实质性内容的协议。

1.一般在招标文件中业主都申明不允许进行标后谈判。这是业主为了不给中标人留下活口，掌握主动权。但从战略角度出发，业主还是欢迎进行标后谈判的，因为可以利用这个机会获得更合理的报价和更优惠的服务，对双方和整个工程都有利。这已为许多工程实践所证明。

中标函对招标人和中标人具有法律效力。中标函发出后，招标人改变中标结果的，或者中标人放弃中标项目的，应当依法承担法律责任。

2.标后谈判的必要性。由于工程招标投标过程的矛盾性，到中标函发出为止，双方的要约和承诺是不完备的和有缺陷的。

（1）由于做标期短，招标文件可能存在错误，如缺陷、遗漏、不适当的要求。但业主在招标文件中不容许投标人对招标文件的要求作任何修改，必须完全响应。同样投标文件也存在各式各样的错误，投标人可能对招标文件理解错误、环境调查错误、方案错误（或还有更好的方案）、报价错误等。

开标后，澄清会议的刚性很大，不允许对投标文件和合同条件有实质性的修改。导致评标和决标常常是不科学和不完善的。碍于法律的规定和其他投标人的监督，双方对合同条件和投标书都不能作修改。

（2）发出中标函，双方的合同关系已经成立，但合同协议书尚没有签署。双方可以进行新的要约和承诺。而且这种要约和承诺会更加科学和理性，双方更容易接受。

通过标后谈判可以使合同状态更具合理性和科学性。这对双方都有利，双方可以进一步讨价还价：业主可望得到更优惠的服务和价格，一个更完美的工程；承包商可望得到一个合理的价格，或改善合同条件。通常议价谈判和修改合同条件是合同谈判的主要内容。因为，一方面，价格是合同的主要条款之一；另一方面，价格的调整常常伴随着合同条款的修改；反之，合同条款的修改也常常伴随着价格的调整。

标后谈判应在投标人合同审查和业主投标文件分析的基础上进行。它是对合同状态进一步优化和平衡的过程。

3．在这过程中，承包商应利用机会进行认真的合同谈判。尽管按照招标文件要求，承包商在投标书中已明确表示对招标文件中的投标条件、合同条件的完全认可，并接受它的约束，合同价格和合同条件不作调整和修改。

对招标文件分析中发现的合同问题和风险，如不利的、单方面约束性的、风险型的条款，可以在这个阶段争取修改。承包商可以通过向业主提出更为优惠的条件，以换取对合同条件的修改。如进一步降低报价，缩短工期，延长保修期，提出更好更先进的实施方案、技术措施，提供新的服务项目，扩大服务范围等。

由于这时已经确定承包商中标，其他的投标人已被排斥在外，所以承包商应积极主动，争取对自己有利的妥协方案。对标后谈判，事先要做好策划和准备，必须注意如下问题：

（1）确定自己的目标。对准备谈什么，达到什么，要有准备；合同谈判策略的制定等。

（2）研究对方的目标和兴趣所在。在此基础上准备让步方案、平衡方案。由于标后谈判是双方对合同条件的进一步完善，双方必须都作让步，才能被双方接受，所以要考虑到多方案的妥协，争取主动。

承包商应积极争取对合同条件中不符合惯例、单方面约束性的、不完备的条款进行修改，争取一个公平合理的合同条件。这主要就合同文件审查中发现的问题进行商谈。要学会使用工程惯例说服对方，因为通常惯例是公平的，有说服力。

（3）应与业主商讨，争取一个合理的施工准备期。这对整个工程施工有很大好处。一般业主希望或要求承包商"毫不拖延"地开工。承包商如果无条件答应，则会很被动，因为人员、设备、材料进场，临时设施的搭设需要一定的时间。在国际工程中这个时间会更长。如果没有合理的准备期，则会有如下影响：

1）容易产生工期的争执或被业主施行工期拖延的处罚；

2）没有合理的准备期，或这期限太短，会造成整个工程仓促施工，计划混乱，长期达不到高效率的施工状态。所以在我国的许多承包工程中经常出现前期混乱，产生拖期，后期赶工的现象，造成大量的低效率损失。

（4）以真诚合作的态度进行谈判。由于合同已经成立，准备工作必须紧锣密鼓地进行。千万不能让对方认为承包商在找借口不开工，或中标了，又要提高价格。即使对方不让步，也不要争执（注意，这构不成争执，任何一方对对方任何新方案、新要约的拒绝都是合理的，有理由的）。否则会造成一个很不好的气氛，紧张的开端，影响整个工程的实施。

按照合同原则，标后谈判不能产生对合同的任何否定。承包商不能借标后谈判推卸合同责任，向业主施压，推迟履行合同责任（如现场不开工），否则属于严重的违约行为。

在整个标后谈判中应防止自己违约，防止业主找到理由扣留承包商的投标保函。

4. 因为招标文件中一般都规定不允许进行标后谈判，所以它仅是双方在合同签订前的一次善后努力。标后谈判的最终主动权在业主。如果经标后谈判，双方仍达不成一致，则还按原投标书和中标函内容签订合同。

三、合同协议书的签署

1. 中标人在收到中标通知书后一定时间内派出全权代表与业主签署合同协议书。在我国，通常在签约时中标人应按合同规定向业主提交履约保证金。

在合同双方全权代表在合同协议书上签字，分别加盖双方单位的公章，并且业主已收到中标人按规定提交履约保证金后，合同正式生效。

2. 如果中标人不遵守上述规定，不与招标人订立合同，业主将废除向其授标，并没收其投标保证金。

3. 由于合同文件中，投标书、中标函、合同协议书在投标和标后谈判过程中会有修改。在中标函后还会有许多新的要约，为了防止歧义，签订协议书时通常要准备全部最终正式合同文件。

4. 业主在合同签订后，将未中标的结果通知其他投标人，退回投标保函。对未中标的投标人，业主有权不作任何解释。

为了保证招标的有效性，防止中标人在收到中标函后不来签订合同，或者提出新的苛刻的要求，如以报价失误为借口要求对合同条件和价格作修改，业主在合同签订前不对未中标的投标人发不中标函。如果中标人不来签订合同，业主还可以与其他投标人继续商谈合同。这样对中标人也形成一个压力，业主保持主动权。

第七节　合同签订前应注意的问题

1. 符合承包商的基本目标

承包商的基本目标是取得工程利润，所以"合于利而动，不合于利而止"（孙子兵法，火攻篇）。这个"利"可能是该工程的盈利，也可能为承包商的长远利益。合同谈判和签订应服从企业的整体经营战略。"不合于利"，即使丧失工程承包资格，失去合同，也不能接受责权利不平衡，明显导致亏损的合同，这应作为基本方针。

承包商在签订承包合同中常常会犯这样的错误：

（1）由于长期承接不到工程而急于求战，急于使工程成交，而盲目签订合同。

（2）初到一个地方，急于打开局面，承接工程，而草率签订合同。

（3）由于竞争激烈，怕丧失承包资格而接受条件苛刻的合同。

（4）由于许多企业盲目追求高的合同额，以承接到工程为目标，而忽视对工程利润的考察，所以希望并要求多承接工程，而忽视承接到工程的后果。

上述这些情况很少有不失败的。

"利益原则"不仅是合同谈判和签订的基本原则，而且是整个合同管理和索赔管理的基本原则。

2. 积极地争取自己的正当权益

合同法和其他经济法规赋予合同双方以平等的法律地位和权力。但在实际经济活动中，这个地位和权力还要靠承包商自己争取。而且在合同中，这个"平等"常常难以具体地衡量。如果合同一方自己放弃这个权力，盲目地、草率地签订合同，致使自己处于不利地位，受到损失，常常法律对他难以提供帮助和保护。所以在合同签订过程中放弃自己的正当权益，草率地签订合同是"自杀"行为。

承包商在合同谈判中应积极地争取自己的正当权益，争取主动。如有可能，应争取合同文本的拟稿权。对业主提出的合同文本，应进行全面的分析研究。在合同谈判中，双方应对每个条款作具体的商讨，争取修改对自己不利的苛刻条款，增加承包商权益的保护条款。对重大问题不能客气和让步，针锋相对。承包商切不可在观念上把自己放在被动地位上，有处处"依附于人"的感觉。

当然，谈判策略和技巧是极为重要的。通常，在决标前，即承包商尚要与几个对手竞争时，必须慎重，处于守势，尽量少提出对合同文本作大的修改，否则容易引起业主的反感，损害自己的竞争地位。在中标后，即业主已选定承包商作为中标人，应积极争取修改风险型条款和过于苛刻的条款，对原则问题不能退让和客气。

3. 重视合同的法律性质

分析国际和国内承包工程的许多案例可以看出，许多承包合同失误是由于承包商不了解或忽视合同的法律性质，没有合同意识造成的。

合同一经签订，即成为合同双方的最高法律，它不是道德规范。合同中的每一条都与双方利害相关，影响到双方的成本、费用和收入。所以，人们常说，"合同字字千金"。在合同谈判和签订中，既不能用道德观念和标准要求和指望对方，也不能用它们来束缚自己。这里要注意如下几点：

(1) 一切问题，必须"先小人，后君子"，"丑话说在前"。对各种可能发生的情况和各个细节问题都要考虑到，并作明确的规定，不能有侥幸心理。在合同签订时要多想合同中存在的不利因素、风险及对策措施，不能仅考虑有利因素，不能把事态、把人都往好处想。

尽管从取得招标文件到投标截止时间很短，承包商也应将招标文件内容，包括投标人须知、合同条件、图纸、规范等弄清楚，并详细地了解合同签订前的环境，切不可期望到合同签订后再做这些工作。这方面的失误承包商自己负责，对此也不能有侥幸心理，不能为将来合同实施留下麻烦和"后遗症"。

(2) 一切都应明确、具体、详细地规定。对方已"原则上同意"，"双方有这个意向"常常是不算数的。在合同文件中一般只有确定性、肯定性语言才有法律约束力，而商讨性、意向性用语很难具有约束力。

(3) 在合同的签订和实施过程中，不要轻易相信任何口头承诺和保证，少说多写。双方商讨的结果，作出的决定，或对方的承诺，只有写入合同，或双方文字签署才算确定；相信"一字千金"，不相信"一诺千金"。

（4）对在标前会议上和合同签订前的澄清会议上的说明、允诺、解释和一些合同外要求，都应以书面的形式确认。如签署附加协议、会谈纪要、备忘录，或直接写入合同中。这些书面文件也作为合同的一部分，具有法律效力，常常可以作为索赔的理由。

4. 在合同的签订和执行中既要讲究诚实信用，又要在合作中有所戒备，防止被欺诈。在工程中，许多欺诈行为属于对手钻空子、设圈套，而自己疏忽大意，盲目相信对方或对方提供的信息（口头的，小道的或作为"参考"的消息）造成的。这些都无法责难对方。

【案例8】　我国某承包公司作为分包商与奥地利某总承包公司签订了一房建项目的分包合同。该合同在伊拉克实施，它的产生完全是奥方总包精心策划，蓄意欺骗的结果。如在谈判中编制谎言说，每平方米单价只要114美元即可完成合同规定的工程量，而实际上按当地市场情况工程花费不低于每平方米500美元；有时奥方对经双方共同商讨确定的条款利用打字机会将对自己有利的内容塞进去；在准备签字的合同中擅自增加工程量等。

该工程的分包合同价为553万美元，工期24个月。而在工程进行到11个月时，中方已投入654万美元，但仅完成工程量的25%。预计如果全部履行分包合同，还要再投入1 000万美元以上。结果中方不得不抛弃全部投入资金，彻底废除分包合同（见参考文献17）。

在这个合同中双方责权利关系严重不平衡，合同签订中确实有欺诈行为，对方做了手脚。但作为分包商没有到现场做实地调查，而仅向总包口头"咨询"，听信了"谎言"，认了人家的"手脚"，签了字，合同就有效，必须执行，而且无法对发包商责难。

5. 重视合同的审查和风险分析

不计后果地签订合同是危险的，也很少有不失败的。在合同签订前，承包商应委派有丰富合同工作经验和经历的专家认真地、全面地进行合同审查和风险分析，弄清楚自己的权益和责任，完不成合同责任的法律后果。对每一条款的利弊得失都应清楚了解。

合同风险分析和对策一定要在报价和合同谈判前进行，以作为投标报价和合同谈判的依据。在合同谈判中，双方应对各合同条款和分析出来的风险进行认真商讨。

在谈判结束，合同签约前，还必须对合同作再一次的全面分析和审查。其重点为：

（1）前面合同审查所发现的问题是否都有了落实，得到解决，或都已处理过；不利的、苛刻的、风险型条款，是否都已作了修改。通常通过合同谈判修改合同条款是十分困难的，在许多问题上业主常常不作让步，但承包商对此必须作出努力。

（2）新确定的，经过修改或补充的合同条文还可能带来新的问题和风险，与原来合同条款之间可能有矛盾或不一致，仍可能存在漏洞和不确定性。在合同谈判中，投标书及合同条件的任何修改，签署任何新的附加协议、补充协议，都必须经过合同审查，并备案。

（3）对仍然存在的问题和风险，是否都已分析出来，承包商是否都十分明了或已认可，已有精神准备或有相应的对策。

（4）合同双方是否对合同条款的理解有一致性。业主是否认可承包商对合同的分析和解释。对合同中仍存在着的不清楚、未理解的条款，应请业主作书面说明和解释。

最终将合同检查的结果以简洁的形式（如表和图）和精练的语言表达出来，交承包商，由他对合同的签约作最后决策。

在合同谈判中，合同主谈人是关键。他的合同管理和合同谈判知识、能力和经验对合同的签订至关重要。但他的谈判必须依赖于合同管理人员和其他职能人员的支持。对复杂的合同，只有充分地审查，分析风险，合同谈判才能有的放矢，才能在合同谈判中争取主动。

6. 加强沟通和了解。

在招标投标阶段，双方应本着真诚合作的精神多沟通，达到互相了解和理解。实践证明，双方理解越正确、越全面、越深刻，合同执行中对抗越少，合作越顺利，项目越容易成功。国际工程专家指出："虽然工程项目的范围、规模、复杂性各不相同，但一个被业主、工程师、承包商都认为成功的项目，其最主要的原因之一是，业主、工程师、承包商能就项目目标达成共识，并将项目目标建立在各种完备的书面合同上，……它们应是平等的，并能明确工程的施工范围……"。

【案例9】 新加坡一油码头工程，采用 FIDIC 合同条件。招标文件的工程量表中规定钢筋由业主提供，投标日期 1980 年 6 月 3 日。但在收到标书后，业主发现他的钢筋已用于其他工程，他已无法再提供钢筋。则在 1980 年 6 月 11 日由工程师致信承包商，要求承包商另报出提供工程量表中所需钢材的价格。

自然这封信作为一个询价文件。1980 年 6 月 19 日，承包商作出了答复，提出了各类钢材的单价及总价格。接信后业主于 1980 年 6 月 30 日复信表示接受承包商的报价，并要求承包商准备签署一份由业主提供的正式协议。但此后业主未提供书面协议，双方未作任何新的商谈，也未签订正式协议。而业主认为承包商已经接受了提供钢材的要求，而承包商却认为业主又放弃了由承包商提供钢材的要求。

待开工约 3 个月后，1980 年 10 月 20 日，工程需要钢材，承包商向业主提出业主的钢材应该进场，这时候才发现双方都没有准备工程所需要的钢材。由于要重新采购钢材，不仅钢材价格上升、运费增加，而且工期拖延，进一步造成施工现场费用的损失约 60 000 元。

承包商向业主提出了索赔要求。但由于在本工程中双方缺少沟通，都有责任，故最终解决结果为，合同双方各承担一半损失。

【案例分析】 本工程有如下几个问题应注意：

(1) 双方就钢材的供应作了许多商讨，但都是表面性的，是询价和报价(或新的要约)文件。由于最终没有确认文件，如签订书面协议，或修改合同协议书，所以没有约束力。

(2) 如果在 1980 年 6 月 30 日的复信中业主接受了承包商 6 月 19 日的报价，并指令由承包人按规定提供钢材，而不提出签署一份书面协议的问题，则就可以构成对承包商的一个变更指令。如果承包商不提反驳意见（一般在一个星期内），则这个合同文件就形成了，承包商必须承担责任。

(3) 在合同签订和执行过程中，沟通是十分重要的。及早沟通，钢筋问题就可以及早落实，就可以避免损失。本工程合同签订并执行几个月后，双方就如此重大问题不再提及，令人费解。

复 习 思 考 题

1. 为什么说双方签订工程合同，表示双方对"合同状态的"一致承诺？
2. 简述无效标书的条件。
3. 投标文件分析有哪些重要作用？
4. 简述投标文件分析的主要内容。
5. 澄清会议有哪些重要作用？
6. 讨论：标后谈判有什么必要性？它又会带来什么问题？

第三篇　工程合同实施管理

第七章　合同分析方法

【本章提要】　合同分析是合同管理一项十分重要而常见的工作。通常在合同实施前，在索赔和争执处理过程中，在工程遇到问题时都需要进行合同分析。本章介绍了合同分析的基本内容、程序和方法。合同分析包括合同总体分析、合同详细分析和特殊问题的合同分析。

本章结合我国的合同法讨论了合同的解释程序和一些原则。这反映对合同的理解水平和合同管理水平，对于项目经理、工程师、争执裁决人和仲裁人是十分重要的。

第一节　概　　述

一、合同分析的必要性

在国际工程中，许多人将合同分析作为项目管理的起点。实质上在合同实施过程中经常需要合同分析，如在计划过程中、在每天的日常施工过程中、在索赔的处理和解决过程中。

1. 承包商在合同实施过程中的基本任务是使自己圆满地完成合同责任。整个合同责任的完成是靠在一段段时间内，完成一项项工程和一个个工程活动实现的，所以合同目标和责任必须贯彻落实在合同实施的具体问题上和各工程小组以及各分包商的具体工程活动中。承包商的各职能人员和各工程小组都必须熟练地掌握合同，用合同指导工程实施和工作，以合同作为行为准则。国外的承包商都强调必须"天天念合同经"。

但在实际工作中，承包商的各职能人员和各工程小组不能都手执一份合同，遇到具体问题都由各人查阅合同，因为合同本身有如下不足之处：

（1）合同条文往往不直观明了，一些法律语言不容易理解。只有在合同实施前进行合同分析，将合同规定用最简单易懂的语言和形式表达出来，使人一目了然，这样才能方便日常管理工作。承包商、项目经理、各职能人员和各工程小组也不必经常为合同文本和合同式的语言所累。

工程参加者各方，以及各层管理人员对合同条文的解释必须有统一性和同一性。在业主与承包商之间，合同解释权归工程师。而在承包商的施工组织中，合同解释权必须归合同管理人员。在合同实施前，必须对合同作分析和统一的解释。如果让各人在执行中翻阅合同文本，极容易造成解释不统一，导致工程实施中的混乱。特别对复杂的合同，或承包商不熟悉的合同条件，各方面合同关系比较复杂的工程，这个工作极为重要。

（2）在一个工程中，合同是一个复杂的体系，几份、十几份甚至几十份合同之间有十分复杂的关系。即使对一份工程承包合同，它的内容没有条理性，有时某一个问题可能在许多条款，甚至在许多合同文件中规定，在实际工作中使用极不方便。例如，对一分项工程，工程量和单价在工程量清单中，质量要求包含在工程图纸和规范中，工期按进度计划，而合同双方的责任、价格结算等又在合同文本的不同条款中。这容易导致执行中的混乱。

（3）合同所定义的工程活动和合同各方的权利关系是极为复杂的。要使工程按计划有条理地进行，必须在工程开始前将它们落实下来，并从工期、质量、成本、相互关系等各方面予以定义。

（4）许多工程小组，项目管理职能人员所涉及到的活动和问题不是全部合同文件，而仅为合同的部分内容。他们没有必要在工程实施中死抱着合同文件。通常比较好的办法是由合同管理专家先作全面分析，再向各职能人员和工程小组进行合同交底。

（5）在合同中依然存在问题和风险，包括合同审查时已经发现的风险和还可能隐藏着的尚未发现的风险。合同中还必然存在用词含糊，规定不具体、不全面，甚至矛盾的条款。在合同实施前有必要作进一步的全面分析，对风险进行确认和定界，具体落实对策措施。风险控制，在合同控制中占有十分重要的地位。如果不能透彻地分析出风险，就不可能对风险有充分的准备，则在实施中很难进行有效的控制。

2. 合同分析实质上又是合同执行的计划，在分析过程中应具体落实合同实施工作。

3. 经常性的合同分析对工程项目管理有很多好处。能够及时发现合同实施中出现的问题，迅速反馈，迅速采取措施，降低损失。

4. 在合同实施过程中，合同双方会有许多争执。合同争执常常起因于合同双方对合同条款理解的不一致。要解决这些争执，首先必须作合同分析，按合同条文的表达，分析它的意思，以判定争执的性质。要解决争执，双方必须就合同条文的理解达成一致。

在索赔中，索赔要求必须符合合同规定，通过合同分析可以提供索赔理由和根据。

合同分析与前述招标文件分析和合同审查的内容和侧重点略有不同。合同分析是解决"如何做"的问题，是从执行的角度解释合同。它是将合同目标和合同规定落实到合同实施的具体问题上和具体事件上，用以指导具体工作，使合同能符合日常工程管理的需要，使工程按合同施工。合同分析应作为承包商项目管理的起点。

二、合同分析的基本要求

合同分析和解释是为合同管理服务的，它必须符合合同的基本原则，反映合同的目的和当事人主观真实意图。

1. 准确性和客观性

合同分析的结果应准确、全面地反映合同内容。如果分析中出现误差，它必然反映在执行中，导致合同实施更大的失误。所以不能透彻、准确地分析合同，就不能有效、全面地执行合同。许多工程失误和争执都起源于不能准确地理解合同。

客观性，即合同分析不能自以为是和"想当然"。对合同的风险分析，合同双方责任和权益的划分，都必须实事求是地按照合同条文，按合同精神进行，而不能依据当事人的主观愿望，否则，必然导致实施过程中的合同争执。合同争执的最终解决不是以单方面对合同理解为依据的。

2. 简易性

合同分析的结果必须采用使不同层次的管理人员、工作人员能够接受的表达方式，使用简单易懂的工程语言，对不同层次的管理人员提供不同要求，不同内容的分析资料。

3. 合同双方的一致性

合同双方，承包商的所有工程小组、分包商等对合同理解应有一致性。合同分析实质上是承包商单方面对合同的详细解释。分析中要落实各方面的责任界面，这极容易引起争执，所以合同分析结果应能为对方认可。如有不一致，应在合同实施前，最好在合同签订前解决，以避免合同执行中的争执和损失，这对双方都有利。

4. 全面性

（1）合同分析应是全面的，对全部的合同文件作解释。对合同中的每一条款、每句话，甚至每个词都应认真推敲，细心琢磨。合同分析不能只观其大略，不能错过一些细节问题，这是一项非常细致的工作。在实际工作中，常常一个词，甚至一个标点就能关系到争执的性质，关系到一项索赔的成败，关系到工程的盈亏。

（2）全面地、整体地理解，不能断章取

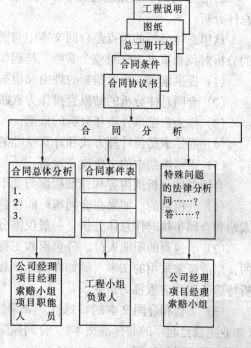

图 7-1　合同分析的信息处理过程

义，特别当不同文件、不同合同条款之间规定不一致、有矛盾时，更要注意这一点。

三、合同分析的内容和过程

按合同分析的性质、对象和内容，它可以分为：

1. 合同总体分析；

2. 合同详细分析；

3. 特殊问题的合同扩展分析。

合同分析的信息处理过程，如图 7-1 所示。

第二节　合　同　总　体　分　析

一、概述

合同总体分析的主要对象是合同协议书和合同条件等。通过合同总体分析，将合同条款和合同规定落实到一些带全局性的具体问题上。它通常在如下两种情况下进行：

1. 在合同签订后实施前，承包商首先必须作合同总体分析。这种分析的重点是，承包商的主要合同责任、工程范围，业主（包括工程师）的主要责任和权利，合同价格、计价方法和价格补偿条件，工期要求和顺延条件，工程受干扰的法律后果，合同双方的违约责任，合同变更方式、程序和工程验收方法等，争执的解决等。

在分析中应对合同中的风险，执行中应注意的问题作出特别的说明和提示。

合同总体分析的结果是工程施工总的指导性文件，应将它以最简单的形式和最简洁的语言表达出来，提交项目经理、各职能人员，并进行合同交底。

2. 在重大的争执处理过程中，例如在重大的或一揽子索赔处理中，首先必须作合同总体分析。

这里总体分析的重点是合同文本中与索赔有关的条款。对不同的干扰事件，则有不同的分析对象和重点。它对整个索赔工作起如下作用：

(1) 提供索赔（反索赔）的理由和根据；

(2) 合同总体分析的结果直接作为索赔报告的一部分；

(3) 作为索赔事件责任分析的依据；

(4) 提供索赔值计算方式和计算基础的规定；

(5) 索赔谈判中的主要攻守武器。

合同总体分析的内容和详细程度与如下因素有关：

(1) 分析目的。如果在合同履行前作总体分析，一般比较详细、全面；而在处理重大索赔和合同争执时作总体分析，一般仅需分析与索赔和争执相关的内容。

(2) 承包商的职能人员、分包商和工程小组对合同文本的熟悉程度。如果是一个熟悉的，以前经常采用的文本（例如在国际工程中使用 FIDIC 文本），则分析可简略，重点分析特殊条款和应重视的条款。

(3) 工程和合同文本的特殊性。如果工程规模大，结构复杂，使用特殊的合同文本（如业主自己起草的非标准文本），合同风险大，变更多，工程的合同关系复杂，相关的合同多，则应详细分析。

二、合同总体分析的内容

合同总体分析，在不同的时期，为了不同的目的，有不同的内容，通常有：

1. 合同的法律基础

即合同签订和实施的法律背景。通过分析，承包商了解适用于合同的法律的基本情况（范围、特点等），用以指导整个合同实施和索赔工作。对合同中明示的法律应重点分析。

2. 合同类型

通常，按合同关系可分为工程承（分）包合同、联营合同、劳务合同等；按计价方式可分为固定总价合同、单价合同、成本加酬金合同等。不同类型的合同，其性质、特点、履行方式不一样，双方的责权利关系和风险分配不一样。这直接影响合同双方责任和权利的划分，影响工程施工中的合同管理和索赔（反索赔）。

3. 合同文件和合同语言

合同文件的范围和优先次序。如果在合同实施中合同有重大变更，应作出特别说明。合同文本所采用的语言。如果使用多种语言，则定义"主导语言"。

4. 承包商的主要任务

这是合同总体分析的重点之一，主要分析承包商合同责任和权利，分析内容通常有：

(1) 承包商的总任务。承包商在工程的设计、采购、制造、试验、运输、土建、安装、验收、试生产、缺陷维修等方面的主要责任，施工现场的管理，给业主的管理人员提供生活和工作条件等责任。

(2) 工作范围。它通常由合同中的工程量清单、图纸、工程说明、技术规范所定义。

工程范围的界限应很清楚，否则会影响工程变更和索赔，特别对固定总价合同。

（3）关于工程变更的规定。这在合同管理和索赔处理中极为重要，要重点分析：

1）工程变更的范围定义，罗列所有变更条款。

2）工程变更的程序。在合同实施过程中，变更程序非常重要，通常要作工程变更工作流程图，并交付相关的职能人员。

工程变更的索赔有效期，由合同具体规定，一般为 28 天，也有 14 天的。一般这个时间越短，对承包商管理水平的要求越高，对承包商越不利。这是索赔有效性的保证，应落实在具体工作中。

3）工程变更的补偿范围，通常以合同金额一定的百分比表示。例如某承包合同规定，工程变更在合同价的 5% 范围内为承包商的风险或机会。在这范围内，承包商无权要求任何补偿。通常这个百分比越大，承包商的风险越大。

有时有些特殊的规定应重点分析。例如有一承包合同规定，业主有权指令进行工程变更，业主对所指令的工程变更的补偿范围是，仅对重大的变更，且仅按单个建筑物和设施地平面以上体积变化量计算补偿费用。这实质上排除了工程变更索赔的可能。

5. 业主责任

这里主要分析业主的权利和合作责任。业主作为工程的发包人选择承包商，向承包商颁发中标函。业主的合作责任是承包商顺利地完成合同所规定任务的前提，同时又是进行索赔的理由和推卸工程拖延责任的托词；而业主的权利又是承包商的合同责任，是承包商容易产生违约行为的地方。通常包括以下几个方面：

（1）业主雇用工程师并委托他全权履行业主的合同责任。在合同实施中要注意工程师的职权范围，这在 FIDIC 中有比较全面的规定。但每个合同又有它自己独特的规定，业主一般不会给工程师授予 FIDIC 规定的全部权力。对此要作专门分析。

（2）业主的其他承包商和供应商的委托情况以及责任、合同类型。了解业主的工程合同体系，与本合同相关的主要责任界面。

业主和工程师有责任对平行的各承包商和供应商之间的责任界限作出划分，对这方面的争执作出裁决，对他们的工作进行协调，并承担管理和协调失误造成的损失。例如设计单位、施工单位、供应单位之间的互相干扰都由业主承担责任。这经常是承包商工期索赔的理由。

（3）及时作出承包商履行合同所必需的决策，如下达指令、履行各种批准手续、作出认可、答复请示，完成各种检查和验收手续等。应分析它们的实施程序和期限。

（4）提供施工条件，如及时提供设计资料、图纸、施工场地、道路等。

（5）按合同规定及时支付工程款，及时接收已完工程等。

6. 合同价格

（1）合同所采用的计价方法及合同价格所包括的范围，如固定总价合同、单价合同、成本加酬金合同或目标合同等。

（2）工程量计量程序，工程款结算（包括进度付款、竣工结算、最终结算）方法和程序。

（3）合同价格的调整，即费用索赔的条件、价格调整方法，计价依据，列出费用索赔的所有条款。

1）合同实施环境的变化对合同价格的影响，例如通货膨胀、汇率变化、国家税收政策变化、法律变化时合同价格的调整条件和调整方法。

2）附加工程的价格确定方法。通常，如果合同中有同类分项工程，则可以直接使用它的单价；若仅有相似的分项工程，则可对它的单价作相应调整后使用；如果既无相同又无相似的分项工程，则应重新决定价格。

3）工程量增加幅度与价格的关系。对此，不同的合同会有不同的规定。例如某合同规定，如果某项工程量增减超过原合同工程量的 25%，则可以重新商定单价。

又如某合同规定，承包商必须在工程施工中完成由业主的工程师书面指令的工程变更和附加工程。前提为，变更净增加不超过 25%，净减少不超过 10% 的合同价格。如果承包商同意，工程变更总价可突破上述界限，相应合同单价可作适当调整。

7. 施工工期

(1) 在实际工程中，工期拖延极为常见和频繁，而且对合同实施和索赔的影响很大，所以要特别重视。重点分析合同规定的开工日期、竣工日期，主要工程活动的工期，工期的影响因素，获得工期补偿的条件和可能等。列出可能进行工期索赔的所有条款。

(2) 工程师进度控制的权力和程序。

(3) 对工程暂停，承包商不仅可以进行工期索赔，还可能有费用索赔和终止合同的权利。

8. 违约责任

如果合同一方未遵守合同规定，造成对方损失，应受到相应的合同处罚。这是合同总体分析的重点之一。其中常常会隐藏着较大的风险。通常分析：

(1) 业主拖欠工程款的合同责任和承包商相应的权利。

(2) 承包商不能按合同规定工期完成工程的违约金或赔偿业主损失的条款。

(3) 由于管理上的疏忽造成对方人员和财产损失的赔偿条款。

(4) 由于预谋或故意行为造成对方损失的处罚和赔偿条款等。

(5) 由于承包商不履行或不能正确的履行合同责任，或出现严重违约时的处理规定。

(6) 由于业主不履行或不能正确的履行合同责任，或出现严重违约时的处理规定。

9. 工程质量管理、验收、移交和保修

(1) 工程质量管理的程序和方法，工程师质量管理的权力和工程不符合合同要求的处理方法和程序。

(2) 验收。验收包括许多内容，如材料和机械设备的进场验收，隐蔽工程验收，单项工程验收，全部工程竣工验收等。

在合同分析中，应对重要的验收要求、时间、程序以及验收所带来的法律后果作说明。

(3) 移交。工程竣工验收的条件和程序，工程没有通过竣工验收的处理等。

(4) 保修。

1）保修期规定。工程的保修期一般为 1 年。在国际工程合同中也有要求保修 2 年甚至更长时间的苛刻条款。

2）工程保修责任。对保修容易引起争执的是，在工程使用中出现问题的责任的划分。通常，由于承包商的施工质量低劣，材料不合格，设计错误等原因造成的质量问题，必须由承包商负责维修。而因业主使用和管理不善造成的问题不属于维修范围，承包商也必须修复，但费用由业主支付。

3）保修程序。通常要求承包商在接到业主维修通知后一定期限内（通常为1个星期）完成修理。否则，业主请他人维修，费用由承包商支付。

10. 索赔程序和争执的解决

它决定着索赔的解决方法。这里要分析：

（1）索赔的程序。

（2）争执的解决方式和程序。

（3）仲裁条款。包括仲裁所依据的法律、仲裁地点、方式和程序、仲裁结果的约束力等。

这在很大程度上决定了承包商的索赔策略。

第三节　合　同　详　细　分　析

工程合同的实施由许多具体的工程活动和合同双方的其他经济活动构成。这些活动也都是为了实现合同目的，履行合同责任，也必须受合同的制约和控制。它们是基本的合同实施工作。对一个确定的工程合同，承包商的工程范围，合同责任是一定的，则相关的合同实施工作也应是一定的。

为了使工程有计划、有秩序、按合同实施，必须将工程合同目标、要求和合同双方的责权利关系分解落实到具体的合同实施工作上。这就是合同详细分析。

合同详细分析的对象是合同协议书、合同条件、规范、图纸、工作量表。它主要通过合同实施工作表、网络图、横道图等定义各工程活动。合同详细分析的结果最重要的部分是合同实施工作表（见表7-1）。

1. 编码。这是为了计算机数据处理的需要，对合同实施工作的各种数据处理都靠编码识别。所以编码要能反映工作的各种特性，如所属的项目、单项工程、单位工程、专业性质、空间位置等。通常它应与项目的分解结构（WBS）编码有一致性。

2. 工作名称和简要说明。

3. 变更次数和最近一次的变更日期。它记载着与本工作相关的工程变更。在接到变更指令后，应落实变更，修改相应栏目的内容。

合同实施工作表　　　　　　　　　　　　　　　　　　　　　　　表 7-1

合同实施工作表		
子项目：	编码：	日期： 变更次数：
工作名称和简要说明：		
工作内容说明：		
前提条件：		
本工作的主要过程：		
负责人（单位）		
费用： 计划： 实际：	其他参加者： 1. 2.	工期： 计划： 实际：

最近一次的变更日期表示，从这一天以来的变更尚未考虑到。这样可以检查每个变更指令落实情况，既防止重复，又防止遗漏。

4. 工作的内容说明。这里主要为该工作的目标，如某一分项工程的数量、质量、技术要求以及其他方面的要求。这由合同的工程量清单、工程说明、图纸、规范等定义，是承包商应完成的任务。

5. 前提条件。它记录着本工作的前导工作，即本工作开始前应具备的准备工作或条件。它不仅确定工作之间的逻辑关系（即确定它的紧前工作），是构成网络计划的基础，而且确定了各参加者之间的责任界限。

在某工程中，承包商承包了设备基础的土建和设备的安装工程。按合同和施工进度计划规定：

(1) 在设备安装前 3 天，基础土建施工完成，并交付安装场地；

(2) 在设备安装前 3 天，业主应负责将生产设备运送到安装现场，同时由工程师、承包商和设备供应商一齐开箱检验；

(3) 在设备安装前 15 天，业主应向承包商交付全部的安装图纸；

(4) 在安装前，安装工程小组应做好各种技术的和物资的准备工作等。

这样对设备安装这个工作可以确定它的前提条件（见图 7-2），而且各方面的责任界限十分清楚。

图 7-2 某工程设备安装的前提条件

6. 本工作的主要过程。即完成该工作的一些主要活动和它们的实施方法、技术、组织措施。这完全从施工过程的角度进行分析。这些活动组成该事件的子网络，例如上述设备安装由现场准备，施工设备进场、安装，基础找平、定位，设备就位，吊装，固定，施工设备拆卸、出场等活动组成。

7. 责任人。即负责该工作实施的工程小组负责人或分包商。

8. 成本（或费用）。这里包括计划成本和实际成本。有如下两种情况：

(1) 若该工作由分包商承担，则计划费用为分包合同价格。如果在总包和分包之间有索赔，则应修改这个值。而相应的实际费用为最终实际结算账单金额总和。

(2) 若该工作由承包商的工程小组承担，则计划成本可由成本计划得到，一般为直接费成本。而实际成本为会计核算的结果，在该事件完成后填写。

9. 计划和实际的工期。计划工期由网络分析得到。这里有计划开始期，结束期和持续时间。实际工期按实际情况，在该事件结束后填写。

10. 其他参加人。即对该事件的实施提供帮助的其他人员。

从上述内容可见，合同实施工作表从各个方面定义了合同的履行过程。合同详细分析是承包商的合同执行计划，它包容了工程施工前的整个计划工作：

(1) 工程项目的结构分解，即工程活动的分解和工程活动逻辑关系的安排。

（2）技术会审工作。

（3）工程实施方案，总体计划和施工组织计划。在投标书中已包括这些内容，但在施工前，应进一步细化，作详细的安排。

（4）工程的成本计划。

（5）合同详细分析不仅针对承包合同，而且包括与承包合同同级的各个合同的协调，包括各个分合同的工作安排和各分合同之间的协调。

所以合同详细分析是整个项目组的工作，应由合同管理人员、工程技术人员、计划师、预算师（员）共同完成。

合同实施工作表对项目的目标分解，任务的委托（分包），合同交底，落实责任，安排工作，进行合同监督、跟踪、分析，处理索赔（反索赔）非常重要。

第四节　特殊问题的合同分析

人们不能指望合同能明确定义和解释工程中发生的所有问题。在实际工程合同的签订和实施过程中，常常会有一些特殊问题发生。例如：

合同中出现错误、矛盾和二义性；

有许多工程问题合同中未明确规定，出现事先未预料到的情况；

工程施工中出现超过合同范围的事件，包括发生民事侵权行为，整个合同或合同的部分内容由于违反法律而无效等。

这些问题通常属于实际工程中的合同解释问题。由于实际工程问题非常复杂、千奇百怪，所以特殊问题的合同分析和解释常常反映出一个工程管理者对合同的理解水平，对本工程合同签订和实施过程的熟悉程度，以及他的经历，处理合同问题的经验。这项工作对工程师和项目经理尤为重要。

我国合同法第 125 条规定："当事人对合同条款的理解有争议的，应当按照合同所使用的词句、合同的有关条款，合同的目的、交易的性质以及诚实信用原则，确定该条款的真实意思。"这实质上就是对特殊问题合同分析的规定。但是工程合同的内容，签订过程，实施过程是十分复杂的，有其特殊性，对工程合同实施过程中出现的特殊问题的解释也十分复杂。

一、合同中出现错误、矛盾、二义性的解释

由于工程合同条款多、相关的文件多，其中错误、矛盾、二义性常常是难免的；不同语言之间的翻译、不同利益和立场的人员，不同的国度的合作者常常会对同一合同条款产生不同的理解。这些不同的理解又会导致工程过程中行为的不一致，最终产生合同争执。按照一般的合同原则，承包商对合同的理解负责，即由于自己理解错误造成报价、施工方案错误由承包商负责。但业主作为合同文件的起草者，应对合同文件的正确性负责，如果出现错误，含义不明，则应由工程师给出解释。通常情况下，由此造成承包商额外费用的增加，承包商可以提出索赔要求。由于工程实际情况是极其复杂的，对合同的解释很难提出一些规定性的方法，甚至对一个特定的工程案例无法提出一个确定的，标准的，能为各方面接收的解决结果。所以对合同的解释人们通常只能通过总结过去工程案例和经验提出一些处理问题的基本原则和程序。图 7-3 是人们通过对许多实际工程案例研究得出的对这

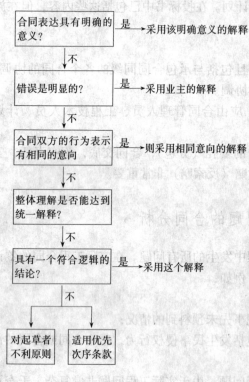

图7-3 合同分析和解释过程

类分析的程序，当然其中也有许多值得商榷的地方（见参考文献21）。

1. 字面解释为准。

任何调解人，仲裁人或法官在解决合同问题时都不能脱离合同文件中的文字表示的意思。如果合同文件规定清楚无误，并不含糊，则以字面解释为准。这是首先使用的，也是最重要的原则，但通常在合同争执中，合同用语很少是含义清晰，一读就懂的，都会有这样或那样的问题。则其解释又有如下规定：

（1）如果合同文件具有多种语言的文本，不同语言的翻译文本之间可能出现不一致的解释，则以合同条款所定义的"主导语言"的文本解释为准。因为不同语言在表达方式和语义上会有差异，在翻译过程中会造成意义的不一致，进而导致对合同内容解释的不一致，产生合同争执。

（2）在现代工程中，人们通过在合同中增加名词解释和定义，以及使用统一的规范避免因语言的不一致导致双方对合同解释的不一致性。

（3）在解释合同时应顾及某些合同用语或工程用语在本行业中的专门含义和习惯用法。由于工程合同在一定工程领域中应用，有些名词在该专业范围和一定地域内有特指的意义。这个意义应作为合同解释的支持，在这里不仅包括常用的技术术语，也包括一些非技术术语。因为它们是在特定的工程背景下被使用的，有一定的技术的或管理的规范支持。例如合同中规定"楼地面必须是平整的"，这个平整不是绝对的水平和平整，而是在规范所允许的高低差别范围内的平整。

【案例10】 在我国的某水电工程中，总承包商为国外某公司，我国某承包公司分包了隧道工程施工。分包合同规定：在隧道挖掘中，在设计挖方尺寸基础上，超挖不得超过40cm，在40cm以内的超挖工作量由总承包商负责，超过40cm的超挖由分包商负责。

由于地质条件复杂，工期要求紧，分包商在施工中出现许多局部超挖超过40cm的情况，总承包商拒付超挖超过40cm部分的工程款。分包商就此向总承包商提出索赔，因为分包商一直认为合同所规定的"40cm以内"，是指平均的概念，即只要总超挖量在40cm之内，就不是分包商的责任，总承包商应付款。而且分包商强调，这是我国水电工程中的惯例解释。

当然，如果承包商和分包商都是中国的公司，这个惯例解释常常是可以被认可的。但在本合同中，他们属于不同的国度，总承包商不能接受我国惯例的解释。而且合同中没有"平均"两字，在解释时就不能加上这两字。如果局部超挖达到50cm，则按本合同字面解释，40～50cm 范围的挖方工作量确实属于"超过 40cm"的超挖，应由分包商负责。既然字面解释已经准确，则不必再引用惯例解释。结果分包商损失了数百万元。

2．通常认为，在投标过程中以及在工程施工前，承包商有责任对合同中自己不理解的或明显的意义含糊、矛盾、错误之处向业主提出征询意见。因为承包商负有正确理解招标文件的责任。如果业主未积极地答复，则承包商可以按照对他有利的解释理解合同。而如果承包商对合同问题未作询问，有时会承担责任，即按业主解释为准。这种原则在实际工程中用得较少，当工程图纸或规范中出现常识性的、明显的错误（"一个有经验的承包商"能够发现的），而承包商按错实施工程，则要承包商承担责任。

许多年来，这一直是国际工程合同解释的一个默示条款，有许多这方面的案例。1999年颁布的 FIDIC 合同将它明示。

FIDIC4.7 款规定，承包商在按照业主提供的原始基准点、基准线和基准标高对工程放线时，应努力对业主提供的原始基准点、基准线和基准标高的准确性进行验证。如果业主提供的基准资料是错误的，导致承包商工期延误和费用增加。只有当这些错误是一个有经验的承包商无法预见和避免的，业主才能给承包商工期和费用的索赔。

FIDIC1.8 款规定，如果承包商在用于施工的文件中发现了技术错误或缺陷，应立即向雇主做出通知。如果承包商没有尽到这个责任，会影响他的索赔权力。虽然在该条款中也规定，如果业主在施工的文件中发现有技术性错误或缺陷，应立即通知承包商。但这对业主却很少有约束力，因为业主可以说他不是一个"有经验的"专家。

【案例 11】 在我国某工程中采用固定总价合同，合同条件规定，承包商若发现施工图中的任何错误和异常应通知业主代表。在技术规范中规定，从安全的要求出发，消防用水管道必须与电缆分开铺设；而在图纸上，将消防用水管道和电缆放到了同一个管道沟中。承包商按图纸报价并施工完成后。但工程师拒绝验收，指令承包商按规范要求施工，重新铺设管道沟，并拒绝给承包商任何补偿，其理由是：

（1）两种管道放一个沟中极不安全，违反工程规范。在合同解释顺序中，规范优先于图纸。

（2）即使施工图上注明两管放在一个管道沟中，这是一个设计错误。但作为一个有经验的承包商是应该能够发现这个常识性的错误的。而且合同中规定，承包商若发现施工图中任何错误和异常，应及时通知业主代表。承包商没有遵守合同规定。

当然，工程师这种处理是比较苛刻，而且存在推卸责任的行为，因为：

1）不管怎么说设计责任应由业主承担，图纸错误应由业主负责。

2）施工中，工程师一直在"监理"，他应当能够发现承包商施工中出现的问题，应及时发出指令纠正。当然工程师的工作不能免除承包商的合同责任。

3）在本原则使用时应该注意到承包商承担这个责任的合理性和可能性。例如必须考虑承包商投标时有无合理的做标期。如果做标期太短，则这个责任就不应该由承包商负担。

在国外工程中也有不少这样处理的案例（见参考文献 21）。所以对招标文件中发现的问题、错误、不一致，特别是施工图与规范之间的不一致，在投标前应向业主澄清，以获得正确的解释，否则承包商可能处于不利的地位。

3．顾及合同签订前后双方的书面文字及行为。虽然对合同的不同解释常常是在工程过程中才暴露出来的，但问题在合同签订前已经存在，而由于如下原因使问题没有暴露：

（1）双方未能很好沟通，双方都自以为是地解释合同。

（2）合同事件尚未发生，或工程活动尚未开始，矛盾没有暴露出来，大家都未注意到。

对此有如下几种处理：

1）如果在合同签订前双方对此有过解释或说明，例如承包商分析招标文件后，在标前会议上提出了疑问，业主作了书面解释，则这个解释是有效的。

2）尽管合同中存在含糊之处，但当事人双方在合同实施中已有共同意向的行为，则应按共同的意向解释合同，即行为决定对合同的解释。我国的合同法也有相似的规定。

【案例12】 在一钢筋混凝土框架结构工程中，有钢结构杆件的安装分项工程。钢结构杆件由业主提供，承包商负责安装。在业主提供的技术文件上，仅用一道弧线表示了钢杆件，对杆件和柱的连接没有详细的图纸和安装说明。承包商按照焊接工艺报价。

施工中业主将杆件提供到现场，两端有螺纹，为螺纹连接。承包商接收了这些杆件，没有提出异议，在混凝土框架上预埋螺杆和杆件进行连接。在工程检查中承包商也没提出额外的要求。但当整个工程快完工时，承包商提出，原安装图纸表示不清楚，自己原合同报价是按照焊接工艺计算的。因工艺不同，工程难度增加导致费用超支，要求索赔。法院调查后表示，虽然合同曾对结构杆系的种类有含糊，但当业主提供了杆系，承包商无异议地接收了杆系，则这方面的疑问就不存在了。合同已因双方的行为得到了一致的解释，即业主提供的杆系符合合同要求，所以承包商索赔无效（见参考文献21）。

3）推定变更。当事人一方对另一方的行为和提议在规定的时间内未提出异议或表示赞同时，对合同的修改或放弃权益的事实已经成立。所以对对方行为的沉默常常被认为是同意，是双方一致的意向，则形成对合同新的解释。

4. 整体地解释合同。即将合同作为一个有机的整体，而不能只抓住某一条、某一个文件，断章取义。所以任何一个单词、短语、句子、条款都不能超越合同的其余部分进行解释。每一条款，只要它被写入合同中，都应被赋予一定的含义和目的，应该有所指，不能被定义为无用的或无意义的。不能用某一个条款来否定另一个条款。所以当合同条款出现矛盾时，首先要决定每一个条款的目的、含义、适用范围，再将表面上有矛盾的条款的目的和含义、特指的范围进行对照，找出它们的一致性，以得到不相矛盾的解释。

这方面比较典型的案例是鲁布革引水工程排水设施的索赔（见参考文献12）。

【案例13】 鲁布革引水系统工程，业主为中国水电部鲁布革工程局，承包商为日本大成建设株式会社，监理工程师为澳大利亚雪山公司。在工程过程中由于不利的自然条件造成排水设施的增加，引起费用索赔。

（1）合同相关内容分析

工程量表中有如下相关分项：

3.07/1项："提供和安装规定的最小排水能力"，作为总价项目，报价：42 245 547日元和32 832.18元人民币；

3.07/3项："提供和安装额外排水能力"，作为总价项目，报价：10 926 404日元和4 619.97元人民币。

同时技术规范中有：

S3.07(2)(C)规定："由于开挖中的地下水量是未知的，如果规定的最小排水能力不足以排除水流，则工程师将指令安装至少与规定排水能力相等的额外排水能力。提供和安装额外排水能力的付款将在工程量表 3.07/3 项中按总价进行支付。"

S3.07(3)(C)中又规定："根据工程师指令安装的额外排水能力将按照实际容量支付。"显然上述技术规范中的规定之间存在矛盾。

合同规定的正常排水能力分别布置在：

平洞及 AB 段：	1.5t/min
C 段：	1.5t/min
D 段：	1.5t/min
渐变段及斜井：	3.0t/min
合计	7.5t/min

按 S3.07(2)(C)规定，额外排水能力至少等于规定排水能力，即可以大于 7.5t/min。

(2) 事态描述

从 1986 年 5 月至 1986 年 8 月底，大雨连绵。由于引水隧道经过断层和许多溶洞，地下水量大增，造成停工和设备淹没。经业主同意，承包商紧急从日本调来排水设施，使工程中排水设施总量增加到 30.5t/min（其中 4t/min 用于其他地方，已单独支付）。承包商于 1986 年 6 月 12 日就增加排水实施提出索赔意向，10 月 15 日正式提出索赔要求：

索赔项目	日元（日元）	人民币（元）
被淹没设备损失	1 716 877	2 414.70
增加排水设施	58 377 384	12 892.67
合计	60 094 261	15 307.37

(3) 责任分析

1) 施工现场排水设备由于淹没而受到损失，这属于承包商自己的责任，不予补偿。

2) 额外排水设施的增加情况属实。由于遇到不可预见的气候条件，并且应业主的要求增加了设备供应。

(4) 理由分析

虽然对额外排水设施责任分析是清楚的，但双方就赔偿问题产生分歧。由于工作量表 3.07/3 项与规范 S3.07(2)(C)、S3.07(3)(C)之间存在矛盾，按不同的规定则有不同的解决方法：

1) 按规范 S3.07(2)(C)，额外排水能力在工作量表 3.07/3 总价项目中支付，而且规定"至少与规定排水能力相等的额外排水能力"，则额外排水能力可以大于规定排水能力，没有上限规定，且不应另外支付。

2) 按照规范 S3.07(3)(C)，额外排水能力要按实际容量支付，即应另外予以全部补偿。

3) 由于合同存在矛盾，如果要照顾合同双方利益，导致不矛盾的解释，则认为工程量表 3.07/1 已包括正常排水能力，3.07/3 报价中已包括与正常的排水能力相等的额外排水能力，而超过的部分再按 S3.07(3)(C)规定，按实际容量给承包商以赔偿。这样每一条款都能得到较为合理的解释。

最后双方经过深入的讨论，顾及各方面的利益，一致同意采用上述第三种解决方法。

（5）影响分析

承包商提出，报价所依据的排水能力仅为平洞 1.5t/min，渐变段及斜井 3t/min。其他两个工作面可以利用坡度自然排水。所以合同工程量表 3.07/1 和 3.07/3 中包括的排水能力为 9.0t/min，即 $(1.5t + 3t) \times 2/min$。

由于本分项为总价合同，承包商企图减少合同报价中的计划工作量。这样不仅可以增加属于赔偿范围的排水能力，而且提高了单位排水能力的合同单价。

但工程师认为，承包商应按合同规定对每一个工作面布置排水设施，并以此报价。所以合同规定的排水能力为 15t/min（正常排水能力 7.5t/min，以及与它相同的额外排水能力）。则属于索赔范围的，即适用规范 S3.07(3)(C) 的排水能力为：

$$30.5 - 4 - 15 = 11.5t/min$$

（6）索赔值计算

承包商在报价单中有两个值：3.07/1 作为正常排水能力，报价较高；而 3.07/3 作为额外排水能力，报价很低。工程师认为，增加的是额外排水能力，故应按 3.07/3 报价计算。承包商对 3.07/3 报价低的原因作出了解释（由于额外排水能力是作为备用的，并非一定需要，故报价中不必全额考虑），并建议采用两项（3.07/1 和 3.07/3）报价之和的平均值计算。这个建议最终被各方接受。

则合同规定的单位排水能力单价为：

日元：$(42\ 245\ 547 + 10\ 926\ 404)/15 = 3\ 544\ 793$ 日元/(t/min)

人民币：$(32\ 832.18 + 4\ 619.97)/15 = 2\ 496.81$ 元/(t/min)

则赔偿值为：

日元：$3\ 544\ 793 \times 11.5 = 40\ 765\ 165$ 日元

人民币：$2\ 496.81 \times 11.5 = 28\ 713.31$ 元

最后双方就此达成一致。

5. 二义性的解决。如果经过上面的分析仍没得到一个统一的解释，则可采用如下原则：

（1）优先次序原则。工程合同是由一系列文件组成的，应有相应的合同文件优先次序的规定。例如 FIDIC 合同的定义，合同文件包括合同协议书、中标函、投标书、合同条件、规范、图纸、工程量表等。当矛盾和含糊出现在不同文件之间时，则可适用优先次序原则。

（2）对起草者不利的原则。尽管合同文件是双方协商一致确定的，但起草合同文件常常又是买方（业主、总包）的一项权力，他可以按照自己的要求提出文件。按照责权利平衡的原则，他又应承担相应的责任。如果合同中出现二义性，即一个表达有两种不同的解释，可以认为二义性是起草者的失误，或他有意设置的陷阱，则以对他不利的解释为准。这是公平合理的。我国的合同法也有相似的规定（如合同法第 41 条）

【案例 14】 在某供应合同中，付款条款对付款期的定义是"货到全付款"。而该供应是分批进行的。在合同执行中，供应方认为，合同解释为"货到，全付款"，即只要第一批货到，购买方即"全付款"，而购买方认为，合同解释应为"货到全，付款"，即货全到后，再付款。从字面上看，两种解释都可以。双方争执不下，各不让步，最终法院判定本合同双方当事人对合同的内容存在重大误解，是一份可撤消合同，不予执行。实质上本案例还可以追溯合同的起草者。如果供应方起草了合同，则应理解为"货到全，付款"；如果是购买方起草，则可以理解为"货到，全付款"。

6. 其他一些具体的原则：

具体的详细的说明优先于一般的笼统的说明，详细条款优先于总论。

合同的专用条件、特殊条件优先于通用条件。

文字说明优先于图示，工程说明、规范优先于图纸。

数字的大写优先于小写。

合同实施中会有许多变更文件，如备忘录、修正案、补充协议，则以时间最近的优先。

手写文件优先于打印文件，打印文件优先于印刷文件。

二、合同中没有明确规定的处理

在合同实施过程中经常会出现一些合同中未明确规定的特殊的细节问题，它们会影响工程施工、双方合同责任界限的划分。由于在合同中没有明确规定，所以很容易引起争执。对它们的分析通常仍在合同范围内进行，通过合同意义的拓展，整体地理解合同，再作推理，以得到问题的解答。其分析的依据通常有 3 个：

1. 按照工程惯例解释。即考虑在通常情况下，本专业领域对这一类问题的处理或解决方法。如果合同中没有明示对问题的处理规定，则双方都清楚的行业惯例能作为合同的解释，例如标准合同条款可以被引用作为支持。

2. 按照公平原则和诚实信用原则解释合同。

例如当规范和图纸规定不清楚，双方对本工程的材料和工艺质量发生争议时，则承包商应采用与工程的目的和标准相符合的良好的材料和工艺。

3. 按照合同目的解释合同。对合同中出现矛盾、错误，或双方对合同的解释不一致，不能导致违背或放弃，或损害合同目标的解决结果，不能违背合同精神。这是合同解释的一个重要原则。

这是与调解人或仲裁人分析和解决问题的方法和思路一致的。

由于实际工程非常复杂，这类问题面广量大，稍有不慎就会导致经济损失。特殊问题的合同分析一般采用问答的形式进行。

【案例 15】 在某国际工程中，采用固定总价合同。合同规定由业主支付海关税。合同规定索赔有效期为 10 天。在承包商投标书中附有建筑材料、设备表，这已被业主批准。在工程中承包商进口材料大大超过投标书附表中所列的数量。在承包商向业主要求支付海关税时，业主拒绝支付超过部分材料的海关税。对此，合同中没有明确规定，承包商提出如下问题：

1）业主有没有理由拒绝支付超过部分材料的海关税？

2）承包商向业主索取这部分海关税受不受索赔有效期限制？

答：在工程中材料超量进口可能由于如下原因造成：

1）建筑材料设备表不准确。

2）业主指令工程变更造成工程量的增加，由此导致材料用量的增加。

3）其他原因，如承包商施工失误造成返工、施工中材料浪费，或承包商企图多进口材料，待施工结束后再作处理或用于其他工程，以取得海关税方面的利益等。

对于上述情况，分别分析如下：

1）与业主提供的工程量表中的数字一样，承包商的材料和设备表也是一个估计的值，而不是固定的准确值，所以误差是允许的，对误差业主也不能推卸他的合同责任。

2）业主所批准增加的工程量是有效的，属于合同内的工程，则对这些材料，合同所规定的由业主支付海关税的条款也是有效的。所以对工程量增加所需要增加的进口材料，业主必须支付相应的海关税。

3）对于由承包商责任引起的其他情况，应由承包商承担。对于超量采购的材料，承包商最后处理（如变卖、用于其他工程）时，业主有权收回已支付的相应的海关税。

由于要求业主支付超量材料的海关税并不是由于业主违约引起的，所以这项索赔不受索赔有效期的限制。

【案例 16】 某工程合同规定，进口材料由承包商负责采购，但材料的关税不包括在承包商的材料报价中，由业主支付。合同未规定业主支付海关税的日期，仅规定，业主应在接到承包商提交的到货通知单后 30 天内完成海关放行的一切手续。

现由于承包商采购的材料到货太迟，到港后工程施工中急需这批材料，承包商先垫支关税，并完成入关手续，以便及早取得材料，避免现场停工待料。

问：对此，承包商是否可向业主提出补偿海关税的要求？这项索赔是否也要受合同规定的索赔有效期的限制？

答：对此，如果业主拖延海关放行手续超过 30 天，造成现场停工待料，则承包商可将它作为不可预见事件，在合同规定的索赔有效期内提出工期和费用索赔。而承包商先垫付了关税，以便及早取得材料，对此承包商可向业主提出海关税的补偿要求。因为按照国际工程惯例，如果业主妨碍承包商正确地履行合同，或尽管业主未违约，但在特殊情况下，为了保证工程整体目标的实现，承包商有责任和权力为降低损失采取措施。由于承包商的这些措施使业主得到利益或减少损失，业主应给予承包商补偿。本案例中，承包商为了保证工程整体目标的实现，为业主完成了部分合同责任，业主应予以如数补偿。而业主行为对承包商并非违约，故这项索赔不受合同所规定的索赔有效期限制。

三、特殊问题的合同法律扩展分析

在工程承包合同的签订、实施或争执处理、索赔（反索赔）中，有时会遇到重大的法律问题。这通常有两种情况：

1. 这些问题已超过合同的范围，超过承包合同条款本身，例如有的干扰事件的处理合同未规定，或已构成民事侵权行为。

2. 承包商签订的是一个无效合同，或部分内容无效，则相关问题必须按照合同所适用的法律来解决。

在工程中，这些都是重大问题，对承包商非常重要。但由于承包商对它们把握不准，则必须对它们作合同法律的扩展分析，即分析合同的法律基础，在适用于合同关系的法律中寻求解答。对此通常要请法律专家作咨询或法律鉴定。

【案例 17】 某国一公司总承包伊朗的一项工程。由于在合同实施中出现许多问题，有难以继续履行合同的可能，合同双方出现大的分歧和争执。承包商想解约，提出这方面的问题请法律专家作鉴定：

（1）在伊朗法律中是否存在合同解约的规定？

（2）伊朗法律中是否允许承包商提出解约？

（3）解约的条件是什么？

（4）解约的程序是什么？

法律专家必须精通适用于合同关系的法律，对这些问题作出明确答复，并对问题的解决提供意见或建议。在此基础上，承包商才能决定处理问题的方针、策略和具体措施。

由于这些问题都是一些重大问题，常常关系到承包工程的盈亏成败，所以必须认真对待。

复 习 思 考 题

1．简述合同分析在施工项目管理，合同管理和索赔中的作用。

2．简述合同总体分析和合同详细分析的内容。

3．通常业主起草招标文件，则他应对其正确性承担责任；但在案例 11 中，对明显的错误，含义不清之处又由承包商负责。你觉得这两者是否是矛盾的？为什么？

4．阅读第十四章案例，分析合同分析在合同实施和索赔中的作用。

第八章 合同实施控制

【本章提要】 合同实施控制的工作主要包括合同实施管理体系的建立、合同实施监督、合同跟踪、合同诊断和调整措施选择等。在工程施工中合同管理对项目管理的各个方面起总协调和总控制作用，所以合同实施控制是综合性的。

在我国应加强"合同交底"工作，它对整个项目管理有十分重要的作用。

第一节 概 述

一、合同实施控制的必要性

1. 工程施工过程是工程合同的实施过程，是工程合同体系相关各方合作过程。工程合同的目的和价值是在这个阶段实现的。要使合同顺利实施，合同双方必须共同完成各自合同责任。在这一阶段承包商是工程合同的执行者，他的根本任务就是按合同圆满地施工。

一个不利的合同，如条款苛刻、权利和义务不平衡、风险大，确定了承包商在合同实施中的不利地位和败势。这使得合同实施和合同管理非常艰难。但通过有力的合同管理可以减轻损失或避免更大的损失。

一个有利的合同，如果在合同实施过程中管理不善，同样也不会有好的工程经济效益。这已经被许多经验教训所证明：得标难，实施合同更难。

2. 在我国，许多承包企业常常将合同作为一份保密文件，签约后将它锁入抽屉，不作分析和研究，疏于实施阶段的合同管理工作，特别是施工现场的合同管理工作，所以经常出现工程管理失误，经常失去索赔机会或经常反为对方索赔，造成合同有利，而工程却亏损的现象。

而国外有经验的承包商都十分注重工程实施中的合同管理，通过合同实施控制不仅可以圆满地完成合同责任，而且可以挽回合同签订中的损失，改变自己的不利地位，通过索赔等手段增加工程利润。所以在工作中"天天念合同经"，天天分析和对照合同，虽然合同不利，而工程却可盈利。

3. 应该看到，合同所确定的双方在工程中的地位和权利必须通过有效的合同管理，甚至通过抗争才能得到保护。双方只有通过互相制约才能达到圆满的合作。如果承包商不积极争取，甚至放弃自己的合同权利，例如承包商合同权益受到侵犯，按合同规定业主应该赔偿，但承包商不提出要求（如不会索赔、不敢索赔、超过索赔有效期、没有书面证据等），则承包商权利得不到合同和法律的保护，索赔无效。

二、工程目标控制

合同定义了一定范围工程或工作的目标，它是整个工程项目总目标的一部分。它必须通过具体的工程活动实现。由于在工程中各种干扰的作用，常常使工程实施过程偏离总目标。控制就是为了保证工程实施按预定的计划进行，顺利地实现预定的目标。

1. 工程中的目标控制程序

工程中的目标控制程序，见图8-1。它包括如下几个方面：

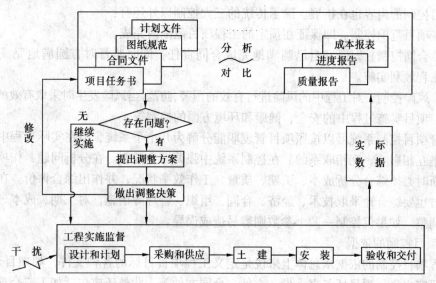

图 8-1　工程中的目标控制程序

（1）工程实施监督。目标控制，首先应表现在对工程活动的监督上，即保证按照合同，按照预先确定的各种计划、设计、施工方案实施工程。工程实施状况反映在原始的工程资料（数据）上，例如质量检查表、分项工程进度报表、记工单、用料单、成本核算凭证等。

工程实施监督是工程管理的日常事务性工作。

（2）跟踪，即将收集到的工程资料和实际数据进行整理，得到能反映工程实施状况的各种信息。如各种质量报告，各种实际进度报告，各种成本和费用收支报表，以及它们的分析报告。将这些信息与工程目标，如合同文件、合同分析文件、计划、设计等进行对比分析。这样可以发现两者的差异。差异的大小，即为工程实施偏离目标的程度。

如果没有差异，或差异较小，则可以按原计划继续实施工程。

（3）诊断，即分析差异的原因，差异表示工程实施偏离了工程目标，必须详细分析差异产生的原因、影响和它的责任等，分析工程实施的发展趋向。

（4）采取调整措施。通常工程实施与目标的差异会逐渐积累，越来越大，最终导致工程实施远离目标，甚至可能导致整个工程的失败。所以，在工程过程中要不断地采取措施进行调整，使工程实施一直围绕合同目标进行。工程中的调整措施通常包括两个方面：

1）工程项目目标的修改，如修改设计、变化工程范围、增加投资（费用）、延长工期。

2）工程实施过程的变更，如改变技术方案、改变实施顺序等。

这两个方面都是通过合同变更实现的。

2. 工程实施控制的主要内容

工程项目实施控制包括极其丰富的内容。以前，人们将它归纳为三大控制，即工期（进度）控制、成本（投资、费用）控制、质量控制，这是由项目管理的三大目标引导出的。这三个方面包括了工程实施控制最主要的工作。现在，随着项目目标和合同内容的扩展，项目控制的内容也在扩展。除了传统的三大控制以外还有：

（1）项目范围控制。即保证在预定的工程项目范围内完成。

（2）合同控制。即保证自己圆满地完成合同责任，同时监督对方圆满地完成合同责任，使工程顺利实施。

（3）风险控制。对工程中的风险进行有效的预警、防范，当风险发生时采取有效的措施。

（4）项目实施过程中的安全、健康和环境方面的控制等。

尽管项目控制系统可以按照项目管理职能分解为几个子系统，但在实际工程中，这几个方面是互相影响、互相联系的。在控制系统中强调综合控制。在分析问题，作项目实施状况诊断时必须综合分析成本、工期、质量、工作效率状况，并作出综合评价。在考虑调整方案时也要综合地采取技术、经济、合同、组织、管理等措施，对工期、成本、质量进行综合调整。如果仅控制一两个参数则容易造成误导。

3. 项目控制的依据

工程项目控制的依据从总体上来说是定义工程项目目标的各种文件，如项目建议书、可行性研究报告、项目任务书、设计文件、合同文件等，此外还应包括如下三个部分：

（1）对工程适用的法律、法规文件。工程的一切活动都必须符合这些要求，它们构成项目实施的边界条件之一。

（2）项目的各种计划文件、合同分析文件等。

（3）在工程中的各种变更文件。

具体地说工程项目的控制内容、目的、目标、依据见表 8-1。

工程实施控制的内容　　　　　　　　　　表 8-1

序号	控制内容	控 制 目 的	控制目标	控 制 依 据
1	范围控制	保证按任务书（或设计文件、或合同）规定的数量完成工程	范围定义	范围规划和定义文件（项目任务书、设计文件、工程量表等）
2	成本控制	保证按计划成本完成工程，防止成本超支和费用增加，达到盈利目的	计划成本	各分项工程、分部工程、总工程计划成本、人力、材料、资金计划、计划成本曲线等
3	质量控制	保证按任务书（或设计文件、或合同）规定的质量完成工程，使工程顺利通过验收，交付使用，实现使用功能	规定的质量标准	各种技术标准、规范、工程说明、图纸、工程项目定义、任务书、批准文件
4	进度控制	按预定进度计划实施工程，按期交付工程，防止工程拖延	任务书（或合同）规定的工期	总工期计划、已批准的详细的施工进度计划、网络图、横道图等
5	合同控制	按合同规定全面完成自己的义务、防止违约	合同规定的义务、责任	合同范围内的各种文件、合同分析资料
6	风险控制	防止和减低风险的不利影响	风险责任	风险分析和风险应对计划
7	安全、健康、环境控制	保证项目的实施过程、运营过程和产品（或服务）的使用符合安全、健康和环境保护要求	法律、合同和规范	法律、合同文件和规范文件

三、合同控制

现代工程项目是通过合同运作的，参加单位通常都用合同连接，以确定在项目中的地位和责权利关系，合同定义着工程的目标（工期、质量和价格）和各方的工作责任、义务和权利、管理程序，它具有综合性的特点，它的执行也应受到严格的控制。

在上述的几个控制中，合同控制有它的特殊性。

1. 成本、质量、工期是由合同定义的三大目标，承包商最根本的合同责任是达到这三大目标；而且工程范围、工程的安全、健康、环境体系也是由合同定义的，所以合同控制是其他控制的保证。通过合同控制可以使整个项目的控制职能协调一致，形成一个有序的项目管理过程。

2. 通过合同总体分析可见，承包商除了必须按合同规定的质量要求和进度计划，完成工程的设计、施工、竣工和保修责任外，还必须对实施方案的安全、稳定负责；对工程现场的安全、秩序、清洁和工程保护负责；遵守法律，执行工程师的指令；对自己的工作人员和分包商承担责任；按合同规定及时地提供履约担保，购买保险，承担与业主的合作义务，达到工程师满意的程度等。同时承包商有权利获得合同规定的必要的工作条件，如场地、道路、图纸、指令；要求工程师公平、正确的解释合同；有及时、如数地获得工程付款的权利；有决定工程实施方案，并选择更为科学的合理的实施方案的权利；有对业主和工程师违约行为的索赔权利等。这一切都必须通过合同控制来实施。

3. 合同控制的动态性。它表现在如下两个方面：

（1）合同实施受到外界干扰，常常偏离目标，要不断地进行调整。

（2）合同目标本身不断地变化。例如在工程过程中不断出现合同变更，使工程的质量、工期、合同价格变化，使合同双方的责任和权利发生变化。

这样，合同控制就必须是动态的，合同实施就必须随变化了的情况和目标不断调整（图8-2）。

4. 承包商的合同控制不仅针对与业主之间的工程承包合同，而且包括与总合同相关的其他合同，如分包合同、供应合同、运输合同、租赁合同等，而且包括总合同与各分合同、各分合同之间的协调控制。

四、合同实施策略

合同实施策略是承包商按企业和工程具体情况确定的执行合同的基本方针。它对合同的实施有总体指导作用。

图8-2 合同目标变化和合同实施控制

1. 承包商必须考虑该工程在企业同期许多工程中的地位、重要性，确定优先等级。对有重大影响的工程，如对企业信誉有重大影响的创牌子工程，大型、特大型工程，对企业准备发展业务的地区的工程，必须全力保证，在人力、物力、财力上优先考虑，在合同实施中，以与业主的关系为重，以工程顺利实施为重。

2. 承包商必须以积极合作的态度和热情圆满地履行合同。在工程中，特别在遇到重大问题时积极与业主合作，以赢得业主的信赖，赢得信誉。例如在中东，有些合同在签订后，或在执行中遇到不可抗力（如战争、动乱），按规定可以中止合同，但有些承包商理解业主的困难，暂停施工，同时采取措施，保护现场，降低业主损失。待干扰事件结束后，继续履行合同。这样不仅保住了合同，取得了利润，而且赢得了信誉，扩大市场。

3．对明显导致亏损的工程，特别是企业难以承受的亏损，或业主资信不好，难以继续合作，有时不惜以撕毁合同来解决问题。有时承包商主动地中止合同，比继续执行合同的损失要小。特别当承包商已跌入"陷阱"中，合同不利，而且风险已经发生时。

4．在工程施工中，由于非承包商责任引起费用增加和工期拖延，承包商提出合理的索赔要求，但业主不予解决。承包商在合同执行中可以通过控制进度，通过直接或间接地表达履约热情和积极性，向业主施加压力和影响以求得合理的解决。

如果通过合同诊断，承包商已经发现业主有恶意，不支付工程款或自己已经坠入合同陷阱中，或已经发现合同亏损，而且估计亏损会越来越大，则要及早确定合同执行战略，采取措施，例如及早撕毁合同，降低损失；或争取道义索赔，取得部分补偿；或采用以守为攻的办法，拖延工程进度，消极怠工等。

在这种情况下，常常承包商投入资金越多，工程完成得越多，承包商就越被动，损失会越大。待到工程结束，交付给业主，则承包商的主动权就没有了。

五、工程施工中合同管理的任务

合同签订后，承包商首先要派出工程的项目经理，由他全面负责工程管理工作。而项目经理首先必须组建包括合同管理人员在内的项目管理小组，并着手进行施工准备工作。

现场的施工准备一经开始，合同管理的工作重点就转移到施工现场，直到工程全部结束。所以施工管理组织中应有合同管理机构和人员，如合同工程师、合同管理员。在施工阶段合同管理的基本目标是，保证全面地完成合同责任，按合同规定的工期、质量、价格（成本）要求完成工程。在整个工程施工过程中，合同管理的主要任务如下：

1．给项目经理和项目管理职能人员、各工程小组、所属分包商在合同关系上以帮助，进行工作上的指导，如经常性地解释合同，对来往信件、会谈纪要等进行合同法律审查。

2．对工程实施进行有力的合同控制，保证承包商正确履行合同，保证整个工程按合同、按计划、有步骤、有秩序地施工，防止工程中的失控现象。

3．作为工程实施的"漏洞工程师"，及时预见和防止合同问题，以及由此引起的各种责任，防止合同争执和避免合同争执造成的损失。对因干扰事件造成的损失进行索赔，同时又应使承包商免于对干扰事件和合同争执的责任，处于不能被索赔的地位（即反索赔）。

合同管理人员在工程实施中起"漏洞工程师"的作用，但他不是寻求与业主、与工程师、与各工程小组、与分包商的对立，他的目标不仅仅是索赔和反索赔，而是将各方面在合同关系上联系起来，防止漏洞和弥补损失，各方应减少对抗，促使合同顺利履行。例如促使工程师放弃不适当、不合理的要求（指令），避免对工程的干扰、工期的延长和费用的增加；协助工程师工作，弥补工程师工作的漏洞，如及时提出对图纸、指令、场地等的申请，尽可能提前通知工程师，让工程师有所准备，这样使工程更为顺利。

4．向各级管理人员和向业主提供工程合同实施的情况报告，提供用于决策的资料、建议和意见。

六、合同管理的主要工作

合同管理人员在这一阶段的主要工作有如下几个方面：

1．进行合同交底工作。

2．建立合同实施管理体系，以保证合同实施过程中的一切日常事务性工作有秩序地进行，使工程项目的全部合同事件处于控制中，保证合同目标的实现。

3. 监督承包商的工程小组和分包商按合同施工，并做好各分合同的协调和管理工作。承包商应以积极合作的态度完成自己的合同责任，努力做好自我监督。

同时也应督促和协助业主和工程师完成他们的合同责任，以保证工程顺利进行。

4. 对合同实施情况进行跟踪；收集合同实施的信息，收集各种工程资料，并作出相应的信息处理；将合同实施情况与合同分析资料进行对比分析，找出其中的偏离。

5. 对合同履行情况作出诊断；向项目经理及时通报合同实施情况及问题，提出合同实施方面的意见、建议、甚至警告。

6. 对来往的各种信件、指令、会议纪要等进行合同方面的审查。

7. 进行合同变更管理。这里主要包括参与变更谈判，对合同变更进行事务性处理；落实变更措施，修改变更相关的资料，检查变更措施落实情况。

8. 日常的索赔和反索赔。这里包括两个方面：

(1) 与业主之间的索赔和反索赔；

(2) 与分包商及其他方面之间的索赔和反索赔。

在工程实施中，承包商与业主、总（分）包商、材料供应商、银行等之间都可能有索赔或反索赔。合同管理人员承担着主要的索赔（反索赔）任务，负责日常的索赔（反索赔）处理事务。主要有：

1) 对收到的对方的索赔报告进行审查分析，收集反驳理由和证据，复核索赔值，起草并提出反索赔报告。

2) 对由于干扰事件引起的损失，向对方（业主或分包商等）提出索赔要求；收集索赔证据和理由，分析干扰事件的影响，计算索赔值，起草并提出索赔报告。

3) 参加索赔谈判，对索赔（反索赔）中所涉及的问题进行处理。

索赔和反索赔是合同管理人员的主要任务之一，所以，他们必须精通索赔（反索赔）业务。

9. 在工程结束后进行合同后评价工作，总结合同管理的经验和教训。

第二节　合同实施管理体系

由于现代工程的特点，使得施工中的合同管理极为困难和复杂，日常的事务性工作极多。为了使工作有秩序、有计划地进行，必须建立工程承包合同实施管理体系。

一、进行"合同交底"，落实合同责任，实行目标管理

合同和合同分析的资料是工程实施的依据。合同分析后，应对项目管理人员和各工程小组负责人进行"合同交底"，把合同责任具体地落实到各责任人和合同实施的具体工作上。

1. "合同交底"，就是组织大家学习合同和合同总体分析结果，对合同的主要内容作出解释和说明，使大家熟悉合同中的主要内容、各种规定、管理程序，了解承包商的合同责任和工程范围，各种行为的法律后果等，使大家都树立全局观念，工作协调一致，避免在执行中的违约行为。

(1) 在我国传统的施工项目管理系统中，人们十分注重"图纸交底"工作，但却没有"合同交底"工作，所以项目经理部和各工程小组对项目的合同体系、合同基本内容不甚了解。我国工程管理者和技术人员有十分牢固的"按图施工"的观念，这并不错，但在现代市场经济中必须转变到"按合同施工"上来。特别在工程使用非标准的合同文本或项目经理部不熟悉的合同文本时，这个"合同交底"工作就显得更为重要。

（2）在我国的许多工程承包企业，工程投标工作主要是由企业职能部门承担的，合同签订后再组织项目经理部。项目经理部的许多人员并没有参与投标过程，不熟悉合同的内容、合同签订过程和其中的许多环节，以及业主的许多软信息。所以合同交底又是向项目经理部介绍合同签订的过程和其中的各种情况的过程，是合同签订的资料和信息的移交过程。

（3）合同交底又是对人员的培训过程和各职能部门的沟通过程。

（4）通过合同交底，使项目经理部对本工程的项目管理规则、运行机制有清楚的了解。同时加强项目经理部与企业的各个部门的联系，加强承包商与分包商，与业主、设计单位、咨询单位（项目管理公司和监理单位）、供应商的联系。

这样能使承包商的整个企业和整个项目部对合同的责任、沟通和协调规则，过程实施计划的安排有十分清楚的，同时又是一致的理解。这些都是合同交底的内容。

2. 将各种合同实施工作责任分解落实到各工程小组或分包商。使他们对合同实施工作表（任务单，分包合同），施工图纸，设备安装图纸，详细的施工说明等，有十分详细的了解。并对工程实施的技术的和法律的问题进行解释和说明，如工程的质量、技术要求和实施中的注意点、工期要求、消耗标准、相关事件之间的搭接关系、各工程小组（分包商）责任界限的划分、完不成责任的影响和法律后果等。

3. 在合同实施前与其他相关的各方面，如业主、监理工程师、承包商沟通，召开协调会议，落实各种安排。在现代工程中，合同双方有互相合作的责任。包括：

（1）互相提供服务、设备和材料；

（2）及时提交各种表格、报告、通知；

（3）提交质量体系文件；

（4）提交进度报告；

（5）避免对实施过程和对对方的干扰；

（6）现场保安，保护环境等；

（7）对对方明显的错误提出预先警告，对其他方（如水电气部门）的干扰及时报告。

但这些在更大程度上是承包商的责任。因为承包商是工程合同的具体实施者，是有经验的。合同规定，承包商对设计单位、业主的其他承包商，指定分包承担协调责任，对业主的工作（如提供指令、图纸、场地等），承包商负有预先告知，及时的配合，对可能出现的问题提出意见、建议和警告的责任。

4. 合同责任的完成必须通过其他经济手段来保证。

对分包商，主要通过分包合同确定双方的责权利关系，保证分包商能及时地按质按量地完成合同责任。如果出现分包商违约行为，可对他进行合同处罚和索赔。

对承包商的工程小组可通过内部的经济责任制来保证。在落实工期、质量、消耗等目标后，应将它们与工程小组经济利益挂钩，建立一整套经济奖罚制度，以保证目标的实现。

二、建立合同管理工作程序

在工程实施过程中，合同管理的日常事务性工作很多。为了协调好各方面的工作，使合同管理工作程序化、规范化，应订立如下几个方面的工作程序：

1. 定期和不定期的协商会办制度。在工程过程中，业主、工程师和各承包商之间，承包商和分包商之间以及承包商的项目管理职能人员和各工程小组负责人之间都应有定期的协商会办。通过会办可以解决以下问题：

(1) 检查合同实施进度和各种计划落实情况；

(2) 协调各方面的工作，对后期工作作出安排；

(3) 讨论和解决目前已经发生的和以后可能发生的各种问题，并作出相应的决议；

(4) 讨论合同变更问题，作出合同变更决议，落实变更措施，决定合同变更的工期和费用补偿数量等。

承包商与业主，总包和分包之间会谈中的重大议题和决议，应用会谈纪要的形式确定下来。各方签署的会谈纪要，作为有约束力的合同变更，是合同的一部分。合同管理人员负责会议资料的准备，提出会议的议题，起草各种文件，提出对问题解决的意见或建议，组织会议，会后起草会谈纪要，对会谈纪要进行合同方面的检查。

对工程中出现的特殊问题可不定期地召开特别会议讨论解决方法。这样保证合同实施一直得到很好的协调和控制。

同样，承包商的合同管理人员、成本、质量（技术）、进度、安全，信息管理人员都必须在现场工作，他们之间应经常进行沟通。

2. 建立合同实施工作程序。对于一些经常性工作应订立工作程序，使大家有章可循，合同管理人员也不必进行经常性的解释和指导，如图纸批准程序，工程变更程序，承（分）包商的索赔程序，承（分）包商的账单审查程序，材料、设备、隐蔽工程、已完工程的检查验收程序，工程进度付款账单的审查批准程序，工程问题的请示报告程序等。

这些程序在合同中一般都有总体规定，在这里必须细化、具体化。在程序上更为详细，并落实到具体人员。

三、建立文档系统

1. 在合同实施过程中，业主、承包商、工程师、业主的其他承包商之间有大量的信息交往。承包商的项目经理部内部的各个职能部门（或人员）之间也有大量的信息交往。

作为合同责任，承包商必须及时向业主（工程师）提交各种信息、报告、请示。这些是承包商证明其工程实施状况（完成的范围、质量、进度、成本等），并作为继续进行工程实施、请求付款、获得赔偿、工程竣工的条件。

2. 在招标投标和合同实施过程中，承包商做好现场记录，并保存记录是十分重要的。许多承包商忽视这项工作，不喜欢文档工作，最终削弱自己的合同地位，损害自己的合同权益，特别妨碍索赔和争执的有利解决。最常见的问题有：附加工作未得到书面确认，变更指令不符合规定，错误的工作量测量结果、现场记录、会谈纪要未及时反对，重要的资料未能保存，业主违约未能用文字或信函确认等。在这种情况下，承包商在索赔及争执解决中取胜的可能性是极小的。

人们忽视记录及信息整理和储存工作是因为许多记录和文件在当时看来是没有价值的，而且其工作又是十分琐碎的。如果工程一切顺利，双方不产生争执，一般大量的记录确实没有价值，而且这项工作十分麻烦，花费不少。

但实践证明，任何工程都会有这样或那样的风险，都可能产生争执，甚至会有重大的争执，"一切顺利"的可能性极小。到那时就会用到大量的证据。

当然信息管理不仅仅是为了解决争执，它在整个项目管理中有更为重要的作用。它已是现代项目管理重要的组成部分。但在现代承包工程中常常有如下现象存在：

（1）施工现场也有许多表格，但是大家都不重视它们，不喜欢文档工作，对日常工作不记录，也没有安排专门人员从事这项工作。例如在施工日志上，经常不填写，或仅仅填写"一切正常"，"同昨日"，"同上"等，没有实质性内容或有价值的信息。

（2）文档系统不全面，不完整，不知道哪些该记，哪些该保存。

（3）不保存，或不妥善地保存工程资料。在现场办公室内到处是文件。由于没有专人保管，有些日志可能被用于打扑克记分，有些报表被用于包东西。

许多项目管理者嗟叹，在一个工程中文件太多，面太广，资料工作太繁杂，做不好。常常在管理者面前有一大堆文件，但要查找一份需要用的文件却要花许多时间。

3. 合同管理人员负责各种合同资料和工程资料的收集、整理和保存工作。这项工作非常繁琐和复杂，要花费大量的时间和精力。

工程的原始资料在合同实施过程中产生，它必须由各职能人员、工程小组负责人、分包商提供。应将责任明确地落实下去：

（1）各种数据、资料的标准化，如各种文件、报表、单据等应有规定的格式和规定的数据结构要求。

（2）将原始资料收集整理的责任落实到人，由他对资料负责。资料的收集工作必须落实到工程现场，必须对工程小组负责人和分包商提出具体的要求。

（3）各种资料的提供时间要求。

（4）准确性要求。

（5）建立工程资料的文档系统等。

四、工程过程中严格的检查验收制度

承包商有自我管理工程质量的责任。承包商应根据合同中的规范、设计图纸和有关标准采购材料和设备，并提供产品合格证明，对材料和设备质量负责，达到工程所在国法定的质量标准（规范要求）基本要求。如果合同文件对材料的质量要求没有明确的规定，则材料应具有良好的质量，合理的满足用途和工程目的。

合同管理人员应主动地抓好工程和工作质量，做好全面质量管理工作，建立一整套质量检查和验收制度，例如：

每道工序结束应有严格的检查和验收；

工序之间、工程小组之间应有交接制度；

材料进场和使用应有一定的检验措施；

隐蔽工程的检查制度等。

防止由于承包商自己的工程质量问题造成被工程师检查验收不合格，试生产失败而承担违约责任。在工程中，由此引起的返工、窝工损失，工期的拖延应由承包商自己负责，得不到赔偿。

五、建立报告和行文制度

承包商和业主、工程师、分包商之间的沟通都应以书面形式进行，或以书面形式作为最终依据。这是合同的要求，也是法律的要求，也是工程管理的需要。在实际工作中这项工作特别容易被忽略。报告和行文制度包括如下几方面内容：

1. 定期的工程实施情况报告，如日报、周报、旬报、月报等。应规定报告内容、格式、报告方式、时间以及负责人。

2. 工程过程中发生的特殊情况及其处理的书面文件，如特殊的气候条件，工程环境的变化等，应有书面记录，并由工程师签署。对在工程中合同双方的任何协商、意见、请示、指示等都应落实在纸上，尽管天天见面，也应养成书面文字交往的习惯，相信"一字千金"，切不可相信"一诺千金"。

在工程中，业主、承包商和工程师之间要保持经常联系，出现问题应经常向工程师请示，汇报。

3. 工程中所有涉及双方的工程活动，如材料、设备、各种工程的检查验收，场地、图纸的交接，各种文件（如会议纪要、索赔和反索赔报告、账单）的交接，都应有相应的手续，应有签收证据。

这样双方的各种工程活动才有根有据。

第三节 合同实施监督

合同责任是通过具体的合同实施工作完成的。合同监督可以保证工程的实施工作按合同和合同分析的结果进行。

一、工程师（业主）的实施监督

业主雇用工程师的首要目的是对工程合同的履行进行有效的监督。这是工程师最基本的职能。他不仅要为承包商完成合同责任提供支持，监督承包商全面完成合同责任，而且要协助业主全面完成业主的合同责任。

1. 工程师应该立足施工现场，或安排专人在现场负责工程监督工作。

2. 工程师要促使业主按照合同的要求，为承包商履行合同提供帮助，并履行自己的合同责任。如：向承包商提供现场的占有权，使承包商能够按时、充分、无障碍的进入现场；及时提供合同规定由业主供应的材料和设备；及时下达指令、图纸。

这是承包商履行义务的先决条件。

3. 对承包商工程实施的监督，使承包商的整个工程施工处于监督过程中。工程师的合同监督工作通过如下工作完成的：

（1）检查并防止承包商工程范围的缺陷，如漏项、供应不足，对设计的缺陷进行纠正。

（2）对承包商的施工组织计划、施工方法（工艺）进行事前的认可和实施过程中的监督，保证工程达到合同所规定的质量、安全、健康和环境保护的要求。

（3）确保承包商的材料、设备符合合同的要求，进行事前的认可、进场检查、使用过程中的监督。

（4）监督工程实施进度。包括：

下达开工令，并监督承包商及时开工；

在中标后,承包商应该在合同条件规定的期限内向工程师提交进度计划,并得到认可;

监督承包商按照批准的计划实施工程;

承包商的中间进度计划或局部工程的进度计划可以修改,但它必须保证总工期目标的实现,同时也必须经过工程师的同意。

(5) 对付款的审查和监督。对付款的控制是工程师控制工程的有效手段。

工程师在签发预付款、工程进度款、竣工工程价款和最终支付证书时应全面审查合同所要求的支付条件,承包商的支付证书,支付数额的合理性,并监督业主按照合同规定的程序及时批准和付款。

二、承包商的合同实施监督

承包商合同实施监督的目的是保证按照合同完成自己的合同责任。主要工作有:

1. 合同管理人员与项目的其他职能人员一齐落实合同实施计划,为各工程小组、分包商的工作提供必要的保证。如施工现场的安排,人工、材料、机械等计划的落实,工序间的搭接关系的安排和其他一些必要的准备工作。

2. 在合同范围内协调业主、工程师、项目管理各职能人员、所属的各工程小组和分包商之间的工作关系,解决合同实施中出现的问题,如合同责任界面之间的争执,工程活动之间时间上和空间上的不协调。

合同责任界面争执是工程实施中很常见的。承包商与业主、与业主的其他承包商、与材料和设备供应商、与分包商,以及承包商的分包商之间,工程小组与分包商之间常常互相推卸一些合同中未明确划定的工程活动的责任。这会引起内部和外部的争执,对此合同管理人员必须做判定和调解工作。

3. 对各工程小组和分包商进行工作指导,作经常性的合同解释,使各工程小组都有全局观念。对工程中发现的问题提出意见、建议或警告。

4. 会同项目管理的有关职能人员检查、监督各工程小组和分包商的合同实施情况,保证自己全面履行合同责任。在工程施工过程中,承包商有责任自我监督,发现问题,及时自我改正缺陷,而不一定是工程师指出的。

(1) 审查、监督安全按照合同所确定的工程范围施工,不漏项,也不多余。无论对单价合同,还是总价合同,没有工程师的指令,漏项和超过合同范围完成工作,都得不到相应的付款。

(2) 承包商及时开工,并以应有的进度施工,保证工程进度符合合同和工程师批准的详细的进度计划的要求。通常,承包商不仅对竣工时间承担责任,而且应该及时开工,以正常的进度开展工作。

(3) 按合同要求,采购材料和设备。承包商的工程如果超过合同规定的质量要求是白费的,只能得到合同所规定的付款。承包商对工程质量的义务,不仅要按照合同要求使用材料、设备和工艺,而且要保证它们适合业主所要求的工程使用目的。

应会同业主及工程师等对工程所用材料和设备开箱检查或作验收,看是否符合图纸和技术规范等的质量要求。

进行隐蔽工程和已完工程的检查验收,负责验收文件的起草和验收的组织工作。

审查和监督施工工艺。承包商有责任采用可靠的、技术性良好、符合专业要求、安全稳定的方法完成工程施工。

(4) 在按照合同规定由工程师检查前，应首先自我检查核对，对未完成的工程，或有缺陷的工程指令限期采取补救措施。

(5) 承包商对业主提供的设计文件、材料、设备、指令进行监督和检查。

1) 承包商对业主提供的设计文件（图纸、规范）的准确性和充分性不承担责任。但业主提供的规范和图纸中明显的错误，或是不可用的，承包商有告知的义务，应作出事前警告。只有当这些错误是专业性的，不易发现的，或时间太紧，承包商没有机会提出警告，或者曾经提出过警告，业主没有理睬，承包商才能免责。

2) 对业主的变更指令，作出的调整工程实施的措施可能引起工程成本、进度、使用功能等方面的问题和缺陷，承包商同样有预警责任。

3) 应监督业主按照合同规定的时间、数量、质量要求及时提供材料和设备。如果业主不按时提供，承包商有责任事先提出需求通知。如果业主提供的材料和设备质量、数量存在问题，应及时向业主提出申诉。

5. 会同造价工程师对向业主提出的工程款账单和分包商提交来的收款账单进行审查和确认。

6. 合同管理工作一经进入施工现场后，合同的任何变更，都应由合同管理人员负责提出；对向分包商的任何指令，向业主的任何文字答复、请示，都须经合同管理人员审查，并记录在案。承包商与业主、与总（分）包商的任何争议的协商和解决都必须有合同管理人员的参与，并对解决结果进行合同和法律方面的审查、分析和评价。这样不仅保证工程施工一直处于严格的合同控制中，而且使承包商的各项工作更有预见性，更能及早地预计行为的法律后果。

由于在工程实施中的许多文件，例如业主和工程师的指令、会谈纪要、备忘录、修正案、附加协议等也是合同的一部分，所以它们也应完备，没有缺陷、错误、矛盾和二义性。它们也应接受合同审查。在实际工程中这方面问题也特别多。

例如在我国的一个外资项目中，业主与承包商协商采取加速措施，将工期提前3个月，双方签署加速协议，由业主支付一笔赶工费用。但加速协议过于简单，未能详细分清双方责任，特别是在加速时期业主的合作责任、没有承包商权益保护条款（例如他应业主要求加速，只要采取加速措施，即使没有效果，也应获得最低补偿）、没有赶工费的支付时间的规定。承包商采取了加速措施，但由于气候、业主的干扰、承包商责任等原因使总工期未能提前。结果承包商未能获得任何补偿。

7. 承包商对环境的监控责任。对施工现场遇到的异常情况必须作出记录，如在施工中发现影响施工的地下障碍物，发现古墓、古建筑遗址、钱币等文物及化石或其他有考古、地质研究等价值的物品时，承包商应立即保护好现场，及时以书面形式通知工程师。

承包商对后期可能出现的影响工程施工，造成合同价格上升，工期延长的环境情况进行预警，并及时通知业主。

第四节 合同跟踪

一、合同跟踪的作用

在工程实施过程中，由于实际情况千变万化，导致合同实施与预定目标（计划和设计）偏离。如果不采取措施，这种偏差常常由小到大，逐渐积累。合同跟踪可以不断地找出偏离，不断地调整合同实施，使之与总目标一致。这是合同控制的主要手段。合同跟踪的作用有：

1. 通过合同实施情况分析，找出偏离，以便及时采取措施，调整合同实施过程，达到合同总目标。所以合同跟踪是调整决策的前导工作。

2. 在整个工程过程中，能使项目管理人员一直清楚地了解合同实施情况，对合同实施现状、趋向和结果有一个清醒的认识，这是非常重要的。有些管理混乱、管理水平低的工程常常只有到工程结束时才能发现实际损失，可这时已无法挽回。

【案例 18】 我国某承包公司在国外承包一项工程，合同签订时预计，该工程能盈利30万美元；开工时，发现合同有些条款不利，估计能持平，即可以不盈不亏；待工程进行了几个月，发现合同很为不利，预计要亏损几十万美元；待工期达到一半，再作详细核算，才发现合同极为不利，是个陷阱，预计到工程结束，至少亏损1000万美元以上。到这时才采取措施，损失已极为惨重。

在这个工程中如果能及早对合同进行分析、跟踪、对比，发现问题并及早采取措施，则可以把握主动权，避免或减少损失。

二、合同跟踪的依据

1. 合同和合同分析的结果，如各种计划、方案、合同变更文件等，它们是比较的基础，是合同实施的目标和依据。

2. 各种实际的工程文件，如原始记录，各种工程报表、报告、验收结果、计量结果等。

3. 工程管理人员每天对现场情况的直观了解，如通过施工现场的巡视、与各种人谈话、召集小组会议、检查工程质量、计量等。这是最直观的感性知识。通常可以比通过报表、报告更快地发现问题，更能透彻地了解问题，有助于迅速采取措施减少损失。

这就要求合同管理人员在工程过程中一直立足于现场。

三、合同跟踪的对象

合同跟踪的对象，通常有如下几个层次：

1. 具体的合同实施工作。对照合同实施工作表的具体内容，分析该工作的实际完成情况。如以前面第七章第三节中所举设备安装工作为例分析：

（1）安装质量是否符合合同要求？如标高、位置、安装精度、材料质量是否符合合同要求？安装过程中设备有无损坏？

（2）工程范围，如是否全都安装完毕？有无合同规定以外的设备安装？有无其他附加工程？

（3）工期，是否在预定期限内施工？工期有无延长？延长的原因是什么？

该工程工期变化原因可能是，业主未及时交付施工图纸；生产设备未及时运到工地；基础土建施工拖延；业主指令增加附加工程；业主提供了错误的安装图纸，造成工程返工；工程师指令暂停工程施工等。

（4）成本的增加和减少。

将上述内容在合同实施工作表上加以注明，这样可以检查每个合同实施工作的执行情况。对一些有异常情况，即如果实际和计划存在大的偏离，可以列表作出专门分析，作进一步的处理。

经过上面的分析可以得到偏差的原因和责任，从这里可以发现索赔机会。

2. 对工程小组或分包商的工程和工作进行跟踪。一个工程小组或分包商可能承担许多专业相同、工艺相近的分项工程或许多合同实施工作，所以必须对它们实施的总情况进行检查分析。在实际工程中常常因为某一工程小组或分包商的工作质量不高或进度拖延而影响整个工程施工。合同管理人员在这方面应给他们提供帮助。例如协调他们之间的工作；对工程缺陷提出意见、建议或警告；责成他们在一定时间内提高质量、加快工程进度等。

作为分包合同的发包人，总承包商必须对分包合同的实施进行有效的控制。这是总承包商合同管理的重要任务之一。分包合同控制的目的如下：

（1）控制分包商的工作，严格监督他们按分包合同完成工程。分包合同是总承包合同的一部分，如果分包商完不成他的合同责任，则总包就不能顺利完成总包合同责任。

（2）为向分包商索赔和对分包商反索赔作准备。总包和分包之间利益是不一致的，双方之间常常有尖锐的利益争执。在合同实施中，双方都在进行合同管理，都在寻求向对方索赔的机会。所以双方都有索赔和反索赔的任务。

（3）对分包商的工程和工作，总承包商负有协调和管理的责任，并承担由此造成的损失。所以分包商的工程和工作必须纳入总承包工程的计划和控制中，防止因分包商工程管理失误而影响全局。

3. 对业主和工程师的工作进行跟踪。业主和工程师是承包商的主要合同伙伴，对他们的工作进行监督和跟踪是十分重要的。

（1）业主和工程师必须正确地、及时地履行合同责任，及时提供各种工程实施条件。如及时发布图纸、提供场地、下达指令、作出答复、及时支付工程款等。这常常是承包商推卸工程责任的托词，所以要特别重视。在这里合同工程师作为漏洞工程师寻找合同中，以及对方合同执行中的漏洞。

（2）在工程中承包商应积极主动地做好工作，如提前催要图纸、材料，对工作事先通知。这样不仅可以让业主和工程师及早准备，建立良好的合作关系，保证工程顺利实施，而且可以推卸自己的责任。

（3）有问题及时与工程师沟通，多向他汇报情况，及时听取他的指示（书面的！）。

（4）及时收集各种工程资料，对各种活动，双方的交流作出记录。

（5）对有恶意的业主提前防范，以及早采取措施。

4. 对工程总体进行跟踪。对工程总的实施状况的跟踪可以通过如下几方面进行：

（1）工程整体施工秩序状况。如果出现以下情况，合同实施必然有问题：

1）现场混乱、拥挤不堪；

2）承包商与业主的其他承包商、供应商之间协调困难；

3）合同事件之间和工程小组之间协调困难；

4）出现事先未考虑到的情况和局面；

5）发生较严重的工程事故等。

（2）已完工程没能通过验收，出现大的工程质量问题，工程试生产不成功，或达不到预定的生产能力等。

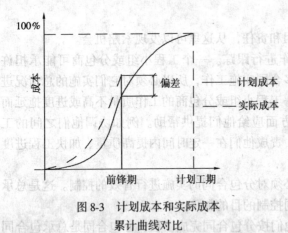

图 8-3　计划成本和实际成本
累计曲线对比

（3）施工进度未能达到预定计划、主要的工程活动出现拖期、在工程周报和月报上计划和实际进度出现大的偏差。

（4）计划和实际的成本曲线出现大的偏离。在工程项目管理中，工程累计成本曲线对合同实施的跟踪分析起很大作用。计划成本累计曲线通常在网络分析、各工程活动成本计划确定后得到。在国外，它又被称为本工程项目的成本模型。而实际成本曲线由实际施工进度安排和实际成本累计得到，两者对比见图 8-3。从图上可以分析出实际和计划的差异。

第五节　合同实施诊断和调整措施选择

一、合同实施诊断

在合同跟踪的基础上可以进行合同诊断。合同诊断是对合同执行情况的评价、判断和趋向分析、预测。它包括如下内容：

1. 合同实施差异的原因分析。通过对不同监督和跟踪对象的计划和实际的对比分析，不仅可以得到差异，而且可以探索引起这个差异的原因。原因分析可以采用鱼刺图，因果关系分析图（表），成本量差、价差分析等方法定性地，或定量地进行。

例如，通过计划成本和实际成本累计曲线的对比分析，不仅可以得到总成本的偏差值，而且可以进一步分析差异产生的原因。通常，引起计划和实际成本累计曲线偏离的原因可能有：

（1）整个工程加速或延缓；

（2）工程施工次序被打乱；

（3）工程费用支出增加，如材料费、人工费上升；

（4）增加新的附加工程，以及工程量增加；

（5）工作效率低下，资源消耗增加等。

进一步分析，还可以发现更具体的原因，如引起工作效率低下的原因可能有：

内部干扰：施工组织不周全，夜间加班或人员调遣频繁；机械效率低，操作人员不熟悉新技术，违反操作规程，缺少培训，经济责任不落实，工人劳动积极性不高等。

外部干扰：图纸出错，设计修改频繁，气候条件差，场地狭窄，现场混乱，施工条件，如水、电、道路等受到影响。

进一步可以分析出各个原因的影响量大小。

2. 合同差异责任分析。即这些原因由谁引起？该由谁承担责任？这常常是索赔的理由。一般只要原因分析详细，有根有据，则责任分析自然清楚。责任分析必须以合同为依据，按合同规定落实双方的责任。

3. 合同实施趋向预测。分别考虑不采取调控措施和采取调控措施，以及采取不同的调控措施情况下，合同的最终执行结果。承包商有义务对工程可能的风险、问题和缺陷提出预警：

最终的工程状况，包括总工期的延误，总成本的超支，质量标准，所能达到的生产能力（或功能要求）等；

承包商将承担什么样的后果，如被罚款，被清算，甚至被起诉，对承包商资信、企业形象、经营战略的影响等；

最终工程经济效益（利润）水平。

综合上述各方面，即可以对合同执行情况作出综合评价和判断。

二、调整措施选择

1. 广义地说，对合同实施过程中出现的问题的处理有如下四类措施：

（1）技术措施。例如变更技术方案，采用新的更高效率的施工方案。

（2）组织和管理措施。如增加人员投入、重新进行计划或调整计划、派遣得力的管理人员、暂时停工、按照合同指令加速。在施工中经常修订进度计划对承包商来说是有利的。

（3）经济措施。如改变投资计划，增加投入、对工作人员进行经济激励、动用暂定金额等。

（4）合同措施。例如按照合同进行惩罚、进行合同变更、签订新的附加协议、备忘录、通过索赔解决费用超支问题等。

2. 这四类措施，又可以归纳为两种：

（1）对实施过程的调整，例如变更实施方案，重新进行组织。

（2）对工程项目目标的调整，如增加投资、延长工期、修改工程范围，甚至调整项目产品的方向等。

从合同的角度，从双方合同关系和责任的角度，它们都属于合同的变更，或都是通过合同变更完成的。

3. 对合同实施过程中出现的差异和问题，业主和承包商有不同的出发点和策略。

（1）业主和工程师遇到工程问题和风险通常首先着眼于解决问题，排除干扰，使工程顺利实施，然后才考虑到责任和赔偿问题。这是由于业主和工程师考虑问题是从工程整体利益角度出发的。

工程师可以在他的权力范围内对承包商发出指令调整工程施工过程，如加速施工，调整实施计划，要求承包商在规定时间内将不符合合同要求的材料、设备，运出施工现场，重新采购符合要求的产品。对不符合要求的工程，按时修复，或拆除并重新施工。如果这些问题是由于承包商责任引起，则承包商承担由此发生的费用，工期不予顺延。

（2）在施工中出现任何工程问题和风险，承包商也首先考虑采用技术、组织和管理措施。承包商在施工过程中出现工程暂时的不合格，或工作有缺陷的情况是难免的。但承包商应该及时纠正缺陷，及时自我完善。对工程师发出的不合格工程和工作修改指令，承包商应及时、有效地执行。同时要考虑：

1）如何保护和充分行使合同赋与的权利，例如通过索赔降低自己的损失。

2）如何利用合同使对方的要求（权利）降到最低，即如何充分限制对方的合同权利。找出业主的责任。

第六节 合同实施后评价

按照合同全生命期控制要求，在合同执行后必须进行合同后评价。将合同签订和执行过程中的利弊得失、经验教训总结出来，作为以后工程合同管理的借鉴。

由于合同管理工作比较偏重于经验，只有不断总结经验，才能不断提高管理水平，才能通过工程不断培养出高水平的合同管理者。所以这项工作十分重要。但现在人们还不重视这项工作，或尚未有意识、有组织地做这项工作。

合同实施后的评价工作包括的内容和工作流程可见图8-4。

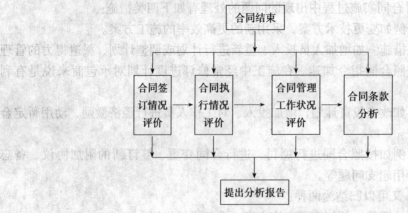

图8-4 合同实施后评价

1. 合同签订情况评价。包括：

预定的合同战略和策划是否正确？是否已经顺利实现？

招标文件分析和合同风险分析的准确程度；

该合同环境调查，实施方案，工程预算以及报价方面的问题及经验教训；

合同谈判中的问题及经验教训，以后签订同类合同的注意点；

各个相关合同之间的协调问题等。

2. 合同执行情况评价。包括：

本合同执行战略是否正确？是否符合实际？是否达到预想的结果？

在本合同执行中出现了哪些特殊情况？应采取什么措施防止、避免或减少损失？

合同风险控制的利弊得失；

各个相关合同在执行中协调的问题等。

3. 合同管理工作评价。这是对合同管理本身，如工作职能、程序、工作成果的评价，包括：

合同管理工作对工程项目的总体贡献或影响；

合同分析的准确程度；

在投标报价和工程实施中，合同管理子系统与其他职能的协调问题，需要改进的地方，合同控制中的程序改进要求。

索赔处理和纠纷处理的经验教训等。

4. 合同条款分析。包括：

本合同的具体条款，特别对本工程有重大影响的合同条款的表达和执行利弊得失；

本合同签订和执行过程中所遇到的特殊问题的分析结果；

对具体的合同条款如何表达更为有利等。

复 习 思 考 题

1. 简述"合同交底"的工作内容，并分析它与图纸交底的联系与区别。如何做好"合同交底"工作？

2. 简述合同控制的主要工作内容。

3. 为什么说合同控制是一项综合性的涉及各个方面的管理工作？合同控制与范围控制、成本控制、质量控制、进度控制等有什么联系？

4. 作为承包商，建立合同实施保证体系的依据是什么？

5. 简述合同实施监督的基本工作内容。

6. 简述合同实施跟踪的基本工作内容。

7. 简述合同诊断的基本工作内容。

8. 合同实施后评价有什么作用？

第九章 合同变更管理

【本章提要】 介绍合同变更的起因和范围，合同变更的影响分析，合同变更程序，责任分析和合同变更应注意的问题等。

第一节 概 述

一、工程合同变更的起因

合同内容频繁的变更是工程合同的特点之一。一个较为复杂的工程合同，实施中的变更可能有几百项，其原因是：

1. 现代承包工程的特点是工程量大、投资多、结构复杂、技术和质量要求高、工期长。在工程开始前工程设计会有许多不完备的地方，如错误、遗漏、不协调等。

2. 工程环境的多变性。最常见的有：地质条件的变化、建筑市场和建材市场的变化、货币的贬值、城建和环保部门对工程新的建议和要求或干涉、自然条件的变化等。它们会直接导致工程目标、设计和计划的变更。

3. 工程合同在工程开始前签订，是基于对未来情况预测的基础上。对如此复杂的工程和环境，合同不可能对所有的问题作出预见和规定，对所有的工程和工作作出准确的说明。工程合同条件越来越复杂，合同中难免有考虑不周的条款、缺陷和不足之处，如措词不当、说明不清楚、有二义性。这会导致合同条件的变更。

4. 业主要求的变化导致大量的工程变更，如项目目标的修改，建筑的功能、形式、质量标准、实施方式和过程、工程量、工程质量的变化。

合同确定的工期和价格是相对于投标时的合同条件、工程环境和实施方案，即"合同状态"。由于上述这些内部的和外部的干扰因素引起"合同状态"中某些因素的变化，打破了"合同状态"，造成合同变更。所以合同变更又是"合同状态"的变更与调整。

二、合同变更范围

合同变更是合同实施调整措施的综合体现。合同变更的范围很广，一般在合同签订后所有工程范围，进度，工程质量要求，合同条款内容，合同双方责权利关系的变化等都可以被看作为合同变更。最常见的变更有如下几类：

1. 涉及合同条款的变更，合同条件和合同协议书所定义的双方责权利关系，或一些重大问题的变更。这是狭义的合同变更，以前人们定义合同变更即为这一类。

2. 工程变更。指在工程施工过程中，工程师或业主代表在合同约定范围内对工程范围、质量、数量、性质、施工次序和实施方案等作出变更。这是最常见和最多的合同变更。

现代工程合同扩大了工程变更的范围，赋予业主（工程师）更大的变更工程的权力。以 FIDIC 施工合同为例：

（1）承包商为业主的人员、业主的其他承包商、任何合法的公共当局的人员提供适当的服务、承包商的设备和临时工程，导致不可预见的费用增加。

（2）工程现场遇到不可预见的物质条件，承包商执行工程师的任何导致工程变更的处理指示。

（3）工程师指定分包商。

（4）业主和他的工程师的特殊要求，例如合同规定以外的钻孔，勘探开挖；对材料、工程设备、工艺作合同规定以外的检查试验，造成工程损坏或费用增加，而最终证明承包商的工程质量符合合同要求；要求承包商完成合同规定以外的工作或工程，为业主，业主的其他承包商、工作人员、任何合法机构人员提供临时工程、临时设施和各种服务等。

由于非承包商责任，工程师改变合同所规定的试验的位置或细节，或指示承包商进行附加试验，或指示承包商提供附加样品。

（5）承包商预测将来可能会发生对工程造成不利影响、增加合同价格、延误工期的事件或情况，向工程师发出通知，工程师要求承包商提出这些影响的估计和处理建议。如果工程师批准承包商的处理建议，则产生变更。

（6）工程师指令暂停超过84天，承包商要求复工。在要求提出后28天工程师没有给出许可，承包商可将暂停所影响的工程部分作为删减项目，引起变更。

（7）在缺陷通知期，承包商修补非承包商责任的缺陷引起变更。

（8）工程师要求承包商调查任何缺陷的原因，而这些缺陷非承包商责任和应承担的风险。

（9）工程师指令工程变更，包括：任何工作内容的数量的改变；或工作量清单上有错误；任何工作内容的质量或其他特性的改变；任何部分工程的标高、位置或尺寸的改变；任何工作的删减，但业主不能将删减的工程再交他人实施；永久工程所需要的任何附加工作、生产设备、材料或服务；实施工程的顺序或时间的改变等。

（10）承包商提出合理化建议（价值工程）。承包商可随时向工程师提交书面建议，提出可以加快竣工，降低业主工程施工、维护或运行的费用，或提供竣工工程的效率或价值，或给业主带来其他利益的建议。

3. 合同主体的变更。如由于特殊原因造成合同责任和权益的转让，或合同主体的变化。

三、合同变更的影响

合同变更实质上是对合同的修改，是双方新的要约和承诺。这种修改通常不能免除或改变承包商的合同责任，但对合同实施影响很大，造成原"合同状态"的变化，必须对原合同规定的内容作相应的调整。主要表现在如下几方面：

1. 定义工程目标和工程实施情况的各种文件，如设计图纸、成本计划和支付计划、工期计划、施工方案、技术说明和适用的规范等，都应作相应的修改和变更。

当然相关的其他计划也应作相应调整，如材料采购计划、劳动力安排、机械使用计划等。它不仅引起与承包合同平行的其他合同的变化，而且会引起所属的各个分合同，如供应合同、租赁合同、分包合同的变更。有些重大的变更会打乱整个施工部署。

2. 引起合同双方，承包商的工程小组之间，总承包商和分包商之间合同责任的变化。如工程量增加，则增加了承包商的工程责任，增加了费用开支和延长了工期。所以常常必然会导致工程索赔。

3. 变更的时间不同，会对工程有不同的影响。例如：

(1) 与变更相关的分项工程尚未开始，只需对工程设计作修改或补充。如事前发现图纸错误，业主对工程有新的要求等。在这种情况下，工程变更时间比较充裕，价格谈判和变更的落实可有条不紊地进行。

(2) 变更所涉及的工程正在进行施工，如在施工中发现设计错误或业主突然有新的要求。这种变更通常时间很紧迫，甚至可能发生现场停工，等待变更指令。

(3) 变更所涉及的工程已经完工，必须作返工处理，还会引起现场工程施工的停滞，施工秩序打乱，已购材料的损失等。

4. 合同变更常常会引起合同争执，双方可能就变更的责任、范围、补偿方式和数额产生争议。

四、合同变更的处理要求

1. 变更尽可能快地作出。在实际工作中，变更决策时间过长和变更程序太慢会造成很大的损失，常有这两种现象：

(1) 施工停止，承包商等待变更指令或变更会谈决议。等待变更为业主责任，通常可提出索赔。

(2) 变更指令不能迅速作出，而现场继续施工，造成更大的返工损失。

这不仅要求提前发现变更需求，而且要求变更程序非常简单和快捷。

2. 迅速、全面、系统地落实变更指令。变更指令作出后，承包商应迅速、全面、系统地落实变更指令。

(1) 全面修改相关的各种文件，例如图纸、规范、施工计划、采购计划等，使它们一直反映和包容最新的变更。

(2) 在相关的各工程小组和分包商的工作中落实变更指令，并提出相应的措施，对新出现问题作解释和对策，同时又要协调好各方面工作。

合同变更指令应立即在工程实施中得到贯彻。在实际工程中，这方面问题常常很多。由于合同变更与合同签订不一样，没有一个合理的计划期，变更时间紧，难以详细地计划和分析，很难全面落实责任，就容易造成计划、安排、协调方面的漏洞，引起混乱，导致损失。而这个损失往往被认为是承包商管理失误造成的，难以得到补偿。所以合同管理人员在这方面起着很大的作用。只有合同变更得到迅速落实和执行，合同监督和跟踪才可能以最新的合同内容作为目标，这是合同动态管理的要求。

3. 保存原始设计图纸、设计变更资料、业主书面指令、变更后发生的采购合同、发票以及实物或现场照片。

4. 对合同变更的影响作进一步分析。合同变更是索赔机会，应在合同规定的索赔有效期内完成对它的索赔处理。在合同变更过程中就应记录、收集、整理所涉及的各种文件，如图纸、各种计划、技术说明、规范和业主的变更指令，以作为进一步分析的依据和索赔的证据。在实际工作中，合同变更必须与提出索赔同步进行，甚至对重大的变更，应先进行索赔谈判，待达成一致后，再实施变更。在这里赔偿协议是关于合同变更的处理结果，也作为合同的一部分。

由于合同变更对工程施工过程的影响大，会造成工期的拖延和费用的增加，容易引起双方的争执。所以合同双方都应十分慎重地对待合同变更问题。按照国际工程统计，工程变更是索赔的主要起因。

在一个工程中，合同变更的次数、范围和影响的大小与该工程招标文件（特别是合同条件）的完备性、技术设计的正确性以及实施方案和实施计划的科学性直接相关。

第二节　合同变更程序和申请

合同变更应有一个正规的程序，应有一整套申请、审查、批准手续。

1. 对重大的合同变更，由双方签署变更协议确定。合同双方经过会谈，对变更所涉及的问题，如变更措施、变更的工作安排、变更所涉及的工期和费用索赔的处理等，达成一致。然后双方签署备忘录、修正案等变更协议。

在合同实施过程中，工程参加者各方定期会办（一般每周一次），商讨研究新出现的问题，讨论对新问题的解决办法。例如业主希望工程提前竣工，要求承包商采取加速措施，则可以对加速所采取的措施和费用补偿等进行具体地协商和安排，在合同双方达成一致后签署赶工协议。

有时对于重大问题，需很多次会议协商，通常在最后一次会议上签署变更协议。

双方签署的合同变更协议与合同一样有法律约束力，而且法律效力优先于合同文本。所以，对它也应与对待合同一样，进行认真研究，审查分析，及时答复。

2. 业主或工程师行使合同赋予的权力，发出工程变更指令。在实际工程中，这种变更在数量上极多。工程合同通常明确规定工程变更的程序。FIDIC 施工合同规定：

（1）要求承包商提出一份建议书，承包商应尽快作出书面答复，或提出他不能照办的理由，或提交变更建议，包括：对建议完成工作的说明以及实施的进度计划；对原进度计划和竣工时间作出必要的修改建议；对变更估价的建议等。

（2）工程师在收到建议书后应尽快作出答复，批准、不批准、或提出意见。

（3）由工程师向承包商发出执行每项变更的指示。

在合同分析中常常须作出工程变更程序图。对承包商来说，最理想的变更程序是，在变更执行前，合同双方已就工程变更中涉及的费用增加和工期延误的补偿协商达成一致。例如由图 9-1 所示的工程变更程序。

但按该程序实施变更，时间太长。合同双方对于费用和工期补偿谈判常常会有反复和争执。这会影响变更的实施和整个工程施工进度。所以在一般工程中，特别在国际工程中较少采用这种程序。

在国际工程中，承包合同通常都赋予业主（或工程师）以直接指令变更工程的权力。承包商在接到指令后必须执行，而合同价格和工

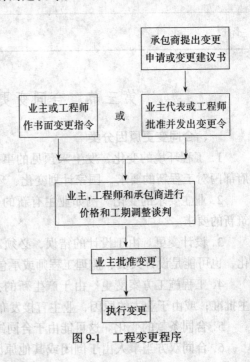

图 9-1　工程变更程序

期的调整由工程师和承包商在与业主协商后确定。

3. 工程变更申请

在工程项目管理中，工程变更通常要经过一定的手续，如申请、审查、批准、通知（指令）等。工程变更申请表的格式和内容可以按具体工程需要设计。表 9-1 为某工程项目的工程变更申请表。

工程变更申请表 表 9-1

申请人		申请表编号		合同号	
相关的分项工程和该工程的技术资料说明					
工程号　　　　　　图号					
施工段号					
变更的依据			变更说明		
变更涉及的标准					
变更所涉及的资料					
变更影响（包括技术要求、工期、材料、劳动力、成本、机械、对其他工程的影响等）					
变更类型			变更优先次序		
审查意见：					
计划变更实施日期：					
变更申请人（签字）					
变更批准人（签字）					
变更实施决策/变更会议					
备注					

第三节　合同变更责任分析和补偿问题

一、合同变更原因分类

1. 工程环境的变化，发生未预见的事件。如市场变化，预定的工程条件不准确，政府部门对工程新的要求，国家计划变化、环境保护要求、城市规划变动等。

2. 业主要求的变化。例如业主有新的主意，业主修改项目总计划，削减预算，对建筑新的要求。

3. 设计变更。由于设计的错误，必须对设计图纸作修改。这可能是由于业主要求变化，也可能是设计人员、监理工程师或承包商事先没能很好地理解业主的意图。

4. 工程施工方案变更。由于产生新的技术和知识，承包商提出合理化的建议，经业主批准；或由于业主的原因，业主直接发布指令，修改原实施方案或实施计划。

5. 合同条款的变化。这可能由于合同缺陷、业主要求造成的。

6. 合同双方当事人由于倒闭或其他原因转让合同，造成合同当事人的变化。这通常是比较少的。

二、合同变更的相互联系分析

在前文所述的合同变更的起因中，常见的几种变更存在相互联系，有因果关系（图9-2）。这是合同变更责任分析的基本逻辑关系。

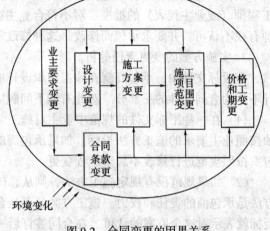

1. 环境变化有可能导致业主要求、设计、施工方案、施工项目范围和合同条款的变更。

2. 业主要求的变更可能会导致设计、合同条款、施工方案、施工项目范围变更。

图9-2　合同变更的因果关系

3. 业主要求、设计和合同条款的变化会直接导致施工方案、施工项目范围的变更。

4. 工程施工方案的变更会直接导致施工项目范围的变更。

5. 这些变更最终都可能导致合同价格和工期的变更。价格和工期的变更是结果性的。在一般情况下，引起反向作用的可能性不大。

三、工程变更的责任分析

在合同变更中，最频繁和数量最大的是工程变更（包括设计变更、实施组织和方法变更、项目范围和实施过程变更等）。它在工程索赔中所占的份额也最大（见参考文献11）。工程变更的责任分析是工程变更起因与工程变更问题处理，即确定赔偿问题的桥梁。

1. 作为变更的前提条件。在工程合同（如 FIDIC 施工合同）中，"变更"是特别定义的，它是指业主必须对此付款的。在工程合同的实施过程中，变化是经常性的，但一项变化要作为合同所定义的"变更"，有一些前提条件。

（1）新增工作不在原始合同描述的范围内，不属于承包商义务或责任（明示或默示的），或者与合同描述的性质、内容不一样。

（2）变更不是承包商自愿完成的，而是由业主或他的代理人发出变更指令。

（3）非承包商责任（如他的过错）引起的。

2. 设计变更的责任分析。

设计变更会引起工程量的增加、减少，新增或删除工程分项，工程质量和进度的变化，实施方案的变化。一般工程施工合同赋予业主（工程师）这方面的变更权力，可以直接通过下达指令，重新发布图纸，或规范实现变更。它的起因可能有：

（1）由于业主要求、政府城建环保部门的要求、环境变化（如地质条件变化）、不可抗力、原设计错误等导致设计的修改，必须由业主承担责任。

（2）由于承包商施工过程、施工方案出现错误、疏忽而导致设计的修改，必须由承包商负责。

例如在某桥梁工程中采用混凝土灌注桩。在钻孔尚未达设计深度时，钻头脱落，无法取出，桩孔报废。经设计单位重新设计，改在原桩两边各打一个小桩承受上部荷载。则由此造成的费用损失由承包商承担。

（3）在现代工程中，承包商承担的设计工作逐渐多起来。承包商提出的设计必须经过工程师（或业主代表）的批准。对不符合业主在招标文件中提出的工程要求的设计，工程师有权不认可，并要求承包商修改。这种修改不属于工程变更。

3．实施方案的变更责任分析。

在投标文件中，承包商就在施工组织设计中提出比较完备的施工方案，但施工组织设计不作为合同文件的一部分。对此有如下问题应注意：

（1）在一些招标文件的规范中业主对施工方法和临时工程做了详细的规定。承包商必须按照业主要求的施工方法投标。如果承包商的施工方法与规范不同，工程师指令要求承包商按照规范进行修改不属于工程变更。

（2）如果规范没有规定施工方法，则从总体上说，承包商对施工方法负责，选择施工方法是承包商的责任和权力。施工方案虽不是合同文件，但它也有约束力。业主向承包商授标就表示对这个方案的认可。在合同签订后一定时间内，承包商应提交详细的施工计划供业主代表或工程师审查，业主代表也可以要求承包商对施工方案作出说明。如果承包商的施工方法不符合合同的要求，不能保证实现合同目标，工程师有权指令承包商修改方案，以保证承包商圆满地完成合同责任。

（3）施工合同规定，承包商应对所有现场作业和施工方法的完备、安全、稳定负全部责任。这一责任表示：

1）在通常情况下由于承包商自身原因（如失误或风险）修改施工方案所造成的损失由承包商负责。

2）在投标书中的施工方法被证明不可行的，工程师不批准或指令承包商改变施工方法不能构成工程变更。

3）承包商为保证工程质量，保证实施方案的安全和稳定所增加的工程量，如扩大工程边界，应由他负责，不属于工程变更。

（4）在它作为承包商责任的同时，又隐含着承包商对决定和修改施工方案具有相应的权利：业主不能随便干预承包商的施工方案；为了更好地完成合同目标（如缩短工期），或在不影响合同目标的前提下承包商有权采用更为科学和经济合理的施工方案，即承包商可以进行中间调整，不属违约。尽管合同规定必须经过工程师的批准，但工程师（业主）也不得随便干预。当然承包商承担重新选择施工方案的风险和机会收益。

【案例19】　在一国际工程中，按合同规定的总工期计划，应于××年×月×日开始现场搅拌混凝土。因承包商的混凝土拌和设备迟迟运不上工地，承包商决定使用商品混凝土，但为业主否决。而在承包合同中未明确规定使用何种混凝土。承包商不得已，只有继续组织设备进场，由此导致施工现场停工、工期拖延和费用增加。对此承包商提出工期和费用索赔。而业主以如下两点理由否定承包商的索赔要求：

1）已批准的施工进度计划中确定承包商用现场搅拌混凝土，承包商应遵守。

2）拌和设备运不上工地是承包商的失误，他无权要求赔偿。

最终将争执提交调解人。调解人认为：因为合同中未明确规定一定要用工地现场搅拌的混凝土（施工方案不是合同文件），则商品混凝土只要符合合同规定的质量标准也可以使用，不必经业主批准。因为按照惯例，实施工程的方法由承包商负责。他在不影响或为了更好地保证合同总目标的前提下，可以选择更为经济合理的施工方案。业主不得随便干预。在这前提下，业主拒绝承包商使用商品混凝土，是一个变更指令，对此可以进行工期和费用索赔。但该项索赔必须在合同规定的索赔有效期内提出。当然承包商不能因为用商品混凝土要求业主补偿任何费用。

最终承包商获得了工期和费用补偿。

(5) 工程师指示承包商应该完成合同内的工作不属于工程变更，因为工程师不能改变承包商的合同责任。

1) 承包商工程出现问题，或承包商违约，工程师应在合同范围内督促完成工程责任，保证工程质量和避免延误。例如由于承包商责任导致工期延误，工程师下达加速施工的指令。这些工作指令不是变更指令。

2) 但工程师没有权力和义务指示和干预承包商的施工方法。工程师的责任在于监督承包商按照合同施工，按时完成合同规定的永久性工程，而无权对具体的施工方法作出指示，也没有义务对承包商施工方法的缺陷作出预见。工程师如果越权干预承包商的施工过程，则会容易导致工程变更。

3) 即使承包商已经选择的施工方法出现问题或困难，承包商应自己克服困难，无权要求工程师发出指令如何克服困难，或如何变更施工方法。工程师也有权拒绝承包商的要求。

4) 如果工程师指示是为了帮助承包商摆脱困境，更好的完成工作，而承包商的工作又属于他的合同责任，或在他的风险范围内，则不属于变更。工程师应防止承包商将这方面的责任推给工程师，借口因执行工程师的指令变更施工方法的。

(6) 但为了使工程师能够有效的控制承包商的工程施工，保证工程的效率和保护业主利益，合同规定，承包商中标后必须向工程师提交详细的施工方案文件，并获得他的批准（或同意）。如果在工程施工中，承包商修改施工方法，必须经过工程师的批准或同意。

如果工程师无正当理由不同意可能会导致一个变更指令。这里的正当理由通常有：

1) 工程师有证据证明或认为，承包商的施工方案不能保证按时完成他的合同责任，例如不能保证质量、保证工期，或承包商没有采用良好的施工工艺。

2) 不安全，造成环境污染或损害健康。

3) 承包商要求变更方案（如变更施工次序、缩短工期），而业主无法完成合同规定的配合责任。例如，无法按这个方案及时提供图纸、场地、资金、设备，则有权要求承包商执行原定方案。

4) 当承包商已施工的工程没有达到合同要求，如质量不合格，工期拖延，工程师指令承包商变更施工方案，以尽快摆脱困境，达到合同要求。

则工程师有权指令承包商变更他的施工方案。工程师的这些指令都不能构成工程变更。承包商无权提出索赔。

(7) 重大的设计变更常常会导致施工方案的变更。如果设计变更应由业主承担责任，则相应的施工方案的变更也由业主负责。反之，则由承包商负责。

(8) 对异常不利的地质条件所引起的施工方案的变更，一般作为业主的责任。一方面这是一个有经验的承包商无法预料现场气候条件除外的障碍或条件，另一方面业主负责地质勘察和提供地质报告，则他应对报告的正确性和完备性承担责任。

(9) 施工进度的变更。施工进度的变更是十分频繁的：在招标文件中，业主给出工程的总工期目标；承包商在投标书中有一个总进度计划（一般以横道图形式表示）；中标后承包商还要提出详细的进度计划，由工程师批准（或同意）；在工程开工后，每月都可能有进度的调整。通常只要工程师（或业主）批准（或同意）承包商的进度计划（或调整后的进度计划），则新进度计划就成为有约束力的。如果业主不能按照新进度计划完成按合同应由业主完成的责任，如及时提供图纸、施工场地、水电等，则属业主的违约行为。

【案例 20】　在某工程中，业主在招标文件中提出工期为 24 个月。在投标书中，承包商的进度计划也是 24 个月。中标后承包商向工程师提交一份详细进度计划，说明 18 个月即可竣工，并论述了 18 个月工期的可行性。工程师认可了承包商的计划。

在工程中由于业主原因（设计图纸拖延等）造成工程停工，影响了工期，虽然实际总工期仍小于 24 个月，但承包商仍成功地进行了工期和与工期相关的费用索赔，因为 18 个月工期计划是有约束力的（见参考文献 11）。

这里有如下几个问题：

1) 合同规定，承包商必须于合同规定竣工之日或之前完成工程，合同鼓励承包商提前竣工（提前竣工奖励条款）。承包商为了追求最低费用（或奖励）可以进行工期优化，这属实施方案，是承包商的权力，只要他保证不拖延合同工期和不影响工程质量。

2) 承包商不能因自身原因采用新的方案向业主要求追加费用，但工期奖励除外。所以，业主代表（监理工程师）在同意承包商的新方案时必须注明"费用不予补偿"，否则在事后容易引起不必要的纠缠。

3) 承包商在作出新计划前，必须考虑他所属分合同计划的修改。如供应提前，分包工程加速等。同样，业主在作出同意（批准，认可）前要考虑到对业主的其他合同，如供应合同、其他承包合同、设计合同的影响。如果业主不能或无法做好协调，则可以不同意承包商的方案，要求承包商按原合同工期执行，这不属于变更。

(10) 其他情况。

【案例 21】　在一房地产开发项目中，业主提供了地质勘察报告，证明地下土质很好。承包商作施工方案，用挖方的余土作通往住宅区道路基础的填方。由于基础开挖施工时正值雨期，开挖后土方潮湿，且易碎，不符合道路填筑要求。承包商不得不将余土外运，另外取土作道路填方材料。

对此承包商提出索赔要求。工程师否定了该索赔要求，理由是，填方的取土作为承包商的施工方案，它因受到气候条件的影响而改变，不能提出索赔要求。

在本案例中即使没有下雨，而因业主提供的地质报告有误，地下土质过差不能用于填方，承包商也不能因为另外取土而提出索赔要求。因为：

1) 合同规定承包商对业主提供的水文地质资料的理解负责。而地下土质可用于填方，这是承包商对地质报告的理解，应由他自己负责。

2) 取土填方作为承包商的施工方案，也应由他负责。

本案例的性质完全不同于由于地质条件恶劣造成基础设计方案变化，或造成基础施工方案变化的情况。

第四节　合同变更应注意的问题

1. 对业主（工程师）的口头变更指令，按施工合同规定，承包商也必须遵照执行，但应在 7 天内书面向工程师索取书面确认。而如果工程师在 7 天内未予书面否决，则承包商的书面要求即可作为工程师对该工程变更的书面指令。工程师的书面变更指令是支付变更工程款的先决条件之一。作为承包商在施工现场应积极主动，当工程师下达口头指令时，为了防止拖延和遗忘，承包商的合同管理人员可以立刻起草一份书面确认信让工程师签字。因为不管工程师怎样忙碌，签字的时间总是有的。

2. 业主和他的工程师的认可权必须限制。在国际工程中，业主常常通过工程师对材料的认可权提高材料的质量标准、对设计的认可权提高设计质量标准、对施工工艺的认可权提高施工质量标准。如果合同条文规定比较含糊，或设计不详细，则容易产生争执。当认可超过合同明确规定的范围和标准时，它即为变更指令，应争取业主或工程师的书面确认，进而提出工期和费用索赔。工程变更的比较标准是合同所定义的工程。

3. 承包合同规定工程师变更工程的权力。但工程变更不能免去承包商的合同责任，而且对方应有变更的主观意图。所以对已收到的变更指令，特别对重大的变更指令或在图纸上作出的修改意见，应予以核实。对涉及双方责权利关系的重大变更，或超过合同范围的变更，必须有业主的书面指令、认可、或双方签署的变更协议。

工程变更如果超过合同所规定的工程范围，承包商有权不执行变更或坚持先商定价格后再进行变更。

4. 工程变更通常须由业主的工程师下达书面指令，出具书面证明，承包商开始执行变更，同时进行费用补偿谈判，在一定期限内达成补偿协议。应注意工程变更的实施，价格谈判和业主批准三者之间在时间上的矛盾性。这对承包商常常会有较大的风险，尽量先估价后变更。在国际工程中，合同通常都规定，承包商必须无条件执行业主代表或工程师的变更指令（即使是口头指令），工程变更已成为事实，工程师再发出价格和费率的调整通知，价格谈判常常迟迟达不成协议，或业主对承包商的补偿要求不批准，价格的最终决定权却在工程师。这样承包商处于十分被动的地位。

例如，某合同的工程变更条款规定：

"由工程师下达书面变更指令给承包商，承包商请求工程师给以书面详细的变更证明。在接到变更证明后，承包商开始变更工作，同时进行价格调整谈判。在谈判中没有工程师的指令，承包商不得推迟或中断变更工作"。

"价格谈判在两个月内结束。在接到变更证明后 4 个月内，业主应向承包商递交有约束力的价格调整和工期延长的书面变更指令。超过这个期限承包商有权拖延或停止变更"。

一般工程变更在 4 个月内早已完成，"超过这个期限"、"停止"和"拖延"都是空话。在这种情况下，价格调整主动权完全在业主，承包商的地位很为不利，风险较大。对此可采取如下措施：

（1）控制（即拖延）施工进度，等待变更谈判结果。这样不仅损失较小，而且谈判回旋余地较大；

（2）争取以点工或按承包商的实际费用支出计算费用补偿，如采取成本加酬金方法，这样避免价格谈判中的争执；

（3）应有完整的变更实施的记录和照片，请业主、工程师签字，为索赔作准备。

5. 在工程中，承包商不能擅自进行工程变更。施工中发现图纸错误或其他问题，需进行变更，首先应通知工程师，经工程师同意或通过变更程序再进行变更。否则，可能不仅得不到应有的补偿，而且会带来麻烦。

【案例22】 在某一国际工程中，工程师向承包商颁发了一份图纸，图纸上有工程师的批准及签字。但这份图纸的部分内容违反本工程的专用规范（即工程说明），待实施到一半后工程师发现这个问题，要求承包商返工并按规范施工。承包商就返工问题向工程师提出索赔要求，但为工程师否定。承包商提出了问题：工程师批准颁布的图纸，如果与合同专用规范内容不同，它能否作为工程师已批准的有约束力的工程变更？

【答】

(1) 在国际工程中通常专用规范是优先于图纸的，承包商有责任遵守合同规范。

(2) 如果双方一致同意，工程变更的图纸是有约束力的。但这一致同意不仅包括图纸上的批准意见，而且工程师应有变更的意图，即工程师在签发图纸时必须明确知道已经变更，而且承包商也清楚知道。如果工程师不知道已经变更（仅发布了与规范不一致的图纸），则不论出于何种理由，他没有修改的意向，这个对图纸的批准没有合同变更的效力。

(3) 承包商在收一个与规范不同的或有明显错误的图纸后，有责任在施工前将问题呈交给工程师（见本节前面的分析）。如果工程师书面肯定图纸变更，则就形成有约束力的工程变更。而在本例中承包商没有向工程师核实，则不能构成有约束力的工程变更。

鉴于以上理由，承包商没有索赔理由。

6. 在合同实施中，合同内容的任何变更都必须经过合同管理人员或由他们提出。与业主、与总（分）包之间的任何书面信件、报告、指令等都应经合同管理人员进行技术和法律方面的审查。这样才能保证任何变更都在控制中，不会出现合同问题。

7. 在商讨变更、签订变更协议过程中，承包商必须提出变更补偿（即索赔）问题。最好在变更执行前就应明确补偿范围、补偿方法、索赔值的计算方法、补偿款的支付时间等。双方应就这些问题达成一致。这是对索赔权的保留，以防日后争执。

合同变更应有合理的补偿，避免双方利用变更机会获得不当利益。既要防止承包商对变更漫天要价，又要防止变更使承包商受到损失，或更大的损失。

在工程变更中，特别应注意因变更造成返工、停工、窝工、修改计划等引起的损失，建立严格的书面文档记录、收发和资料收集、整理、保管制度，除合同文件、来往书面文件外，应针对具体索赔情形，主动收集、整理相关资料。在变更谈判中应对此进行商谈，保留索赔权。在实际工程中，人们常常忽视这些损失，而最后提出索赔报告时往往因举证困难而为对方否决。

复习思考题

1. 阅读 FIDIC 施工合同，罗列变更条款。

2. 举例说明几类变更之间存在内在联系。

3. 工程变更有什么要求？对承包商来说应注意什么问题？

4. 在案例21中，如果业主的招标文件中规定用基础挖方的余土作通往住宅区道路的回填土，而在开挖后发现土方不符合道路回填的要求，承包商不得不将余土外运，另外取土回填，问承包商有无理由提出索赔要求？以什么理由提出索赔要求比较有利？

第四篇 索 赔

第十章 索 赔 管 理

【本章提要】 本章讨论索赔和索赔管理的一些基本概念

1. 索赔的定义、索赔的起因。工程是多索赔的领域。

2. 索赔的作用和条件、索赔的分类、索赔管理的内容，以及它与项目管理其他职能的关系。在整个项目管理中索赔管理是高层次的、综合性的管理工作。索赔管理不仅能追回损失，而且能够防止损失的发生，还能够极大地提高合同管理、项目管理和企业管理水平。

3. 索赔处理是指承包商的索赔管理工作过程，包括索赔机会搜寻、索赔理由、索赔的证据、起草索赔报告等。

索赔工作过程必须符合合同的规定，必须贯穿在承包商的整个项目管理系统中。

第一节 索赔和它的起因

一、索赔的概念

1. "索赔"这个词已越来越为人们所熟悉。仅从字面意思看，索赔即索取赔偿。在《辞海》中，索赔被具体解释为"交易一方不履行或未正确履行契约上规定的义务而受到损失，向对方提出赔偿的要求"。

但工程中索赔不仅有索取赔偿的意思，而且表示"有权要求"，是向对方提出某项要求或申请（赔偿）的权利，法律上叫做"有权主张"。

索赔是合同和法律赋予的基本权力。对承包商来说，索赔的范围更为广泛。一般只要不是承包商自身责任造成工期延长和成本增加，都可以通过合法的途径与方式提出索赔要求，这包括如下三大类情况：

（1）业主或业主代表违约，未履行合同责任。如未按合同规定及时交付设计图纸造成工程拖延，未及时支付工程款。

（2）业主行使合同规定的权力，如业主行使合同赋予的权力指令变更工程，暂停工程施工。

（3）发生应由业主承担责任的特殊风险事件。如事先未能预料的不利的自然条件，其他方面干扰工程实施的情况，恶劣的气候条件，与勘探报告不同的地质情况，国家法令的修改，物价上涨，汇率变化等。

对此，承包商按照合同有权获得相应的补偿。如果没有及时得到业主（或业主代表，或工程师）的确认和业主给出支付承诺，或双方尚未达成一致，承包商就可以以正式函件向业主提出索赔要求。

它们在用词上有些差别，但处理过程和处理方法相同。所以，从管理的角度可将它们同归为索赔。

2. 在实际工程中，索赔是双向的。业主向承包商也可能有索赔要求。FIDIC 工程施工合同明确规定业主可以向承包商提出费用和（或）缺陷通知期延长的索赔要求。但通常业主索赔数量较小，而且处理方便。业主可通过冲账、扣拨工程款、没收履约保函、扣保留金等实现对承包商的索赔。而最常见、最有代表性、处理比较困难的是承包商向业主的索赔，所以人们通常将它作为索赔管理的重点和主要对象。

与其他行业相比，工程承包业是一个索赔多发的行业。这是由建筑产品、建筑生产过程、建筑产品市场经营方式决定的。在现代承包工程中，特别在国际承包工程中，索赔经常发生，而且索赔额很大。

二、索赔要求

在工程中，索赔要求通常有两个：

1. 合同工期的延长。承包合同中都有工期（开始期和持续时间）和工程拖延的违约责任条款。如果工程拖期是由承包商管理不善造成的，则他必须承担责任，接受合同规定的处罚。而对外界干扰引起的工期拖延，承包商可以通过索赔，取得业主对合同工期延长的认可，则在这个范围内可免去他的合同处罚。

业主可以按照合同规定向承包商索赔工程缺陷通知期（保修期）。

2. 费用补偿。由于非承包商自身责任造成工程成本增加，使承包商增加额外费用，蒙受经济损失，他可以根据合同规定提出费用或利润索赔要求。如果该要求得到业主的认可，业主应向他追加支付这笔费用以补偿损失。这样，实质上承包商通过索赔提高了合同价格，常常不仅可以弥补损失，而且能增加工程利润。

三、索赔的作用

索赔与工程承包合同同时存在。它的主要作用有：

1. 保证合同的实施。合同一经签订，合同双方即产生权利和义务关系。这种权利受法律保护，这种义务受法律制约。索赔是合同法律效力的具体体现，并且由合同的性质决定。如果没有索赔和关于索赔的法律规定，则合同形同儿戏，对双方都难以形成约束，这样合同的实施得不到保证，就不会有正常的社会经济秩序。索赔能对违约者起警戒作用，使他考虑到违约的后果，以尽力避免违约事件发生。

所以索赔有助于工程中双方更紧密地合作，有助于合同目标的实现。

2. 它是落实和调整合同双方经济责权利关系的手段。有权力，有利益，同时就应承担相应的经济责任。谁未履行责任，构成违约行为，造成对方损失，侵害对方权利，则应承担相应的合同处罚，予以赔偿。离开索赔，合同责任和权利就不能体现，合同双方的责权利关系就不平衡。

3. 索赔是合同和法律赋予受损失者的权利。对承包商来说，是一种保护自己、维护自己正当权益、避免损失、增加利润的手段。在现代承包工程中，特别在国际承包工程中，如果承包商不能进行有效的索赔，不精通索赔业务，往往会使损失得不到合理而及时的补偿，从而不能进行正常的生产经营，甚至会破产。

4. 索赔实质上是项目实施阶段承包商和业主之间责权利关系和工程风险承担比例的合理再分配。

由于工程承包市场的激烈竞争，工程承包过程存在着明显的风险不对等：承包商为了在竞争中取胜不得不以低报价来获取中标机会，增加了自身风险；而业主为节约投资，千方百计与承包商讨价还价，通过在招标文件中提出一些苛刻要求，使承包商处于不利地位。这样承包工程风险加大，稍遇条件变化，承包商就会亏损。而承包商主要对策之一是通过工程过程中的索赔，减少或转移工程风险，保护自己，减小甚至避免损失，赢得利润。如果承包商不注重索赔，不熟悉索赔业务，不仅会失去索赔机会，经济受到损失，而且还会有许多纠缠不清的烦恼，损失大量的时间和金钱。在国际承包工程中，索赔已成为许多承包商的经营策略之一。"赚钱靠索赔"，是许多承包商的经验谈。

索赔管理对工程承包成果的改善影响很大。在正常情况下，工程项目承包能取得的利润为工程造价的 3%～5%。而在国外，许多承包工程，通过索赔能使工程收入的改善达工程造价的 10%～20%（见参考文献 16）；甚至许多工程索赔要求超过工程合同额。

索赔管理本身花费不大，所以它有非常好的经济效果。

第二节　索赔的分类

从不同的角度，按不同的标准，索赔有如下几种分类方法：

一、按照干扰事件的起因分类

1. 当事人一方的违约行为。如业主未能按合同规定及时提供图纸、技术资料、场地、道路等；工程师没有正确地行使合同赋予的权力，工程管理失误；业主不按合同及时支付工程款等。

2. 合同变更索赔。如双方签订新的变更协议、备忘录、修正案；工程师（业主）下达工程变更指令修改设计、增加或减少工程量、增加或删除部分工程、修改实施计划、变更施工方法和次序，指令工程暂时停工。

合同出现错误，如合同条文不全、错误、矛盾、有二义性，设计图纸、技术规范错误等。

3. 工程环境与合同订立时预计的不一样，如在现场遇到一个有经验的承包商通常不能预见到的外界障碍或条件，地质与预计的（或业主提供的资料）不同、出现未预见到的岩石、淤泥或地下水，法律变化，市场物价上涨，货币兑换率变化等。

4. 不可抗力因素等原因，如恶劣的气候条件、地震、洪水、战争状态、禁运等。

二、按合同类型分类

按所签订的合同的类型，索赔可以分为：

1. 总承包合同索赔，即承包商和业主之间的索赔。

2. 分包合同索赔，即总承包商和分包商之间的索赔。

3. 联营承包合同索赔，即联营成员之间的索赔。

4. 劳务合同索赔，即承包商与劳务供应商之间的索赔。

5. 其他合同索赔，如承包商与材料设备供应商、与保险公司、与银行等之间的索赔。

三、按索赔要求分类

按索赔要求，索赔可分为：

1. 工期索赔，即要求业主延长工期，推迟竣工日期。与此相应，业主可以向承包商索赔缺陷通知期（即保修期）。

2. 费用索赔，即要求业主补偿费用（包括利润）损失，调整合同价格。同样，业主可以向承包商索赔费用。

四、按索赔所依据的理由分类

1. 合同内索赔。即发生了合同规定给承包商以补偿的干扰事件，承包商根据合同规定提出索赔要求，合同条件作为支持承包商索赔的理由。这是最常见的索赔。

2. 合同外索赔。指工程过程中发生的干扰事件的性质已经超过合同范围。在合同中找不出具体的依据，一般必须根据适用于合同关系的法律解决索赔问题。例如工程过程中发生重大的民事侵权行为造成承包商损失。

3. 道义索赔。承包商索赔没有合同理由，例如对干扰事件业主没有违约，或业主不应承担责任。可能是由于承包商失误（如报价失误、环境调查失误等），或发生承包商应负责的风险，造成承包商重大的损失。这将极大地影响承包商的财务能力、履约积极性、履约能力甚至危及承包企业的生存。承包商提出要求，希望业主从道义，或从工程整体利益的角度给予一定的补偿。

【案例 23】　某国的住宅工程门窗工程量增加索赔（见参考文献 13）。

（1）合同分析。

合同条件中关于工程变更的条款为："……业主有权对本合同范围的工程进行他认为必要的调整。业主有权指令不加代替地取消任何工程或部分工程，有权指令增加新工程，……但增加或减少的总量不得超过合同额的 25%。

这些调整并不减少承包商全面完成工程的责任，而且不赋予承包商针对业主指令的工程量的增加或减少任何要求价格补偿的权利。"

在报价单中有门窗工程一项，工作量 10 133.2m²。对工作内容承包商的理解（翻译）为"以平方米计算，根据工艺的要求运进、安装和油漆门和窗，根据图纸中标明的规范和尺寸施工。"即认为承包商不承担门窗制作的责任。对此项承包商报价仅为 2.5LE（埃磅）/m²。而上述的翻译"运进"是不对的，应为"提供"，即承包商承担门窗制作的责任，而报价时没有门窗详图。如果包括制作，按照当时的正常报价应为 130LE/m²。

在工程中，由于业主觉得承包商门窗报价很低，则下达变更令加大门窗面积，增加门窗层数，使门窗工作量达到 25 090m²，且大部分门窗都有板、玻璃、纱三层。

（2）承包商的要求。

承包商以业主扩大门窗面积、增加门窗层数为由要求与业主重新商讨价格，业主的答复为：合同规定业主有权变更工程，工程变更总量在合同总额 25% 范围之内，承包商无权要求重新商讨价格，所以门窗工程都以原合同单价支付。

对合同中"25% 的增减量"是合同总价格，而不是某个分项工程量，例如本例中尽管门窗增加了 150%，但墙体的工程量减少，最终合同总额并未有多少增加，所以合同价格不能调整。实际付款必须按实际工程量乘以合同单价，尽管这个单价是错的，仅为正常报价的 1.3%。

承包商在无奈的情况下，与业主的上级接触。由于本工程承包商报价存在较大的失误，损失很大，希望业主能从承包商实际情况及双方友好关系的角度考虑承包商的索赔要求。最终业主同意：

1）在门窗工作量增加25%的范围内按原合同单价支付，即 12 666.5m² 按原价格 2.5LE/m² 计算。

2）对超过的部分，双方按实际情况重新商讨价格。最终确定单价为130LE/m²，则承包商取得费用赔偿：

$$（25 090 - 10 133.2 \times 1.25）\times （130 - 2.5）= 12 423.5 \times 127.5 = 1 583 996.25LE$$

【案例分析】

1）这个索赔实际上是道义索赔，即承包商的索赔没有合同条件的支持，或按合同条件是不应该赔偿的。业主完全从双方友好合作的角度出发同意补偿。

2）翻译的错误是经常发生的，它会造成对合同理解的错误和报价的错误。由于不同语言之间存在着差异，工程中又有一些习惯用语。对此如果在投标前把握不准或不知业主的意图，可以向业主询问，请业主解答，切不可自以为是地解释合同。

3）在本例中报价时没有门窗详图，承包商报价会有很大风险，就应请业主对门窗的一般要求予以说明，并根据这个说明提出的要求报价。

4）当有些索赔或争执难以解决时，可以由双方的高层进行接触，商讨解决办法，问题常常易于解决。一方面，对于高层，从长远的友好合作的角度出发，许多索赔可能都是"小事"；另一方面，使上层了解索赔处理的情况和解决的困难，更容易吸取合同管理的经验和教训。

五、按索赔的处理方式分类

1. 单项索赔

单项索赔是针对某一干扰事件提出的。索赔的处理是在合同实施过程中，干扰事件发生时，或发生后立即进行。它由合同管理人员处理，并在合同规定的索赔有效期内向工程师提交索赔意向书和索赔报告，由工程师审核后交业主，再由业主作答复。

单项索赔通常原因单一，责任单一，分析比较容易，处理起来比较简单。例如，业主的工程师指令将某分项工程素混凝土改为钢筋混凝土，对此只需提出与钢筋有关的费用索赔即可（如果该项变更没有其他影响的话）。但有些单项索赔额可能很大，处理起来很复杂，例如工程延期、工程中断、工程终止事件引起的索赔。

2. 总索赔

总索赔，又叫一揽子索赔或综合索赔。这是在国际工程中经常采用的索赔处理和解决方法。一般在工程竣工前，承包商将工程过程中按合同规定程序提出但未解决的单项索赔集中起来，提出一份总索赔报告。合同双方在工程交付前或交付后进行最终谈判，以一揽子方案解决索赔问题。

通常在如下几种情况下采用一揽子索赔：

（1）在工程过程中，有些单项索赔原因和影响都很复杂，不能立即解决，或双方对合同解释有争议，但合同双方都要忙于合同实施，可协商将单项索赔留到工程后期解决。

（2）业主拖延答复单项索赔，使工程过程中的单项索赔得不到及时解决，最终不得已提出一揽子索赔。在国际工程中，许多业主就以拖的办法对待承包商的索赔要求，常常使索赔和索赔谈判旷日持久，使许多单项索赔要求集中起来。

（3）在一些复杂的工程中，当干扰事件多，几个干扰事件一齐发生，或有一定的连贯性、互相影响大，难以一一分清，则可以综合在一起提出索赔。

（4）工期索赔一般都在工程后期一揽子解决。

一揽子索赔有如下特点：

1）处理和解决都很复杂，由于工程过程中的许多干扰事件搅在一起，使得原因、责任和影响的分析很为艰难。索赔报告的起草、审阅、分析、评价难度很大。

由于索赔的解决和费用补偿时间的拖延，这种索赔的最终解决还会连带引起利息的支付，违约金的扣留，预期利润的补偿，工程款的最终结算等问题。这会加剧索赔解决的困难程度。

2）一揽子索赔的处理，一般仍按单个索赔事件提出理由，分析影响，计算索赔值。

3）为了索赔的成功，承包商必须保存全部工程资料和其他作为证据的资料。这使得工程项目的文档管理任务极为繁重。

4）索赔的集中解决使索赔额积累起来，造成谈判的困难。由于索赔额大，常常超过具体管理人员的审批权限，需要上层作出批准；双方都不愿或不敢作出让步，所以争执更加激烈。有时一揽子索赔谈判一拖几年，花费大量的时间和金钱。

对索赔额大的一揽子索赔，必须成立专门的索赔小组负责处理。在国际承包工程中，常常必须聘请法律专家、索赔专家，或委托咨询公司、索赔公司进行索赔管理。

5）由于合理的索赔要求得不到及时解决，影响承包商的资金周转和施工进度，影响承包商履行合同的能力和积极性。由于索赔无望，工程亏损，资金周转困难，承包商可能不合作，或通过其他途径弥补损失，如减少工程量，采购便宜的劣质材料等。这样会影响工程的顺利实施和双方的合作关系。

在现代工程合同中，明确规定工程师（或业主）对承包商提出的索赔报告的答复期限，这能在很大程度上避免或减少一揽子索赔情况的发生。

第三节　取得索赔成功的条件

对于特定干扰事件，索赔的解决没有确定的统一标准的解决。要取得索赔的成功需要具备许多条件。

一、有证据确凿的干扰事件

索赔主要是由于在工程实施中存在一些干扰事件，它们是索赔的起因和索赔处理的对象，事态调查、索赔理由分析、影响分析、索赔值计算等都针对具体的干扰事件。

必须确实存在不符合合同或违反合同的干扰事件，它对承包商的工期和成本造成影响。这是事实，有确凿的证据证明。由于合同双方都在进行合同管理，都在对工程施工过程进行监督和跟踪，对索赔事件都应该，也都能够清楚地了解。所以承包商提出的任何索赔，首先必须是真实的。常见的可以提出索赔的干扰事件有：

1. 业主没有按合同规定的要求交付设计资料、设计图纸，使工程延期。例如，推迟交付，提供的资料出错，合同规定一次性交付，而实际上分批交付等；业主提供的设备、材料不合格，或业主未在规定的时间内提供。

2.业主没按合同规定的日期交付施工场地，交付行驶道路，接通水电等，使承包商的施工人员和设备不能进场，工程不能及时开工，延误工期。

3.工程地质与合同规定的不一样，出现异常情况，如土质与勘探资料不同，发现未预见到的地下水，图纸上未标明的管线、古墓或其他文物，按工程师指令进行特殊处理，或采取加固地基的措施，或采用新的开挖方案。

4.合同缺陷，如合同条款不全，错误，或文件之间矛盾、不一致、有二义性，招标文件不完备，业主提供的信息有错误。

5.出现了第九章第一节所述的工程变更。

6.由于设计变更、设计错误，业主和工程师作出错误的指令，提供错误的数据、资料等造成工程修改、报废、返工、停工、窝工等。

7.业主和工程师没有正确的履行合同责任，或超越合同规定的权力不适当干扰承包商的施工过程和施工方案，如拖延图纸批准，拖延隐蔽工程验收，拖延对承包商问题的答复，不及时下达指令、决定，造成工程停工。

8.业主要求加快工程进度，指令承包商采取加速措施。其原因是：

（1）已发生的工期延长责任完全非承包商引起，业主已认可承包商的工期索赔。

（2）实际工期没有拖延，而业主希望工程提前竣工，及早投入使用。

9.业主没按合同规定的时间和数量支付工程款，承包商采取暂停工作和降低工作速度的措施，造成费用增加。

10.物价大幅度上涨，造成材料价格、人工工资大幅度上涨。

11.合同基准日期（通常投标书递交截止日期前28天的当日）之后，国家法令的修改（如提高工资税，提高海关税，颁布新的外汇管制法等），货币贬值，使承包商蒙受损失。

12.发生业主风险事件和不可抗力事件，如反常的气候条件、洪水、革命、暴乱、内战、政局变化、战争、经济封锁、禁运、罢工和其他一个有经验的承包商无法预见的任何自然力作用等使工程中断或合同终止。

上述这些事件在任何工程承包合同的实施过程中都不可避免，所以无论采用什么合同类型，也无论合同多么完善，索赔是不可避免的。

二、合同条件有利

索赔是工程过程中单方主张权利的要求。它的成功必须有合同条件的支持，有合理的索赔理由。索赔要求必须符合合同的规定，按照合同条款对方应给予赔（补）偿。索赔的处理过程、解决方法、依据、索赔值的计算方法都由合同规定。不同的合同条件，对风险有不同的定义和规定，有不同的赔（补）偿范围、条件和方法，则索赔会有不同的合法性，有不同的解决结果，甚至有时索赔还涉及适用于合同关系的法律。

干扰事件是承包商的索赔机会，但它们能否作为索赔事件，承包商能否进行有效的索赔，还要看它们的合同背景，即具体的合同条款，不可一概而论。合同作为工程中的最高法律，由它判定干扰事件的责任由谁承担，承担什么样的责任，应赔偿多少等。

在索赔报告中承包商必须指明索赔要求是按合同的哪一条款提出的。寻找索赔理由主要通过合同分析进行。

若以 FIDIC 施工合同条件为例，则针对上述干扰事件的索赔理由可见表10-1。

干扰事件索赔理由对照表 表 10-1

序 号	干 扰 事 件	FIDIC 条款号
1	业主未及时交付设计资料、图纸等	1.9
2	业主未及时交付施工场地、道路、水电等	2.1
3	工程地质与合同规定不一致	4.12
4	合同缺陷	1.5
5	工程变更	1.3
6	时间错误、指令错误等	8.4
7	业主和工程师没有正确履行合同责任	16
8	业主指令加速	13.1
9	业主不支付工程款	14.8
10	物价上涨	13.8
11	法律变化	13.7
12	不可抗力	19

如何寻找一个有力的索赔理由，加强承包商在索赔中的地位？有时不仅在于对合同的阅读和分析，而且还在于工作中合理和有利的行为相配合。

【案例 24】 在某桥梁工程中，承包商按业主提供的地质勘察报告作了施工方案，并投标报价。开标后业主向承包商发出了中标函。由于该承包商以前曾在本地区进行过桥梁工程的施工，按照以前的经验，他觉得业主提供的地质报告不准确，实际地质条件可能复杂得多。所以在中标后做详细的施工组织设计时，他修改了挖掘方案，为此增加了不少设备和材料费用。结果现场开挖完全证实了承包商的判断，承包商向业主提出了两种方案费用差别的索赔。但为业主否决，业主的理由是：按合同规定，施工方案是承包商应负的责任，他应保证施工方案的可用性、安全、稳定和效率。承包商变换施工方案是从他自己的责任角度出发的，不能给予赔偿。

实质上，承包商的这种预见性为业主节约了大量的工期和费用。如果承包商不采取变更措施，施工中出现新的与招标文件不一样的地质条件，此时再变换方案，业主要承担工期延误及与它相关的费用赔偿、原方案费用和新方案的费用差额，低效率损失等。理由是地质条件是一个有经验的承包商无法预见的。

但由于承包商行为不当，使自己处于一个非常不利的地位。如果要取得本索赔的成功，承包商在变更施工方案前到现场挖一下，作一个简单的勘察，拿出地质条件复杂的证据，向业主提交报告，并建议作为不可预见的地质情况变更施工方案。则业主必须慎重地考虑这个问题，并作出答复。无论业主同意或不同意变更方案，承包商的索赔地位都十分有利。

三、有确凿的证据证明

索赔和律师打官司相似，索赔的成败常常不仅在于事件本身的实情，而且在于能否找到有利于自己的书面证据。合同和事实根据（书面证据）是索赔的两个最重要的影响因素。

证据作为索赔文件的一部分，关系到索赔的成败。证据不足或没有证据，索赔是不能成立的。证据又是对方反索赔攻击的重点之一，所以承包商必须有足够的证据证明自己的索赔要求。

1. 索赔证据的基本要求

(1) 真实性。索赔证据必须是在实际工程过程中产生，完全反映实际情况，能经得住对方的推敲。由于在工程过程中合同双方都在进行合同管理，收集工程资料，所以双方应有相同的证据。使用不实的、或虚假证据是违反商业道德甚至法律的。

(2) 全面性。所提供的证据应能说明事件的全过程。索赔报告中所涉及的干扰事件、索赔理由、影响、索赔值等都应有相应的证据，不能零乱和支离破碎，否则业主将退回索赔报告，要求重新补充证据。这会拖延索赔的解决，损害承包商在索赔中的有利地位。

(3) 法律证明效力。索赔证据必须有法律证明效力，特别对准备递交仲裁的索赔报告更要注意这一点。

1) 证据必须是当时的书面文件，一切口头承诺、口头协议不算。

2) 合同变更协议必须由双方签署，或以会谈纪要的形式确定，且为决定性决议。一般商讨性、意向性的意见或建议不算。

3) 工程中的重大事件、特殊情况的记录应由工程师签署认可。

(4) 及时性。这里包括两方面内容：

1) 证据是在合同签订和合同实施过程中产生的，主要为合同资料、工程或其他活动发生时的记录或产生的文件和合同双方信息沟通资料等。除了专门规定外（如按 FIDIC 合同，对工程师口头指令的书面确认），后补的证据通常不容易被认可。

干扰事件发生时，承包商应有同期记录，这对以后提出索赔要求，支持其索赔理由是必要的。而工程师在收到承包商的索赔意向通知后，应对这同期记录进行审查，并可指令承包商保持合理的同期记录，在这里承包商应邀请工程师检查上述记录，并请工程师说明是否需做其他记录。按工程师要求作记录，这对承包商来说是有利的。

2) 证据作为索赔报告的一部分，一般和索赔报告一齐交付工程师和业主。FIDIC 规定，承包商应向工程师递交一份说明索赔款额及提出索赔依据的"详细材料"。

2. 证据的种类

在合同实施过程中，资料很多，面很广。在索赔中要考虑，工程师、业主、调解人和仲裁人需要哪些证据，哪些证据最能说明问题，最有说服力。这需要有索赔工作经验。通常在干扰事件发生后，可以征求工程师的意见，在工程师的指导下，或按工程师的要求收集证据。在工程过程中常见的索赔证据有：

(1) 招标文件、合同文本及附件，其他的各种补充协议（备忘录，修正案等），业主认可的工程实施计划，各种工程图纸（包括图纸修改指令），技术规范等。

承包商的报价文件，包括各种工程预算和其他作为报价依据的资料，如环境调查资料、标前会议和澄清会议资料等。

(2) 来往信件，如业主的变更指令，各种认可信、通知、对承包商问题的答复信等。这里要注意，商讨性的和意向性的信件通常不能作为变更指令或合同变更文件。

在合同实施过程中，承包商对业主和工程师的口头指令和对工程问题的处理意见要及时索取书面证据。尽管相距很近，天天见面，也应以信件或其他书面方式交流信息。这样有根有据，对双方都有利。

所有信件都应建立索引，存档，直到工程全部竣工，合同结束。

（3）各种会谈纪要。在标前会议上和在澄清会议上，业主对承包商问题的书面答复，或双方签署的会谈纪要；在合同实施过程中，业主、工程师和各承包商定期会商，以研究实际情况，作出的决议或决定。它们可作为合同的补充。但会谈纪要须经各方签署才有法律效力。通常，会谈后，按会谈结果起草会谈纪要交各方面审查，如有不同意见或反驳须在规定期限内提出（这期限由工程参加者各方在项目开始前商定）。超过这个期限不作答复即被作为认可纪要内容处理。所以，对会谈纪要也要象对待合同一样认真审查，及时答复，及时反对表达不清、有偏见的或对自己不利的会议纪要。

一般的会谈或谈话单方面的记录，只要对方承认，也能作为证据，但它的法律证明效力不足。但通过对它的分析可以得到当时讨论的问题，遇到的事件，各方面的观点意见，可以发现干扰事件发生的日期和经过，作为寻找其他证据和分析问题的引导。

（4）施工进度计划和实际施工进度记录。包括总进度计划，开工后业主的工程师批准的详细的进度计划，每月进度修改计划，实际施工进度记录，月进度报表等。这里对索赔有重大影响的，不仅是工程的施工顺序、各工序的持续时间，而且还包括劳动力、管理人员、施工机械设备、现场设施的安排计划和实际情况，材料的采购订货、运输、使用计划和实际情况等。它们是工程变更索赔的证据。

（5）施工现场的工程文件，如施工记录、施工备忘录、施工日报、工长或检查员的工作日记等。它们应能全面反映工程施工中的各种情况，如劳动力数量与分布、设备数量与使用情况、进度、质量、特殊情况及处理。

各种工程统计资料，如周报、旬报、月报。在这些报表通常包括本期中以及至本期末的工程实际和计划进度对比、实际和计划成本对比和质量分析报告、合同履行情况评价等。

（6）工程签证。签证在工程中经常用到，通常是工程师或业主代表对工程中发生的异常情况的确认。签证的种类很多，它们都是索赔的证据。

1）报导性签证。例如出现恶劣的气候条件和地质条件造成现场停工，承包商记录这些情况，让工程师签证确认。这个签证不等于索赔，仅是现场的写实性描述。在报导性签证之后仍需要按照合同规定的程序提出索赔要求。

2）工程变更签证。它通常是工程师对工程变更起因、状况、变更数量和过程的确认。

在 FIDIC 合同中，工程变更程序和索赔程序是不同的。对工程变更承包商提出补偿要求的时间规定（14 天内）比提出索赔要求的时间（28 天内）短。这说明，如果双方对工程变更的补偿要求产生争议，则承包商就可以提出索赔要求。如果双方对变更的补偿意见一致，则不进入索赔程序。

（7）工程照片。照片作为证据最清楚和直观。照片上应注明日期。索赔中常用的有：表示工程进度的照片、隐蔽工程覆盖前的照片、业主责任造成返工和工程损坏的照片等。

（8）气象报告。如果遇到恶劣的天气，应作记录，并请工程师签证。

（9）工程中的各种检查验收报告和各种技术鉴定报告。工程水文地质勘探报告、土质分析报告、文物和化石的发现记录、地基承载力试验报告、隐蔽工程验收报告、材料试验报告、材料设备开箱验收报告、工程验收报告等。它们能证明承包商的工程质量。

（10）工地的交接记录（应注明交接日期，场地平整情况，水、电、路情况等），图纸和各种资料交接记录。

工程中送(停)电，送(停)水，道路开通和封闭的记录和证明，它们应由工程师签证。

合同双方在工程过程中各种文件和资料的交接都应有一定的手续，要有专门的记录，防止在交接中出现漏洞和"说不清楚"的情况。

(11) 建筑材料和设备的采购、订货、运输、进场，使用方面的记录、凭证和报表等。

(12) 市场行情资料，包括市场价格、官方的物价指数、工资指数、中央银行的外汇比率等公布材料。

(13) 各种会计核算资料。包括：工资单、工资报表、工程款账单、各种收付款原始凭证、总分类账、管理费用报表、工程成本报表等。

(14) 国家法律、法令、政策文件。如因法律变化提出索赔，索赔报告中只需引用文号、条款号即可，而在索赔报表后附上复印件。

四、有逻辑性

索赔要求合情合理，符合实际情况，真实反映由于干扰事件引起的实际损失，采用合理的计算方法和计算基础。承包商在索赔报告中必须证明和强调干扰事件与责任，与合同理由，与施工过程所受到的影响，与承包商所受到的损失，与所提出的索赔要求，与证据之间存在着因果关系，或逻辑关系，如图 10-1 所示。

对方反索赔就是在企图打破这个逻辑关系。

图 10-1 索赔逻辑关系

五、双方合作关系

业主对承包商满意，双方关系融洽。承包商必须圆满地执行合同，使业主满意。合同双方关系密切，业主对承包商的工作和工程感到满意，则索赔易于解决；如果双方关系紧张，业主对承包商抱着不信任的甚至是敌对的态度，则索赔难以解决。

六、其他条件

1. 承包商的索赔管理水平。从承包商的角度来说，承包商的工程管理能力，是影响索赔的主要因素。承包商能全面完成合同责任，严格执行合同，不违约；自身工程管理中没有失误行为；有一整套合同监督、跟踪、诊断程序，并严格执行这些程序；有健全有效的文档管理系统；重视索赔，熟悉索赔业务，严格按合同规定的要求和程序提出索赔，有丰富的索赔处理经验，注重索赔策略和方法的研究，则更容易取得索赔的成功。

2. 对干扰事件造成的损失，承包商只有"索"，业主才有可能"赔"，不"索"则不"赔"。如果承包商自己放弃索赔机会，例如，没有索赔意识，不重视索赔，或不懂索赔；不精通索赔业务，不会索赔；或对索赔缺乏信心，怕得罪业主，失去合作机会，或怕后期合作困难，不敢索赔，则任何业主都不可能主动提出赔偿。一般情况下，工程师也不会提示或主动要求承包商向业主索赔。所以承包商必须有索赔的主动性和积极性：

(1) 培养工程管理人员的索赔意识和索赔业务能力，在工程管理中推行有效的索赔管理；

(2) 积极地寻找索赔机会；

(3) 一经发现索赔机会，则严格按照索赔程序，及早地提出索赔意向通知，主动报告并请示工程师；

(4) 及早提交索赔报告（不必等到索赔有效期截止前）；

（5）在提出索赔要求后，经常与业主，与工程师接触、协商，敦促工程师及早审查索赔报告，业主及早审查和批准索赔报告；

（6）催促业主及早支付赔（补）偿费等。

3．索赔成功需要一个好的工程承包市场和实施的大环境。人们，特别是业主以及工程师的诚实信用，公正性和管理水平。如果业主和工程师的信誉好，处理问题比较公正，能实事求是地对待承包商的索赔要求，则索赔比较容易解决；而如果业主不讲信誉，办事不公正，则索赔很难解决。虽然承包商有将索赔争执递交仲裁的权力，但仲裁费时、费钱、费精力。大多数索赔数额较小，不值得仲裁。它们的解决只有靠业主、工程师和承包商三方协商。

4．法律的完备性、严肃性，以及人们是否习惯用法律和合同手段解决工程问题。

5．有成熟的相关工程惯例，如索赔的处理规则，计算规则，使人们对索赔的解决有统一的方法和尺度，争议就会较少。

第四节　索赔管理的概念

一、索赔意识

在市场经济环境中，承包商要提高工程经济效益必须重视索赔问题，必须有索赔意识。索赔意识主要体现在如下三方面：

1．法律意识。索赔是法律赋予承包商的正当权利，是保护自己正当权益的手段。强化索赔意识，实质上强化了承包商的法律意识。这不仅可以加强承包商的自我保护意识，提高自我保护能力，而且还能提高承包商履约的自觉性，自觉地防止自己侵害他人利益。这样合同双方有一个好的合作气氛、有利于合同总目标的实现。

2．市场经济意识。在市场经济环境中，承包企业以追求经济效益为目标，索赔是在合同规定的范围内，合理合法地追求经济效益的手段。通过索赔可提高合同价格，增加收益。不讲索赔，放弃索赔机会，是不讲经济效益的表现。

3．工程管理意识。索赔工作涉及工程项目管理的各个方面。要取得索赔的成功，必须提高整个工程项目的管理水平，进一步健全和完善管理机制。在工程管理中，必须有专人负责索赔管理工作，将索赔管理贯穿于工程项目全过程、工程实施的各个环节和各个阶段。所以搞好索赔能带动施工企业管理和工程项目管理整体水平的提高。

承包商有索赔意识，才能重视索赔，敢于索赔，善于索赔。

在现代工程中，索赔的作用不仅仅是争取经济上的补偿以弥补损失，而且还包括：

（1）防止损失的发生，即通过有效的索赔管理避免干扰事件的发生，避免自己的违约行为。

（2）加深对合同的理解，提高合同管理水平。因为对合同条款的解释通常都是通过合同案例进行的，而这些合同案例必然又都是索赔案例。

（3）有助于提高整个项目管理水平和企业素质。索赔管理是项目管理中高层次的管理工作。重视索赔管理会带动整个项目管理水平和企业素质的提高。

（4）在制衡中保证合同的顺利履行，保证合同执行氛围，更能顺利实现项目目标。

4．当然承包商必须理性的对待索赔问题，不能为追逐利润，滥用索赔；或违反商业道德，采用不正当手段甚至非法手段搞索赔；或多估冒算，漫天要价。索赔的根本目的在于保护自身利益，追回损失（报价低也是一种损失），避免亏本，不得已而用之。索赔是一种正当的权益要求，不是无理争利。否则会产生如下影响：

（1）在合同实施过程中，合同双方关系紧张，产生不信任、甚至敌对气氛，不利于合同的继续实施和双方的进一步合作。

（2）承包商信誉受到损害，不利于将来的继续经营，不利于在工程所在地继续扩展业务。任何业主在资格预审或评标中对这样的承包商都会存有戒心，都会敬而远之。

（3）承包商的行为如违反法律，会受到相应的法律处罚。

承包商应正确地、辨证地对待索赔问题。在任何工程中，索赔是不可避免的，通过索赔能保护自身利益，使损失得到补偿，增加收益，所以不能不重视索赔问题。

但从根本上说，索赔是由于工程受干扰引起的。这些干扰事件对双方都可能造成损失，影响工程的正常施工，造成混乱和拖延。所以从合同双方整体利益的角度出发，应极力避免干扰事件，避免索赔的产生。而且对一具体的干扰事件，能否取得索赔的成功，能否及时地、如数地获得补偿，是很难预料的，也很难把握。这里有许多风险，所以承包商不能以索赔作为取得利润的基本手段，尤其不应预先寄希望于索赔，例如在投标中有意压低报价，获得工程，指望通过索赔弥补损失，这是非常危险的。

二、索赔管理的任务

在承包工程项目管理中，索赔管理的任务是索赔和反索赔。

1. 预测索赔机会。虽然干扰事件产生于工程施工中，但它的根由却在招标文件、合同、设计、计划中，所以，在招标文件分析、合同谈判（包括在工程实施中双方召开变更会议、签署补充协议等）中，承包商应对干扰事件有充分的考虑和防范，预测索赔的可能。预测索赔机会又是合同风险分析和对策的内容之一。对于一个具体的承包合同，具体的工程和工程环境，干扰事件的发生有一定的规律性。承包商对它必须有充分的估计和准备，在报价、合同谈判、作实施方案和计划中考虑它的影响。

2. 在合同实施中寻找和发现索赔机会。在任何一个工程中，干扰事件是不可避免的，问题是承包商能否及时发现并抓住索赔机会。承包商应对索赔机会有敏锐的感觉，可以通过对合同实施过程进行监督、跟踪、分析和诊断，以寻找和发现索赔机会。

在合同实施过程中经常会发生一些非承包商责任的，而且承包商不能影响的干扰事件。它们不符合"合同状态"，造成施工工期的拖延和费用的增加，是承包商的索赔机会。承包商必须对索赔机会有敏锐的感觉。寻找和发现索赔机会是索赔的第一步，是合同管理人员的工作重点之一。一经发现索赔机会就应进行索赔处理，不能有任何拖延。

在承包合同的实施中，索赔机会通常表现为如下现象：

（1）业主或他的代理人，工程师等有明显的违反合同，或未正确地履行合同责任的行为。

（2）承包商自己的行为违约，已经或可能完不成合同责任，但究其原因却在业主，工程师或他的代理人等。由于合同双方的责任是互相联系，互为条件的，如果承包商违约的原因是业主造成，同样是承包商的索赔机会。

（3）工程环境与"合同状态"的环境不一样，与原标书规定不一样，出现"异常"情况和一些特殊问题。

(4) 合同双方对合同条款的理解发生争执，或发现合同缺陷、图纸出错等。

(5) 业主和工程师作出变更指令，双方召开变更会议，双方签署了会谈纪要、备忘录、修正案、附加协议。

(6) 在合同监督和跟踪中承包商发现工程实施偏离合同，如月形象进度与计划不符、成本大幅度增加、资金周转困难、工程停滞、质量标准提高、工程量增加、施工计划被打乱、施工现场紊乱、实际的合同实施不符合合同事件表中的内容，存在差异等。

3. 处理索赔事件，解决索赔争执。一经发现索赔机会，则应迅速作出反应，进入索赔处理过程。在这个过程中有大量的、具体的、细致的索赔管理工作和业务，包括：

向工程师和业主提出索赔意向；

事态调查、寻找索赔理由和证据、分析干扰事件的影响、计算索赔值、起草索赔报告；

向业主提出索赔报告，通过谈判、调解，或仲裁最终解决索赔争执，使自己的损失得到合理补偿。

4. 反驳对方不合理的索赔要求，并防止对方提出索赔，使自己不受或少受损失。

在工程实施过程中，合同双方都在进行合同管理，都在寻求索赔机会。所以，如果承包商不能进行有效的索赔管理，不仅容易丧失索赔机会，使自己的损失得不到补偿，而且可能反被对方索赔，蒙受更大的损失，这样的经验教训是很多的。

【案例 25】 （见参考资料 13）在我国一项总造价数亿美元的房屋建造工程项目中，某国 TL 公司以最低价击败众多竞争对手而中标。作为总包，他又将工程分包给中国的一些建筑公司。中标时，许多专家估计，由于报价低，该工程最多只能保本。而最终工程结束时，该公司取得 10% 的工程报价的利润。它的主要手段有：

(1) 利用分包商的弱点。承担分包任务的中国公司缺乏国际工程经验。TL 公司利用这些弱点在分包合同上作文章，甚至违反国际惯例，加上许多不合理的、苛刻的、单方面的约束性条款。在向我分包公司下达任务或提出要求时，常常故意不出具书面文件，而我分包商却轻易接受并完成工程任务。但到结账、追究责任时，我分包商因拿不出书面证据而失去索赔机会，受到损失。

(2) 竭力扩大索赔收益，避免受罚。无论工程设计细微修改，物价上涨，或影响工程进度的任何事件都是 TL 公司向我方业主提出费用索赔或工期索赔的理由。只要有机可乘，他们就大幅度加价索赔。仅 1989 年一年中，TL 公司就向我国业主提出的索赔要求达 6 000万美元。而整个工程比原计划拖延了 17 个月，TL 公司灵活巧妙地运用各种手段，居然避免受罚。

反过来，TL 公司对分包商处处克扣，分包商如未能在分包合同规定工期内完成任务，TL 公司对他们实行重罚，毫不手软。

这听起来令人生气，但又没办法。这是双方管理水平的较量，而不是靠道德来维持。不提高管理水平，这样的事总是难免的。

在国际工程中这种例子极多，没有不苛求的业主，只有无能的承包商。对业主来说，也很少有不刁滑的承包商。这完全靠管理，"道高一尺，魔高一丈"才能使自己立于不败之地。

三、索赔管理和项目管理其他职能的关系

要使承包工程有经济效益，必须重视索赔；要取得索赔的成功，必须进行有效的索赔管理。索赔管理作为工程项目管理的一部分，它涉及面广、学问深邃，是工程项目管理水平的综合体现。它与项目管理的其他职能有密切的联系，主要表现在：

1. 索赔与合同管理的关系

合同是索赔的依据。索赔就是针对不符合或违反合同的事件，并以合同条文作为最终判定的标准。索赔是合同管理的继续，是解决双方合同争执的独特方法。所以，人们常常将索赔称为合同索赔。

（1）签订一个有利的合同是索赔成功的前提。索赔以合同条文作为理由和根据，所以索赔的成败、索赔额的大小及解决结果常常取决于合同的完善程度和表达方式。

合同有利，则承包商在工程中处于有利地位，无论进行索赔或反索赔都能得心应手，有理有利。

合同不利，如责权利不平衡条款，单方面约束性条款太多，风险大，合同中没有索赔条款，或索赔权受到严格的限制，则形成了承包商的不利地位和败势，往往只能被动挨打，对损失防不胜防。

这里的损失已产生于合同签订过程中，而合同执行过程中利用索赔（反索赔）进行补救的余地已经很小。这常常连一些索赔专家和法律专家也无能为力。所以为了签订一个有利的合同而作出的各种努力是最有力的索赔管理。

在工程项目的投标、议价和合同签订过程中，承包商应仔细研究工程所在国的法律、政策、规定及合同条件，特别是关于合同工程范围、义务、付款、价格调整、工程变更、违约责任、业主风险、索赔时限和争端解决等条款，必须在合同中明确当事人各方的权利和义务，以便为将来可能的索赔提供合法的依据和基础。

（2）在合同分析、合同监督和跟踪中发现索赔机会。在合同签订前和合同实施前，通过对合同的审查和分析可以预测和发现潜在的索赔机会。在其中应对合同变更、价格补偿，工期索赔的条件、可能性、程序等条款予以特别注意和研究。

在合同实施过程中，合同管理人员进行合同监督和跟踪，首先保证承包商全面执行合同、不违约。并且监督和跟踪对方合同完成情况，将每日的工程实施情况与合同分析的结果相对照，一经发现两者之间不符合，或在合同实施中出现有争议的问题，就应作进一步的分析，进行索赔处理。这些索赔机会是索赔的起点。

所以索赔的依据在于日常工作的积累，在于对合同执行的全面控制。

（3）合同变更直接作为索赔事件。业主的变更指令，合同双方对新的特殊问题的协议、会议纪要、修正案等引起合同变更。合同管理者不仅要落实这些变更，调整合同实施计划，修改原合同规定的责权利关系，而且要进一步分析合同变更造成的影响。合同变更如果引起工期拖延和费用增加就可能导致索赔。

（4）合同管理提供索赔所需要的证据。在合同管理中要处理大量的合同资料和工程资料，它们又可作为索赔的证据。

（5）处理索赔事件。日常单项索赔事件由合同管理人员负责处理。由他们进行干扰事件分析、影响分析、收集证据、准备索赔报告、参加索赔谈判。对重大的一揽子索赔必须成立专门的索赔小组负责具体工作。合同管理人员在小组中起着主导作用。

索赔是一项正常的合同管理业务，它的解决结果也作为合同的一部分。

2. 索赔与计划管理的关系

索赔从根本上说，是干扰事件造成实际施工过程与预定计划的差异引起的，索赔值的大小常常由这个差异决定。所以计划必然是干扰事件影响分析的尺度和索赔值计算的基础。

（1）通过施工计划和实际施工状态的对比分析发现索赔机会。

在实际施工过程中工程进度的变化，施工顺序、劳动力、机械、材料使用量的变化都可能是干扰事件的影响，进一步的定量分析即可得到索赔值。

（2）工期索赔由计划的和实际的关键线路分析得到。

（3）提供索赔值计算的计算基础和计算证据。

3. 索赔与成本管理的关系

在施工项目管理中，成本管理包括工程预算和估价，成本计划、成本核算、成本控制（监督、跟踪、诊断）等。它们都与索赔有紧密的联系。

（1）工程预算和报价是费用索赔的计算基础。工程预算确定的是"合同状态"下的工程费用开支。如果没有干扰事件的影响，则承包商按合同完成工程施工和保修责任，业主如数支付合同价款。而干扰事件引起实际成本的增加。从理论上讲，这个增量就是索赔值。在实际工程中，索赔值以合同报价为计算基础和依据，通过分析实际成本和计划成本的差异得到。要取得索赔的成功必须：

1）工程预算费用项目的划分必须详细、合理；报价合理、反映实际，这样不仅可以及时发现索赔机会，而且干扰事件的影响分析才能准确，才能使得索赔的计算方便、反映实际、索赔要求有根有据。

2）由于索赔报告的提出有严格的有效期限制，索赔值必须符合一定的精度要求，所以必须有一个有效的成本核算和成本控制系统。

（2）通过对实际成本跟踪和分析可以寻找和发现索赔机会。在工程预算的基础上确定的成本计划是成本分析的基础。成本分析主要研究计划成本和实际成本的差异以及差异产生的原因。而这些原因常常就是干扰事件，就是索赔机会。在此基础上进行干扰事件的影响分析和索赔值的计算就十分清楚和方便。

（3）索赔需要及时、准确、完整和详细的成本核算和分析的资料作为索赔值计算的证据，例如各种会计凭证、财务报表、账单等。

4. 索赔与文档管理的关系

索赔需要证据，它构成索赔报告的一部分。没有证据或证据不足，索赔是不能成立的。

文档管理给索赔及时、准确、有条理地提供分析资料和证据，用以证明干扰事件的存在和影响，证明承包商的损失，证明索赔要求的合理性和合法性。

在日常工作中，承包商应注重取得经济活动的证据，必须保持完整的实际工程记录。同时，建立工程项目文档管理系统，委派专人负责工程资料和其他经济活动资料的收集和整理工作，对于较大的较为复杂的工程项目，用计算机进行文档管理能极大地提高工作效率，很好地满足索赔管理的需要。

当然，索赔（反索赔）能力反映承包商的综合管理水平。索赔管理还涉及工程技术、设计、保险、经营、公共关系等各个方面。一个成功的索赔不仅在于合同管理人员的努力，而且有赖于项目管理各职能人员和企业各职能部门在合同实施的各个环节上，都进行卓有成效的管理工作。

第五节 索赔处理程序

一、概述

对一个（或一些）具体的干扰事件进行索赔涉及许多工作。承包商对待每一个索赔，特别对重大索赔，要象对待一个新工程项目一样，进行认真详细的分析、计划，有组织、有步骤地工作。

从总体上分析，承包商的索赔工作包括如下两个方面：

1. 承包商与业主和工程师之间涉及索赔的一些事务性工作。

这些工作，以及工作过程通常由工程合同条件规定。FIDIC 合同条件对索赔程序和争执的解决程序有非常详细的和具体的规定（见第二章第二节）。承包商必须严格按照合同规定办事，按合同规定的程序工作。这是索赔有效性的前提条件之一。

2. 承包商为了提出索赔要求和使索赔要求得到合理解决所进行的一些内部管理工作。它们为索赔的提出和解决服务，必须与合同规定的索赔程序同步进行。同时这些工作又应融合于整个施工项目管理中，获得项目管理的各职能人员和职能部门的支持和帮助。

二、索赔过程中的主要工作

承包商索赔工作通常可能细分为如下几大步骤：

1. 索赔意向通知。在干扰事件发生后，承包商必须抓住索赔机会，迅速作出反应，在一定时间内（FIDIC 条件规定为 28 天），向工程师和业主递交索赔意向通知。该项通知是承包商就具体的干扰事件向工程师和业主表示的索赔愿望和要求，是保护自己索赔权利的措施。如果超过这个期限，工程师和业主有权拒绝承包商的索赔要求，导致索赔无效。

在一般情况下，索赔提出并解决得越早，承包商越主动，越有利。而拖延多有不利：

1) 可能超过合同规定的索赔有效期，导致索赔要求无效；

2) 尽早提出索赔意向，对业主和工程师起提醒作用，敦促他们及早采取措施，消除干扰事件的影响。这对工程整体效益有利，否则承包商有利用业主和工程师过失（干扰事件）扩大损失，以增加索赔值之嫌。

3) 拖延会使业主和工程师对索赔的合理性产生怀疑，影响承包商的有利的索赔地位；

4) "夜长梦多"，可能会给索赔的解决带来新的波折，如工程中会出现新的问题，对方有充裕的时间进行反索赔等；

5) 尽早提出，尽早解决，则能尽早获得赔偿，增强承包商的财务能力。拖延会使许多单项索赔集中起来，带来处理和解决的困难。当索赔额很大时，尽管承包商有十分的理由，业主会全力反索赔，会要求承包商在最终解决中作出让步。

2. 在上述干扰事件发生时，承包商应做好当时记录，作为他以后准备提出的索赔的理由。工程师在收到上述索赔通知后，应对这些记录作审查，并可以指令承包商继续做好合理的当时记录。

3. 承包商对索赔的内部处理过程。一经干扰事件发生，承包商就应进行索赔处理工作，直到正式向工程师和业主提交索赔报告。这一阶段包括许多具体的复杂的分析工作（见图10-2）：

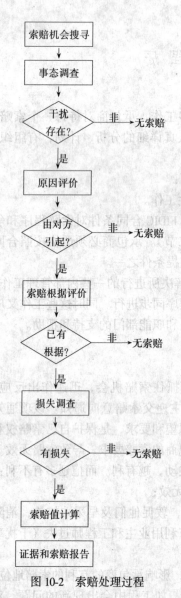

图10-2　索赔处理过程

（1）寻找索赔机会和事态调查。通过对合同实施的监督、跟踪、诊断，发现了索赔机会，则应对它进行详细的调查和跟踪，以了解事件经过、前因后果，掌握事件详细情况。在实际工作中，事态调查可以用合同事件调查表进行。只有存在干扰事件，才可能提出索赔。

（2）干扰事件原因分析，即分析这些干扰事件是由谁引起的，它的责任该由谁来负担。

一般只有非承包商责任的干扰事件才有可能提出索赔。如果干扰事件责任常常是多方面的，则必须划分各人的责任范围，按责任大小，分担损失。

（3）索赔根据，即索赔理由，主要是指合同条文，必须按合同判明干扰事件是否违约，是否在合同规定的赔（补）偿范围之内。只有符合合同规定的索赔要求才有合法性，才能成立。对此必须全面地分析合同，对一些特殊的事件必须作合同扩展分析。

（4）损失调查，即为干扰事件的影响分析。它主要表现为工期的延长和费用的增加。索赔是以赔偿实际损失为原则，如果干扰事件不造成损失，则无索赔可言。

损失调查的重点是收集、分析、对比实际和计划的施工进度，工程成本和费用方面的资料，在此基础上计算索赔值。

（5）收集证据。一经干扰事件发生，承包商应按工程师的要求做好并在干扰事件持续期间内保持完整的当时记录，接受工程师的审查。证据是索赔有效的前提条件。如果在索赔报告中提不出证据，索赔要求是不能成立的。按 FIDIC 条件，承包商最多只能获得有证据能够证实的那部分索赔要求的支付。

（6）起草索赔报告。索赔报告是上述各项工作的结果和总括。它是由合同管理人员在其他项目管理职能人员配合和协助下起草的。它表达了承包商的索赔要求和支持这个要求的详细依据。它将由工程师、业主、或调解人、或仲裁人审查、分析、评价。所以它决定了承包商的索赔地位，是索赔要求能否获得有利和合理解决的关键。

4. 提交索赔报告

承包商必须在合同规定的时间内向工程师和业主提交索赔报告。FIDIC 条件规定，承包商必须在索赔意向通知发出后的 28 天内，或经工程师同意的合理时间内递交索赔报告。如果干扰事件持续时间长，则承包商应按工程师要求的合理时间间隔，提交中间索赔报告（或阶段索赔报告），并于干扰事件影响结束后的 28 天内提交最终索赔报告。

5. 解决索赔

从递交索赔报告到最终获得赔偿的支付是索赔的解决过程。这个阶段工作的重点是，通过谈判，或调解，或仲裁，使索赔得到合理的解决。

(1) 工程师审查分析索赔报告，评价索赔要求的合理性和合法性。如果觉得理由不足，或证据不足，可以要求承包商作出解释，或进一步补充证据，或要求承包商修改索赔要求，工程师作出索赔处理意见，并提交业主。

(2) 根据工程师的处理意见，业主审查、批准承包商的索赔报告。业主也可能反驳，否定或部分否定承包商的索赔要求。承包商常常需要作进一步的解释和补充证据；工程师也需就处理意见作出说明。

FIDIC 工程施工合同规定在承包商提出索赔报告后 42 天内工程师必须对承包商的索赔要求作出答复。对工程师和业主认可的索赔要求（或部分要求），承包商有权在工程进度付款中获得支付。

(3) 三方就索赔的解决进行磋商，达成一致。这里可能有复杂的谈判过程。

如果承包商和业主双方对索赔的解决达不成一致，有一方或双方都不满意工程师的处理意见（或决定），则产生了争执。双方必须按照合同规定的程序解决争执，最典型的和在国际工程中通用的是 FIDIC 合同条件规定的争执解决程序。

第六节　索　赔　报　告

一、索赔报告的基本要求

索赔报告是向对方提出索赔要求的书面文件，是承包商对索赔事件处理的结果。业主的反应——认可或反驳——就是针对索赔报告。调解人和仲裁人只有通过索赔报告了解和分析合同实施情况和承包商的索赔要求，评价它的合理性，并据此作出决议。所以索赔报告的表达方式对索赔的解决有重大影响。索赔报告应充满说服力，合情合理，有根有据，逻辑性强，能说服工程师、业主、调解人和仲裁人，同时它又应是有法律效力的正规的书面文件。

索赔报告如果起草不当，会损害承包商在索赔中的有利地位和条件，使正当的索赔要求得不到应有的妥善解决。

起草索赔报告需要实际工作经验。对重大的索赔或一揽子索赔最好在有经验的律师或索赔专家的指导下起草。索赔报告的一般要求有：

1. 索赔事件应是真实的。这是整个索赔的基本要求，这关系到承包商的信誉和索赔的成败，不可含糊，必须保证。如果承包商提出不实的，不合情理，缺乏根据的索赔要求，工程师会立即拒绝。这还会影响对承包商的信任和以后的索赔。索赔报告中所指出的干扰事件必须有得力的证据来证明。这些证据应附于索赔报告之后。

对索赔事件的叙述必须清楚、明确。不包含任何估计和猜测。也不可用估计和猜测式的语言，诸如"可能"，"大概"，"也许"等。这会使索赔要求苍白无力。

2. 责任分析应清楚，准确。一般索赔报告中所针对的干扰事件都是由对方责任引起的，应将责任全部推给对方。不可用含混的字眼和自我批评式的语言，否则会丧失自己在索赔中的有利地位。

3. 在索赔报告中应特别强调如下几点：

(1) 干扰事件的不可预见性和突然性。即使一个有经验的承包商对它也不可能有预见或准备，对它的发生承包商无法制止，也不能影响。

(2) 在干扰事件发生后承包商已立即将情况通知了工程师，听取并执行工程师的处理指令；或承包商为了避免和减轻干扰事件的影响和损失尽了最大努力，采取了能够采取的措施。在索赔报告中可以叙述所采取的措施以及它们的效果。

(3) 由于干扰事件的影响，使承包商的工程过程受到严重干扰，使工期拖延，费用增加。应强调，干扰事件、对方责任、工程受到的影响和索赔值之间有直接的因果关系，形成逻辑链。这个逻辑链对索赔的成败至关重要。业主反索赔常常也着眼于否定这个因果关系，以否定这个逻辑关系，以否定承包商的索赔要求。

(4) 承包商的索赔要求应有合同文件的支持，可以直接引用相应合同条款。承包商必须十分准确地选择作为索赔理由的合同条款。

强调这些是为了使索赔理由更充足，使工程师，业主和仲裁人在感情上易于接受承包商的索赔要求。

4. 索赔报告通常很简洁，条理清楚，各种结论、定义准确，有逻辑性。但索赔证据和索赔值的计算应很详细和精确。如果承包商不能提交详细资料足以证明索赔的全部要求的依据，则他只有权得到索赔中他能证明有依据的部分。

承包商应尽力避免索赔报告中出现用词不当、语法错误、计算错误、打字错误等问题。否则会降低索赔报告的可信度，使人觉得承包商不严肃、轻率、或弄虚作假。

5. 用词要婉转。索赔是以利益为原则，而不是以立场为原则，不以辨明是非为目的。承包商追求的是，通过索赔（当然也可以通过其他形式或名目）使自己的损失得到补偿，获得合理的收益。在整个索赔的处理和解决过程中，承包商必须牢牢把握这个方向。由于索赔要求只有最终获得业主、工程师、或调解人、或仲裁人等的认可才有效，最终获得赔偿才算成功，所以索赔的技巧和策略极为重要，承包商应考虑采用不同的形式、手段，采取各种措施争取索赔的成功，同时又不损害双方的友谊，又不损害自己的声誉。

作为承包商，在索赔报告中应避免使用强硬的不友好的抗议式的语言。如不宜用"…你方违反合同条款……，使我方受到严重损害，因此我方提出……"，宜用"请求贵方作出公平合理的调整"，"请在×合同条款下考虑我方的要求"。不能因为语言而伤了和气和双方的感情，导致索赔的失败。

索赔目的是取得赔偿，说服对方承认自己索赔要求的合理性，而不能损害对方的面子。所以在索赔报告中，以及在索赔谈判中应强调干扰事件的不可预见性，强调不可抗力的原因，或应由对方负责的第三者责任，应避免出现对业主代表和监理工程师当事人个人的指责。

二、索赔报告的格式和内容

在实际承包工程中，索赔文件通常包括三个部分：

1. 承包商或他的授权人致业主或工程师的信。在信中简要介绍索赔要求、干扰事件经过和索赔理由等。

2. 索赔报告正文。在工程中，对单项索赔，应设计统一格式的索赔报告。这使得索赔处理比较方便。索赔报告的一般格式见表 10-2。

负责人：

编号：   日期：

×× 项目索赔报告

题目：

事件：

理由：

影响：

结论：

成本增加：

工期拖延：

一揽子索赔报告的格式可以比较灵活。不管什么格式的索赔报告，形式可能不同，但实质性的内容相似，一般主要包括：

（1）题目。简洁地说明针对什么提出索赔。

（2）索赔事件。叙述事件的起因（如业主的变更指令、通知等）、事件经过、事件过程中双方的活动，重点叙述我方按合同所采取的行为（以推卸自己的合同责任）、对方不符合合同的行为、或没履行合同责任的情况。这里要提出事件的时间、地点和事件的结果，并引用报告后面的证据作为证明。

（3）理由。总结上述事件，同时引用合同条文或合同变更和补充协议条文，证明对方行为违反合同或对方的要求超出合同规定，造成了该干扰事件，有责任对由此造成的损失作出补（赔）偿。

（4）影响。简要说明事件对承包商施工过程的影响，而这些影响与上述事件有直接的因果关系。重点围绕由于上述事件原因造成成本增加和工期延长，与后面的费用分项的计算又应有对应关系。

（5）结论。由于上述事件的影响，造成承包商的工期延长和费用增加。通过详细的索赔值的计算（这里包括对工期的分析和各费用损失项目的分项计算），提出索赔具体的费用索赔值和工期索赔值。

3. 附件。即该报告所列举事实、理由、影响的证明文件和各种计算基础，计算依据的证明文件。

复 习 思 考 题

1. 试查阅其他书籍，罗列对"索赔"一词的不同解释，分析它们的差异。

2. 有人说："在任何工程中，使用任何形式的合同都不能完全避免索赔"。你觉得这句话对吗？为什么？

3. 为什么说："为了签订一个有利的合同而作出的各种努力是最有力的索赔管理"？

4. 试分析我国建设工程施工合同文本，列出承包商可以索赔的干扰事件及其理由。

5. 为什么说对一个特定的干扰事件，没有一个预定的统一标准的解决结果？

6. 在索赔处理过程中，需要承包商项目组的其他管理人员及企业的其他职能人员提供什么样的帮助？

7. "索赔是以利益为原则"，则项目经理应采用各种手段搞索赔，索赔得越多越好。您觉得对吗？为什么？

8. 为什么说在工程中应尽力避免一揽子索赔？

9. 为什么说在工程项目管理中索赔管理是全面的，同时又是高层次的管理工作？

10. 试分析 FIDIC 合同的索赔程序。

11. 索赔证据有哪些基本要求？

第十一章　索赔值的计算

【本章提要】　索赔值的计算是十分复杂的，需要广博的知识和实践经验。

1. 干扰事件影响的分析方法是索赔值计算的前导工作，这在本书的索赔案例中都可以看到。

2. 工期索赔的计算最科学的是关键线路法；比例计算法虽然用的较多，但不太科学。工期索赔要注意实际记录，干扰事件影响之间常常会有重叠。

3. 费用索赔的计算方法与投标报价相联系。本章分析工期拖延、工程变更、加速施工、工程中断、合同终止等情况下的费用索赔和利润索赔的计算方法和过程。

第一节　干扰事件的影响分析方法

承包商的索赔要求都表现为一定的具体的索赔值，通常有工期的延长和费用的增加。在索赔报告中必须准确地、客观地估算干扰事件对工期和成本的影响，定量地提出索赔要求，出具详细的索赔值计算文件。计算文件通常是对方反索赔的攻击重点之一，所以索赔值的计算必须详细、周密，计算方法合情合理、各种计算基础数据有根有据。

但是干扰事件直接影响的是施工过程。干扰事件造成施工方案、工程施工进度、劳动力、材料、机械的使用和各种费用支出的变化，最终表现为工期的延长和费用的增加。所以干扰事件对施工过程的影响分析，是索赔值计算的前提。它构成了干扰事件与索赔要求的因果关系和数量关系。只有分析准确、透彻，索赔值计算才能正确、合理。

一、分析的基础

干扰事件的影响分析基础有两个：

1. 干扰事件的实情

干扰事件的实情，也就是事实根据。承包商可以提出索赔的干扰事件必须符合两个条件：

（1）该干扰事件确实存在，而且事情的经过有详细的具有法律证明效力的书面证据。不真实、不肯定、没有证据或证据不足的事件是不能提出索赔的。在索赔报告中必须详细地叙述事件的前因后果，在索赔报告后必须附有相应的各种证据。

（2）干扰事件非承包商责任。干扰事件的发生不是由承包商引起的，或承包商对此没有责任。对在工程中因承包商自己或他的分包商等管理不善、错误的决策、施工技术和施工组织失误、能力不足等原因造成的损失，应由承包商自己承担。所以在干扰事件的影响分析中应将双方的责任区分开来。

2. 合同背景

合同是索赔的依据，当然也是索赔值计算的依据。合同中对索赔有专门的规定，首先必须落实在计算中。这主要有，合同价格的调整条件和方法，工程变更的补偿条件和补偿计算方法，附加工程的价格确定方法，业主的合作责任和工期补偿条件等。

例如，某合同规定：

"合同价格是固定的，……承包商不得以任何理由增加合同价格，如市场价格上涨，货币价格浮动，生活费用提高，工资基限提高，调整税法等。"

"业主有权调整合同内容，但增加和减少工程量不超过合同金额的15%。在上述范围内，承包商无权要求任何补偿。"

在上述的范围中，尽管干扰事件存在，非承包商责任，承包商的损失也存在，但却不能提出索赔。它们是合同规定的承包商应承担的风险。

二、干扰事件的影响分析方法

在实际工程中，干扰事件的原因比较复杂，许多因素、甚至许多干扰事件搅在一起，常常双方都有责任，难以具体分清。在这方面的争执较多。通常可以从对如下三种状态的分析入手，分清各方的责任，分析各干扰事件的实际影响，以准确地计算索赔值。

1. 合同状态分析

这里不考虑任何干扰事件的影响，仅对合同签订的情况作重新分析。

(1) 合同状态。合同确定的工期和价格是针对"合同状态"，即合同签订时的合同条件，工程环境和实施方案。在工程施工中，由于干扰事件的发生，造成工程范围、工程环境、承包商责任，或实施方案的变化，使原"合同状态"被打破，则应按合同的规定，调整合同工期和价格，形成新的平衡。新的工期和价格必须在"合同状态"的基础上分析计算。所以为了方便索赔计算和争执的解决，应保存在投标阶段详细的成本预算和报价资料。

合同状态（又被称为计划状态或报价状态）的计算方法和计算基础是极为重要的，它直接制约着后面所述的两种状态的分析计算。它的计算结果是整个索赔值计算的基础。

在实际工作中，人们往往以自己的实际生产值、生产效率、工资水平和费用支出作为索赔值的计算基础，以为这即为赔偿实际损失原则。这是一种误解。这样常常会过高地计算了索赔值，而使整个索赔报告被对方否定。

(2) 合同状态的分析基础

从总体上说，合同状态分析是重新分析合同签订时的合同条件、工程范围、工程环境、实施方案和价格。其分析基础为招标文件和承包商报价文件，包括合同条件、工程范围、工程量表、规范、施工图纸、总工期、双方认可的施工方案和施工进度计划（包括工期安排、人力、材料、设备等需要量和安排、里程碑事件）、承包商报价的价格水平等。

合同状态分析实质上和合同报价过程相似。分析结果表明，如果合同条件、工程环境、实施方案等没有变化，则承包商应在合同规定工期内，按合同规定的要求（范围、质量、技术等）完成工程施工，并得到相应的合同价格。

2. 可能状态分析

合同状态仅为计划状态或理想状态。在任何工程中，干扰事件是不可避免的，所以合同状态很难保持。要分析干扰事件对施工过程的影响，必须在合同状态的基础上加上干扰事件。为了区分各方面责任，这里的干扰事件必须非承包商自己责任引起，而且不在合同规定的承包商应承担的风险范围内，符合合同规定的赔偿条件。

仍然引用上述合同状态的分析方法和分析过程，再一次进行工程量核算，网络计划分析，确定这种状态下的劳动力、管理人员、机械设备、材料、工地临时设施和各种附加费用的需要量，最终得到这种状态下的工期和费用。

这种状态实质上仍为一种计划状态，是合同状态在上述特定干扰事件影响后的可能情况，所以被称为可能状态。

3．实际状态分析

按照实际的工程量、生产效率、人力安排、价格水平、施工方案和施工进度安排等确定实际的工期和费用。这种分析以承包商的实际工程资料为依据。

4．比较上述三种状态的分析结果可以得到：

（1）实际状态和合同状态之差即为工期的实际延长和成本的实际增加量。这里包括所有因素的影响，如业主责任的、承包商责任的、其他外界干扰的等。

（2）可能状态和合同状态结果之差即为按合同规定承包商真正有理由提出工期和费用索赔的部分。它直接可以作为工期和费用的索赔值。

（3）实际状态和可能状态结果之差为承包商自身责任造成的损失和合同规定的承包商应承担的风险。它应由承包商自己承担，得不到补偿。这里还包括承包商投标报价失误造成的经济损失。

【案例26】 某大型路桥工程（见参考文献13），采用 FIDIC 合同条件。中标合同价 7 825 万美元,工期 24 个月,工期拖延罚款 95 000 美元/天。

（1）事态描述：在桥墩开挖中，地质条件异常，淤泥深度比招标文件所述深得多，基岩高程低于设计图纸 3.5m，图纸多次修改。工程结束时，承包人提出 6.5 个月工期和 3 645 万美元费用索赔。

（2）影响分析：

①合同状态分析。业主全面分析承包商报价，经详细核算后，预算总价应为 8 350 万美元，工期 24 个月。则承包商将报价降低了 525 万美元（即 8 350 万 – 7 825 万）。这为他在投标时认可的损失，应当由承包商自己承担。

②可能状态分析。由于复杂的地质条件、修改设计、迟交图纸等原因，造成承包商费用增加，经核算可能状态总成本应为 9 874 万美元，工期约为 28 个月（这里不计承包商责任和承包商风险的事件），则承包商有权提出的索赔仅为 1 524 万美元（9 874 万 – 8 350 万）和 4 个月工期索赔。由于承包商在投标时已认可了 525 万美元损失，则仅能赔偿 999 万美元（即 1 524 万 – 525 万）。

③实际状态分析。而承包商提出的索赔是在实际总成本和总工期（即实际状态）分析基础之上的。即实际总成本为 11 470 万（7 825 万 + 3 645 万）美元，实际工期为 30.5 个月。

（3）业主的反索赔：实际状态与可能状态成本之差 1 596 万美元（即 11 470 万 – 9 874 万）为承包商自己管理失误造成的损失，或抬高索赔值造成的，由承包商自己负责。

由于承包商原因造成工期拖延 2.5 个月，则对此业主可以要求承包商支付误期违约金：

误期赔偿金 = 95 000 美元/天 × 76 天 = 7 220 000 美元

（4）最终双方达成一致：业主向承包人支付为：

999 万 – 722 万 = 277 万美元。

【案例分析】 对承包商的赔偿应为 1 524 万，而不是 999 万。因为 1 524 万美元是承包商有权提出的索赔额，与承包商报价相比，已经扣除了 525 万。如果再扣掉 525 万，承包商受到双倍损失。这里计算似乎有误。

三、分析的注意点

这种分析方法从总体上将双方的责任区分开来，同时又体现了合同精神，比较科学和合理。分析时应注意：

1. 按照索赔处理方法不同，分析的对象有所不同。在日常的单项索赔中仅需分析与该干扰事件相关的分部分项工程或单位工程的各种状态；而在一揽子索赔（总索赔）中，必须分析整个工程项目的各种状态。

2. 三种状态的分析必须采用相同的分析对象、分析方法、分析过程和分析结果表达形式，如相同格式的表格。它的好处有：

方便分析结果的对比；

方便索赔值的计算；

方便对方对索赔报告的审查分析；

方便索赔的谈判和最终解决，使谈判人员对干扰事件的影响一目了然。

3. 分析要详细，能分出各干扰事件、各费用项目、各工程活动（合同事件），这样使用分项法计算索赔值很为方便。

4. 在实际工程中常常会出现属于混合原因的索赔问题。例如：

不同种类、不同责任人、不同性质的干扰事件常常搅在一起，业主违约，同时又有不可抗力事件发生；

某个干扰事件应由两个单位共同承担责任，如工程质量问题是由于设计单位和施工承包商共同责任造成的等。

对此要准确地计算索赔值，必须将它们的影响区别开来，由合同双方共同承担责任。这常常是很困难的，会带来很大的争执。这里特别要注意：

(1) 各干扰事件的发生和影响之间的逻辑关系（先后顺序关系和因果关系）。

(2) 这些原因是对损失影响的大小，是主要影响还是次要影响。

这样干扰事件的影响分析和索赔值的计算才是合理的。

5. 在工程成本管理中人们经常采用差异分析的方法，这种方法也经常十分有效地被用在干扰事件的影响分析上。

【案例 27】 某工程报价中有钢筋混凝土梁 40m³，测算模板 285m²，支模工作内容包括现场运输、安装、拆除、清理、刷油等。

由于发生许多干扰事件，造成人工费的增加。现对人工费索赔分析如下：

1) 合同状态分析：

预算支模用工 3.5 小时/ m²，工资单价为 5 美元/小时，则模板报价中人工费为：

$$5 \text{ 美元/小时} \times 3.5 \text{ 小时/ m}^2 \times 285\text{m}^2 = 4\,987.5 \text{ 美元}$$

2) 实际状态分析：

在实际工程施工中按照工程师计量、用工记录、承包商的工资报表计算：

① 由于工程师指令工程变更，使实际钢筋混凝土梁为 43m³，模板为 308m²；

② 模板小组 12 人共工作了 12.5 天（每天 8 小时），其中等待变更，现场 12 人停工 6

小时；

③由于国家政策变化，造成工资上涨到 5.5 美元/小时。

则实际模板工资支出为：

$$5.5 \text{ 美元/小时} \times 8 \text{ 小时/（天·人）} \times 12.5 \text{ 天} \times 12 \text{ 人} = 6\,600 \text{ 美元}$$

实际状态与合同状态的总差额为：

$$6\,600 \text{ 美元} - 4\,987.5 \text{ 美元} = 1\,612.5 \text{ 美元}$$

3）可能状态分析：

由于设计变更、国家政策的变化和等待变更指令属于业主的责任和风险，则

①设计变更所引起的人工费变化

$$5 \text{ 美元/小时} \times 3.5 \text{ 小时/m}^2 \times (308 - 285) \text{ m}^2 = 402.5 \text{ 美元}$$

②工资上涨引起的人工费变化

$$(5.5 - 5) \text{ 美元/小时} \times 3.5 \text{ 小时/m}^2 \times 308 \text{m}^2 = 539 \text{ 美元}$$

③停工等待变更指令引起的人工费增加

$$5.5 \text{ 美元/小时} \times 12 \text{ 人} \times 6 \text{ 小时} = 396 \text{ 美元}$$

④可能状态人工费增加总额为：

$$402.5 + 539 + 396 = 1\,337.5 \text{ 美元}$$

则承包商有理由提出费用索赔的数量为 1\,337.5 美元。

4）由于劳动效率降低是由承包商自己负责，则：

$$\text{承包商实际使用工} = 8 \text{ 小时/（工日·人）} \times 12.5 \text{ 天} \times 12 \text{ 人} = 1\,200 \text{ 小时}$$

$$\text{承包商用工超量} = 1\,200 \text{ 小时} - 3.5 \text{ 小时/m}^2 \times 308 \text{m}^2 - 6 \text{ 小时/人} \times 12 \text{ 人} = 50 \text{ 小时}$$

$$\text{相应人工费增量} = 5.5 \text{ 美元/小时} \times 50 \text{ 小时} = 275 \text{ 美元}$$

第二节　工期索赔计算

一、工期索赔的目的

在工程施工中，常常会发生一些未能预见的干扰事件使施工不能顺利进行，使预定的施工计划受到干扰，结果造成工期延长。

工期延长对合同双方都会造成损失：业主因工程不能及时交付使用，投入生产，不能按计划实现投资目的，失去盈利机会，并增加各种管理费的开支；承包商因工期延长增加支付现场工人工资、机械停置费用、工地管理费、其他附加费用支出等，最终还可能要支付合同规定的误期违约金。

所以承包商进行工期索赔的目的通常有两个：

1. 免去或推卸自己对已经产生的工期延长的合同责任，使自己不支付或尽可能少支付工期延长的罚款。

2. 进行因工期延长而造成的费用损失的索赔。这个索赔值通常比较大。

对已经产生的工期延长，业主通常采用两种解决办法：

（1）不采取加速措施，将合同工期顺延，工程施工仍按原定方案和计划实施。

（2）指令承包商采取加速措施，以全部或部分地弥补已经损失的工期。如果工期拖延责任不由承包商造成，业主已认可承包商的工期索赔，则承包商还可以提出因采取加速措

施而增加的费用索赔。

二、工期拖延的原因及其与相关费用索赔的关系

1. 影响工期和费用的干扰事件性质。

合同工期确定后，不管有没有作过工期和成本的优化，在施工过程中，当干扰事件影响了工程的关键线路活动，或造成整个工程的停工、拖延，必然会引起总工期的拖延。而这种工期拖延都会造成承包商成本的增加。这个成本的增加能否获得业主相应的补偿，由具体情况确定。按照承包合同（例如 FIDIC 和我国的施工合同文本）规定，干扰事件的影响范围、原因、工期补偿和费用补偿之间存在如下关系：

（1）允许工期顺延同时承包商又有权提出相关费用索赔的情况。

这类干扰事件是由于业主责任引起的，或合同规定应由业主负责的。例如：

1）业主（工程师）不能及时地发布图纸和指令。

2）发生一个有经验的承包商也无法预料的现场气候条件以外的外界障碍或条件。

3）施工现场发掘出化石、硬币、有价值的物品或文物、建筑结构等，承包商执行工程师的指令进行保护性开挖。

4）工程师指令进行合同未规定的检查，而检查结果证明承包商材料、工程设备及工艺符合合同规定。

5）工程师指令暂停工程。

6）业主没能及时支付工程款，承包商采取放慢施工速度的措施等。

（2）允许工期顺延，但不允许提出与工期相关的费用索赔的情况。属于这一类情况的是既非业主责任，又非承包商责任的延误，如恶劣的气候条件。在我国，由于不可抗力事件引起的拖延，也属于这类情况。

（3）由于承包商责任的拖延，工期不能顺延，费用也不能要求索赔。

2. 干扰事件重叠影响分析。在实际工程中，由于引起工期拖延的干扰事件的持续时间可能比较长，所以上述三类性质的干扰事件有时会相继发生，互相重叠。这种重叠给工期索赔和由此引起的费用索赔的解决带来许多困难，容易引起争执。国际上没有成熟的解决办法和计算方法，人们曾提出不少处理这类问题的准则。

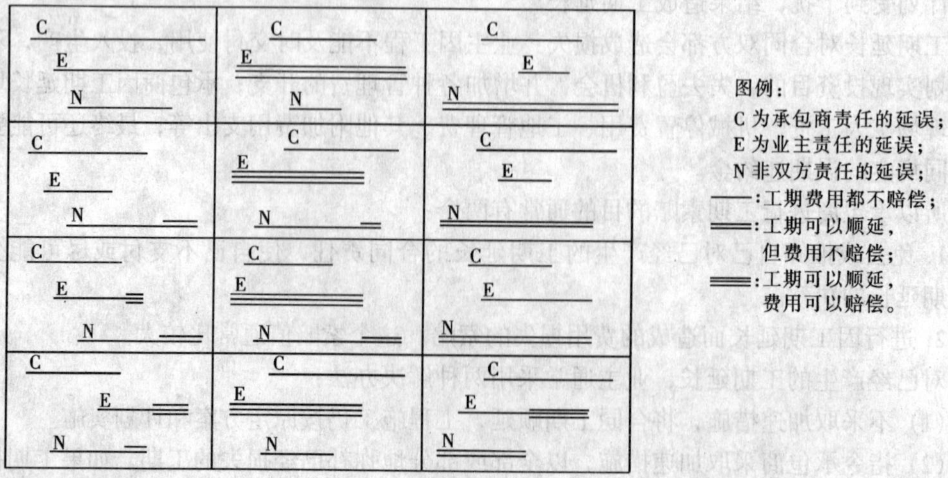

图例：
C 为承包商责任的延误；
E 为业主责任的延误；
N 非双方责任的延误；
——：工期费用都不赔偿；
══：工期可以顺延，
　　但费用不赔偿；
══：工期可以顺延，
　　费用可以赔偿。

图 11-1 不同责任的延误的关系

234

（1）首先发生原则。即某一个干扰事件先发生，在它结束之前，不考虑在此过程中发生的其他类型的干扰事件的影响。它可由下图11-1表示（见参考文献11）。

例如在施工过程中发生两个干扰事件：业主图纸拖延从5月1日到5月20日，在5月15日开始恶劣的气候条件直到5月25日。则按照第2行第2格的图示，从5月1日到5月20日都为业主责任，工期和费用都给予补偿；恶劣的气候条件的影响从5月21起算到5月25日，只顺延工期，但不补偿费用。

（2）比例分摊原则。在重叠期间按照比例分摊计算到不同的干扰事件上。即在上例中，5月15日到20日有两个干扰事件的影响存在，则按照比例分摊，两个干扰事件各算一半。

（3）主导原因原则。即分析这些干扰事件哪个是主导原因，由主导原因的干扰事件承担责任。

（4）其他。例如我国的学者提出工期对承包商从严，费用从宽的原则（见参考文献24）。

三、工期索赔的分析方法

1．分析的依据

工期索赔的依据主要有：

（1）合同规定的总工期计划；

（2）合同签订后由承包商提交的并经过工程师同意的详细的进度计划；

（3）合同双方共同认可的对工期的修改文件，如认可信、会谈纪要、来往信件等；

（4）业主、工程师和承包商共同商定的月进度计划及其调整计划；

（5）受干扰后实际工程进度，如施工日志、工程进度表、进度报告等。

承包商在每个月月底以及在干扰事件发生时都应分析对比上述资料，以发现工期拖延及拖延原因，提出有说服力的索赔要求。

2．分析的基本思路

干扰事件对工期的影响，即工期索赔值可通过原网络计划与可能状态的网络计划对比得到，而分析的重点是两种状态的关键线路。分析的基本思路为：假设工程施工一直按原网络计划确定的施工顺序和工期进行。现发生了一个或一些干扰事件，使网络中的某个或某些活动受到干扰，如延长持续时间，或活动之间逻辑关系变化，或增加新的活动。将这些活动受干扰后的持续时间代入网络中，重新进行网络分析，得到一新工期。则新工期与原工期之差即为干扰事件对总工期的影响，即为工期索赔值。通常，如果受干扰的活动在关键线路上，则该活动的持续时间的延长即为总工期的延长值。如果该活动在非关键线路上，受干扰后仍在非关键线路上，则这个干扰事件对工期无影响。故不能提出工期索赔。

这种考虑干扰后的网络计划又作为新的实施计划，如果有新的干扰事件发生，则在此基础上可进行新一轮分析，提出新的工期索赔。

这样在工程实施过程中进度计划是动态的，不断地被调整。而干扰事件引起的工期索赔也可以随之同步进行。

3．分析的步骤

从上述讨论可见，工期索赔值的分析有两个主要步骤：

（1）确定干扰事件对工程活动的影响。即确定由于干扰事件发生，使与之相关的工程活动所产生的变化。

（2）由于工程活动的变化，对总工期产生影响。这可以通过新的网络分析得到，总工期所受到的影响即为干扰事件的工期索赔值。

四、干扰事件对活动持续时间的影响分析

在进行总体网络分析前必须确定干扰事件对工程活动持续时间的影响，这是很复杂的。因为实际情况千变万化，干扰事件也是千奇百怪，难以一一描述。下面就几类常见的索赔事件叙述其分析方法。其中所举的一些例子，有特定的合同背景和环境，仅作为参考。

1. 工程拖延影响的分析

在工程中，业主推迟提供设计图纸、建筑场地、行驶道路等，会直接造成工程推迟或中断，影响整个工期。通常，这些活动的实际推迟天数即可直接作为工期延长天数，即为工期索赔天数。这可由现场实际的记录作为证据。

【案例28】 在某一承包工程中，承包商总承包该工程的全部设计和施工。合同规定，业主应于 1987 年 2 月中旬前向承包商提供全部设计资料。该工程主要结构设计部分约占 75%，其他轻型结构和零碎设计部分约占 25%。

在合同实施过程中，业主在 1987 年 9 月至 1987 年 12 月间才陆续将主要结构设计资料交付齐全；其余的结构设计资料，在 1988 年 3 月到 1988 年 7 月底才陆续交付齐全。这有设计资料交接表及附属的资料交接手续为证据。

对此，承包商提出工期拖延索赔：

主要结构设计资料的提供期可以取 1987 年 9 月初至 1987 年 12 月底的中值，即为 1987 年 10 月中旬。

其他结构设计资料的提供期可以取 1988 年 3 月初至 1988 年 7 月底的中值，即 1988 年 5 月中旬。

综合这两方面，以平衡点作为全部设计资料的提供期（见图 11-2）。

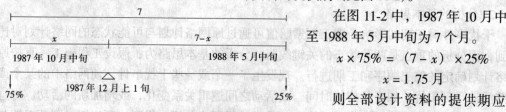

图 11-2　工期拖延影响分析

在图 11-2 中，1987 年 10 月中旬至 1988 年 5 月中旬为 7 个月。

$$x \times 75\% = (7-x) \times 25\%$$

$$x = 1.75 \text{ 月}$$

则全部设计资料的提供期应为 1987 年 12 月上旬，即 1987 年 10 月中旬向后推 1.75 月。则由于设计资料延缓干扰造成工期延长的索赔值约为 9.5 月，即由 1987 年 2 月中旬拖延至 1987 年 12 月上旬。

案例分析：该例中索赔值的计算方法，表面上看是公平的，但在有些情况下不尽合理。因为在计算中没有考虑设计资料对设计工作的实际影响。这里有如下几种情况：

（1）如果设计资料未按设计工作进程需要提供，即只有等设计资料齐备后，才能进行设计工作，则主要结构的设计开始期应为 1987 年 12 月。同样，其余结构的设计开始期应为 1988 年 7 月底。

（2）如果设计资料完全按设计工作进程提供，则开始提供设计资料后，即可开始设计工作，则主要结构的设计开始期应为 1987 年 9 月。

（3）其他轻型结构和零星工程的施工很迟，而且它们有独立性，这些设计工作推迟，并不影响施工进度，所以不应考虑它对总工期的影响。

2．工程变更的影响分析

工程变更有如下几种情况：

（1）工程量增加超过合同规定的承包商应承担的风险范围，可以进行工期索赔。通常可以按工程量增加的比例同步延长所涉及到的网络活动的持续时间。

【案例 29】 某工程，原合同规定两个阶段施工，工期为：土建工程 21 个月，安装工程 12 个月。现以一定量的劳动力需要量作为相对单位，则合同所规定的土建工程量可折算为 310 个相对单位，安装工程量折算为 70 个相对单位。

合同规定，在工程量增减 10%的范围内，作为承包商的工期风险，不能要求工期补偿。

在工程施工过程中，土建和安装各分项工程的工程量都有较大幅度的增加，同时又有许多附加工程。实际土建工程量增加到 430 个相对单位，实际安装工程量增加到 117 个相对单位。对此，承包商提出工期索赔：

考虑到工程量增加 10%作为承包商的风险，则

土建工程量应为：$310 \times 1.1 = 341$ 相对单位，

安装工程量应为：$70 \times 1.1 = 77$ 相对单位。

由于工程量增加造成工期延长为：

$$土建工程工期延长 = 21 \times (430/341 - 1) = 5.5 \text{ 月}$$

$$安装工程工期延长 = 12 \times (117/77 - 1) = 6.2 \text{ 月}$$

$$则，总工期索赔 = 5.5 \text{ 月} + 6.2 \text{ 月} = 11.7 \text{ 月}$$

这里将原计划工作量增加 10%作为计算基数，一方面考虑到合同规定的风险，另一方面由于工作量的增加，工作效率会有提高。

这不是对工程变更引起工期延长的精细的分析，而是基于合同总工期计划上的框算。

如果仅某个分项工程工程量增加，则可按工程量增加的比例扩大网络上相关活动的持续时间，重新进行网络分析。

（2）增加新的附加工程，即增加合同中未包括的，但又在合同规定范围内的新的工程项目。这必须增加新的网络活动。在这里要确定：

1）新活动的持续时间。

2）新活动与其他活动之间的逻辑关系，或新活动的开始时间。

它们可按合同双方商讨或签订新的附加协议确定。

（3）对业主责任造成工程停工、返工、窝工、等待变更指令等事件，可按经工程师签字认可的实际工程记录，延长相应网络活动的持续时间。

（4）业主指令变更施工次序会引起网络中活动之间逻辑关系的变更。对此必须调整网络结构。它的实际影响可由新旧两个网络的分析对比得到。

（5）在实际工作中，工程变更的实际影响往往远大于上述分析的结果。因为工程变更还涉及到等待变更指令，变更的实施准备，材料采购、人员组织、机械设备的准备，以及对其他工程活动的影响。这些因素常常很容易被忽略。在一揽子索赔中常常因提不出这些影响的得力证据，使索赔要求被对方否定，使承包商受到损失。对它的处理和解决办法应在变更协议中予以规定。在变更前以及在变更过程中，承包商应重视这些影响证据的收集

并由工程师签署认可。

3. 工程中断的影响分析

对由于罢工、恶劣气候条件和其他不可抗力因素造成的工程暂时中断，或业主指令停止工程施工，使工期延长，一般其工期索赔值按工程实际停滞时间，即从工程停工到重新开工这段时间计算。但如果干扰事件有后果要处理，还要加上清除后果的时间。如恶劣的气候条件造成工地混乱，需要在开工前清理场地，有时需要重新招雇工人，组织施工，重新安装和检修施工机械设备。在这种情况下，可以按工程师填写或签证的现场实际工程记录为证据。

五、干扰事件对整个工期的影响分析方法

在计算干扰事件对工程活动的影响基础上，可计算干扰事件对整个工期的影响，即工期索赔值。在实际工程中通常可以采用如下三种分析方法：

1. 网络分析方法

网络分析方法是通过分析干扰事件发生前后网络计划，对比两种工期计算结果，计算索赔值。它是一种科学的、合理的分析方法，适用于各种干扰事件的工期索赔。但它以采用计算机网络分析技术进行工期计划和控制作为前提条件。

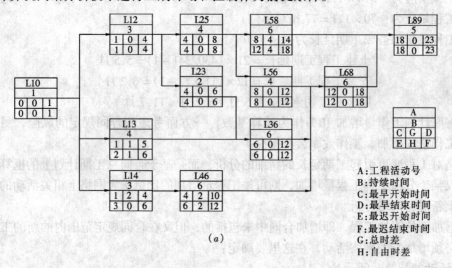

(a)

A：工程活动号
B：持续时间
C：最早开始时间
D：最早结束时间
E：最迟开始时间
F：最迟结束时间
G：总时差
H：自由时差

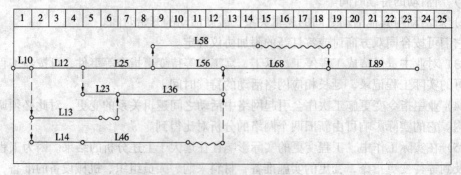

(b)

图 11-3 某工程原工期计划
(a) 原工期计划网络图；(b) 原工期时标网络图

238

（1）例子分析

假设，某工程的主要活动的实施计划由图 11-3（a）的网络给出，由它所确定的时标网络见图 11-3（b）。

经网络分析，计划工期 23 周。现受到外界干扰，使合同实施产生如下变化：

活动 L25 工期延长 2 周，即实际工期为 6 周；

活动 L46 工期延长 4 周，即实际工期为 10 周；

增加活动 L78，持续时间为 6 周，L78 在 L13 结束后开始，在 L89 开始前结束。

将它们一起代入原网络中，得到一新网络图，经过新一轮分析，总工期为 25 周（见图 11-4）。

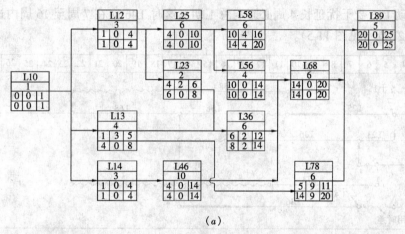

（a）

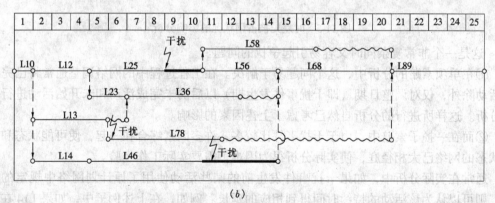

（b）

图 11-4　干扰后的工期计划

（a）干扰后工期计划网络图；（b）干扰后工期时标网络图

即工程受到上述干扰事件的影响，总工期延长仅 2 周。它为承包商可以有理由提出索赔的工期拖延。

从上面的网络分析可见：总工期延长 2 周完全是由于 L25 活动的延长造成的。因为它在干扰前即为关键线路活动。它的延长直接是总工期的延长。

而 L46 的延长不影响总工期。该活动在干扰前为非关键线路活动，在干扰发生后与 L56 等活动并立在关键线路上。

同样，L78 活动的增加也不影响总工期。在新网络中，它处于非关键线路上。

（2）网络分析中两个重要问题

1）实际工程中时差的使用。上面仅为理论上的分析，在实际工程中必须考虑到干扰事件发生前的实际施工状态。由于多数干扰事件都是在合同实施过程中发生的。在干扰发生前，有许多活动已经完成或已经开始。这些活动可能已经占用线路上的时差，使干扰事件的实际影响大于上述理论分析的结果。在承包商作项目进度计划时，有时为了资源的平衡而动用非关键活动的时差。

例如，在上面的网络分析中 L46 活动延长了 4 周而不影响总工期，是由于它占用了前导活动 L14 的时差和自己的时差。而如果在实际工程中活动 L14 在第 6 周才结束，或 L46 推迟到第 7 周才开始，即它占用线路上 2 周的时差（这仍符合原网络计划），这时干扰事件才发生，活动 L46 受干扰延长 4 周必影响总工期（这时 L46 应在 7 周至 16 周内进行），这时总工期为 27 周（见图 11-5）。

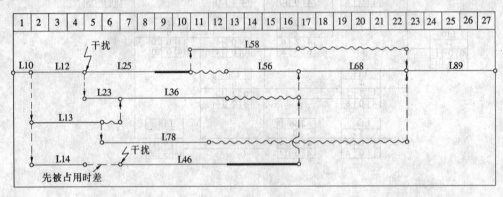

图 11-5　时差先被占用状况的影响分析

这是一个非常复杂同时又容易引起争执的问题。

①在单项索赔的分析中，这个问题易于解决。在工程过程中的网络调整通常将已完成的活动除外，仅对调整日期（即干扰事件发生期）以后的未完成活动和未开始活动进行网络分析。这样所进行的分析自然已考虑了上述因素的影响。

②而在一揽子索赔中，由于干扰事件比较多，许多因素综合在一起，使可能状态和合同状态的网络已大相径庭，使实际分析很为困难，需要实际工作经验。

通常在实际分析中，如果干扰事件发生前的某些活动使用了原计划网络中规定的时差，则可以认为该活动的持续时间得到相应的延长。例如，在上述例子中，如果 L14 在第 4~7 周内完成，然后才发生前述的干扰事件，则可将 L14 活动的持续时间改为 5 周（即 3 周原计划工期和 2 周被占用的时差）。这样进行总网络分析，其结果总工期为 27 周，则干扰的影响为 4 周。它是由于 L46 延长 4 周造成的。这样比较客观地反映了实际情况。

当然，这里面还涉及另一个比较复杂的问题，即谁有权力使用工程活动的时差，以及承包商如何使用工程活动的时差。

2）不同干扰事件工期索赔之间的影响。从上面的分析中，还可以看出工期索赔之间的重叠影响。例如在上例中 L25 和 L46 分别受到不同的干扰事件的影响。L25 先受到干扰，需要延长 2 周。由于在干扰前和干扰后它都处于关键线路上，所以总工期延长至 25 周，即工期索赔 2 周。此后在第 7 周初 L46 才开始，这时它也受到干扰延长 4 周。而如果这时原网络尚未调整，则 L46 受干扰对总工期的影响是 4 周（由于在干扰发生前它原有的两周时差已被用完，它已成为关键线路活动）。则两个干扰事件的总工期索赔为 6 周。而从图 11-5 上分析可见，两个干扰事件的共同实际影响仅 4 周。因为 L46 受干扰后的影响与 L25 受干扰的影响重叠。在两个干扰事件的共同作用下，L25 已成为非关键线路活动。

2. 比例分析法

前述的网络分析方法是最科学的，也是最合理的。但它需要的条件是，必须用计算机进行工期控制，否则分析极为困难，甚至不可能。

在实际工程中，干扰事件常常仅影响某些单项工程、单位工程，或分部分项工程的工期，要分析它们对总工期的影响，可以采用更为简单的比例分析方法。

(1) 以合同价所占比例计算

【案例 30】 在某工程施工中，业主推迟办公楼工程基础设计图纸的批准，使该单项工程延期 10 周。该单项工程合同价为 80 万美元，而整个工程合同总价为 400 万美元。则承包商提出工期索赔为：

总工期索赔 = 受干扰部分工程的工期拖延量 × 该部分合同价/整个工程合同总价
= 10 周 × 80 万/400 万 = 2 周

【案例 31】 某工程合同总价 380 万元，总工期 15 个月。现业主指令增加附加工程的价格为 76 万元，则承包商提出：

总工期索赔 = 原合同总工期 × 附加工程或新赠工程量价格/原合同总价
= 15 个月 × 76 万/380 万 = 3 个月

(2) 按单项工程工期拖延的平均值计算

【案例 32】 某工程有 A、B、C、D、E 五个单项工程。合同规定由业主提供水泥。在实际施工中，业主没能按合同规定的日期供应水泥，造成工程停工待料。根据现场工程资料和合同双方的通信等证明，由于业主水泥提供不及时对工程施工造成如下影响：

A 单项工程 500m³ 混凝土基础推迟 21 天；

B 单项工程 850m³ 混凝土基础推迟 7 天；

C 单项工程 225m³ 混凝土基础推迟 10 天；

D 单项工程 480m³ 混凝土基础推迟 10 天；

E 单项工程 120m³ 混凝土基础推迟 27 天。

承包商在一揽子索赔中，对业主材料供应不及时造成工期延长提出索赔如下：

总延长天数 = 21 + 7 + 10 + 10 + 27 = 75 天

平均延长天数 = 75/5 = 15 天

工期索赔值 = 15 + 5 = 20 天

这里附加 5 天为考虑它们的不均匀性对总工期的影响。

比例分析方法有如下特点：

1) 计算简单、方便，不需作复杂的网络分析，在意义上人们也容易接受，所以用得也比较多。

2) 常常不符合实际情况，不太合理，不太科学。因为从网络分析可以看到，关键线路活动的任何延长，即为总工期的延长；而非关键线路活动延长常常对总工期没有影响。所以不能统一以合同价格比例折算。按单项工程平均值计算同样有这个问题。

3）这种分析方法对有些情况不适用，例如业主变更工程施工次序，业主指令采取加速措施，业主指令删减工程量或部分工程等，如果仍用这种方法，会得到错误的结果。

4）对工程变更，特别是工程量增加所引起的工期索赔，采用比例计算法存在一个很大的缺陷。由于干扰事件是在工程过程中发生的，承包商没有一个合理的计划期，而合同工期和价格是在合同签订前确定的，承包商有一个合理的做标期，所以它们是不可比的。工程变更会造成施工现场的停工、返工，计划要重新修改，承包商要增加或重新安排劳动力、材料和设备，会引起施工现场的混乱和低效率。这样工程变更的实际影响比按比例法计算的结果要大得多。在这种情况下，工期索赔常常是由施工现场的实际记录决定的。

3. 其他方法

在实际工程中，工期的补偿天数的确定方法可以是多样的，例如在干扰事件发生前由双方商讨，在变更协议或其他附加协议中直接确定补偿天数；或按实际工期延长记录确定补偿天数等。

【案例33】 三峡永久船闸闸室段山体排水洞北坡二期工程工期索赔（见参考文献25）。

永久船闸山体排水洞北坡二期工程共4条排水洞，合同总金额1398万元，总工期18个月，其中洞挖目标工期N4洞为12个月，N3洞为15个月，工程每提前或延误一天，奖励或罚款都是2万元人民币，奖罚最高金额为100万元。

工程于1995年10月10日开工，按合同18个月总工期要求，应于1997年4月10日完工，工程实际完工时间为1997年3月18日，较合同要求提前32天。由于工期与奖罚紧密挂钩，施工单位对施工过程中业主原因造成的停水、停电、供图滞后等影响的工期提出索赔167天。工程师在收到索赔文件后，对每项影响进行了认真细致审核，提出索赔处理意见，并组织业主、承包商协商谈判，确定补偿工期的原则。

(1) 由于设计变更，N3洞洞长由原来1 303.88m缩短为830.38m，因此，该项目关键线路由原来的N3洞调整为N4洞，N4洞长为1 219.12m，在工程师的协调下，双方同意将总工期由18个月调整为17个月，并按此工期考虑奖罚。

(2) 停水、停电影响：严格按合同划分的责任范围审查，属于业主责任的水厂或变电站、水电主干线的停水、停电，可以索赔，支线以下由承包商负责，停工时间按现场工程师签认的时间为准，并对两种影响出现交叉重复的，只计一种。

(3) 设计变更：原设计N4排水洞（桩号0 + 077.00 ～ 0 + 832.00和0 + 929.00 ～ 0 + 986.56）为素混凝土衬砌，根据开挖揭露的地质情况，改变为钢筋混凝土衬砌，为此施工单位提出索赔工期27天，经分析，改为钢筋混凝土衬砌，只增加钢筋制作安装工序，工程师根据增加的钢筋数量，只同意补偿7天。

(4) 业主违约供图：根据投标施工组织设计文件，排水孔施工详图提供的时间应在1995年12月底，但直至1996年9月3日才提交图纸，施工单位据此提出索赔，索赔时间为1996年1月至1996年9月期间安排排水孔的施工时间72天。工程师依据合同文件，确认索赔理由成立，同意索赔，并根据施工单位实际安排施工的时间，确认索赔从8月6日起算，审查同意顺延工期29天。

(5) 外界干扰：北坡二期排水洞与地下输水系统施工分支洞贯通后，输水系统的炮烟及施工机械尾气涌入排水洞工作面，影响了排水洞施工，施工单位提出工期索赔。工程师在事件发生后，及时登记备案，并进行跟踪，最终认为排水洞与施工支洞贯通在招标时未标明，这是一个有经验的承包商所无法预见的，因此同意索赔，但对于与停水、停电、供图影响重复的予以剔除；根据分析结果，影响底板找平混凝土施工，同意索赔工期3天。

在以上分析基础上，工程师同意顺延工期59天，即由1997年3月10日顺延至1997年5月8日。实际工程完工时间为1997年3月18日，因此，核准排水洞二期北坡工程提前于合同执行工期51天完成，同意奖励100万元人民币。对此工期索赔的处理结果，由于工程师坚持实事求是，公平公正的原则，并有详细的施工记录，分析有理有据，处理过程中还充分听取合同双方的意见，因此，合同双方均理解并接受。

第三节 费用索赔计算的基本原则和方法

一、计算原则

费用索赔是整个工程合同索赔的重点和最终目标。工期索赔在很大程度上也是为了费用索赔。在工程中，干扰事件对成本和费用的影响的定量分析和计算是极为困难和复杂的。目前，还没有大家统一认可的，通用的计算方法。而选用不同的计算方法，对索赔值影响很大。计算方法选用必须符合大家所公认的基本原则，能够为业主、工程师、调解人或仲裁人接受。如果计算方法选用不合理，使费用索赔值计算明显过高，会使整个索赔报告和索赔要求被否定。费用索赔有如下几个计算原则：

1. 实际损失原则

费用索赔都以赔（补）偿实际损失为原则。在费用索赔计算中，它体现在如下几个方面：

（1）实际损失，即为干扰事件对承包商工程费用的实际影响。这个实际影响即可作为费用索赔值。按照索赔原则，承包商不能因为索赔事件而得到额外的收益或损失，索赔对业主不具有任何惩罚性质。实际损失包括两个方面：

1）直接损失，即承包商财产的直接减少。在实际工程中，常常表现为成本的增加和实际费用的超支。

2）间接损失，即可能获得的利益的减少。例如由于业主拖欠工程款，使承包商失去这笔款的存款利息收入。

（2）所有干扰事件直接引起的实际损失，以及这些损失的计算，都应有详细的具体的证明。在索赔报告中必须出具这些证据，没有证据，索赔要求是不能成立的。证据通常有：各种费用支出的账单，工资表（工资单），现场用工、用料、用机的证明、财务报表，工程成本核算资料，甚至有时还包括承包商同期企业经营和成本核算资料等。

工程师或业主代表在审核承包商索赔要求时，常常要求承包商提供这些证据，并全面审查这些证据。

（3）当干扰事件属于对方的违约行为时，如果合同中有违约条款，按照合同法原则，先用违约金抵充实际损失，不足的部分再赔偿。

2. 合同原则

费用索赔计算方法符合合同明确的规定。赔偿实际损失原则，并不能理解为必须赔偿承包商的全部实际费用超支和成本的增加。在实际工程中，许多承包商常常以自己的实际生产值、实际生产效率、工资水平和费用开支水平计算索赔值，以为这即为赔偿实际损失原则。这是误解。在索赔值的计算中还必须考虑：

（1）扣除承包商自己责任造成的损失。即由于承包商自己管理不善，组织失误、低效率等原因造成的损失由他自己负责。

（2）符合合同规定的赔补偿条件，扣除承包商应承担的风险。

任何工程承包合同都有承包商应承担的风险条款。对风险范围内的损失由承包商自己承担。如某合同规定，"合同价格是固定的，承包商不得以任何理由增加合同价格，如市场价格上涨，货币价格浮动，生活费用提高，工资基限提高，调整税法等"。在此范围内的损失是不能提出索赔的。此外，超过索赔有效期提出的索赔要求无效。

（3）合同规定的计算基础。合同是索赔的依据，又是索赔值计算的依据。合同中的人工费单价、材料费单价、机械费单价、各种费用的取值标准和各分部分项工程合同单价都是索赔值的计算基础。当然有时按合同规定可以对它们作调整，例如由于社会福利费增加造成人工工资基限提高，若合同规定可以调整，则可以提高人工费单价。

（4）有些合同对索赔值的计算规定了计算方法，计算采用的公式、计算过程等。例如FIDIC 合同中规定的调价公式，这些必须执行。

3. 合理性

（1）符合规定的，或通用的会计核算原则。索赔值的计算是在成本计划和成本核算基础上，通过计划和实际成本对比进行的。实际成本的核算必须与计划成本（报价成本）的核算有一致性，而且符合通用的会计核算原则，例如采用正确的成本项目的划分方法，各成本项目的核算方法，工地管理费和企业管理费的分摊方法等。

（2）符合工程惯例，即采用能为业主、调解人、仲裁人认可的，在工程中常用的计算方法。例如在我国，必须符合工程概预算的规定；在国际工程中应符合大家一致认可的典型的案例所采用的计算方法。

4. 有利

如果选用不利的计算方法，会使索赔值计算过低，使自己的实际损失得不到应有的补偿，或失去可能获得的利益。承包商提出的索赔值中通常要包括如下几方面因素：

（1）承包商所受的实际损失。它是索赔的实际期望值，也是最低目标。如果最后承包商通过索赔从业主处获得的实际补偿低于这个值，则导致亏损。甚至有时承包商希望通过索赔弥补自己其他方面的损失，如报价低、报价失误、合同规定风险范围内的损失、施工中管理失误造成的损失等。

（2）对方的反索赔。在承包商提出索赔后，业主可能采取各种措施进行反索赔，以抵消或降低索赔值。例如在索赔报告中寻找薄弱环节，以否定承包商的索赔要求；抓住承包商工程中的失误或问题，向承包商提出罚款、扣款或其他索赔，以平衡承包商提出的索赔。

工程师或业主代表需要反索赔的业绩和成就感，会积极地反索赔。即使承包商提出的索赔值完全符合实际，他们也希望通过他们的分析和反驳降低承包商索赔的有效值。

（3）最终解决中的让步。对重大的索赔，特别对重大的一揽子索赔，在最后解决中，承包商常常必须作出让步，即在索赔值上打折扣，以争取对方对索赔的认可，争取索赔的早日解决。

这几个因素的共同作用常常使得承包商的赔偿要求与最终解决，即双方达成一致的实际赔偿值相差甚远。承包商在索赔值计算中应考虑这几个因素，留有余地。所以索赔要求应大于实际损失值。这样最终解决才会有利于承包商。但这又应有理由，不能为对方轻易察觉。

二、费用损失的计算方法

通常，干扰事件对费用的影响，即索赔值的计算方法有两种。

1. 总费用法

（1）基本思路。这是一种最简单的计算方法。它的基本思路是把固定总价合同转化为成本加酬金合同，以承包商的额外成本为基点加上管理费和利润等附加费作为索赔值。承包商以自己内部的记录和文件，以及外部会计师事务所签署的支持文件确定实际的花费，与合同价格相比较，以差额作为索赔值。

【案例 34】 某工程原合同报价如下：

工地总成本：（直接费 + 工地管理费）	3 800 000 元
公司管理费：（工地总成本 × 10%）	380 000 元
利润：（工地总成本 + 公司管理费）× 7%	292 600 元
合同价	4 472 600 元

在实际工程中，由于完全非承包商原因造成实际工地总成本增加至 4 200 000 元。现用总费用法计算索赔值如下：

总成本增加量：（4 200 000 − 3 800 000）	400 000 元
企业管理费：（总成本增量 × 10%）	40 000 元
利润：（仍为 7%）	30 800 元
利息支付：（按实际时间和利率计算）	4 000 元
索赔值	474 800 元

（2）使用条件。

1）合同实施过程中的总费用核算是准确的；工程成本核算符合普遍认可的会计原则；成本分摊方法，分摊基础选择合理；实际总成本与报价总成本所包括的内容一致。

2）承包商的报价是合理的，反映实际情况。投标价格经过专家评审是科学的。如果报价计算不合理，则按这种方法计算的索赔值也不合理。

3）费用损失的责任，或干扰事件的责任完全在于业主或其他人，承包商在工程中无任何过失，而且没有发生承包商风险范围内的损失。这通常不太可能。

4）合同争执的性质不适用其他计算方法。例如由于业主原因造成工程性质发生根本变化，原合同报价已完全不适用，或者多个干扰事件原因和影响搅在一起，很难具体分清各个索赔事件的具体影响和费用额度。有时，业主和承包商签订协议，或在合同中规定，对于一些特殊的干扰事件，例如特殊的附加工程、业主要求加速施工、承包商向业主提供特殊服务等，可采用成本加酬金的方法计算赔（补）偿值。

5）承包商的费用索赔是合理的，有确凿的证明。

（3）在计算过程中还要注意以下几个问题：

1）索赔值计算中的管理费率一般采用承包商实际的管理费分摊率。这符合赔偿实际损失的原则。但实际管理费率的计算和核实是很困难的，所以通常都用合同报价中的管理费率，或双方商定的费率。这全在于双方商讨。

2）由于工程成本增加使承包商支出增加，而业主支付不足，会引起工程的负现金流量的增加，在索赔中可以计算利息支出（作为资金成本）。它可按实际索赔数额，拖延时间和承包商向银行贷款的利率（或合同中规定的利率）计算。

3）由于没有对单个干扰事件和费用项目的精确计算证明，无法详细审核，确定准确的赔偿值，所以不容易被工程师、仲裁人或法官认可。这种计算方法用得较少。

4）有时在采用总费用法计算时，要在计算结果的基础上进行修正，扣减承包商责任的报价失误、现场管理不善、成本控制问题、劳动力和材料的短缺，承包商应承担的风险事件（如天气）导致的费用损失。

2. 分项法

分项法是按每个（或每类）干扰事件，以及这事件所影响的各个费用项目分别计算索赔值的方法。它的特点有：

（1）它比总费用法复杂，处理起来困难。

（2）它反映实际情况，比较合理、科学。

（3）它为索赔报告的进一步分析评价、审核，双方责任的划分，双方谈判和最终解决提供方便。

（4）应用面广，人们在逻辑上容易接受。

所以，通常在实际工程（包括本书中所列举的索赔案例）中费用索赔计算都采用分项法。但对具体的干扰事件和具体费用项目，分项法的计算方法又是千差万别。

分项法计算索赔值，通常分三步：

（1）分析每个或每类干扰事件所影响的费用项目。这些费用项目通常应与合同报价中的费用项目一致。

（2）确定各费用项目索赔值的计算基础和计算方法，计算每个费用项目受干扰事件影响后的实际成本或费用值，并与合同报价中的费用值对比，即可得到该项费用的索赔值。

（3）将各费用项目的计算值列表汇总，得到总费用索赔值。

三、可以索赔的费用项目及计算依据

既然人们通常都用分项法计算费用索赔值，则合同的类型，报价的内容，费用项目划分方法，计算过程，所用的基本价格及费率标准等，对索赔值计算起规定作用。合同报价中的各个费用项目都可以进行索赔，如人工费、材料费、机械费、工地管理费、企业管理费和其他待摊费，利润等。

用分项法计算，重要的是不能遗漏。在实际工程中，许多现场管理者提交索赔报告时常常仅考虑直接成本，即现场材料、人员、设备的损耗（这是由他直接负责的），而忽略或不有意地计算一些附加的成本，例如工地管理费分摊；由于完成工程量不足而没有获得的企业管理费；人员在现场延长停滞时间所产生的附加费，如假期、差旅费、工地住宿补贴、平均工资的上涨；由于推迟支付而造成的财务损失；保险费和保函费用增加等。

第四节　工期拖延的费用索赔

一、概述

对由于业主责任造成的工期拖延，承包商在提出工期索赔的同时，还可以提出与工期

有关的费用索赔。从本章第二节的讨论中可以看到，有些干扰事件会导致工期相关的费用增加。

与工期拖延相关的费用索赔是一个十分复杂的问题，可能有各种不同的情况，其影响也是各不相同的。

（1）由于业主原因造成整个工程停工，造成全部人工和机械设备的停滞，其他分包商也受到影响，承包商还要支付与时间相关的费用，如部分的现场管理费，承包商因完成的合同工作量减少而减少了企业管理费的收入等。

（2）由于业主原因造成非关键线路工作停工，则总工期不延长。但若这种干扰造成承包商人工和设备的停工，则承包商有权对由于这种停工所造成的费用提出索赔。在干扰发生时，工程师有权指令承包商，同时承包商也有责任在可能的情况下尽量将停滞的人工和设备用于他处，以减少损失。当然业主应对由于这种安排而产生的费用损失（如工作效率损失、设备的搬迁费用等）负责。由于其他方面工程仍顺利进行，承包商完成的工程量没有变化，这些干扰一般不涉及到管理费的赔偿。

（3）在工程某个阶段，由于业主的干扰造成工程虽未停工，但却在一种混乱的低效率状态下施工，例如业主打乱施工次序，局部停工造成人力、设备的集中使用。由于不断出现加班或等待变更指令等状况，完成工作量较少，这样不仅工期拖延，而且也有费用损失，包括劳动力、设备低效率损失，现场管理费和企业管理费损失等。

二、人工费损失计算

在工期拖延情况下，人工费的损失可能有两种情况：

1. 现场工人的停工、窝工。一般按照施工日记上记录的实际停工工时（或工日）数和报价单上的人工费单价（在我国可用定额人工费单价）计算。有时考虑到工人处于停工状态，工资中的有些费用，如职工的福利费、生产工人的劳动保护费和辅助工资等在停工时不需支付，可以采用最低的人工费单价计算。

2. 低生产效率的损失。由于索赔事件的干扰，工人虽未停工，但处于低效率施工状态。这体现在一段时间内，现场施工所完成的工作量未达到计划的工作量，但用工数量却达到或超过计划数。但在这种情况下，要准确地分析和评价干扰事件的影响是极为困难的。通常人们以投标书所确定的劳动力的构成、投入量和工作效率为依据，与实际的劳动力投入量和工作效率相比较，再扣除不应由业主负责的劳动力的消耗，以计算费用损失：

劳动力损失费用索赔 =（实际使用工日 − 已完工程中人工工日含量 − 其他用工数 − 承包商责任或风险引起的劳动力损失）× 劳动力单价

【案例35】 某工程，按原合同规定的施工计划，工程全部需要劳动力为 255 918 人·日。由于开工后，业主没有及时提供设计资料而造成工期拖延 13.5 个月。在这个阶段，工地上实际使用劳动力 85 604 人·日。其中临时工程用工 9 695 人·日，非直接生产用工 31 887 人·日。这些有记工单和工资表为证据。

而在这一阶段，实际仅完成原计划全部工程量的9.4%。另外，由于业主指令工程变更，使合同工程量增加 20%（工程量增加索赔另外提出）。

承包商对由此造成的生产效率降低提出费用索赔，其分析如下：

由于工程量增加 20%，则相应全部工程的劳动力总需要量也应按比例增加。

合同工程劳动力总需要量 = 255 918 ×（1 + 20%）= 307 102 人·日

而这阶段实际仅完成9.4%的工程量。

$$9.4\%工程量所需劳动力 = 307\ 102\ 人·日 \times 9.4\% = 28\ 868\ 人·日$$

则在这一阶段的劳动生产效率损失应为工地实际使用劳动力数量扣除9.4%工程量所需劳动力数、临时工程用工和非直接生产用工。即

$$劳动生产效率损失 = 85\ 604 - 28\ 868 - 9\ 695 - 31\ 887 = 15\ 154\ 人·日$$

合同中生产工人人工费报价为34美元/人·日，工地交通费2.2美元/人·日。则：

$$人工费损失 = 15\ 154\ 人·日 \times 34\ 美元/人·日 = 515\ 236\ 美元$$

$$工地交通费 = 15\ 154\ 人·日 \times 2.2\ 美元/(人·日) = 33\ 339\ 美元$$

其他费用，如膳食补贴、工器具费用、各种管理费等项目索赔值计算从略。

案例分析：当然这种计算也会有许多问题：

（1）这种计算要求投标书中劳动效率的确定是科学的符合实际的。如果投标书中承包商把劳动效率定得较高，即计划用人工数较少，则承包商通过索赔会获得意外的收益。所以有些工程师在处理此类问题时，要重新审核承包商的报价依据，有时为了客观起见，还要参考本工程的其他投标书中的劳动效率值。

（2）对承包商责任和风险造成的经济损失，工程师必须有详细的现场记录，否则容易引起争执，而且它的核实比较困难。

三、材料费索赔

一般工期拖延中没有直接材料的额外消耗，但可能有：

1. 由于工期拖延，造成承包商订购的材料推迟交货，而使承包商蒙受的损失。这根据实际损失证明索赔。

2. 由于工期延长同时材料价格上涨造成的损失。这按材料价格指数和未完工程中材料费的含量调整（见本节后面的分析）。

四、机械费索赔

机械费的索赔与人工费很相似。由于停工造成的设备停滞，一般按如下公式计算：

$$机械费索赔 = 停滞台班数 \times 停滞台班费单价$$

停滞台班数按照施工日记计算。

如果设备是自己的，停滞台班费主要包括折旧费用、利息、维修保养费、固定税费等。一般为正常设备台班费的60%~70%。如果是租赁的设备，则按租金计算。

与劳动力一样，施工设备也有低效率损失。它通过将当期正常设备运营状态与实际效率相比较，计算索赔值。但应该扣除在这时间内这些设备可能有的其他使用收入或消耗的机时。

五、工地管理费索赔

如果索赔事件造成总工期的拖延，则还必须计算工地管理费。由于在施工现场停工期间没有完成计划工程量，或完成的工程量不足，则承包商不能通过当期完成的工程价款收到计划所确定的工地管理费。尽管停工，现场工地管理费的支出依然存在。按照索赔的原则，应赔偿的费用是这一阶段工地管理费的实际支出。如果这阶段尚有工地管理费收入，例如在这一阶段完成部分工程，则应扣除工程款收入中所包含的工地管理费数额。但实际工地管理费的审核和分摊是十分困难的，特别是在工程并未完全停止的情况下。

工地管理费的内涵比较复杂，有些是固定的，有些与时间有关，有些与工程量有关。

而且关系还比较复杂。所以工地管理费索赔的计算是比较复杂的，一般有如下几种算法：

1. Hudson 公式

它的基本依据是按照正常情况承包商完成计划工作量，则在计划工作量价格中承包商收到业主的工地管理费；而由于停止施工，承包商没有完成工作量，造成工地管理费收入的减少，业主应该给予赔偿。

工期延误工地管理费索赔 = （合同中包括的工地管理费/合同工期）×延误期限

在实际工程中，由于索赔事件的干扰，承包商现场没有完全停工，而是在一种低效率和混乱状态下施工，例如工程变更、业主指令局部停工等，则使用 Hudson 公式时应扣除这个阶段已完工作量所应占的工期份额。

【案例 36】 某工程合同工作量 1 856 900 美元,合同工期 12 个月,合同价格中工地管理费 269 251 美元,由于业主图纸供应不及时,造成施工现场局部停工 2 个月,在这两个月中,承包商共完成工作量 78 500 美元。则 78 500 美元相当于正常情况的施工期为：

$$78\ 500 \div (1\ 856\ 900 \div 12) = 0.5 \text{ 月}$$

则由于工期拖延造成的工地管理费索赔为：

$$(269\ 251\ \text{美元}/12\ \text{月}) \times (2 - 0.5)\text{月} = 33\ 656.37\ \text{美元}$$

Hudson 公式由于它计算简单方便，所以在不少工程案例中使用，但它有如下问题：

（1）它不符合赔偿实际损失原则。它是以承包商应完成计划工作量的开支为前提的，而不是实际情况。

（2）它的应用前提：

1）报价中工地管理费的核算和分摊是科学的、合理的，符合实际。

2）工地管理费内含的费用项目都与工期有关，即它们都随工期的延长而直接上升。实际上工地管理费中许多费用项目是一次性投入后分摊的，由于工期的延长，这些一次性投入并非与工期成正比同步增长。

3）承包商在停工状态下工地管理费的各项开支与正常施工状态下的开支相同。

但在实际工程中上述三个前提都有问题，而且显然按照 Hudson 公式计算赔偿的费用过高。一般在实际应用中应考虑一个比较恰当的折扣。

2. 分项计算。对于大型的或特大型的工程，按 Hudson 公式计算误差会很大，争执也很多。通常可以按工地管理费的分项报价和实际开支分别计算。即按照施工现场停滞时间内实际现场管理人员开支及附加费，属于工地管理费的临时设施、福利实施的折旧、营运费用，日常管理费的开支等逐一列项计算，求和，再扣除这一阶段已完工程中的工地管理费份额。

这是一种比较精确的计算方法，大工程中用得较多。但对实际工地管理费的计算和审核比较困难，信息处理量大。

六、由于物价上涨引起的费用调整

由于工期拖延，同时物价上涨，引起未完工程费用的增加，承包商可要求相应的补偿。

1. 对可调价格合同。如果合同规定材料和人工费可以调整，则在后期完成的工程价款结算中用合同规定的调价公式直接进行调整，自然就包括了工期拖延和物价上涨的影响。

在国际工程中，可以用 FIDIC 合同的调价公式对工资和物价（或分别各种材料）按价格指数变化情况分别进行调整（见本章第七节）。

对我国国内工程，由于材料和工资价格上涨，国家（或地方）预算定额和取费标准会有适当的调整，则可以按照有关造价管理部门规定的方法和系数调整合同价格。

2. 对固定价格合同。本项调整可按如下方法进行：

（1）如果整个工程中断，则可以对未完工程成本按通货膨胀率作总的调整。

【案例 37】 某工程由于业主原因使工程中断 4 个月，中断后尚有 3800 万美元计划工程量未完成。国家公布的年通货膨胀率为 5%。对此承包商提出费用索赔为：

$$38\ 000\ 000 \times 5\% \times 4/12 = 633\ 333\ \text{美元}$$

当然，这个计算方法又有问题。计算基数中不能包括利润等。

（2）如果由于业主原因，工程没有中断，但处于低效率施工状态，造成工期拖延，则分析计算较为复杂。

【案例 38】 某工程为房屋翻修工程，采用固定总价合同，合同价格 186 654 英镑，合同工期 62 周，由于业主原因造成工期拖延 38 周，最终实际工程结算价格为 192 486 英镑，按照公布的物价指数，合同签订时为 164，计划合同竣工期（即 62 周）物价指数为 195，现拖延了 38 周，实际竣工时（100 周）物价指数为 220。设合同签订时物价指数为 100，则到计划竣工期物价上涨幅度为：

$$[(195 - 164)/164] \times 100\% = 18.9\%$$

到实际竣工期物价上涨幅度为：

$$[(220 - 164)/164] \times 100\% = 34.15\%$$

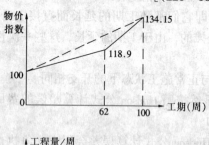

则承包商有理由提出由于工期延长和物价上涨而产生的费用索赔。计算的基本假设：

1）在计划合同期和延长期物价上升是直线的；

2）计划和实际工程进度都是均衡的，即每月完成的工程量都相等，见图 11-6。

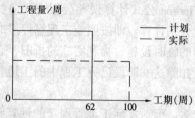

图 11-6 物价指数和工程进度图

这样，合同总报价中承包商应承担的物价上涨风险为：

$$（192\ 486/1.094\ 5）\times（18.9\%/2）= 16\ 619.39\ \text{英镑}$$

上式中前面一项为，如果不考虑物价上涨的因素承包商的工程总报价。而在实际工期 100 周中，由于物价上涨造成费用增加量为：

$$（192\ 486/1.094\ 5）\times（34.15\%/2）= 30\ 038.02\ \text{英镑}$$

则由于拖延了 38 周和物价上涨造成费用的增加为：

$$30\ 038.02 - 16\ 619.39 = 13\ 418.63\ \text{英镑}$$

当然，在上面的计算中，计算基数用实际工程价款，而不是合同报价，而且其中包括了利润和管理费。这是值得商榷的，并不十分准确。但这种计算方法还是有说服力的（见参考文献 11）。

3. 索赔值的计算中，由于物价调整造成的费用索赔值一般不再计算企业管理费和利润收入。

七、企业管理费的计算

按照赔偿实际损失原则，企业管理费的计算应将承包商企业的实际管理费开支，用一定的合理的会计核算方法，分摊到已计算好的工程直接费超支额或有争议的合同上。所以它涉及企业同期完成的合同额和实际的企业管理费，而不仅仅是某一个合同的问题。由于它以企业实际管理费开支为基础，所以其证实和计算都很困难。它的数额较大，争议也比较大。在这里，分摊方法极为重要，直接影响到索赔值的大小，关系到承包商利润。

在业主违约造成工期拖延情况下，企业管理费和利润通常一起计算。

1. 按企业管理费率计算

即在前面各项计算求和的基础上（扣除物价上涨调整）乘以企业管理费分摊率。从理论上讲，应用当期承包商企业的实际分摊率，但由于它的审查和分析十分困难，所以通常仍采用报价中的企业管理费分摊率。这比较简单，实际使用也比较多。这完全在于双方的协商。

2. 采用 Hudson 公式。

假设承包市场状况较好，如果承包商能够及时完成工程，离开本项目，他的资源能够在承包市场上获得相应的企业管理费收益，现由于业主责任的拖延导致承包商的损失。可以采用如下公式计算：

企业管理费索赔 =（企业管理费和利润分摊率 × 合同额/合同工期）× 延误时间

按照实际损失原则，这里应用承包商近年实际平均综合管理费和利润率计算。对此承包商要能够提供相应的证明，否则难以获得认可。

3. 日费率分摊法（Eichleay 法）

这种方法通常用于因等待变更或等待图纸、材料等造成工程中断，或业主（工程师）指令暂停工程，而承包商又无其他可替代工程的情况。承包商因实际完成合同额减少而损失管理费收入，向业主收取由于工程延期的管理费。工程延期引起的其他费用损失另行计算。

计算的基本思路为，按合同额分配管理费，再用日费率法计算损失。其公式为：

争议合同应分摊的管理费 = 争议合同额 × 同期企业管理费总额/承包商同期完成的总合同额

日管理费率 = 争议合同应分摊的管理费/争议合同实际执行天数

管理费索赔值 = 日管理费率 × 争议合同延长天数

【案例 39】 承包商承包某工程，原合同工期 240 天，该合同在实施过程中拖延了 60 天，即实际工期为 300 天。在这 300 天中承包商总的生产经营状态见表 11-1（单位：美元）。

承包商生产经营状况表　　　　　　　　　　　　　　表 11-1

项　目	争议合同	其他合同	全部合同	项　目	争议合同	其他合同	全部合同
合同额	200 000	400 000	600 000	当期企业管理费			60 000
实际直接总成本	240 000	320 000	560 000	总利润			− 20 000

则：

争议合同应分摊的管理费 = 200 000 × 60 000/600 000 = 20 000 美元

$$日管理费率 = 20\ 000/300 = 66.7\ 美元/天$$

$$因工期延长可提出管理费索赔额 = 66.7 \times 60 = 4\ 000\ 美元$$

【案例分析】 这里有两个问题：

(1) 争议合同管理费按原合同额分摊，这不容易被人接受，因为通常会计核算按工程实际直接费总成本（对土建工程）或人工费（安装工程）分摊管理费。上例中，如果按实际直接费总成本分摊，则管理费索赔额结果为 5 143 美元。

(2) 实际合同履行天数中包括了合同延缓天数，结果必小于报价中采用的管理费率，降低了索赔额。

该公式是 1960 年在美国的工程案例中应用的。同样它适用于工程承包市场的繁荣期，承包商完全可以将相应的资源通过投入其他项目获得预期的企业管理费和利润。由于本工程拖延，承包商的设备和人员不能从本工程中脱出去从事其他工程项目，因此造成损失。

4. 总直接费分摊法

这种方法简单易行，说服力较强，使用面较广。基本思路为：按费用索赔中的直接费作为计算基础分摊管理费。其公式为

每单位直接费应分摊到的管理费 = 合同执行期间总管理费/合同执行期间总直接费

争议合同管理费分摊额 = 每单位直接费分摊到的管理×争议合同实际直接费

【案例 40】 某争议合同实际直接费为 400 000 元，在争议合同执行期间，承包商同时完成的其他合同的直接费为 1 600 000 元，这个阶段企业总的管理费为 200 000 元。则

$$单位直接费分摊到的管理费 = 200\ 000/\ (400\ 000 + 1\ 600\ 000) = 0.1\ 元/元$$

$$争议合同可分摊到的管理费 = 0.1 \times 400\ 000 = 40\ 000\ 元$$

这种分摊方法也有它的局限：

(1) 它适用于承包商在此期间承担的各工程项目的主要费用比例变化不大的情况，否则明显不合理，而且误差会很大。如材料费、设备费所占比重比较大的工程，分配的管理费比较多，则不反映实际情况。

(2) 如果工程受到干扰而延期，且合同期较长，在延期过程中又无其他工程可以替代，则该工程实际直接费较小，按这种分摊方式分摊到的管理费较小，使承包商蒙受损失。

所以分配的标准可以是灵活的，如用直接人工费，直接人工工时，甚至用实物工程量。这就看是否合理和有利。

5. 特殊基础分摊法

这是一种精确而又很复杂的分摊方法。基本思路为，将管理费开支按用途分成许多分项，按这些分项的性质分别确定分摊基础，分别计算分摊额。这要求对各个分项的内容和性质进行专门的研究，如表 11-2 所示。

这种分摊方法用得较少，通常适用于工程量大，风险大的项目。

特殊基础分摊法　　　　　　　　　　　　　　　　　　　　　　　　表 11-2

管 理 费 分 项	分 摊 基 础
管理人员工资	直接费或直接人工费
与工资相关的费用如福利、保险、税金等	人工费（直接生产工人 + 管理人员）
劳保费、工器具使用费	直接人工费
利息支出	总直接费

八、非关键线路活动拖延的费用索赔

由于业主责任引起干扰事件，而干扰事件仅影响非关键线路，即造成局部工作或工程暂停。且非关键线路的拖延在时差范围内，不影响总工期，则没有总工期的索赔。

但这些拖延如果导致承包商费用的损失，则就存在相关的费用索赔。通常主要有：

1. 人工费损失。即在这种局部停工中，承包商已安排的劳动力、技术人员无法调到其他地方或做其他工作，或工程师（或业主）指令不作其他安排。这些损失应按实际记工单由业主支付，计算方法与前面相同。

2. 机械费损失。为这些局部工程专门租用或购置的设备已经进场。由于停工，这些设备无法挪作他用，停滞在施工现场。这个损失也由业主承担。

上述情况承包商都应请示工程师，听从工程师对现场工人和设备的安排。

3. 对工地管理费，一般情况下，由于承包商当月完成的合同工程量变化不大，而且总工期没有拖延，则没有工地管理费的索赔。但如果承包商能够有实际证据证明他为此局部停工多支付了工地管理费，则可以按实际支付索赔。

第五节　工程变更的费用索赔

在索赔事件中，工程变更的比例很大，而且变更的形式较多。工程变更的费用索赔常常不仅仅涉及变更本身，而且还要考虑到由于变更产生的影响，例如所涉及的工期的顺延，由于变更所引起的停工、窝工、返工、低效率损失等。在我国，对由于设计变更以及设计错误造成返工，业主（发包方）必须赔偿承包商由此而造成的停工、窝工、返工、倒运、人员和机械设备调迁、材料和构件积压的实际损失。

一、工程量变更

工程量变更是最为常见的工程变更，它包括工程量增加、减少和工程分项的删除。它可能是由设计变更或工程师和业主有新的要求而引起的，也可能是由于业主在招标文件中提供的工作量表不准确造成的。

1. 对于固定总价合同。工作量作为承包商的风险，一般只有在业主修改业主要求（或设计）的情况下才给予承包商调整价格。

2. 对于单价合同，业主提供的工程量表上的数字仅为参考数字。实际工程款是按照实际完成的工程量的数量与合同单价计算的，所以对工程量的增加可以直接作为月进度款列入结算账单中。而承包商必须对所报单价的准确性承担责任。

3. 工程合同规定，业主可以删除部分工程，但这种删除仅限于业主不再需要这些工程的情况。业主不能将在本合同中删除的部分工程再另行发包给其他承包商或自己完成，否则承包商有权提出所损失的现场管理费和企业管理费，以及该被删除工程中所包含的利润索赔。

二、附加工程

附加工程是指增加合同工程量表中没有的工程分项。这种增加可能是由于设计变更、遗漏，工程量表遗漏，业主要求增加等原因造成的。

附加工程索赔的关键问题是工作量的确定和相关单价或费率的确定。应该采用合理的，公平的，可适用的费率或价格。

1. 合同内附加工程。通常合同都赋予业主（工程师）以指令附加工程的权力，但这种附加工程通常被认为是合同内的附加工程。有些合同对工程范围有如下定义："合同工程范围包括在工程量表中列出的工程和供应，同时也包括工程量表中未列出的，但对本工程的稳定、完整、安全、可靠和高效率运行所必需的，或为合同工程的总功能服务的供应和工程"。

由于是合同内的附加工程，受合同的制约，承包商无权拒绝，所以它的价格计算以合同报价作为依据。工程量可以按附加工程的图纸或实际计量计算，单价通常由下表 11-3 确定。

附加工程的费用索赔分析表　　　　　　　　　　表 11-3

费用项目	条　件	计　算　基　础
同合同报价	合同中有相同的分项工程	该分项工程合同单价和附加工程量
	合同中仅有相似的分项工程	对该相似分项工程单价作调整，附加工程量
	合同中既无相同，又无相似的分项工程	按合同规定的方法确定单价，附加工程量

(1) 在上表中"相同"的分项工程是指附加工程的工作内容、性质、工作条件、难度与合同中某个分项工程相同。则它的算法与该工程量增加相同。

(2) 对上表中第二种情况，调整时必须考虑某些对变更的费用有直接的影响因素，而且这些变更不是在承包商风险范围内的，如工程的难度增加、工作效率减低等。

(3) 对上表所列的第三种情况，FIDIC 施工合同规定，应根据该工作的合理成本和利润，并考虑其他相关因素后确定价格。由于本合同报价中无法提供参照指标，有时可以采用如下方法：

1) 参考其他参加竞争的投标人提出的报价。

2) 套用同一地区、同一时间，相同或相似工程单价。这要取得其他工程合同价或市场价格资料。

3) 按实际消耗进行价格分析。在实际直接费（合理分析的，而不是实际消耗）基础上加上合同报价中确定的管理费率和利润率。

而在我国有比较完备的预算定额，附加工程的单价可以按定额确定，其工作量由附加工程的施工图确定。在总直接费的基础上再按合同确定的费率计算现场管理费、企业管理费和利润等。

2. 合同外附加工程

合同外附加工程通常指本合同工程已成为一个完整的系统，而新增工程与本合同工程系统没有必然的联系。通常承包商对于附加工程是欢迎的，因为增加新的工程分项可以降低现场许多固定费用的分摊，能获得更大的收益。但常常由于如下原因使承包商随着附加工程的增加，亏损加大：

(1) 合同单价是按工程开始前条件确定的，工程中由于物价的上涨，这个价格已经与实际背离，特别当合同规定不许调价时。

(2) 承包商采用低价策略中标，合同单价过低。

(3) 承包商报价中有错误。

在上述情况下，如果变更工程仍按合同单价计算，业主就可以通过附加工程增加工程范围，同时减少支付。

对合同外的附加工程承包商有权要求：

1）拒绝执行。

2）重新签订协议，重新确定价格，然后再执行。这种价格的重新确定常常又是承包商新的获得收益机会，因为：

①它是以现时的市场价格状况作为计价依据。对于合同外附加工程的价格确定与合同内工作不同，承包商有权按照当时的公平的价格获得支付。

②对新增的工程业主不可能通过招标方式发包，而是直接委托给承包商。通常是在无竞争状态下进行报价，所以承包商可以报高价。

通常合同外附加工程的处理方式：

1）在变更前双方商讨，采用总价形式包干。这简单易行，不容易引起争执，而且变更的后果是确定的。

2）采用成本加酬金方式。这样效率较低，承包商成本控制的积极性低。业主必须对实施方案和承包商的成本开支过程进行控制。

3）按照合同工程量表报价和费率计算，或调整计算。由于原合同价格是在竞争状态下产生的，这样估价对业主有利。但当有些附加工程可以预见时，承包商投标时可能会采用不平衡报价方法，则合同中的单价和费率可能较高，会对业主造成损害。

三、工程质量的变化

由于业主修改设计，提高工程质量标准，或工程师对符合合同要求的工程"不满意"，指令要求承包商提高建筑材料、工艺、工程质量标准，都可能导致费用索赔。质量变化的费用索赔，主要采用量差和价差分析的方法。典型的案例可见案例52。

四、工程变更超过限额的处理

1. 在许多国际合同中规定，当整个工程的工程变更使最终有效合同额增加或减少超过合同总价格的一定数量时，例如原 FIDIC 土木工程施工合同一般条款中规定正负 15%，允许对超过部分的合同价格中的管理费用进行适当调整。这里有如下几个问题：

（1）这里的正负 15% 是指整个工程变更之和，而不是指某一个分项工程的工程量的变更。

【案例 41】 某工程合同总价格 1 000 万元，由于工程变更使最终合同价达到 1 500 万元，则变更增加了 500 万元，超过了 15%，即 150 万元的额度。这里增加的 150 万元是按照原合同单价计算的。

（2）调整仅针对超过 15% 的部分，即：

$$1\ 500\ 万 - 1\ 000\ 万 \times (1 + 15\%) = 350\ 万元$$

（3）仅调整管理费中的固定费用。一般由于工作量的增加，固定费用分摊会减少，反之由于工作量的减少，固定费用的分摊会增加。所以当有效合同额增加时，应扣除部分管理费，例如在本工程中，按合同报价中管理费的比率，350 万元增加的工程款中含管理费62 万元，则按报价测算，扣减一定的数额。通常合同双方要进行磋商。

（4）这个调整仅针对价格而言的，并没有包括由于变更引起的其他影响，如工期拖延、劳动效率降低等情况。这些索赔另外计算。

2. 有些国际工程合同规定，当某分项工程量变更超过一定范围时，允许对该分项工程的单价进行调整。新 FIDIC 施工合同规定，对非"固定费率项目"（即该分项不是采用固定价格形式），在如下情况下，应对相关的费率或价格进行调整：

工作量的变化量超过工程量表中所列数量的 10%；

此数量变化与该项工作规定的费率乘积，超过中标合同金额的 0.01%；

此数量变化直接改变该项工作的单位成本超过 1%。

这种调整主要针对合同单价中的固定费用（主要为现场管理费和企业管理费的部分费用项目）。因为固定费用总额并不随工程量的增加或减少而变化。所以一般工程量增加，该分项的固定费用的分摊减少，则单价降低，反之，工程量减少，则该分项的单价上升。

而新单价也仅适用于超过部分的工程量。

【案例 42】 某分项工程量为 $400m^3$ 混凝土，合同单价为 200 元/m^3，报价中的管理费共 30 元/m^3。合同规定，单项工作量超过 25% 即可调整单价。现实际工作量为 $600m^3$，则

$$调整后单价中管理费 = 30 元/m^3 \times 400m^3/600m^3 = 20 元/m^3$$

则调整后单价应为：

$$200 + (20 - 30) = 190 元/m^3$$

在工程量增加 25% 范围以内用原价，即

$$200 \times 400 \times (1 + 25\%) = 100\ 000 元$$

超过部分采用新价格：

$$190 \times (600 - 400 \times 1.25) = 19\ 000 元$$

则该分项工程实际总价格为：

$$100\ 000 + 19\ 000 = 119\ 000 元$$

第六节 加速施工的费用索赔

一、能获得业主赔偿的加速施工

通常在承包工程中，在如下情况下，承包商可以提出加速施工的索赔：

1. 由于非承包商责任造成工期拖延，业主希望工程能按时交付，由工程师下达指令承包商采取加速措施。

2. 工程虽未拖延，由于市场等原因，业主希望工程提前交付，与承包商协商采取加速措施。

3. 由于发生干扰事件，已经造成工期拖延，但双方对工期拖延的责任产生争执。承包商提出工期索赔要求，但工程师（业主）认为是承包商的责任，由工程师直接指令承包商加速，承包商被迫采取加速措施（按 FIDIC 合同，对于承包商责任的拖延，工程师可以指令加速）。但最终经承包商申诉，或经调解，或经仲裁，确定工期拖延为业主责任，承包商工期索赔成功，则这时工程师的加速指令即被推定为赶工的情况，业主应承担相应的责任。

二、加速施工的费用索赔

加速施工的费用索赔计算是十分困难的，这由于整个合同报价的依据发生变化。它涉及劳动力投入的增加、劳动效率降低（由于加班、频繁调动、工作岗位变化、工作面减小

等）、加班费补贴；材料（特别是周转材料）的增加、运输方式的变化、使用量的增加；设备数量的增加、使用效率的降低；管理人员数量的增加；分包商索赔、供应商提前交货的索赔等。通常还要扣除由于使工期提前而减少的与时间相关的费用。

通常加速施工的费用分析见表 11-4。

加速施工的费用索赔分析表

表 11-4

费用项目	内 容 说 明	计 算 基 础
人工费	增加劳动力投入，不经济地使用劳动力使生产效率降低	报价中的人工费单价，实际劳动力使用量，已完成工程中劳动力计划用量
	节假日加班，夜班补贴	实际加班数，合同规定或劳资合同规定的加班补贴标准
材料费	增加材料投入，不经济地使用材料	实际材料使用量，已完成工程中材料计划使用量，报价中的材料价格或实际价格
	因材料提前交货给材料供应商的补偿	实际支出
	改变运输方式	材料数量，实际运输价格，合同规定的运输方式的价格
	材料代用	代用数量差，价格差
机械费	增加机械使用时间，不经济地使用机械	实际费用，报价中的机械费，实际租金等
	增加新设备投入	新设备报价，新设备使用时间
工地管理费	增加管理人员的工资	计划用量，实际用量，报价标准
	增加人员的其他费用，如福利费、工地补贴、交通费、劳保、假期等	实际增加人·月数，报价中的费率标准
	增加临时设施费	实际增加量，实际费用
	现场日常管理费支出	实际开支数，原报价中包含的数量
其 他	分包商索赔	按实际情况确定
	企业管理费	上述费用之和，报价中的企业管理费率
扣除：工地管理费	由于工期缩短，减少工地交通费、办公费、工器具使用费、设施费用等支出	缩短月数，报价中的费率标准
扣除：其他附加费	保函、保险和企业管理费等	

【案例 43】 在某工程中，合同规定某种材料须从国外某地购得，由海运至工地，一切费用由承包商承担。现由于业主指令加速工程施工，经业主同意，该材料改海运为空运。对此，承包商提出费用索赔：

原合同报价中的海运价格为 2.61 美元/kg，

现空运价格为 13.54 美元/kg，

该批材料共重 28 366kg，则费用索赔

$$= 18\ 366 \text{kg} \times (13.54 - 2.61) \text{美元/kg} = 310\ 324.04\ \text{美元}$$

在实际工程中，由于加速施工的实际费用支出的计算和核实都很困难，容易产生矛盾和争执。为了简化起见，合同双方在变更协议中核定一赶工费赔偿总额（包括赶工奖励），由承包商包干使用。

第七节　其他情况的费用索赔

一、工程中断

工程中断指由于某种原因工程被迫全部停工，在一段时间后又继续开工。工程中断索赔的费用项目和它的计算基础基本上同前述工程延期索赔（见本章第四节）。另外还可能有如下费用项目，见表11-5。

工程中断费用索赔补充分析表　　　　　　　　　　　　　　表 11-5

费用项目	内 容 说 明	计 算 基 础
人工费	人员的遣返费，赔偿金以及重新招雇费用	实际支出
机械费	额外的进出场费用	实际支出或按合同报价标准
其他费用	如工地清理、重新计划、安排、重新准备施工等	按实际支出

二、合同终止的费用索赔

1. 在工程竣工前，合同被迫终止，并不再进行，它的原因通常有：

（1）业主认为该项目已不再需要，如技术已过时，项目的环境出现大的变化，使项目无继续实施的价值；国家计划有大的调整，项目被取消。

（2）业主违约，濒于破产或已经破产，无力支付工程款，按合同条件承包商有权终止合同。

（3）政府、城建、环保等部门的干预。

（4）不可抗力因素和其他原因，如发生战争（不论宣战与否）。

2. 合同解除（终止）并不影响当事人索赔的权利。

（1）合同双方中任何一方对于对方任何以前的违约拥有追索权利。

（2）对合同以前的争议，以及合同终止的争议，合同任何一方仍有权提交调解和仲裁。

（3）业主应按合同中规定的费率和价格向承包商支付合同终止前完成的全部工作的费用。这时工程项目已处于清算状态，首先必须进行工程的全盘清查，结清已完工程价款。承包商有权获得所完成的工程的全部价款减去已经获得的支付。

另外还可以对因为合同终止引起的承包商的损失提出索赔，见表11-6。

合同终止的损失费用索赔分析表　　　　　　　　　　　　　表 11-6

费用项目	内 容 说 明	计算基础
人工费	遣散工人的费用，给工人的赔偿金，善后处理工作人员费用	按实际损失计算
机械费	已交付的机械租金，为机械运行已作的一切物质准备费用，机械作价处理损失（包括未提折旧），已交纳的保险费等	
材料费	已购材料，已订购材料的费用损失，材料作价处理损失	
现场费用	临时工程和承包商撤离现场、费用	
其他附加费用	分包商索赔费用 已交纳的保险费，银行费用等 开办费和工地管理费损失 合理导致的任何其他费用或债务	

三、特殊服务

对业主要求承包商提供特殊的服务，或完成合同规定以外的工作等，可以采用如下三种方法计算赔（补）偿值：

1. 以点工计算。这里点工价格除包括直接劳务费价格外，在索赔中还要考虑节假日的额外工资、加班费、保险费、税收、交通费、住宿费、膳食补贴、企业管理费等。

2. 用成本加酬金方法计算。

3. 承包商就特殊服务项目作报价，双方签署附加协议。这与合同报价形式相同。

四、材料和劳务价格上涨的索赔

如果合同允许对材料和劳务等费用上涨进行调整，合同应明确规定调整方法、依据、计算公式等。现在，FIDIC 施工合同采用国际上通用的物价指数调整方法。

1. 确定合同价格的组成要素，作为调整对象。通常有不可调部分（与物价无关的）、工资、主要材料，如设备、水泥、钢材、木材和燃料（动力）等。

2. 确定各组成要素在合同价格中的比重系数。各组成要素系数之和应该等于 1。在许多标书中要求承包商在投标时即提出各部分成本的比重系数，并在价格分析中予以论证。但也有的是由业主在标书中规定一个允许范围，由承包商在此范围内选定。

3. 确定价格考核的地点和时间。

（1）价格考核地点一般在工程所在地，或指定的某地市场价格或由指定的机构颁布的价格指数。

（2）时间包括：

1）投标基准日期，通常以投标截止期前 28 天当日为准。承包商在投标文件中应提出报价所依据的工资和材料的基本价格表。业主应该对基本价格表进行审查。

2）调整到现行价格的指定日期。对按月结算工程款的情况，通常为期中付款证书指定期间最后一天的 49 天前的当日为准。

同样实际的工资和物价（或分别各种材料）也以公布的价格作为依据。一般不考虑承包商对工人的实际支付和实际采购价格。因为业主或工程师审查和控制承包商个别支付和采购价格的合理性是困难的，而且会导致承包商不积极控制采购成本。

4. 工程价款调值公式。

$$P = P_0 \times (a_0 + a_1 \times A/A_0 + a_2 \times B/B_0 + a_3 \times C/C_0 + a_4 \times D/D_0)$$

式中
　　　　　　　P——调整后合同价款或工程实际结算价款；

　　　　　　　P_0——按合同价格计算的工程进度款；

　　　　　　　a_0——固定要素，代表合同支付中不能调整的部分；

a_1、a_2、a_3、a_4…——代表有关成本要素（如人工费用、钢材费用、水泥费用等）在合同总价中所占的比重，$a_0 + a_1 + a_2 + a_3 + a_4 \cdots = 1$；

A_0、B_0、C_0、D_0——基准日期与 a_1、a_2、a_3、a_4 对应的各项费用的基期价格指数或价格；

　　A、B、C、D——与特定付款证书有关的期间最后一天的 49 天前与 a_1、a_2、a_3、a_4 对应的各成本要素的现行价格指数或价格。

【案例 44】 某国际工程合同规定允许价格调整，并采用国际通用的调整公式。调整以投标截止期前28天的参照价格为基数，通过对报价的测算分析确定各个调整费用项目占合同总价的比例和投标截止期前28天当日的参考价格见表11-7。在第 i 个月完成的合同工程量为230万美元，第 i 个月的参考价格指数见表11-7。

表 11-7

调整费用项目	占合同价比例（I）	投标截止期前28天参考价格（T_0）	第 i 月公布参考价格（T_i）	T_i/T_0	$I \cdot (T_i/T_0)$
不可调部分	0.30	无	无	1	0.30
工资（美元/工日）	0.25	3	3.6	1.2	0.30
钢材（美元/t）	0.12	520	580	1.115	0.134
水泥（美元/t）	0.06	80	82	1.025	0.062
燃料（美元/升）	0.08	0.4	0.48	1.2	0.096
木材（美元/m³）	0.1	420	480	1.143	0.114
其他材料	0.09	100	120	1.2	0.108
合　　计	1				1.114

则，第 i 月的物价调整后工程价款为：

$$P_i = P_0 \times \Sigma[I \times (T_i/T_0)] = 230 \text{万} \times 1.114 = 256.22 \text{万美元}$$

则，由于物价引起的调整为：

$$P_i - P_0 = 256.22 \text{万} - 230 \text{万} = 26.22 \text{万美元}$$

对我国国内工程，由于材料和工资上涨，国家（或地方）预算定额的调整，可以按照有关部门规定的方法进行合同价格调整。

五、拖欠工程款

对业主未按合同规定支付工程款的情况，如果合同中有明确的规定，则按照合同规定执行，在我国施工合同条件十三条规定，可按银行有关逾期付款办法或"工程价款结算办法"的有关规定处理。如果合同中没有明确的规定，则按照相关的政府法律执行。其索赔值通常可采用如下公式计算：

包括利息在内的应付款 = 拖欠工程款数额 × （1 + 年利率 × 拖欠天数/365）

这里的年利率可采用由合同指定银行的利率或合同指定利率。

第八节　利　润　索　赔

一、可以索赔利润的情况

在工程合同中，费用是指承包商在现场内外发生的（或将发生的）所有合理开支，包括管理费用及类似的支出，但不包括利润。在 FIDIC 合同中对承包商的利润索赔有专门的规定。

1. 业主没有履行或没有正确履行他的合同责任。如提供错误的数据和放线资料；拖延提供设计图纸和施工场地；在颁发移交证书前使用工程；妨碍承包商工程竣工试验等。

2. 业主违约行为。如业主删除工程，又发包给其他承包商；由于业主不支付工程款，承包商暂停工程的施工；由于业主的严重违约行为，承包商终止合同，带来的预期利润损失。

3. 业主指令工程变更等。如工程量的增加、附加工程等；工程师指令钻孔勘探；要求修补非承包商责任的缺陷；为其他承包商提供工作条件和设施；指令承包商调查工程缺陷，而结果证明缺陷非承包商责任；要求承包商进行合同规定以外的试验，而结果证明承包商的材料、工程符合合同要求。

4. 出现业主风险事件，引起的工程的损坏，承包商按照工程师的指令进行维修。

二、利润索赔的计算方法

不同的干扰事件，利润索赔的计算方法不同，可以分为如下几类：

1. 在大多数情况下，按照前面费用索赔各分项的计算结果（通常物价上涨引起的费用索赔除外），乘以合同规定的利润率。这通常适用于业主指令工程变更和业主风险事件的情况，例如工程量增加、增加合同规定以外的工作。这种算法与报价一致。

2. 在由于业主没有完成他的合同责任或者业主违约导致承包商工程暂停情况下，承包商的工程直接费、现场管理费索赔数额较少，可以采用 Hudson 公式，或 Eichleay 公式，将利润与企业管理费一起计算索赔值（见本章第四节）。

3. 由于业主严重违约导致合同终止，则承包商还可以索赔剩余工程中的利润；或业主将部分工程删去，再发包给其他人，则承包商可以索赔被删除部分工程的利润。

对剩余工程的利润索赔的计算与证实都很困难。承包商要能够证明剩余工程的合同价格事实上是有利润的（实际损失原则）。这取决于原合同价格估算的准确性，以及合同价格中承包商的预期可得利润，而不是承包商提出的利润百分比。

【案例45】 某工厂的厂房、办公楼施工工程，经邀请招标，由××建设工程有限公司以 1 050 万元中标。承包商的报价依据当地的预算定额编制，在合同中承包商承诺在预算价格的基础上让利 18%。但中标后业主又将工程委托给另外承包商完成。××公司向法院起诉向业主索赔该工程的可得利润，法庭支持承包商的要求。

但根据合同报价分析无法确定承包商的可得利润。法庭接受按照承包商近几年企业实际利润率和当地同类企业的平均利润率测算本工程的可得利润率的建议。法庭委托政府价格主管部门设立的价格鉴定机构测算承包商的可得利润。

鉴定依据：工程施工合同和图纸，预算书，地方的价格评估暂行办法，工程预算定额和工程取费标准，当地的工程造价信息，当地统计局资料，承包商本工程中标前三年经审计合格的资产负债表和损益表。

1）按照施工图纸和预算定额测算，工程预算造价为 12 676 111 元。

2）根据该企业前三年经过审计的财务会计报表，该企业的税前利润率分别为 2.36%，2.4% 和 1.88%，前三年的平均税前利润率为 2.22%。

3）通过统计分析，该市近三年全市同类建筑企业的平均利润率分别为 2.98%，3.43%，3.76%。

4）按照本次委托鉴定的目的和要求，对被测算对象赋予不同的权重，即该公司的利润率权重为 60%，当地近三个年度中分别赋予 10%、10%、20% 的权重，则可得利润率的测算值为：

可得利润率 = 2.22% × 60% + 2.98% × 10% + 3.43% × 10% + 3.76% × 20% = 2.72%

5）计算承包商的可得利润：

工程项目可得利润 = 预算总造价 × (1 − 下浮率) × 可得利润率

$$= 12\,676\,111 \times (1 - 18\%) \times 2.72\%$$
$$= 282\,728\ 元$$

这种分析计算比较反映实际情况，符合索赔值计算的基本原则。

复 习 思 考 题

1. 简述在干扰事件的影响分析中三种状态分析的基本思路。

2. 在许多工程中各干扰事件的工期索赔之和常常远大于实际总工期的拖延量，这是什么原因？（请阅读【案例 46】）

3. 工期索赔采用比例计算法会带来什么问题？

4. 试对比在如下几种情况下由于物价上涨所导致的费用索赔计算方法的差异：

采用固定总价合同，在工程施工中现场完全停工 2 个月；

采用固定总价合同，由于业主原因造成施工现场低效率施工，工期延长 2 个月；

采用可调价格合同，分别在施工按照计划进行，施工现场完全停工，由于业主原因造成施工现场低效率施工三种状态下。

5. 在我国的某工程中，采用标准的建设工程施工合同文本。在施工过程中，由于业主图纸拖延造成现场全部停工 2 个月。问：

(1) 承包商进行工期和费用索赔的理由是什么？

(2) 承包商能够索取哪些费用项目？

6. 在案例 35 中，如果承包商在合同报价中在保持人工费总额不变的情况下，提高劳动效率（即减少合同总用工量），并提高劳动力单价。这对本项索赔会产生什么影响？作为业主应如何防止这种现象？

7. 在我国的某工程中，总包为国外的某承包商，分包为我国的某承包企业。有一次总包的工程师在分包商的工地上检查发现几根钉子，根据合同对分包商进行处罚。算法是："1m² 有这几根钉子，分包商的工地现场有几百万平方米，则以每 1m² 都有这样的几根钉子计算。"最终我国的分包商赔偿了总包 28 万元人民币。

试分析：

(1) 如果合同中有这样的条款，您觉得这样的条款是否有效？

(2) 总包的这种算法有什么问题？分包商如何反驳总包的索赔要求？

(3) 作为分包在本案例中应吸取什么样的经验和教训？

8. 在某工程中，按照承包商的施工组织计划在某阶段采用两班制作业。在这一阶段的施工中由于业主原因造成整个工程中断，施工设备停滞，业主必须赔偿承包商的损失。问：在费用索赔的计算中，承包商能否索取每天两个停滞台班费？为什么？

9. 讨论：对总承包商和管理承包商是否能用 Hudson 公式计算企业管理费的索赔？为什么？

第十二章 反　索　赔

【内容提要】　本章主要论述反索赔问题。对承包商、工程师与业主来说，反索赔与索赔有同等重要的地位。反索赔有广义和狭义之分，本章主要讨论反驳索赔报告（即索赔要求）和业主对承包商的索赔。在本章后用反索赔的基本原理对一个索赔案例进行了比较系统的反索赔分析。为了加深理解，在本章的阅读中可参考第十三章的案例。

第一节　反索赔的意义和内容

一、反索赔的意义

索赔和反索赔是矛和盾的关系，进攻和防守的关系。有索赔，必有反索赔。在业主和承包商、总包和分包、联营成员之间都可能有索赔和反索赔。

索赔管理的任务不仅在于对已产生的损失的追索，而且在于对将产生或可能产生的损失的防止。追索损失主要通过索赔手段进行，而防止损失主要靠反索赔进行。

在工程项目过程中，业主与承包商之间，总承包商和分包商之间，联营成员之间，承包商与材料和设备供应商之间都可能有双向的索赔和反索赔。例如承包商向业主提出索赔，则业主反索赔；同时业主又可能向承包商提出索赔，则承包商必须反索赔；而工程师一方面通过圆满地工作防止索赔事件的发生，另一方面又必须妥善地解决合同双方的各种索赔和反索赔问题。所以在工程中索赔和反索赔关系是很复杂的。

索赔和反索赔是进攻和防守的关系。在合同实施过程中承包商必须能攻善守，攻守相济，才能立于不败之地。

如何才能进行有效的索赔和反索赔？

孙子兵法中有："善守者藏于九地之下，善攻者动于九天之上。"即对方企图索赔却找不到我方的薄弱环节，找不到向我方索赔的理由；我方提出索赔，对方无法推卸自己的合同责任，找不到反驳的理由。"守必固，攻必克"，在这里，攻守武器主要是合同和事实根据。

在合同实施过程中，合同双方都在进行合同管理，都在寻找索赔机会，一经干扰事件发生，都在企图推卸自己的合同责任，都在企图进行索赔。不能进行有效的反索赔，同样要蒙受损失，所以对合同双方反索赔与索赔有同等重要的意义，主要表现在：

1. 减少和防止损失的发生。如果不能进行有效的反索赔，不能推卸自己对干扰事件的合同责任，则必定满足对方的索赔要求，支付赔偿费用，致使我方蒙受损失。由于合同双方利益不一致，索赔和反索赔又是一对矛盾，所以一个索赔成功的案例，常常又是反索赔不成功的案例。

对合同双方来说，反索赔同样直接关系工程经济效益的高低，反映着工程管理水平。

2. 不能进行有效地反索赔，处于被动挨打的局面，影响工程管理人员的士气，进而影响整个工程的施工和管理。在国际工程中常常有这种情况：由于不能进行有效的反索赔，我方管理者处于被动地位，被对方索赔怕了，工作中缩手缩脚，与对方交往诚惶诚恐，丧失主动权。而许多承包商也常采用这个策略，在工程刚开始就抓住时机积极地进行索赔，以打掉对方管理人员的锐气和信心，使他们受到心理上的挫折。这是应该防止的，对于苛刻的对手必须针锋相对，丝毫不让。

3. 不能进行有效的反索赔，同样也不能进行有效的索赔。

（1）不能有效地进行反索赔，处于被动挨打的局面，是不可能进行有效索赔的，承包商的工作漏洞百出，对对方的索赔无法反击，则无法避免损失的发生，也无力追回损失。

同样不能进行有效的索赔，在工作中一直忙于分析和反驳对方的索赔报告，也难以摆脱被动局面，也不能进行有效的反索赔。

（2）索赔的谈判通常有许多回合。由于工程的复杂性，对干扰事件常常双方都有责任，所以索赔中有反索赔，反索赔中又有索赔，形成一种错综复杂的局面（见第十四章索赔案例中）。不同时具备攻防本领是不能取胜的。这里不仅对对方提出的索赔进行反驳，而且要反驳对方对我方索赔的反驳。

（3）通过反驳索赔不仅可以否定对方的索赔要求，使自己免予损失，而且可以重新发现索赔机会，找到向对方索赔的理由。因为反索赔同样要进行合同分析、事态调查、责任分析、审查对方索赔报告。用这种方法可以摆脱被动局面，变不利为有利，使守中有攻，能达到更好的反索赔效果。这是反索赔策略之一。

所以索赔和反索赔是不可分离的。在承包工程中业主和承包商必须同时具备这两个方面的本领。对工程师，由于他特殊的地位和职责，反索赔对他有更为重要的意义。

二、反索赔的内容

反索赔的目的是防止损失的发生，则它必然包括如下两方面内容：

1. 防止对方提出索赔

在合同实施中进行积极防御，"先为不可胜"（《孙子兵法·形篇》），使自己处于不能被索赔的地位。这是合同管理的主要任务。

积极防御通常表现在：

（1）通过有效的合同管理，防止自己违约，使自己完全按合同办事，使对方找不到索赔的理由和根据，处于不被索赔的地位。工程按合同顺利实施，没有损失发生，不需提出索赔，合同双方没有争执，达到很好的合作效果，皆大欢喜。

（2）但上述仅为一种理想状态，在合同实施中的干扰事件总是有的，许多干扰是承包商不能影响和控制的。干扰事件一经发生，就应着手研究，收集证据，一方面作索赔处理，另一方面又准备反击对方的索赔。这两手都不可缺少。

（3）在实际工程中干扰事件常常双方都有责任，许多承包商采取先发制人的策略，首先提出索赔。它的好处有：

1）尽早提出索赔，防止超过索赔有效期限制而失去索赔机会。

2）尽早提出索赔，能够使索赔尽快地获得解决。

3）争取索赔中的有利地位，因为对方要花许多时间和精力分析研究，以反驳我方的索赔报告。这样有利于打乱对方的步骤，争取主动权。

4）为最终的索赔解决留下余地。通常，索赔解决过程中双方都必须作让步，而首先提出的，且索赔额比较高的一方较为有利。

2. 对对方（业主，总包或分包）已提出的索赔要求进行反驳，推卸自己对已产生的干扰事件的合同责任，否定或部分否定对方的索赔要求，使自己不受或少受损失。

最常见的反击对方索赔要求的措施有：

(1) 用我方的索赔对抗（平衡）对方的索赔要求，使最终解决双方都作让步，互不支付。

在工程过程中干扰事件的责任常常是双方的，对方也有失误和违约的行为，也有薄弱环节。抓住对方的失误，提出索赔，在最终索赔解决中双方都作让步。这是以"攻"对"攻"，攻对方的薄弱环节。用索赔对抗索赔，是常用的反索赔手段。

在国际工程中业主常常用这个措施对待承包商的索赔要求，如找出工程中的质量问题，承包商管理不善之处加重处罚，以对抗承包商的索赔要求，达到少支付或不付的目的。这是业主反索赔的重要措施。所以，人们又常常将业主对承包商的索赔定义为"反索赔"。

(2) 反驳对方的索赔报告，找出理由和证据，证明对方的索赔报告不符合事实情况、不符合合同规定、没有根据、计算不准确，以推卸或减轻自己的赔偿责任，使自己不受或少受损失。

在实际工程中，这两种措施都很重要，常常同时使用，索赔和反索赔同时进行，即索赔报告中既有索赔，也有反索赔；反索赔报告中既有反索赔，也有索赔。攻守手段并用会达到很好的索赔效果。

至此，我们可以看到索赔管理所包含的主要内容，它可由图 12-1 表示。

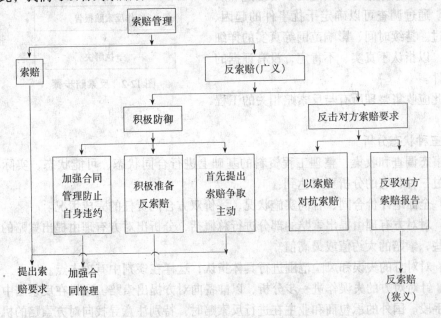

图 12-1　索赔管理的主要内容

三、反索赔的基本原则

反索赔的目的同样是使对方的索赔要求得到合理解决。无论是不符合实际损失的超额赔偿，还是强词夺理、对合理的索赔要求不承认，或赖着不赔，都不是索赔的合理解决。

265

反索赔的原则是，以事实为根据，以法律（合同）为准绳，实事求是地认可合理的索赔要求，反驳、拒绝不合理的索赔要求，按合同法原则公平合理地解决索赔问题。

第二节 反索赔的主要步骤

在接到对方索赔报告后，就应着手进行分析、反驳。反索赔与索赔有相似的处理过程。通常对对方提出的重大的或一揽子索赔的反驳处理过程，如图 12-2 所示。

1. 合同总体分析

反索赔同样是以合同作为法律，作为反驳的理由和根据。合同分析的目的是，分析、评价对方索赔要求的理由和依据。在合同中找出对对方不利，对我方有利的合同条文，以构成对对方索赔要求否定的理由。

合同总体分析的重点是，与对方索赔报告中提出的问题有关的合同条款。

2. 事态调查

反索赔仍然基于事实基础之上，以事实为根据。这个事实必须以我方对合同实施过程跟踪和监督的结果，即各种实际工程资料作为证据，用以对照索赔报告所描述的事情经过和所附证据。通过调查可以确定干扰事件的起因、事件经过、持续时间、影响范围等真实的详细的情况，以指认不真实、不肯定，没有证据的索赔事件。

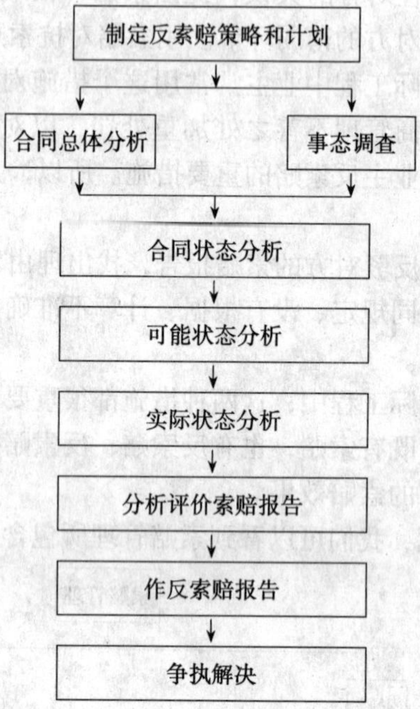

在此应收集整理所有与反索赔相关的工程资料。

图 12-2 反索赔步骤

3. 三种状态分析

在事态调查和收集、整理工程资料的基础上进行合同状态、可能状态、实际状态分析。通过三种状态的分析可以达到：

（1）全面地评价合同、合同实施状况，评价双方合同责任的完成情况。

（2）对对方有理由提出索赔的部分进行总概括，分析出对方有理由提出索赔的干扰事件有哪些，索赔的大约值或最高值。

（3）对对方的失误和风险范围进行具体指认，这样在谈判中有攻击点。

（4）针对对方的失误作进一步分析，以准备向对方提出索赔。这样在反索赔中同时使用索赔手段。国外的承包商和业主在进行反索赔时，特别注意寻找向对方索赔的机会。

4. 索赔报告分析

这里对索赔报告进行全面分析，对索赔要求、索赔理由进行逐条分析评价。分析评价索赔报告，可以通过索赔分析评价表进行。其中，分别列出对方索赔报告中的干扰事件、索赔理由、索赔要求、提出我方的反驳理由、证据、处理意见或对策等。

5. 起草并向对方递交反索赔报告

反索赔报告也是正规的法律文件。在调解或仲裁中，反索赔报告应递交给调解人或仲裁人。

第三节 业 主 索 赔

业主索赔常常是业主对承包商索赔进行的反索赔的重要措施。在 FIDIC 施工合同条件中明确规定业主索赔。业主可以通过抵冲承包商索赔、扣付工程款、对履约保函索赔、向承包商追讨债权等办法实现向承包商索赔要求。

一、业主索赔的目的

1. 向承包商追回因为承包商违约，或不能完美地履行合同所造成的损失，获得补偿。但在工程中，直接以这个作为第一目的的业主较少。因为对业主来说，与业主工程项目的产品或服务的收益相比，工程价款对整个工程效益影响，常常还不是最大的。

2. 在合同中明确规定业主索赔条款，能够对承包商起威慑作用，以加强承包商的合同责任，保证承包商按照合同规定的质量和工期要求圆满地交付工程，以迅速实现投资目的。这对业主来说更为重要。

3. 平衡承包商的索赔要求，达到不向或尽可能地少向承包商支付。当承包商提出比较高的索赔要求，业主常常用这个方法对待承包商，这是业主主要的反索赔手段之一。

二、业主索赔分类

1. 误期损失赔偿费

由于承包商责任造成竣工时间的拖延，承包商应向业主赔偿误期损害赔偿费。

(1) 通常工程合同中有误期违约金条款，事先约定误期违约赔偿的前提、方法、数额和最高限额。按照合同法，如果误期违约金太高，严重超过业主因工期拖延产生的损失，则不具有强制力，应该进行调整。

误期违约金赔偿属于违约金，无须证明损失。

(2) 在没有误期违约金条款，或误期损害赔偿条款无效情况下，则承包商对业主的工期延误责任适用一般损害赔偿的原则，这与承包商向业主索赔的处理原则和过程是相同的：

1) 对商业性项目，主要赔偿业主因工程延期所损失的利润，如房屋的租金，承租协议规定的其他责任。对一般公共性建筑，通常赔偿延误期间的全部利息以及业主须支付的其他费用。

2) 按照赔偿实际损失原则，业主必须提供损失的相关证据。

(3) 在工程过程中，承包商对由于自己责任造成的工期拖延有加速施工的权利，以减少误期损失赔偿，而且有些工程延误的责任还可能有业主原因，所以竣工的延误量只有实际竣工时才可能证明。因此误期损失的赔偿通常只有在竣工时才结算。

2. 工程缺陷损失赔偿

竣工工程没有达到合同规定的要求，存在缺陷，业主（工程师）有权拒收，要求承包商修复工程缺陷，达到合同要求。但在如下情况下，业主从自身的利益出发，可以接收有缺陷的工程。

（1）工程虽有缺陷但并不影响安全和使用功能的要求。

（2）缺陷修复时间较长，而业主对工程有比较紧急的使用要求，不能等待。

（3）承包商修复工程缺陷达到合同要求，可能造成很大损失，或者根本不可能的。

FIDIC施工合同规定，业主可以要求颁发接收证书，接收有缺陷的工程，但合同价格应相应减少，以弥补由于此项未通过的后果给业主带来的价值损失。对此业主不能拒绝支付工程款，只能扣减，或对损失进行索赔。

在这里要计算工程缺陷给业主造成的"价值损失"是十分困难的。必须考虑：

（1）工程缺陷的状态和程度，如工程已经全部完成但没有达到合同规定的要求，或者工程没有全部完成，缺少工程分项。

（2）对实际竣工的工程是否满足工程使用的要求，或满足的程度的评价。缺陷对业主工程的功能，或市场价值是否有重大影响，或影响多大。可能会影响项目最终产品的质量，工程的使用寿命、增加维护费用和生产成本等。

（3）缺陷的原因，是由于承包商疏忽大意造成的（属于承包商的风险责任），还是由于承包商违约造成的（为了减少费用而偷工减料）。

（4）如果采取复原措施，承包商将要花费的费用。业主要求复原的要求如果是合理的，可以以复原的费用作为依据计算赔偿。

3. 承包商没有圆满履行合同导致业主损失

（1）承包商责任造成工期拖延，工程师指令修订进度计划加速施工，由此导致业主费用增加，如业主对项目管理公司增加支付等。

（2）如果承包商未按合同要求办理保险并保持有效，或未按合同规定向业主提供保险证明、保险单及保险费收据，业主办理相应的保险并交付费用。

（3）由于承包商或由他雇用的任何其他人员在本工程的违法行为或任何其他行为导致业主、业主代表，业主的其他承包商等遭到其他方面的索赔、损害、损失和费用。以及由于承包商责任导致工程侵犯其他方面的专利权、已注册设计版权、商标等知识产权引起索赔或诉讼，如果业主协助承包商进行索赔或应诉，由此导致业主的费用。

（4）由于承包商的工程设备、材料、设计和工艺经检验不合格，业主代表指令拒收、或作再度检验，进而导致业主费用的增加；或工程未能通过竣工检验，由业主代表指令做重复竣工检验和/或竣工后检验，由此导致业主费用的增加。

对此，业主应运用合同赋予的权利，及时让承包商知道自己的违约责任。

这些一般按照业主的实际损失赔偿。

4. 业主对工程的修复费用

无论在工程施工期间或是保修期内，如果在工程中发生事故、缺陷、故障，或其他紧急事件，工程师指令承包商进行紧急补救或其他工作；或者工程师指令承包商更换不合格的材料，拆除不合格的工程等，而承包商不积极、无能力或不愿执行工程师的指令时，业主可在工程师认为必要时，雇用其他人员从事该项工作或修理。如果按照合同规定这些工作应该由承包商完成，则承包商应赔偿业主的费用损失，由业主从应支付给承包商的款项中扣除。

在采取措施和计算修复费用时应注意：

（1）通常工程的缺陷由原承包商维修是经济的和合理的。业主有权要求原承包商维修，同时业主也有责任给予原承包商修复机会和条件。对原承包商，这既是一项责任同时又是一项权力。只有有证据证明原承包商有意拖延，或缺陷是严重的，是该承包商无法修复的，使业主对原承包商的维修失去信心，则选择其他承包商完成是合理的。

(2) 上述情况可能发生在双方对缺陷的责任、对修复的措施和范围有争执情况下。对承包商来说，应首先执行工程师的指令，积极进行维修，防止事后使自己处于不利地位。

(3) 修复损害赔偿的目的是使业主实现原合同规定的基本使用目的，达到合同所规定的标准。所以业主的修复方案和标准应该是合理的，有预见性的。当工程修复和复原导致业主的工程超过合同规定的要求，则承包商的赔偿费用中应该减去超过合同标准部分的费用。

(4) 在缺陷发现时业主应及时采取措施，不应不合理的耽搁。在修复方案的制定、维修承包商的选择时，业主有义务尽量减少损失。对不合理的开支，承包商不予承担。

(5) 与承包商对业主的索赔原则一样，业主修复费用的索赔必须有证据证明。

(6) 如果承包商责任的缺陷或损害使业主不能使用该全部工程或部分工程，对不能按期投入使用的部分工程停止合同，业主有权收回为该部分工程投入的全部费用，并拆除工程。承包商承担业主的损失费用。

5. 承包商违约导致合同终止

合同规定，由于承包商严重的违约行为或承包商的原因（如破产等）导致业主终止合同，业主另外雇用其他承包商完成，或自己完成。业主有权从承包商处收回业主蒙受的任何损失和损害赔偿费，以及完成工程的任何额外费用。

在计算业主完成的实际费用应考虑：

(1) 业主完成的工程的范围和标准应是原先合同定义的。业主不能扩大原合同工程范围和质量标准。

(2) 业主应该以合理的方式委托他人或自己完成。包括应以合适招标方式，合理的价格委托其他承包商。

(3) 业主在选择剩余工程实施时机和方案时，应该尽力减少承包商的损失。

6. 其他费用索赔的情况

按照 FIDIC 工程施工合同，在如下情况下业主可以向承包商提出其他费用索赔：

(1) 承包商在工程中使用业主现场提供的水、电、气等。

(2) 承包商使用业主（通常由业主的其他承包商）提供的设备和其他设施。

这些通常按照业主的实际开支，由承包商支付。

7. 缺陷通知期的延长

如果承包商责任的某缺陷或损害达到使工程、分项工程或某项主要生产设备不能按原定的目的使用的程度，业主有权按照合同规定对其缺陷通知期延长，但缺陷通知期的延长不得超过两年。

第四节　反驳索赔报告

一、索赔报告中常见的问题

反驳索赔报告，是反索赔的重点，其目的是找出索赔报告中的漏洞和薄弱环节，以全部或部分地否定索赔要求。

任何一份索赔报告，即使是索赔专家作出的，漏洞和薄弱环节总是有的，问题在于能否找到。这完全在于双方管理水平，索赔经验和能力的权衡和较量。

对对方（业主、总包或分包等）提出的索赔，必须进行反驳，不能直接地全盘认可。通常在索赔报告中有如下问题存在：

1. 对合同理解的错误。对方从自己的利益和观点出发解释合同，有片面性。这是一种正常现象。人们对合同常常不能客观地全面地分析，都作有利于自己的解释，导致索赔要求是片面的，不客观的。有时对方在索赔处理时没有对合同作总体分析，索赔报告中没有贯穿合同精神，或没有引用合同条文，所以索赔理由不足。

2. 对方有推卸责任，转移风险的企图。在索赔报告中所列的干扰事件可能是，或部分是对方管理不善造成的；或索赔要求中包括属于合同规定对方自己风险范围内的损失。

3. 扩大事实根据，夸大干扰事件的影响，或提出一些不真实的干扰事件和没有根据的索赔要求。在国际工程中甚至有无中生有或恶人先告状的现象。

4. 在对方的索赔报告中未能提出支持其索赔的详细的资料，对方没有、也不能够对索赔要求作出进一步解释，并提供更详细的证据。所以索赔证据不足，或没有证据。

5. 索赔值的计算不合理，多估冒算，漫天要价。按照通常的索赔策略，索赔者常常要扩大索赔额，给自己留有充分的余地，以争取有利的解决。例如将因自己管理不善造成的损失和属于自己风险范围内的损失纳入索赔要求中；扩大干扰事件的影响范围；采用对自己有利的但是不合理的计算方法等。所以索赔值常常会有虚假成份，甚至可能离谱太远。

这些问题在索赔报告中都屡见不鲜。如果认可这样的索赔报告，则自己要受到损失，而且这种解决也属不合理的，不公平的。所以对对方的索赔报告必须进行全面地、系统地分析、评价、反驳，以找出问题，剔除不合理的部分，为索赔的合理解决提供依据。

二、索赔报告的分析和反驳

对索赔报告的反驳通常可以从如下几方面着手：

1. 索赔事件的真实性。不真实，不肯定，没有根据或仅出于猜测的事件是不能提出索赔的。事件的真实性可以从两种方面证实：

（1）对方索赔报告后面的证据。不管事实怎样，只要对方索赔报告后未提出事件经过的有力的证据，我方即可要求对方补充证据，或否定索赔要求。

（2）我方合同跟踪的结果。从其中寻找对对方不利的，构成否定对方索赔要求的证据。

2. 干扰事件责任分析。干扰事件和损失是存在的，但责任不在我方。通常有：

（1）责任在于索赔者自己，由于他疏忽大意，管理不善造成损失，或在干扰事件发生后未采取得力有效的措施降低损失，或未遵守工程师的指令、通知等。

（2）干扰事件是由其他方面引起的，不应由我方赔偿。

（3）合同双方都有责任，则应按各自的责任分担损失。

3. 索赔理由分析。反索赔和索赔一样，要能找到对自己有利的合同条文，推卸自己的合同责任；或找到对对方不利的合同条文，使对方不能推卸或不能完全推卸自己的合同责任。这样可以从根本上否定对方的索赔要求。例如：

（1）对方未能在合同规定的索赔有效期内提出索赔意向或索赔报告，故该索赔无效；

（2）该干扰事件在合同规定的对方应承担的风险范围内，不能提出索赔要求，或应从索赔中扣除这部分；

（3）索赔要求不在合同规定的赔（补）偿范围内，如合同未明确规定，或未具体规定补偿条件、范围、补偿方法等；

（4）虽然干扰事件为我方责任，但按合同规定我方没有赔偿责任，例如合同中有对我方的免责条款、或合同规定不予赔偿等。

4.干扰事件的影响分析。首先分析索赔事件和影响之间是否存在因果关系，分析干扰事件的影响范围。如在某工程中，总承包商负责的装饰材料未能及时运达工地，使分包商装饰工程受到干扰而拖延，但拖延天数在该工程活动的时差范围内，不影响工期，或影响很小。且总包已事先通知分包，而施工计划又允许人力作调整，则不能对工期和劳动力损失作索赔。

又如干扰事件发生后，承包商能够但没有采取积极的措施避免或降低损失，未及时通知工程师，而是听之任之。这样扩大了干扰事件的影响范围和影响量，则这扩大的部分造成的损失应由他自己承担。

5.证据分析。

证据不足、证据不当或仅有片面的证据，索赔是不成立的。

证据不足，即证据不足以证明干扰事件的真象、全过程或证明事件的影响。

证据不当，即证据与本索赔事件无关或关系不大。证据的法律证明效力不足。

片面的证据，即索赔者仅出具对自己有利的证据。如合同双方在合同实施过程中，对某问题进行过两次会谈，作过两次不同决议，则按合同变更次序，第二次决议（备忘录或会谈纪要）的法律效力应优先于第一次决议。如果在与该问题相关的索赔报告中仅出具第一次会谈纪要作为双方决议的证据，则它是片面的、不完全的。

又如，尽管对某一具体问题合同双方有过书面协商，但未达成一致，或未最终确定，或未签署附加协议，则这些书面协商无法律约束力，不能作为证据。

6.索赔值审核。如果经过上面的各种分析、评价，仍不能从根本上否定该索赔要求，则必须对索赔值进行认真的细致的审核。索赔值的审核工作量大，涉及资料多，过程复杂，技术性强，要花费许多时间和精力。

实质上，经过三种状态的分析，已经很清楚地得到对方有理由提出的索赔值，按干扰事件和各费用项目整理，即可对对方的索赔值计算进行对比、审查与分析，双方不一致的地方也一目了然。对比分析的重点在于：

（1）各数据的准确性。对索赔报告中所涉及的各个计算基础数据都须作审查、核对，以找出其中的错误和不恰当的地方。例如：

工程量增加或附加工程的实际计量结果；

工地上劳动力、管理人员、材料、机械设备的实际使用量；

支出凭据上的各种费用支出；

各个费用项目的"计划—实际"量差、价差分析；

索赔报告中所引用的单价；

各种价格指数等。

（2）计算方法的合理性。尽管通常都用分项法计算，但不同的计算方法对计算结果影响很大。在实际工程中，这方面争执常常很大，对于重大的索赔，须经过双方协商谈判才能对计算方法达到一致，特别对于总部管理费的分摊方法，工期拖延的费用索赔计算方法等。

三、反索赔报告

反索赔报告是上述工作的总结，向对方（索赔者）表明自己的分析结果、立场、对索赔要求的处理意见以及反索赔的证据。根据索赔事件的性质、索赔值的大小、复杂程度，对索赔要求的反驳（或认可）程度不同，反索赔报告的内容差别很大。对一般的单项索赔，如果索赔理由、证据不足，与实际事态不符，则其反索赔报告可能很简单，只需一封信，指出问题所在，附上相关证据即可。但对比较复杂的一揽子索赔，其反索赔报告可能相当复杂，其格式变化也很大。

例如某工程中，承包商向业主提出一份一揽子索赔报告，业主的咨询工程师提出了一份反索赔报告，其内容和结构包括：

第一部分：业主代表致承包商代表的答复信。

在本信中简要叙述业主代表于××年×月×日收到承包商代表××年×月×日签发的一揽子索赔报告，承包商对业主的主要责难，承包商的主要观点以及索赔要求。

业主在对一揽子索赔报告处理后发现承包商索赔要求不合理，简要阐述业主的立场、态度以及最终结论，即对承包商索赔要求完全反驳或部分认可，或反过来向承包商提出索赔要求，对解决双方争执的意见或安排，列出反索赔文件的目录。

第二部分：反索赔报告正文

（1）引言。主要说明就本工程项目设备安装合同（合同号），承包商于××年×月×日向业主提出了一揽子索赔报告，列出承包商的索赔要求。

（2）合同分析。这里对合同作总体分析，主要分析合同的法律基础、合同语言、合同文件及变更、合同价格、工程范围、工程变更补偿条件、施工工期的规定及工期延长的条件、合同违约责任、争执的解决规定等（附相关证据）。

（3）合同实施情况简述和评价。主要包括合同状态、可能状态、实际状态的分析。这里重点针对对方索赔报告中的问题和干扰事件，叙述事实情况，应包括三种状态的分析结果，对双方合同责任完成情况和工程施工情况作评价。目标是，推卸自己对对方索赔报告中提出的干扰事件的合同责任。

1）合同状态。根据招标文件（图纸、工程量表、合同条件等）、合同签订前环境条件、施工方案等预计承包商总工时花费、工期、劳动力投入、必要的机械设备、仪器、临时设施，进而计算总费用，确定承包商一个合理的报价，并与实际报价对比。

2）可能状态分析。在计划状态的基础上考虑合同规定不由承包商负责的干扰事件的影响，在计划状态的基础上作调整计算，得到可能状态下的结果。

3）实际状态分析。即根据承包商的工程报告和现场实际情况分析得到实际状态结果。

（4）索赔报告分析。

1）总体分析。

①简要叙述承包商的索赔报告的内容和索赔要求。

②承包商对业主的主要指责。例如业主图纸交付太迟、业主干扰安装过程、增加工程

量、业主的其他承包商拖延工程施工。

③业主的立场。指出承包商的指责是没有根据的或不真实的，业主行为符合合同，而承包商则未完成他的合同责任。

④结论：业主在合同实施中没有违约，按合同规定没有赔偿的义务，承包商自己应对工程拖延、费用增加承担责任。

2）详细分析。详细分析可以按干扰事件，也可以按单项（或单位工程）分别进行，这应与一揽子索赔报告相吻合。例如对办公楼单项工程的分析：

①引言。本单项工程合同价及承包商的索赔要求。

②承包商的主要责难。列出承包商索赔报告中所列的干扰事件及索赔理由。

③业主的立场。针对上述责难逐条提出反驳，详细叙述自己的反索赔理由和证据，全部或部分地否定对方的索赔要求。

④结论。根据上述分析业主不承认承包商的索赔要求，或部分承认承包商的索赔要求（列出数额）。

3）业主对承包商的索赔要求。针对实际状态与可能状态之间的差额，指出承包商在报价、施工组织、施工管理等方面的失误造成了业主的损失，如工期拖延、工程质量和工作量未达到合同要求等，业主提出索赔要求。（有时提出索赔可另外出具索赔报告）

4）总结论。经过上述索赔和反索赔分析后，业主认为应向承包商支付多少/或不支付/或承包商应向业主支付。包括如下内容：

①对合同总体分析作简要概括；

②对合同实施情况作简要概括；

③对对方索赔报告作总评价；

④对我方提出的索赔作概括；

⑤双方要求，即索赔和反索赔最终分析结果比较；

⑥提出解决意见。

第三部分：附件，即上述反索赔中所提出的证据。

四、反驳索赔报告特别应注意的问题

在实际工程中，分析、审查、反驳一份索赔报告特别应注意如下几个容易被人们忽视，也极容易引起争执的问题：

1. 在索赔报告中，对方常常全部地推卸责任，完全以自己工程中的实际损失作为索赔值的计算基础，即使用公式：

$$索赔值 = 实际费用 - 合同价格$$

这在大多数情况下是不对的，因为索赔值的计算必须扣除两个因素的影响：

（1）合同规定的对方应承担的风险或我方的免责范围。索赔值计算应符合合同规定的补偿条件、补偿的计算方法和计算基础。

（2）由对方工程管理失误造成的损失。这在一般的承包工程中都是存在的。通常，干扰事件的责任都是双方面的。

要扣除这两个因素，分析和审核索赔报告，比较科学和合理的方法是采用三种状态的分析方法。

2. 索赔值的计算基础是合同报价，或在合同报价的基础上，按合同规定进行调整。

而在实际工程中人们常常用自己实际的工作量、生产效率、工资水平、价格水平，作为索赔值的计算基础，而过高地计算了索赔值。对此，是不能认可的。

在许多国际工程索赔实例中，承包商由于招标文件理解错误，或疏忽大意，报错了单价，例如小数点错了一位，使单价缩小10倍。在索赔值的计算中，所有涉及到该分项的费用索赔必须使用这个错误的单价计算。

通常在索赔中，只有在一些少数情况下允许调整合同单价，例如：

（1）工程中断，则机械费索赔所用单价必须在合同单价基础上作调整（打一定的折扣）。因为合同中的机械费报价是运行状态下，而工程停止时机械为停滞状态；

（2）工程量增加或减少超过合同规定的额度，使原单价变得不合理，则应按合同规定调整；

（3）工程量增加或附加工程的工作性质、条件、内容等与合同中的一些分项工程不一样时，可以调整合同单价并用于这些增加或附加的工程。

3. 在对一揽子索赔处理中，在分析合同状态时，常常会发现：

（1）由于对方在报价时未注意到工程的复杂程度、质量标准、工程规模等造成报价失误；

（2）对于固定总价合同，承包商报价中出现漏项，或工程量计算错误；

（3）由于报价前环境调查出错，报价中的材料价格过低，使报价过低；

（4）出于投标策略降低了报价等。

合同状态分析中发现的上述问题，应由对方自己承担，不能补偿。所以在总索赔额中，应扣除这些因素的影响。

4. 索赔的基本原则是赔偿实际损失，它不应该带惩罚性。即使对于工程合同中约定的违约金的赔偿，如对误期违约金，如果提出损害的赔偿太高，属于惩罚性的，法庭可能会裁决条款无效。

5. 防止重复计算。

在日常的单项索赔之间，在一揽子索赔中的各干扰事件和各费用项目索赔值的计算之间都可能有重复计算的现象。这应予以剔除。

（1）工期索赔中的重复计算。在实际工程中，工期索赔多算、重复计算的情况比较普遍（见本章案例46）。一般在工程结束前，通过对合同状态和可能状态的总网络分析对比，才能正确地计算总工期索赔值。

（2）费用索赔的重复计算。例如：

若工期重复计算，则与工期相关的费用索赔必然也是重复计算，应予以扣除；

一个延误事件，计算了多项赔偿；

按干扰事件的性质和责任者不同，有的工期拖延允许提出与工期相关的费用索赔，有些不允许提出费用索赔，应区别对待；

在工程拖延或中断期内，有时局部工程仍在施工（也许在低效率施工），则在计算与工期相关的费用的索赔时，则应扣除该期内已完工程中所包含的对应费用项目的数额。

又如，在某工程中，由于业主指令增加工程量和附加工程造成工期延长和费用增加，分包商向总包提出索赔。分包商按报价方式计算了工程量增加和附加工程费用（其中也包括了工地管理费和其他附加费）。这些费用在工程进度款中支付。对工期延长，分包商又提出与工期相关的费用索赔，如工地管理费，总部管理费等。这后一项索赔，即与工期相关的费用索赔有部分是重复计算的，应扣除增加的工程量和附加工程价格中所包括的工地管理费、其他附加费、总部管理费份额。

五、反索赔案例分析

【案例 46】 为了说明反索赔中的一些基本问题，下面分析一个由于拖延和加速施工的费用索赔案例（见参考文献 19）。

1. 工程概况

某大型商业中心大楼的建设工程，按照 FIDIC 合同模式进行招标和施工管理。中标合同价为 18 329 500 元人民币，工期 18 个月。工程内容包括场地平整，大楼土建施工，停车场，餐饮厅等。

2. 合同实施状况

在业主下达开工令以后，承包商按期开始施工。但在施工过程中，遇到如下问题：

（1）工程地基条件比业主提供的地质勘探报告差；

（2）施工条件受交通的干扰甚大；

（3）设计多次修改，监理工程师下达工程变更指令，导致工程量增加和工期拖延。

为此，承包商先后提出 6 次工期索赔，累计要求延期 395 天；此外，还提出了相关的费用索赔，申明将报送详细索赔款额计算书。

对于承包商的索赔要求，业主和监理工程师的答复是：

（1）根据合同条件和实际调查结果，同意工期适当的延长，批准累计延期 128 天；

（2）业主不承担合同价款以外的任何附加开支。

承包商对业主的上述答复极不满意，并提出了书面申辩，指出累计工期延长 128 天是不合理的，不符合实际的施工条件和合同条款。承包商的 6 次工期索赔报告，包括了实际存在的并符合合同的诸多理由。要求监理工程师和业主对工期延长天数再次予以核查批准。

从施工的第二年开始，根据业主的反复要求，承包商采取了加速施工措施，以便商业中心大楼早日建成。这些加速施工的措施，监理工程师是同意的，如由一班作业改为两班作业，节假日加班施工，增加了一些施工设备等等。就此，承包商向业主提出加速施工的费用赔偿要求。

3. 承包商的索赔要求

监理工程师和业主对承包商的反驳函件进行了多次研究，在工程快结束时作出答复：

（1）最终批准工期延长为 176 天；

（2）如果发生计划外附加开支，同意支付直接费和管理费，待索赔报告正式送出后核定。

这最终批准的工期延长的天数就是工程建成时实际发生的拖期天数。工期原定为 18 个月（547 个日历天数）；而实际竣工工期为 723 天，即实际延期 176 天。业主在这里承认了工程拖期的合理性，免除了承包商承担误期损害赔偿费的责任，虽然不再多给承包商更多的延期天数，承包商也感到满意。同时业主允诺支付由此而产生的附加费用（直接费和管理费）补偿，说明业主已基本认可承包商的索赔要求。

在工程即将竣工时，承包商提交了索赔报告书，其索赔费用的组成如下：

加速施工期间的生产效率降低损失费		659 191 元
加速并延长施工期的管理费		121 350 元
人工费调价增支		23 485 元
材料费调价增支		59 850 元
设备租赁费		65 780 元
分包装修增支		187 550 元
增加资金贷款利息		152 380 元
履约保函延期增支		52 830 元
以上共计		（1 322 416 元）
利润（8.5%）		112 405 元
索赔款总计		1 434 821 元

对于上述索赔额，承包商在索赔报告书中进行了逐项地分析计算，主要内容如下：

（1）劳动生产率降低引起的附加开支。

承包商根据自己的施工记录，证明在业主正式通知采取加速措施以前，他的工人的劳动生产率可以达到投标文件所列的生产效率。但当采取加速措施以后，由于进行两班作业，夜班工作效率下降；由于改变了某些部位的施工顺序，工效亦降低。

在开始加速施工以后，直到建成工程项目，承包商的施工记录总用技工 20 237 个工日，普工 38 623 个工日。但根据投标书中的工日定额，完成同样的工作所需技工为 10 820 个工日，普工 21 760 个工日。这样，多用的工日系由于加速施工形成的生产率降低，增加了承包商的开支，即

	技 工	普 工
实际用工（A）	20 237	38 623
按合同文件用工（B）	10 820	21 760
多用工日（C = A − B）	9 417	16 863
每工日平均工资（元/工）（D）	31.5	21.5
增支工资款（元）（E = C × D）	296 636	362 555
共计增支工资（元）		659 191

（2）延期施工管理费增支。

根据投标书及中标协议书，在中标合同价 18 329 500 元中包含施工现场管理费及总部管理费 1 270 134 元。按原定工期 18 个月（547 个日历天数）计，每日平均管理费为 2 322 元。在原定工期 547 天的前提下，业主批准承包商采取加速措施，并准予延长工期 176 天，以完成全部工程。在延长施工的 176 天内，承包商应得管理费款额为

$$2\ 322\ 元/天 \times 176\ 天 = 408\ 672\ 元$$

但是，在工期延长期间，承包商实施业主的工程变更指令，所完成的工程款中已包含了管理费 287 322 元（则可以按比例反算工程变更增加工程费为 414 万人民币，相当于正常 4 个月工作量）。为了避免管理费的重复计算，承包商应得的管理费为

$$408\ 672 - 287\ 322 = 121\ 350\ 元$$

（3）人工费调价增支。

根据人工费增长的统计，在后半年施工期间工人工资增长 3.2%，按规定进行人工费调整，故应调增人工费。

本工程实际施工期为 2 年，其中包括原定工期 18 个月（547 天），以及批准工期延长 176 天。在 2 年的施工过程中，第一年系按合同正常施工，第二年系加速施工期。在加速施工的 1 年里，按规定在其后半年进行人工费调整（增加 3.2%），故应对加速施工期（1 年）的人工费的 50% 进行调增，即：

$$技工 (20\ 237 \times 31.5)/2 \times 3.2\% = 10\ 199\ 元$$
$$普工 (38\ 623 \times 21.5)/2 \times 3.2\% = 13\ 286\ 元$$
$$共调增 23\ 485\ 元$$

（4）材料费调价增支。

根据材料价格上调的幅度，对施工期第二年内采购的三材（钢材，木材，水泥）及其他建筑材料进行调价，上调 5.5%。由统计计算结果，第二年度内使用的材料总价为 1 088 182 元，故应调增材料费：

$$1\ 088\ 182 \times 5.5\% = 59\ 850\ 元$$

（5）机械租赁费 65 780 元，系按租赁单据上款额列入。

（6）分包商装修工作增支。

根据装修分包商的索赔报告，其人工费、材料费、管理费以及合同规定的利润索赔总计为 187 550 元。

分包商的索赔费如数列入总承包商的索赔款总额以内，在业主核准并付款后悉数付给分包商。

（7）增加资金贷款利息。

由于采取加速施工措施，并延长施工工期，承包商不得不增加其资金投入。这批增加的资金，无论是承包商从银行贷款，或是由其总部拨款，都应从业主方面取得利息款的补偿，其利率按当时的银行贷款利率计算，计息期为一年，即：

$$总贷款额 \quad 1\ 792\ 700\ 元 \times 8.5\% = 152\ 380\ 元$$

（8）履约保函延期开支。

根据银行担保协议书规定的利率及延期天数计算，为 52 830 元。

（9）利润。

按加速施工期及延期施工期内，承包商的直接费、间接费等项附加开支的总值，乘以合同中原定的利润率（8.5%）计算，即

$$1\ 322\ 416\ 元 \times 8.5\% = 112\ 405\ 元$$

以上 9 项，总计索赔款额为 1 434 821 元，相当于原合同价的 7.8%，这就是由于加速施工及工期延长所增加的建设费用。

4. 解决结果

此索赔报告所列各项新增费用，由于在计算过程中承包商与监理工程师几经讨论，所以顺利地通过了监理工程师的核准。又由于监理工程师事先与业主充分协商，因而使承包商比较顺利地从业主方面取得了拨款。

【案例分析】

本案例包括工期拖延和加速施工索赔，在索赔的提出和处理上有一定的代表性。虽然

该索赔经过工程师和业主的讨论，顺利通过核准，并取得了拨款。但在处理该项索赔要求（即反驳该索赔报告时）尚有如下问题值得注意：

1）承包商是按照一揽子方法提出的索赔报告，而且没有细分各干扰事件的分析和计算。工程师反索赔应要求承包商将各干扰事件的工期索赔、工期拖延引起的各项费用索赔、加速施工所产生的各项费用索赔分开来分析和计算，否则容易出现计算错误。在本案例中业主基本上赔偿了承包商的全部实际损失，而且许多计算明显不合理。

2）在施工第一年承包商共提出 6 次工期索赔共 395 天，而业主仅批准了 128 天。这在工期索赔中常见的现象：承包商提交了几份工期索赔报告，其累计量远大于实际拖延，这里面可能有如下原因：

①承包商扩大了索赔值计算，多估冒算。

②各干扰事件的工期影响之间有较大的重叠。例如本案例中地质条件复杂、交通受到干扰、设计修改之间可能有重叠的影响。

③干扰事件的持续时间和实际总工期拖延之间常常不一致。例如实际工程中常常有如下情况：

交通中断影响 8 小时，但并不一定现场完全停工 8 小时；

设计修改或图纸拖延造成现场停工，但由于承包商重新安排劳动力和设备使当月完成工程量并未减少；

业主拖延工程款 2 个月，承包商有权停工，但实际上承包商未采取停工措施等。

在这里要综合分析，注重现场的实际效果。

对承包商提出的六次工期索赔，工程师应作详细分析，分解出：

①业主责任造成的。例如地质条件变化、设计修改、图纸拖延等，则工期和费用都应补偿。

②其他原因造成的。例如恶劣的气候条件，工期可以顺延，但费用不予补偿。

③承包商责任的以及应由承包商承担的风险。如正常的阴雨天气、承包商施工组织失误、拖延开工等。

对承包商提出的交通干扰所引起的工期索赔，要分析：如果在投标后由于交通法规变化，或当地新的交通管理规章颁布，则属于一个有经验的承包商不能预见的情况，应归入业主责任；如果当地交通状况一直如此，规章没有变化，则应属于承包商环境调查的责任。

通常情况下，上述几类在工程中都会存在，不会仅仅是业主责任。

这种分析在本案例中对工期相关费用索赔的反驳，对确定加速所赶回工期数量（按本案例的索赔报告无法确定）以及加速费用计算极为重要。由于这个关键问题未说明，所以在本案例中对费用索赔的计算很难达到科学和合理。

3）劳动生产率降低的计算。业主赔偿了承包商在施工现场的所有实际人工费损失。这只有在承包商没有任何责任，以及没发生合同规定的任何承包商风险状况下才成立。如果存在气候原因和承包商应承担的风险原因造成工期拖延，则相应的人工工日应在总额中扣除。而且：

①工程师应分析承包商报价中劳动效率（即合同文件用工量）的科学性。承包商在投标书中可能有投标策略。如果投标文件用工量较少（即在保持总人工费不变的情况下，减

少用工量，提高劳动力单价），则按这种方法计算会造成业主损失。对此可以对比定额，或本项目参加投标的其他承包商的标书所用的劳动效率。

②合同文件用工应包括工程变更（约414万人民币工程量）中已经在工程价款中支付给承包商的人工费，应该扣除这部分工程的人工费。

③实际用工中应扣除业主点工计酬，承包商责任和风险造成的窝工损失（如阴雨天气）。

④从总体上看，第二年加速施工，实际用工比合同用工增加了近一倍。承包商报出的数量太大。这个数值是本索赔报告中最大的一项，应作重点分析。

4）工期拖延相关的施工管理费计算

对拖延176天的管理费，这种计算使用了Hudson公式，不太合理，应按报价分摊到每天的管理费，打个适当的折扣，这要作报价分析。如果开办费独立立项，则这个折扣可大一点。但又应考虑到由于加速施工增加了劳动力和设备的投入，在一定程度上又会加大施工管理费的开支。

5）人工费和材料费涨价的调整

①由于本工程合同允许调整，则这个调整最好放在工程款结算中调整较为适宜。如果工程合同不允许价格调整，即固定价格合同，则由于工期拖延和物价上涨的费用索赔在工期拖延相关费用索赔中提出较好。

②如果建筑材料价格上涨5.5%是基准期到第二年年底的上涨幅度，或年上涨幅度（对固定价格合同），则由于在工程中材料是被均衡使用的，所以按公式只能算一半，即：

$$1\ 088\ 182 \times 5.5\% \times 0.5 = 29\ 925\ 元$$

6）利息的计算

这种计算利息的公式是假设在第二年初就投入了全部资金的情况，显然不太符合实际。利息的计算一般是以承包商工程的负现金流量作为计算依据。如果按照承包商在本案例中提出的公式计算，通常也只能算一半。

7）利润的计算

① 由于交通干扰等造成的拖延所引起的费用索赔一般是不能计算利润的。

② 人工费和材料费的调价也不能计算利润。

复 习 思 考 题

1. 简述在项目管理中广义的反索赔的目的和主要措施。

2. 分析本书中所提出的索赔案例，列出在哪些索赔案例中，以及在哪些费用项目上承包商在提出索赔时会扩大索赔值？如何扩大？

3. 在阅读第十四章的索赔和反索赔的案例后，分析作为总承包商反驳业主的索赔，与反驳分包商的索赔的处理策略有什么不一样。

4. "一个索赔成功的案例常常又是一个反索赔不成功的案例"。您觉得这句话对吗？为什么？

5. 试分析FIDIC工程施工合同条件，列出业主可以向承包商索赔的条款。

第五篇　合同争执管理和案例分析

第十三章　工程合同争执管理

【本章提要】　合同争执的解决方法很多,还不断有新的方法出现。本章主要介绍工程中常见的争执解决方法,特别介绍了国际上越来越普遍采用的争执裁决委员会(DAB)。在合同争执解决中,特别是在重大的索赔处理过程中,策略研究是十分重要的。合同争执的解决策略是承包商经营策略的一部分。本章介绍了索赔策略研究的内容、依据、程序、出发点。

第一节　概　　述

1. 工程合同争执与索赔

合同争执通常具体表现在,合同当事人双方对合同规定的义务和权利理解不一致,最终导致对合同的履行或不履行的后果和责任的分担产生争执。如对合同索赔要求存在重大分歧,双方不能达成一致;业主否定工程变更,拒绝承包商的额外支付要求;甚至双方对合同的有效性发生争执。

合同争执和索赔是孪生的:合同争执最常见的形式是索赔处理争执;索赔的解决程序直接连接着合同争执的解决程序;在工程合同中,如果不涉及赔偿问题,则任何争执就没有意义了。

合同争执的解决原则是:

(1) 迅速解决争执,使合同争执的解决简单、方便、低成本。

(2) 公平合理地解决合同争执。

(3) 符合合同和法律的规定。通常在合同中明确规定争执解决程序条款。这会使合同当事人对合同履行充满信心,减少风险,有利于合同的顺利实施。

(4) 尽量达到双方都能满意的结果。

2. 工程合同争执解决程序

承包商提出索赔,将索赔报告交业主委托的工程师。经工程师检查、审核索赔报告,再交业主审查。如果业主和工程师不提出疑问或反驳意见,也不要求补充或核实证明材料和数据,表示认可,则索赔成功。

如果业主不认可,全部地或部分地否定索赔报告,不承认承包商的索赔要求,则产生了索赔争执。在实际工程中,直接地、全部地认可索赔要求的情况是极少的。所以绝大多数索赔都会导致争执,特别当干扰事件原因比较复杂、索赔额比较大的时候。常见的索赔解决过程见图 13-1。

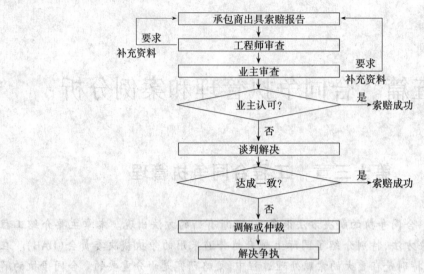

图 13-1　常见的索赔解决过程

合同争执的解决是一个复杂、细致的过程。它占用承包商大量的时间和金钱。对于大的复杂的项目或出现大的索赔争执，有时不得不请索赔专家或委托咨询公司进行索赔管理。这在国际承包工程中是常见的。

争执的解决有各种途径，可以"私了"，也可"法庭上见"；可双方商讨，也可请他人调解。这完全由合同双方决定。一般它受争执的额度、事态的发展情况、双方的索赔要求、实际的期望值、期望的满足程度、双方在处理索赔问题上的策略（灵活性）等因素的影响。

第二节　工程合同争执解决的途径

一、工程师的决定

对合同双方的争执，以及承包商提出的索赔要求，先由工程师作出决定。在施工合同中，工程师作为第一调解人，有权解释合同，在合同双方索赔（反索赔）解决过程中决定的合同价格的调整和工期（保修期）的延长。但由于以下原因，工程师的公正性常常不能保证。人们对工程师的这种权力提出批评。

1. 工程师受雇于业主，作为业主代表，为业主服务，在争执解决中更倾向于业主。

2. 有些干扰事件直接是工程师责任造成的，例如下达错误的指令、工程管理失误、拖延发布图纸和批准等。则工程师从自身的责任和面子等角度出发会不公正的对待承包商的索赔要求。

3. 在许多工程中，项目前期的咨询、勘察设计和项目管理由一个单位承担，它的好处是可以保证项目管理的连续性，但会对承包商产生极为不利的影响，例如计划错误、勘察设计不全、出现错误或不及时，工程师会从自己的利益角度出发，不能正确对待承包商的索赔要求。

这会影响承包商的履约能力和积极性。

当然，承包商可以将争执提交仲裁，仲裁人员可以重新审议工程师的指令和决定。

二、协商

1. 协商解决，即双方"私了"。合同双方按照合同规定，通过摆事实讲道理，弄清责任，共同商讨，互作让步，使争执得到解决。

它是解决任何争执首先采用的最基本的，也是最常见的，最有效的方法。这种解决方法的特点是：简单，时间短，双方都不需额外花费，气氛平和，能达到双赢的结果。

2. 在承包商递交索赔报告后，对业主（或工程师）提出的反驳、不认可或双方存在分歧，可以通过谈判弄清干扰事件的实情，按合同条文辩明是非，确定各自责任，经过友好磋商，互作让步，当事人双方在自愿、互谅的基础上，通过谈判达成解决争执的协议。

通常索赔争执首先表现在对索赔报告的分歧上，如双方对事实根据、索赔理由、干扰事件影响范围、索赔值计算方法看法不一致。所以承包商必须提交有说服力的、无懈可击的索赔报告，这样谈判地位比较有利。同时准备作进一步的解释，提供进一步的证据。

3. 在谈判中，有时对一些争执的焦点问题须请专家咨询或鉴定，其目的是弄清是非，分清责任，统一对合同的理解，消除争执。例如对合同理解的分歧可请法律专家咨询；对承包商工程技术和质量问题的分歧可请技术专家或者部门作检查、鉴定。

4. 这种解决办法通常对双方都有利，为将来进一步友好合作创造条件。在国际工程中，绝大多数争执都通过协商解决。即使在按 FIDIC 合同规定的仲裁程序执行前，首先必须经过友好协商阶段。

在我国，如果正常的索赔要求得不到解决，或双方要求差距较大，难以达成一致，还可以找业主的上级主管部门进行申述，作再度协商。

5. 在协商中，需要有专业知识，经验和谈判艺术。要能倾听对方的观点，识别对方当事人的需要和利益，清楚表达自己的观点。

三、调解

1. 如果合同双方经过协商谈判不能就索赔的解决达成一致，则可以邀请中间人进行调解。调解是在第三者的参与下，以事实、合同条款和法律为根据，通过对当事人的说服，使合同双方自愿地、公平合理地达成解决协议。如果双方经调解后达成协议，由合同双方和调解人共同签订调解协议书。

2. 第三方的角色是积极的。调解人经过分析索赔和反索赔报告，了解合同实施过程和干扰事件实情，按合同作出自己的判断，提出新的解决方案。平衡和拉近当事人要求，并劝说双方再作商讨，都降低要求，达成一致，仍以和平的方式解决争执。

调解在自愿的基础上进行，其结果无法律约束力。如果当事人一方对调解结果不满，或对调解协议有反悔，则他必须在接到调解书之日起一定时间内，按合同关于争执解决的规定，向仲裁委员会申请仲裁，也可直接向人民法院起诉。超过这个期限，调解协议具有法律效力。

如果调解书生效后，争执一方不执行调解决议，则被认为是违法行为。

3. 这种解决争执的方法有如下优点：

（1）提出调解能较好地表达承包商对谈判结果的不满意和争取公平合理解决争执的决心。

（2）由于调解人的介入，增加了索赔解决的公正性。业主要顾忌到自己的影响和声誉等，通常容易接受调解人的劝说和意见。而且由于调解决议是当事人双方选择的，所以一般比仲裁决议更容易执行。

（3）灵活性较大，有时程序上也很简单（特别是请工程师调解）。一方面双方可以继续协商谈判，另一方面，调解决定没有法律约束力，承包商仍有机会追求更高层次的解决方法。

（4）节约时间和费用。

（5）双方关系比较友好，气氛平和，不伤感情。

4. 调解人必须站在公正的立场上，不偏袒或歧视任何一方，按照国家法令、政策和合同规定，在查清事实、分清责任、辩明是非的基础上，对争执双方进行说服，提出解决方案，调解结果必须公正、合理、合法。

在合同实施过程中，日常索赔争执的调解人为工程师。他作为中间人和了解实际情况的专家，对索赔争执的解决起着重要作用。如果对争执不能通过协商达成一致，双方都可以请工程师出面调解。工程师在接受任何一方委托后，在一定期限内（FIDIC 规定为 84天）作出调解意见，书面通知合同双方。如果双方认为这个调解是合理的、公正的，双方都接受，在此基础可再进行协商，得到满意解决。工程师了解工程合同，参与工程施工全过程，了解合同实施情况，他的调解有利于争执的解决。

对于较大的索赔，可以聘请知名的工程专家、法律专家、DAB 成员、仲裁人，或请对双方都有影响的人物作调解人。

5. 在我国，承包工程争执的调解通常还有两种形式：

（1）行政调解。由合同管理机关，工商管理部门，业务主管部门等作为调解人。

（2）司法调解。在仲裁和诉讼过程中，首先提出调解，并为双方接受。

四、仲裁

当争执双方不能通过协商和调解达成一致时，可按合同仲裁条款的规定采用仲裁方式解决。仲裁作为正规的法律程序，其结果对双方都有约束力。在仲裁中可以对工程师所作的所有指令、决定，签发的证书等进行重新审议。

在我国，按照《中华人民共和国仲裁法》，仲裁是仲裁委员会对合同争执所进行的裁决。仲裁委员会在直辖市和省、自治区人民政府所在地的市设立，也可在其他设区的市设立，由相应的人民政府组织有关部门和商会统一组建。仲裁委员会是中国仲裁协会会员。

在我国，实行一裁终局制度。裁决作出后，当事人就同一争执再申请仲裁，或向人民法院起诉，则不再予以受理。

申请和受理仲裁的前提是，当事人之间要有仲裁协议。它可以是在合同中订立的仲裁条款，或以其他形式在争执发生前后达成的请求仲裁的书面协议。仲裁程序通常为：

1. 申请和受理。当事人申请仲裁应向仲裁委员会递交仲裁协议、仲裁申请书及副本。

2. 仲裁委员会在收到仲裁申请书之日起 5 日内，如认为符合受理条件，应当受理，则通知当事人；如认为不符合受理条件，则也应通知当事人，并说明不受理理由。

仲裁委员会受理仲裁申请后，应在仲裁规则规定的期限内将仲裁规则和仲裁员名册送达申请人。并将仲裁申请书副本、仲裁规则、仲裁员名册送达被申请人。

被申请人收到仲裁申请书副本后，应在仲裁规则规定的期限内向仲裁委员会提交答辩书。仲裁委员会收到答辩书后，应当在仲裁规则规定期限内将答辩书副本送达申请人。

当事人申请仲裁后，仍可以自行和解，达成和解协议，申请人可以放弃或变更仲裁请求，被申请人可以承认或者反驳仲裁请求。

3. 组成仲裁庭。仲裁庭可以由 3 名仲裁员或 1 名仲裁员组成。如果设 3 名仲裁员，则必须设首席仲裁员。

3 名仲裁员中由合同双方各选 1 人，或各自委托仲裁委员会主任指定 1 名仲裁员。由当事人共同选定或共同委托仲裁委员会主任指定第三名仲裁员作为首席仲裁员。

如果仅用 1 名仲裁员成立仲裁庭，应当由当事人共同选择或委托仲裁委员会主任指定。

4. 开庭和裁决。仲裁按仲裁规则进行。仲裁应当开庭进行，也可按当事人协议不开庭，而按仲裁申请书、答辩书以及其他材料作出裁决。

当事人可以提供证据，仲裁庭可以进行调查，收集证据，也可以进行专门鉴定。

仲裁人有权公开、审查和修改工程师或争执裁决委员会的任何决定。

在仲裁裁决前，可以先行调解，如果达成调解协议，则调解协议与仲裁书具有同等法律效力。

仲裁决定按多数仲裁员的意见作出，它自作出之日起产生法律效力。

工程竣工之前或之后均可开始仲裁，但在工程进行过程中，合同双方的各自义务不得因正在进行仲裁而改变。

5. 执行。仲裁裁决作出后，当事人应当履行裁决。如果当事人不履行，另一方可以依照民事诉讼法规定向人民法院申请执行。

涉外合同的当事人可以根据仲裁协议向中国仲裁机构或其他仲裁机构申请仲裁。

五、诉讼

诉讼是运用司法程序解决争执，由人民法院受理并行使审判权，对合同双方的争执作出强制性判决。人民法院受理经济合同争执案件可能有以下情况：

1. 合同双方没有仲裁协议，或仲裁协议无效，当事人一方向人民法院提出起诉状。

2. 虽有仲裁协议，当事人向人民法院提出起诉，未声明有仲裁协议；人民法院受理后另一方在首次开庭前对人民法院受理案件未提异议，则该仲裁协议被视为无效，人民法院继续受理。

3. 如果仲裁决定被人民法院依法裁定撤消或不予执行。当事人向人民法院提出起诉，人民法院依据《民事诉讼法》（对经济犯罪行为则依据《刑事诉讼法》）审理该争执。

法院在判决前再作一次调解，如仍达不成协议，可依法判决。

六、国际工程仲裁

国际工程仲裁有其特殊性。

1. 除合同中另有规定外，一般按照国际商会仲裁和调解章程裁决。当然合同还可以指明用其他国际组织的仲裁规则。

2. 国际仲裁机构通常有两种形式：

（1）临时性仲裁机构。它的产生过程由合同规定。一般合同双方各指定一名人士作仲裁员，再由这两位仲裁员选定另一人作为首席仲裁员。三人成立一个仲裁小组，共同审理争执，以少数服从多数原则，作出裁决，所以仲裁人的选择，他们的公正性对争执的最终解决影响很大。

（2）国际性常设的仲裁机构，如伦敦仲裁院，瑞士苏黎士商会仲裁院，瑞典斯德歌尔摩商会仲裁院，中国国际经济贸易仲裁委员会，罗马仲裁协会等。

3. 仲裁地点通常有如下几种情况：

（1）在工程所在国仲裁，这是较为常见的。许多第三世界国家，特别是中东一些国家规定，承包合同在本国实施，则只准使用本国法律，在本国进行仲裁，或由本国法庭裁决。裁决结果要符合本国法律，拒绝其他第三国或国际仲裁机构裁决。

在这种情况下，如果发生争执，应尽一切努力在非正式场合，通过双方协商或请人调解解决。否则，争执一经交上当地法庭，解决结果就难以预料。

（2）在被诉方所在国仲裁。仲裁地点的选择是比较灵活的。例如在我国实施的某国际工程中，业主为英国投资者，承包商为我国的一建筑企业。总承包合同的仲裁条款规定：如果业主提出仲裁，则仲裁地点在中国上海；如果承包商提出仲裁，则仲裁地点在新加坡。

（3）在一指定的第三国仲裁，特别在所选定的常设的仲裁机构所在国（地）进行。

4. 仲裁的效力，即仲裁决定是否为终局性的。如果合同一方或双方对裁决不服，是否还可以提起诉讼，或说明，裁决对当事人（特别是业主）有无约束力，是否可以强制执行。在某国际工程施工合同中对仲裁的效力作了如下规定：争执只能在当地（工程所在地），按当地的规则和程序仲裁；不能够借助仲裁结果强迫业主履行他的职责。

5. 但是国际仲裁又存在如下问题：

（1）仲裁时间太长，程序过于复杂，从提交仲裁到裁决常常需要一年，甚至几年时间。资料表明，在巴黎进行国际仲裁平均要 18 个月，而土木工程仲裁案例时间更长。

（2）费用很高。这不仅是仲裁费用，而且需花费许多代理和律师费用、相关的取证、资料、交通等费用，使得最终索赔解决费用一般都超过索赔要求 25% 以上（见参考文献 20）。甚至有人说，争执一经提交国际仲裁，常常只有律师是赢家。

（3）仲裁人员对工程的实施过程，对合同的签订过程、工程的许多细节不很熟悉，常常仅凭各种书面报告（如索赔报告，反索赔报告）裁决。如果要他们了解工程过程，则又要花费许多时间和费用。

【案例 47】 在非洲某水电工程中，工程施工期不到 3 年，原合同价 2 500 万美元。由于种种原因，在合同实施中承包商提出许多索赔，总值达 2 000 万美元。工程师作出处理决定，认为总计补偿 1 200 万美元比较合理。业主愿意接受工程师的决定。

但承包商不肯接受，要求补偿 1 800 万美元。由于双方达不成协议，承包商向国际商会提出仲裁要求。双方各聘请一名仲裁员，由他们指定首席仲裁员。本案仲裁前后经历近 3 年时间，相当于整个建设期，光仲裁费花去近 500 万美元。最终裁决为：业主给予承包商 1 200 万美元的补偿，即维持工程师的决定。经过国际仲裁，双方都受到很大损失。如果双方各作让步，通过协商，友好解决争执，则不仅花费少，而且麻烦少，信誉好。

七、争执解决的其他方法

最近十几年来，欧美许多国家对工程合同争执的解决提出了许多新的方式，并取得了很好的效果。除了上述谈判、调解、仲裁外还有例如微型谈判（Minitrial）、争执裁决委员会（DAB）、雇佣法官（Rent-a-judge）、专家解决（Expert Resolution）、法庭指定导师（Court-appointed master）等。这些形式共同的特点在于：

（1）给双方提供在一个非对抗的环境中解决合同争执的机会。

(2) 时间短，费用少。

(3) 不损害双方的合作关系，更为公平合理，更符合专业性特点（见参考文献20）。

其中DAB，即争执裁决委员会（Disputes Adjudication Board）方法，在国际工程中用得较多，它已在FIDIC施工合同条件中明确规定。在工程项目组织中建立一个争执审议委员会，在商谈工程承包合同时就确定人选及运行DAB的机制。

1. 人选。一般按照工程的规模和复杂程度，可以为一人、三人、五人、七人不等。DAB的成员一般为工程技术和管理的专家，而不是法律专家。人选一般有两种形式确定：

(1) 双方事先商定并在合同中指明。

(2) 在合同生效后28天内双方共同协商任命。

例如英法海底隧道为5名，某国际机场建设工程为7人，在我国的小浪底工程中也采用这种争执解决方法。

2. 机制。

(1) DAB的机制与仲裁相似，如果为5人小组，则合同双方各推举2人。人选要征得对方同意。而最后一人由双方共同协商决定。

(2) DAB成员不是合同任何一方的代表，与业主、工程师、承包商没有任何经济利益及业务上的联系。与本工程及所调解的争执无任何联系，甚至有时要求不同国籍。DAB成员必须公正行事、遵守合同。人员任命应遵守下列条件：

1) 列入国际咨询工程师联合会出版的范例条款；

2) 要求每位成员在被任命期间独立于合同任何一方；

3) 要求裁决委员会行为公正，并遵守合同；

4) 双方（相互及对争执裁决委员会）作出的保证：

在任何情况下，成员如果违背所接受任命的职责和合同则应承担责任。

合同双方应保证委员会各成员与所裁决的索赔无关。

(3) 在工程过程中，DAB小组每隔3~5个月进入现场一次，进行调查研究，了解合同实施过程。他有责任对将发生或可能发生的争执提出预警，要求对方采取措施避免或预防。所以采用这种方式对减少争执、提高工程管理水平会有很大的帮助。

(4) 如果发生争执，DAB小组召集听证会，同时结合自己的调查了解作出判断，在一定时间内（FIDIC规定为8周，而一般工程规定为2周内）向合同双方提出解决意见。如果合同双方对DAB小组的解决意见不满意，则仍可以提请仲裁解决。

(5) 报酬由业主、承包商及委员会成员在协商上述任命总条件时商定。如果存在分歧，则每位成员的报酬应包括合理开支的补偿费、按规定的计日工酬金以及相当于计日酬金3倍的月聘任费。酬金由合同双方各付一半，若一方未能支付应付酬金，则另一方有权代表违约方付款，并相应地从违约方收回此笔款项。

3. 特点。

(1) 由于DAB小组成员为工程专家，与合同各方没有关系，同时他们又在一定程度上介入工程过程，所以争执的解决比较公正，更有说服力，容易为双方接受。

(2) 采用DAB方式能增加双方的信任感，降低投标中的风险。同时这种争执解决方式不影响双方的合作关系，对双方的影响（如企业形象和声誉）极小。

(3) 时间短，一般争执的解决不超过两个月。

(4) DAB 方式有一定的费用开支。如果没有争执发生，这笔费用也不是白费的，因为 DAB 小组在现场起到咨询的作用，对可能的争执起防范的作用。如果有争执发生，这笔费用比仲裁费用就省得多。

(5) DAB 小组由工程专家组成，他们在工程现场期间能起到咨询作用，对防止争执、提高管理水平有很大益处，所以其费用开支即使没有争执也是值得的。

(6) 当然有些人认为 DAB 方式是对工程师的监督，所以工程师对它常常不太欢迎，认为多此一举，增加了一个管理层次和花费。

4. 委任终止。争执裁决委员会的委任只有在双方同意下才能终止。在合同最终价格的结清单即将生效时，或在双方商定的其他时间，委员会的任期即告结束。

5. 替职。任何时候，双方同意终止对上述委员会成员的委任，他们可任命一合格人选替代争执裁决委员会的任何或所有成员。如果争执裁决委员会的某一成员拒绝履行职责和由于死亡、伤残、辞职或其委任已终止而不能尽其职责，上述合格人选的委任即告生效。

6. 有权提名。若双方未能就委员会的组成及其提名人选达成一致，则可由投标书附录中指定的人员或机构在与双方适当协商后提名，且该提名是最终的和具有决定性的。

7. 争执裁决委员会决定的程序

(1) 合同双方就合同及施工过程等发生争执事宜应首先以书面形式提交争执裁决委员会，此提交应说明是根据合同条款作出的，并将一副本送另一方。

(2) 合同双方应向委员会提供进行裁决可能要求的所有资料、现场通道和适当设施。

(3) 委员会应在收到上述提交后 56 天内将其决定通知合同双方，并说明理由和声明是根据施工合同条款发出的。

(4) 除非合同已被拒绝或终止，在任何情况下，承包商应以应有的努力继续施工，而且承包商和业主应立即执行争执裁决委员会的决定。

(5) 若一方对裁决不满，他应在收到决定的通知后 28 天内通知另一方，或如果委员会未能在收到争执事宜通知的 56 天内发出决定，合同双方的任何一方均可将其不满在 56 天期满后的 28 天内通知对方，并申明将争执提交仲裁。

(6) 双方在收到委员会决定后 28 天内均未将自己的不满通知对方，则此决定应被视为最终决定并产生约束力。

第三节　工程合同争执管理

一、防止两种倾向

对合同争执的管理不仅是工程项目管理的一部分，而且是承包商经营管理的一部分。如何看待和对待索赔和争执，实际上是个经营战略问题，是承包商对利益和关系、利益和信誉的权衡。不能积极有效地进行索赔，承包商会蒙受经济损失；进行索赔，或多或少地会影响合同双方的合作关系；而索赔过多过滥，会损害承包商的信誉，影响承包商的长远利益。这里要防止两种倾向：

1. 只讲关系、义气和情谊，忽视索赔，致使损失得不到应有补偿，正当的权益受到侵害。对一些重大的索赔，这会影响企业的正常的生产经营，甚至危及企业的生存。

在国际工程中，若不能进行有效的索赔，业主会觉得承包商经营管理水平不高，常常会得寸进尺。承包商不仅会丧失索赔机会，而且还可能反被对方索赔，蒙受更大的损失。所以在这里不能过于强调"重义"。

合同所规定的双方的平等地位，承包商的权益，在合同实施中，同样必须经过抗争才能够实现。要承包商自觉地，主动地保护它，争取它。如果承包商主动放弃这个权益而受到损失，常常法律也不能提供保护。

对此，我们可以用两个极端的例子来说明这个问题：

某承包商承包一工程，签好合同后，将合同文本锁入抽屉，不作分析和研究，在合同实施中也不争取自己的权益，致使失去索赔机会，损失 100 万美元。

另一个承包商在签好合同后，加强合同管理，积极争取自己的正当权益，成功地进行了 100 万美元的索赔，业主应当向他支付 100 万美元补偿。但他申明，出于友好合作，只向业主索取 90 万美元，另 10 万美元作为让步。

对前者，业主是不会感激的。业主会认为，这是承包商经营管理水平不高，是承包商无能。而对后者，业主是非常感激的。因为承包商作了让步，是"重义"。业主明显地感到，自己少受 10 万美元的损失，这种心理状态是很自然的。

2. 在索赔和争执解决中，管理人员好大喜功，只注重索赔，承包商以索赔额的高低作为评价工程管理水平或索赔小组工作成果的惟一指标，而不顾合同双方的关系、承包商的信誉和长远利益。特别当承包商还希望将来与业主进一步合作、或在当地进一步扩展业务时，更要注意这个问题，应有长远的眼光。

索赔，作为承包商追索已产生的损失，或防止将产生的损失的手段和措施，不得已而用之。承包商切不可将索赔作为一个基本方针或经营策略，否则会将经营管理引入误区。

二、承包商的基本方针

1. 全面完成合同责任

承包商应以积极合作的态度完成合同责任，主动配合业主完成各项工程，建立良好的合作关系。这具体体现在：

（1）按合同规定的质量、数量、工期要求完成工程，守信誉，不偷工减料，不以次充好，认真做好工程质量控制工作。承包商在合同实施中无违约行为，业主和工程师对承包商的工程和工作，对双方的合作感到满意。

（2）积极地配合业主和工程师搞好工程管理工作，协调各方面的关系。在工程中，业主和工程师会有这样或那样的失误和问题，作为承包商有责任执行他们的指令；但又应及时提醒，指出他们的失误，遇到问题主动配合，弥补他们工作中的不足之处，以免造成损失。

当业主和工程师不在场时，应做好工程管理和协调工作，保证和他们在场一样，按时、按质、按量完成工程。

（3）对事先不能预见的干扰事件，应及时采取措施，降低其影响，减少损失。切不可听之任之，袖手旁观，甚至幸灾乐祸，从中渔利。

在友好、和谐、互相信任和依赖的合作气氛中，不仅合同能顺利实施，双方心情舒畅，而且承包商会有良好的信誉，业主和承包商在新项目上能继续合作。

在这种气氛中，承包商实事求是地就干扰事件提出索赔要求，也容易为业主认可。

2. 着眼于重大索赔

对已经出现的干扰事件或对方违约行为的索赔，一般着眼于重大的、有影响的、索赔额大的事件，不要斤斤计较。索赔次数太多，太频繁，容易引起对方的反感。但承包商对这些"小事"又不能不问，应作相应的处理，告诉业主，出于友好合作的诚意，放弃这些索赔要求。有时又可作为索赔谈判中让步的余地。

在国际工程中，有些承包商常常斤斤计较，寸利必得。特别在工程刚开始时，让对方感到，他很精干，而且不容易作让步，利益不能受到侵犯，这样从心理上战胜对方。这实质上是索赔的处理策略，不是基本方针。

3. 注意灵活性

在具体的索赔处理过程中要有灵活性，讲究策略，要准备并能够作让步，力求使索赔的解决双方都满意，皆大欢喜。

承包商的索赔要求能够获得业主的认可，而业主又对承包商的工程和工作很满意，这是索赔的最佳解决。这看起来是一对矛盾，但有时也能够统一。这里有两个问题：

(1) 双方具体的利益所在和事先的期望

对双方利益和期望的分析，是制定索赔基本方针和策略的基础。通常，双方利益差距越大，事先期望越高，索赔的解决越困难，双方越不容易满足。

通常承包商的利益或目标为：

1）使工程顺利通过验收，交付业主使用，尽快完成自己的合同责任，结束合同；

2）进行工期索赔，推卸或免去自己对工期拖延的合同处罚责任；

3）对业主、总（分）包商的索赔进行反索赔，减少费用损失；

4）对业主、总（分）包商进行索赔，取得费用损失的补偿，争取更多收益。

而业主的具体利益或目标可能是：

1）顺利完成工程项目，及早交付使用，实现投资目的；

2）其他方面的要求，如延长保修期，增加服务项目，提高工程质量，使工程更加完美，或责令承包商全面完成合同责任；

3）对承包商的索赔进行反索赔，尽量减少或不对承包商进行费用补偿，减少工程支出；

4）对承包商的违约行为，如工期拖延、工程不符合质量标准、工程量不足等，施行合同处罚，提出索赔。

从上述分析可见，双方的利益有一致的，也有不一致和矛盾的。通过对双方利益的分析，可以做到"知己知彼"。针对对方的具体利益和期望采取相应的对策。

在实际索赔解决中，对方对索赔解决的实际期望是很难暴露出来的。通常双方都将合同违约责任推给对方，表现出对索赔有很高的期望，而将真实情况隐蔽着，这是常用的一种策略。它的好处有：

1）为自己在谈判中的让步留下余地。如果对方知道我方索赔的实际期望，则可以直逼这条底线，要求我方再作让步，而我方已无让步余地。例如，承包商预计索赔收益为10万美元，而提出30万美元的索赔要求，即使经对方审核，减少一部分，再逐步讨价还价，最后实际赔偿10万美元，还能达到目标和期望。而如果期望10万美元，就提出10万美元的索赔，从10万美元开始谈判，最后可能5万美元也难以达到，这是常识。

2）能够得到有利的解决，而且能使对方对最终解决有满足感。

由于提出的索赔值较高，经过双方谈判，承包商作了很大让步，好象受到很大损失，这使得对方索赔谈判人员对自己的反索赔工作感到满意，使问题易于解决。

索赔解决中，让步是双方面的，常常是对等的，承包商通过让步可以赢得对方对索赔要求的认可。

在实际索赔谈判中，要摸清对方的实际利益所在以及对索赔解决的实际期望是困难的。"步步为营"是双方都常用的攻守策略，尽可能多地取得利益，又是双方的共同愿望，所以索赔谈判常常是双方智慧、能力和韧性的较量。

（2）让步。在索赔解决中，让步是必不可少的。由于双方利益和期望的不一致，在索赔解决中常常出现大的争执。而让步是解决这种不一致的手段。通常，索赔的最终解决双方都必须作让步，才能达成妥协。

让步作为索赔谈判的主要策略之一，也是索赔处理的重要方法，它有许多技巧。让步的目的是为了取得经济效益，达到索赔目标。但它又必然带来自己经济利益的损失。让步是为了取得更大的经济利益而作出的局部牺牲。

在实际工程中，让步应注意如下几个问题：

1）让步的时机。让步应在双方争执激烈，谈判濒于破裂时或出现僵局时作出。

2）让步的条件。让步是为了取得更大的利益，所以，让步应是对等的，我方作出让步，应同时争取对方作出相应的让步。这又应体现双方利益的平衡。让步不能轻易地作出，应使对方感到，这个让步是很艰难的。

3）让步应在对方感兴趣或利益所在之处。如向业主提出延长保修期，增加服务项目或附加工程，提高工程质量，提前投产，放弃部分小的索赔要求，直至在索赔值上作出让步，以使业主认可承包商的索赔要求，达到双方都满意或比较满意的解决。

同时又应注意，承包商不能靠牺牲自己的"血本"作让步，不过多地损害自己的利益。

4）让步应有步骤。必须在谈判前作详细计划，设计让步的方案。在谈判中切不可一让到底，一下子达到自己实际期望的底线。这样常常非常被动。

索赔谈判常常要持续很长时间。在国际工程中，有些工程完工数年，而索赔争执仍没能解决。对承包商来说，让步的余地越大，越有主动权。

4．争取以和平的方式解决争执

无论在国际、还是在国内工程中，承包商一般都应争取以和平的方式解决索赔争执。这对双方都有利。当然，具体采用什么方法还应审时度势，从承包商的利益出发。

在索赔中，"以战取胜"，即用尖锐对抗的形式，在谈判中以凌厉的攻势压倒对方，或在一开始就企图用仲裁或诉讼的方式解决索赔问题，是不可取的。这常常会导致：

（1）失去对方的友谊，双方关系紧张；使合同难以继续履行，承包商的地位更为不利。

（2）失去将来的合作机会，由于双方关系搞僵，业主如果再有工程，绝不会委托给曾与他打过官司的承包商。承包商在当地会有一个不好的声誉，影响到将来的经营。

（3）"以战取胜"也是不给自己留下余地。如果遭到对方反击，自己的回旋余地较小，这是很危险的。有时会造成承包商的保函和保留金回收的困难。而且在实际工程中，常常干扰事件的责任都是双方面的，承包商也可能有疏忽和违约行为。对一个具体的索赔事件，承包商常常很难有绝对的取胜把握。

（4）两败俱伤。双方争执激烈，最终以仲裁或诉讼解决问题，常常需花费许多时间、精力、金钱和信誉。特别当争执很复杂时，解决过程持续时间很长，最终导致两败俱伤。这样的实例是很多的。

（5）有时难以取胜。在国际承包工程中，合同常常以业主，即工程所在国法律为基础，合同争执也按该国法律解决，并在该国仲裁或诉讼。这对承包商极为不利。在另一国承包工程，许多国际工程专家告诫，如果争执在当地仲裁或诉讼，对外国的承包商不会有好的结果。所以在这种情况下应尽力争取在非正式场合，以和平的方式解决争执。

所以除非万不得已，例如争执款额巨大，或自己被严重侵权，同时自己有一定的成功的把握，一般情况下不要提出仲裁或诉讼。当然，这仅是一个基本方针，对具体的索赔，采取什么形式解决，必须审时度势，看是否有利。

5. 变不利为有利，变被动为主动

在工程承包活动中，承包商常常处于不利的和被动的地位。从根本上说，这是由于建筑市场激烈竞争造成的。它具体表现在招标文件的一些规定和合同的一些不平等的，对承包商单方面约束性条款上。而这些条款几乎都与索赔有关，例如：

加强业主和工程师对工程施工，建筑材料等的认可权和检查权；

对工程变更赔偿条件的限制；

对合同价格调整条件的限制；

对工程变更程序的不合理的规定；

FIDIC条件规定索赔有效期为28天，但有的国际工程合同规定为14天，甚至7天；

争执只能在当地，按当地法律解决，拒绝国际仲裁机构裁决。

甚至有的合同还规定，不能以仲裁结果对业主施加压力，迫使他履行合同责任等。

这些规定使承包商索赔很艰难，有时甚至不可能。

承包商的不利地位还表现在：一方面索赔要求只有经业主认可，并实际支付赔偿才算成功；另一方面，出现索赔争执（即业主拒绝承包商的索赔要求），承包商常常必须（有时也只能）争取以谈判的方式解决争执。

要改变这种状况，在索赔中争取有利地位，争取索赔的成功，承包商主要应从如下几方面努力：

（1）争取签订较为有利的合同。如果合同不利，在合同实施过程中和索赔中的不利地位很难改变。这要求承包商重视合同签订前的合同文本研究，重视与业主的合同谈判，争取对不利的不公平的条款作修改。在招标文件分析中注意索赔机会分析。

（2）提高合同管理以及整个项目管理水平，使自己不违约，按合同办事。同时积极配合业主和工程师搞好工程项目管理，尽量减少工程中干扰事件的发生，避免双方的损失和失误，减少合同的争执，减少索赔事件的发生。实践证明，索赔有很大风险，任何承包商在报价、合同谈判、工程施工和管理中不能预先寄希望于索赔。

在工程施工中要抓好资料收集工作，为索赔（反索赔）准备证据；经常与工程师和业主沟通，遇到问题多书面请示，以避免自己的违约责任。

（3）提高索赔管理水平。一经有干扰事件发生，造成工期延长和费用损失，应进行积极的有策略的索赔，使整个索赔报告，包括索赔事件、索赔根据、理由、索赔值的计算和索赔证据无懈可击。对承包商来说，索赔解决得越早越有利；越拖延，越不利。所以一经发现索赔机会，就应进行索赔处理，及时地、迅速地提出索赔要求；在变更会议和变更协议中就应对赔偿的价格、方法、支付时间等细节问题达成一致；提出索赔报告后，就应不断地与业主和工程师联系，催促尽早地解决索赔问题；工程中的每一单项索赔应及早独立解决，尽量不要以一揽子方式解决所有索赔问题。索赔值积累得越大，其解决对承包商越不利。

(4) 在索赔谈判中争取主动。承包商对具体的索赔事件，特别对重大索赔和一揽子索赔应进行详细的策略研究。同时，派最有能力、最有谈判经验的专家参加谈判。在谈判中，尽力影响和左右谈判方向，使承包商自己能得到较为有利的解决。项目管理的各职能人员和公司的各职能部门应全力配合和支持谈判。

在索赔解决中，承包商的公关能力、谈判艺术、策略、锲而不舍的精神和灵活性是至关重要的。

(5) 搞好与业主代表、工程师的关系，使他们能理解、同情承包商的索赔要求。

三、索赔策略研究

如何才能够既不损失利益，取得索赔的成功，又不伤害双方的合作关系和承包商的信誉，合同双方皆大欢喜，对合作满意？

这不仅与索赔数量有关，而且与承包商的索赔策略、索赔处理的技巧有关。

索赔策略是承包商经营策略的一部分。对重大的索赔（反索赔），必须进行策略研究，作为制订索赔方案、索赔谈判和解决计划的依据，以指导索赔小组工作。

索赔策略必须体现承包商的整个经营战略，体现承包商长远利益和目前利益，全局利益和局部利益的统一。通常由承包商亲自把握并制定，而项目的合同管理人员则提供索赔策略制定所需要的信息和资料，并对它提出意见和建议。

索赔（反索赔）的策略研究，对不同的情况，包含着不同的内容，有不同的重点。

1. 确定目标

(1) 提出任务，确定索赔所要达到的目标。承包商的索赔目标即为承包商的索赔基本要求，是承包商对索赔的最终期望。它由承包商根据合同实施状况，承包商所受的损失和他的总的经营战略确定。对各个目标应分析其实现的可能性。

(2) 分析实现目标的基本条件。除了进行认真的、有策略的索赔处理外，承包商特别应重视在索赔谈判期间的工程施工管理。在这时期，若承包商能更顺利地圆满地履行自己的合同责任，使业主对工程满意，这对谈判是个促进。相反，如果这时出现承包商违约或工程管理失误，工程不能按业主要求完成，这会给谈判以致于给整个索赔罩上阴影。

当然，反过来说，对于不讲信誉的业主（例如严重拖欠工程款，拒不承认承包商合理的索赔要求），则承包商要注意控制（放慢）工程进度。一般施工合同规定，承包商在索赔解决期间，仍应继续努力履行合同，不得中止施工。但工程越接近完成，承包商的索赔地位越不利，主动权越少。对此，承包商可以提出理由，如由于索赔解决不了，造成财务困难，无力支付分包工程款，无钱购买材料，发放工资等，工程无法进行，或只有放慢速度。

(3) 分析实现目标的风险。在索赔过程中的风险是很多的，主要有：

1）承包商在履行合同责任时的失误。这可能成为业主反驳的攻击点。如承包商没有在合同规定的索赔有效期内提出索赔，没有完成合同规定的工程量，没有按合同规定工期交付工程，工程没有达到合同所规定的质量标准，承包商在合同实施过程中有失误等。

2）工地上的风险，如项目试生产出现问题，工程不能顺利通过验收；已经出现，可能还会出现工程质量问题等。

3）其他方面风险，如业主可能提出合同处罚或索赔要求，或者其他方面可能有不利于承包商索赔的证词或证据等。

2. 对对方的分析

（1）分析对方的兴趣和利益所在，其目的为：

1）在一个较和谐友好的气氛中将对方引入谈判。在问题比较复杂、双方都有违约责任的情况下，或用一揽子方案解决工程中的索赔问题时，往往要注意这点。如果直接提交一份索赔文件，提出索赔要求，业主常常难以接受，或不作答复，或拖延解决。在国际工程中，有的工程索赔能拖几年。而逐渐进入谈判，循序渐进会较为有利。

2）分析对方的利益所在，可以研究双方利益的一致性、不一致性和矛盾性。这样在谈判中，可以在对方感兴趣的地方，而又不过多地损害承包商自己利益的情况下作让步，使双方都能满意。

（2）分析合同的法律基础的特点和对方商业习惯、文化特点、民族特性。这对索赔处理方法影响很大。如果对方来自法制健全的工业发达国家，则应多花时间在合同分析和合同法律的分析上，这样提出的索赔法律理由充足。

对业主（对方）的社会心理、价值观念、传统文化、生活习惯，甚至包括业主本人的兴趣、爱好的了解和尊重，对索赔的处理和解决有极大的影响，有时直接关系到索赔甚至整个项目的成败。现在西方的（包括日本的）承包商在工程投标、洽商、施工、索赔（反索赔）中特别注重研究这方面的内容。实践证明，他们更容易取得成功。

3. 承包商的经营战略分析

承包商的经营战略直接制约着索赔策略和计划。在分析业主的目标、业主的情况和工程所在地（国）的情况后，承包商应考虑如下问题：

有无可能与业主继续进行新的合作，如业主有无新的工程项目？

承包商是否打算在当地继续扩展业务？或扩展业务的前景如何？

承包商与业主之间的关系对在当地扩展业务有何影响？

这些问题是承包商决定整个索赔要求、解决方法和解决期望的基本点，由此决定承包商对整个索赔的基本方针。

4. 承包商的主要对外关系分析

在合同实施过程中，承包商有多方面的合作关系，如与业主、工程师、设计单位、业主的其他承包商和供应商、承包商的代理人或担保人、业主的上级主管部门或政府机关等。承包商对各方面要进行详细分析，利用这些关系，争取各方面的同情、合作和支持，造成有利于承包商的氛围，从各方面向业主施加影响。这往往比直接与业主谈判更为有效。

在索赔过程中，以至在整个工程过程中，承包商与工程师的关系一直起关键作用。因为工程师代表业主进行工程管理。许多作为证据的工程资料需他认可，签证才有效。他可以直接下达变更指令、提出有指令作用的工程问题处理意见、验收隐蔽工程等。索赔文件首先由他审阅、签字，才交业主处理。出现争执，他又首先作为调解人，提出调解方案。所以，与工程师建立友好和谐的合作关系，取得他的理解和帮助，不仅对整个合同的顺利履行影响极大，而且常常决定索赔的成败。

在国际承包工程中，承包商的代理人（或担保人）通常起着非常微妙的作用。他可以办承包商不能或不好出面办的事。他懂得当地的风俗习惯、社会风情、法律特点、经济和政治状况，他又与其他方面有着密切联系。他在其中斡旋、调停，能使承包商的索赔获得在谈判桌上难以获得的有利解决。

在实际工程中，与业主上级的交往，或双方高层的接触，常常有利于问题的解决。许多工程索赔问题，双方具体工作人员谈不成，争执很长时间，但在双方高层人员的眼中，从战略的角度看都是小问题，故很容易得到解决。

所以承包商在索赔处理中要广泛地接触、宣传、提供各种说明信息，以争取广泛的同情和支持。

5. 对对方索赔的估计

在工程问题比较复杂，双方都有责任，或工程索赔以一揽子方案解决的情况下，应对对方已提出的或可能还要提出的索赔进行分析和估算。在国际承包工程中，常常有这种情况：在承包商提出索赔后，业主作出反索赔对策和措施，如找一些借口提出罚款和扣款，在工程验收时挑毛病，提出索赔，用以平衡承包商的索赔。这是必须充分估计到的。对业主已经提出的和可能还将提出的索赔项目进行分析，列出分析表，并分析业主这些索赔要求的合理性，即自己反驳的可能性。

6. 承包商的索赔值估计

承包商对自己已经提出的及准备提出的索赔进行分析。其分析方法和费用的分项与上面对对方索赔估计一致。这里还要分析可能的最大值和最小值，这些索赔要求的合理性和业主反驳的可能性。

7. 合同双方索赔要求对比分析

将上面的分析结果合于一表中，可以看出双方要求的差异。这里有两种情况：

（1）我方提出索赔，目的是通过索赔得到费用补偿，则两估计值对比后，我方应有余额。

（2）如我方为反索赔，目的是为了反击对方的索赔要求，不给对方以费用补偿，则两估计值对比后至少应平衡。

8. 可能的谈判过程

一般索赔最终都在谈判桌上解决。索赔谈判是合同双方面对面的较量，是索赔能否取得成功的关键。一切索赔计划和策略都要在此付诸实施，接受检验；索赔（反索赔）文件在此交换，推敲，反驳。双方都派最精明强干的专家参加谈判。

索赔谈判属于合同谈判，更大范围地说，属于商务谈判。对此人们作了许多描述（见参考文献5、6），包括许多技巧和注意点，例如掌握大量信息，充分了解问题所在；了解对手情况以及谈判心理；使用简单的语言，简明扼要富有逻辑性；掌握时机，行动迅速；掌握谈判的时机；派得力的谈判小组，充分授权。

但索赔谈判又有它的特点，特别是在工程过程中的索赔：业主处于主导地位；承包商还必须继续实施工程；承包商还希望与业主保持良好的关系，以后继续合作，不能影响承包商的声誉。

索赔谈判一般可分为四个阶段。

（1）进入谈判阶段。如何将对方引入谈判，这里有许多学问。当然，最简单的是，递交一份索赔报告，要求对方在一定期限内予以答复，以此作为谈判的开始。在这种情况下往往谈判气氛比较紧张。因为承包商向业主索赔，要求业主追加费用，就好象债主上门讨债，而承包商索赔又不象债主那样毫无顾忌，因为索赔最终还得由业主认可才有效。

在索赔谈判中，双方地位往往不平等，承包商处于不利的地位。这是由合同条款和合同的法律基础造成的。这使谈判对承包商很为艰难。业主拒绝谈判，中断谈判，使谈判旷日持久，一拖几年，最终承包商必须作出大的让步，这在国际承包工程中经常见到。所以在谈判中，谈判的策略和技巧是很重要的。

要在一个友好和谐的气氛中将业主引入谈判，通常从他关心的议题或对他有利的议题入手，按照前面分析的业主利益所在和业主感兴趣的问题订立相应的开谈方案。

这个阶段的最终结果为达成谈判备忘录。其中包括双方感兴趣的议题，双方商讨的大致的谈判过程和总的时间安排。承包商应将自己索赔有关的问题纳入备忘录中。

（2）事态调查阶段。对合同实施情况进行回顾、分析、提出证据，这个阶段重点是弄清事件真实情况，如工期由于什么原因延长、延长多少、工程量增加多少、附加工程有多少、工程质量变化多大等等。这里承包商尚不急于提出费用索赔要求，应多提出证据，以推卸自己的责任。事态调查应以会谈纪要的形式记录下来，作为这阶段的结果。这个阶段要全面分析合同实施过程，不可遗漏重要的线索。

（3）分析阶段。对这些干扰事件的责任进行分析。这里可能有不少争执，如对合同条文的解释不一致。同时双方各自提出事态对自己的影响及其结果。承包商在此提出工期和费用索赔。这时事态已比较清楚，责任也基本上落实。

（4）解决问题阶段。对于双方提出的索赔，讨论解决办法。经过双方的讨价还价，或通过其他方式得到最终解决。

对谈判过程，承包商事先要作计划，用流程图表示可能的谈判过程，用横道图作时间计划。对重大索赔没有计划就不能取得预期的成果。

索赔谈判还应注意如下几点：

1）注意谈判心理，搞好私人关系，发挥公关能力。在谈判中尽量避免对工程师和业主代表当事人的指责，多谈干扰的不可预见性，少谈他们个人的失误，以保证他们的面子。通常只要对方认可我方索赔要求，赔偿损失即可，而并非一定要对方承认错误。

2）多谈困难，多诉苦，强调不合理的解决对承包商的财务、施工能力的影响，强调对工程的干扰。无论索赔能否解决，或解决程度如何，在谈判中，以及解决以后，都要以受损失者的面貌出现。给对方、给公众一个受损失者的形象。这样不仅能争取同情和支持，而且争取一个好的声誉和保持友好关系。索赔和拳击不同，即使非常成功，取得意想不到的利益，也不能以胜利者的姿态出现。

9. 可能的谈判结果

这与前面分析的承包商的索赔目标相对应。用前面分析的结果说明这些目标实现的可能性，实现的困难和障碍。如果目标不符合实际，则可以进行调整，重新确定新的目标。

复 习 思 考 题

1. 您认为，成功的索赔的标准是什么？有人说，"只要从对方将钱拿回来，就符合利益原则，就是一个成功的索赔"。这句话对吗？为什么？

2. 为什么要进行索赔策略研究？用流程图表示索赔策略研究过程。

3. 合同争执的解决通常有几种方法？各有什么适用条件？各有什么优缺点？

4. 您觉得，在我国能否推行 DAB 方法？推行 DAB 方法需要什么条件？

5. 为什么说索赔管理又是个经营管理问题？

6. 分析工程师作为第一调解人的角色解决合同争执的公正性，合理性和有效性。

第十四章 合同管理和索赔（反索赔）案例分析

【本章提要】 本章介绍几个有代表性的工程合同的签订、执行、索赔和反索赔的案例。包括一个复杂的有代表性的综合索赔（反索赔）案例。这些案例涉及工程总承包合同、联营承包合同、分包合同，有相关的索赔（反索赔）策略研究、合同分析文件、索赔和反索赔报告，及解决结果。从本章的索赔案例中可以清楚地看到工程中索赔和反索赔的工作过程、思路、分析问题的方法和出发点。

第一节 合同签订的案例分析

【案例 48】 本工程为非洲某国政府的两个学院的建设，资金由非洲银行提供，属技术援助项目，招标范围仅为土建工程的施工。

1. 投标过程

我国某工程承包公司获得该国建设两所学院的招标信息，考虑到准备在该国发展业务，决定参加该项目的投标。由于我国与该国没有外交关系，经过几番周折，投标小组到达该国时离投标截止仅 20 天。买了标书后，没有时间进行全面的招标文件分析和详细的环境调查，仅粗略地拆算各种费用，仓促投标报价。待开标后发现报价低于正常价格的30%。开标后业主代表、监理工程师进行了投标文件的分析，对授标产生分歧。监理工程师坚持我国该公司的投标为废标，因为报价太低肯定亏损，如果授标则肯定完不成。但业主代表坚持将该标授与我国公司，并坚信中国公司信誉好，工程项目一定很顺利。最终我国公司中标。

2. 合同中的问题

中标后承包商分析了招标文件，调查了市场价格，发现报价太低，合同风险太大，如果承接，至少亏损 100 万美元以上。合同中有如下问题：

（1）没有固定汇率条款，合同以当地货币计价，而经调查发现，汇率一直变动不定。

（2）合同中没有预付款的条款，按照合同所确定的付款方式，承包商要投入很多自有资金，这样不仅造成资金困难，而且财务成本增加。

（3）合同条款规定不免税，工程的税收约为 13% 的合同价格，而按照非洲银行与该国政府的协议本工程应该免税。

3. 承包商的努力

在收到中标函后，承包商与业主代表进行了多次接触。一方面谢谢他的支持和信任，决心搞好工程为他争光，另一方面又讲述了所遇到的困难——由于报价太低，亏损是难免的，希望他在几个方面给予支持：

（1）按照国际惯例将汇率以投标截止期前 28 天的中央银行的外汇汇率固定下来，以减少承包商的汇率风险。

（2）合同中虽没有预付款，但作为非洲银行的经援项目通常有预付款。没有预付款承包商无力进行工程。

（3）通过调查了解获悉，在非洲银行与该国政府的经济援助协议上本项目是免税的。而本项目必须执行这个协议，所以应该免税。合同规定由承包商交纳税赋是不对的，应予修改。

4. 最终状况

由于业主代表坚持将标授予中国的公司，如果这个项目失败，会影响他的声誉，甚至要承担责任，所以对承包商提出的上述三个要求，他尽了最大努力与政府交涉，并帮承包商讲话。最终承包商的三点要求都得到满足，这一下扭转了本工程的不利局面。

最后在本工程中承包商顺利地完成了合同。业主满意，在经济上不仅不亏损而且略有盈余。本工程中业主代表的立场以及所作出的努力起了十分关键的作用。

5. 几个注意点：

（1）承包商新到一个地方承接工程必须十分谨慎，特别在国际工程中，必须详细地进行环境调查，进行招标文件的分析。本工程虽然结果尚好，但实属侥幸。

（2）合同中没有固定汇率的条款，在进行标后谈判时可以引用国际惯例要求业主修改合同条件。

（3）本工程中承包商与业主代表的关系是关键。能够获得业主代表、监理工程师的同情和支持对合同的签订和工程实施是十分重要的。

第二节　工程合同管理案例

【案例 49】　某毛纺厂建设工程，由英国某纺织企业出资 85%，中国某省纺织工业总公司出资 15%成立的合资企业（以下简称 A 方），总投资约为 1 800 万美元，总建筑面积 22 610 平方米，其中土建总投资为 3 000 多万元人民币。该厂位于丘陵地区，原有许多农田及藕塘，高低起伏不平，近旁有一国道。土方工作量很大，厂房基础采用搅拌桩和振动桩约 8 000 多根，主厂房主体结构为钢结构，生产工艺设备和钢结构由英国进口，设计单位为某省纺织工业设计院。

一、土建工程招标及合同签订过程

土建工程包括生活区 4 栋宿舍、生产厂房（不包括钢结构安装）、办公楼、污水处理站、油罐区、锅炉房等共 15 个单项工程。业主希望及早投产并实现效益。土方工程先招标，土建工程第二次招标，限定总工期为半年，共 27 周，跨越一个夏季和冬季。

由于工期紧，招标过程很短，从发售标书到投标截止仅 10 天时间。招标图纸设计较粗略，没有施工详图，钢筋混凝土结构没有配筋图。

工程量表由业主提出目录，工作量由投标人计算并报单价，最终评标核定总价。合同采用固定总价合同形式，要求报价中的材料价格调整独立计算。

共有 10 家我国建筑公司参加投标，第一次收到投标书后，发现各企业都用国内的概预算定额分项和计算价格，未按照招标文件要求报出完全单价，也未按招标文件的要求编制投标书，使投标文件的分析十分困难。故业主退回投标文件，要求重新报价。这时有 5 家退出竞争。这样经过四次反复退回投标文件重新做标报，才勉强符合要求。A 方最终决定我国某承包公司 B（以下简称 B 方）中标。

本工程采用固定总价合同，合同总价为 17 518 563 人民币（其中包括不可预见风险费 1 200 000 元）。

二、合同条件分析

本工程合同条件选择是在投标报价之后，由 A 方与 B 方议定。A 方坚持用 ICE，即英国土木工程师学会和土木工程承包商联合会颁布的标准土木工程施工合同文本；而 B 方坚持使用我国的示范文本。但 A 方认为示范文本不完备，不符合国际惯例，可执行性差。最后由 A 方起草合同文本，基本上采用 ICE 的内容，增加了示范文本的几个条款。1995 年 6 月 23 日 A 方提出合同条件，6 月 24 日双方签订合同。合同条件相关的内容如下：

1. 合同在中国实施，以中华人民共和国的法律作为合同的法律基础。

2. 合同文本用英文编写，并翻译成中文，双方同意两种文本具有相同的权威性。

3. A 方的责任和权利。

（1）A 方任命 A 方的现场经理和代表负责工程管理工作。

（2）B 方的设备一经进入施工现场即被认为是为本工程专用。没有 A 方代表的同意，B 方不得将它们移出工地。

（3）A 方负责提供道路、场地，并将水电管路接到工地。A 方提供 2 个 75 千伏安发电机供 B 方在本工程中使用，提供方式由 B 方购买，A 方负责费用。发电机的运行费用由 B 方承担。施工用水电费用由 B 方承担，按照实际使用量和规定的单价在工程款中扣除。

（4）合同价格的调整必须在 A 方代表签字的书面变更指令作出后才有效。增加和减少工作量必须按照投标报价所确定的费率和价格计算。

如果变更指令会引起合同价格的增加或减少，或造成工程竣工工期的拖延，则 B 方在接到变更指令后 7 天内书面通知 A 方代表，由 A 方代表作出确认，并且在双方商讨变更的价格和工期拖延量后才能实施变更，否则 A 方对变更不予付款。

（5）如果发现有由于 B 方负责的材料、设备、工艺所引起的质量缺陷，A 方发出指令，B 方应尽快按合同修正这些缺陷，并承担费用。

（6）本工程执行英国规范，由 A 方提供一本相关的英国规范给 B 方。A 方及 A 方代表出于任何考虑都有权指令 B 方保证工程质量达到合同所规定的标准。

4. B 方责任和权力

（1）若发现施工详图中的任何错误和异常应及时通知 A 方，但 B 方不能修改任何由 A 方提供的图纸和文件，否则将承担由此造成的全部损失费用。

（2）B 方负责现场以外的场地、道路的许可证及相关费用。（其他略）

5. 合同价格

（1）本合同采用固定总价方式，总造价为 17 518 563 元人民币。它已包括 B 方在工程施工的所有花费和应由 B 方承担的不可预见的风险费用。

（2）付款方式

1）签订合同时，A 方付给 B 方 400 万元备料款。

2）每月按当月工程进度付款。在每月的最后一个星期五，B 方提交本月的已完成工程量的款额账单。在接到 B 方账单后，A 方代表 7 天内作出审查并支付。

3）A 方保留合同价的 5% 作为保留金。在工程竣工验收合格后 A 方将其中的一半支付给 B 方，待保修期结束且没有工程缺陷后，再支付另外的一半。

6. 合同工期

(1) 合同工期共 27 周，从 1995 年 7 月 17 日到 1996 年 1 月 20 日。

(2) 若工程在合同规定时间内竣工，A 方向 B 方奖励 20 万元，另外每提前 1 天再奖励 1 万元。若不能在合同规定时间内竣工，拖延的第一周违约金为 20 万元，在合同规定竣工日期一周以后，每超过一天，B 方赔偿 5 000 元。

(3) 若在施工期间发生超过 14 天的阴雨或冰冻天气，或由于 A 方责任引起的干扰，A 方给予 B 方以延长工期的权力。若发生地震等 B 方不能控制的事件导致工期延误，B 方应立即通知 A 方代表，提出工期顺延要求，A 方应根据实际情况顺延工期。

7. 违约责任和解除合同

(1) 若 B 方未在合同规定时间内完成工程或违反合同有关规定，A 方有权指令 B 方在规定时间内完成合同责任。若 B 方未履行，A 方可以雇用另一承包商完成工程，全部费用由 B 方承担。

(2) 如果 B 方破产，不能支付到期的债务，发生财务危机，A 方有权解除合同。

(3) A 方认为 B 方不能安全、正确地履行合同责任，或已无力胜任本工程的合同任务或公然忽视履行合同，则可指令 B 方停工，并由 B 方承担停工责任。若 B 方拒不执行 A 方指令，则 A 方有权终止对 B 方的雇用。

8. 争执的解决

本合同的争执应首先以友好协商的方式解决，若不能达成一致，任何一方都有权力提请仲裁。若 A 方提请仲裁，则仲裁地点在上海；若 B 方提请仲裁，则仲裁地点在新加坡。（其他略）

三、合同实施状况

本工程土方工程从 1995 年 5 月 11 日开始，7 月中旬结束，土建施工队伍 7 月份就进场（比土建施工合同进场日期提前）。但在施工过程中由于如下原因造成施工进度的拖延、工程质量问题和施工现场的混乱：

(1) 在当年八月份出现较长时间的阴雨天气；

(2) A 方发出许多工程变更指令；

(3) B 方施工组织失误、资金投入不够、工程难度超过预先的设想；

(4) B 方施工质量差，被业主代表指令停工返工等。

原计划工程于 1996 年 1 月结束并投入使用，但实际上，到 1996 年 2 月下旬，即工程开工后的 31 周，还有大量的合同工作量没有完成。此时业主以如下理由终止了和承包商的原合同关系：

(1) 承包商施工质量太差，不符合合同规定，又无力整改；

(2) 工期拖延而又无力弥补；

(3) 使用过多无资历的分包商，而且施工现场出现多级分包；

将原属于 B 方工程范围内的一些未开始的分项工程删除，并另发包给其他承包商，并催促 B 方尽快施工，完成剩余工程。

1996 年 5 月，工程仍未竣工，A 方仍以上面三个理由指令 B 方停止合同工作，终止合同工程，由其他承包商完成。

在工程过程中 B 方提出近 1 200 万的索赔要求，在工程过程中一直没有得到解决。而双方经过几轮会谈，在 10 个月后，最终业主仅赔偿承包商 30 万元。

本工程无论从 A 方或 B 方的角度都不算成功的工程，都有许多经验教训值得记取。

四、B 方的教训

在本工程中，B 方受到很大损失，不仅经济上亏本很大，而且工期拖延，被 A 方逐出现场，对企业形象有很大的影响。这个工程的教训是深刻的。

1. 从根本上说，本工程采用固定总价合同，招标图纸比较粗略，做标期短，地形和地质条件复杂，所使用的合同条件和规范是承包商所不熟悉的。对 B 方来说，几个重大风险集中起来，失败的可能性是很大的，承包商的损失是不可避免的。

1996 年 7 月，工程结束时 B 方提出实际工程量的决算价格为 1 882 万元（不包括许多索赔）。经过长达近十个月的商谈，A 方最终认可的实际工程量决算价格为 1 416 万元人民币。双方结算的差异主要在于：

(1) 本工程招标图纸较粗略，而 A 方在招标文件中没给出工作量，由 B 方计算工程量，而 B 方计算的数字都很低。例如图纸缺少钢筋配筋图，承包商报价时预算 402t 钢筋，而按后来颁发的详细的施工图核算应为约 720t。在工程中，由于工程变更又增加了 290t，即整个实际用量约 1 010t。由于为固定总价合同，A 方认为详细的施工图用量与 B 方报价之差 318t（即 720t－402t），合计价格 100 多万元是 B 方报价的失误，或为获得工程而作出的让步，在任何情况下不予补偿。

(2) B 方在工程管理上的失误。例如：

在工程施工中 B 方现场人员发现缺少住宅楼的基础图纸，再审查报价发现漏报了住宅楼的基础价格约 30 万人民币。分析责任时，B 方的预算员坚持认为，在招标文件中 A 方漏发了基础图，而 A 方代表坚持是 B 方的预算师把基础图弄丢了，因为招标文件的图纸目录中有。由于采用了固定总价合同，B 方最终承担了这个损失。这个问题实质上是 B 方自己的责任，他应该：

1) 接到招标文件后应对招标文件的完备性进行审查，将图纸和图纸目录进行校对，如果发现有缺少，应要求 A 方补充。

2) 在制定施工方案或作报价时仍能发现图纸的缺少，这时仍可以向业主索要，或自己出钱复印，这样可以避免损失。

2. 报价的失误。B 方报价按照我国国内的定额和取费标准，但没有考虑到合同的具体要求，合同条件对 B 方责任的规定，英国规范对工程质量、安全的要求，例如：

(1) 开工后，A 方代表指令 B 方按照工程规范的要求为 A 方的现场管理人员建造临时设施。办公室地面要有防潮层和地砖，厕所按现场人数设位，要有高位水箱，化粪池，并贴瓷砖。这大大超出 B 方的预算。

(2) A 方要求 B 方有安全措施，包括设立急救室、医务设备，施工人员在工地上应配备专用防钉鞋、防灰镜、防雨具，这方面的花费都在报价中没有考虑到。

(3) 由于施工工地在一个国道西侧，弃土须堆到国道东侧，这样必须切断该国道。在这个过程中发生了申请切断国道许可、设告示栏、运土过程中安全措施、施工后修复国道等各种费用，而 B 方报价中未考虑到这些费用。B 方向 A 方提出索赔，但为 A 方反驳，因为合同已规定这是 B 方责任，应由 B 方支付费用。

当然，在本工程中，A方在招标文件中没有提出合同条件，而在确定承包商中标后才提出合同条件。这是不对的，违反惯例。这也容易造成承包商报价的失误。

3. 工程管理中合同管理过于薄弱，施工人员没有合同的概念，不了解国际工程的惯例和合同的要求，仍按照国内通常的方法施工、处理与业主的关系。例如：

（1）对A方代表的指令不积极执行，作"冷处理"，造成英方代表许多误解，导致双方关系紧张。

例如，B方按图纸规定对内墙用纸筋灰粉刷，A方代表（英国人）到现场一看，认为用草和石灰粉刷，质量不能保证，指令暂停工程。B方代表及A方的其他中方管理人员向他说明纸筋灰在中国用得较多，质量能保证。A方代表要求暂停粉刷，先粉刷一间，让他确认一下，如果确实可行，再继续施工。但B方对A方代表的指令没有贯彻，粉刷工程小组虽然已经听到A方代表的指令，但仍按原计划继续粉纸筋灰。几天后粉刷工程即将结束，A方代表再到现场一看，发现自己指令未得到贯彻，非常生气，拒绝接收纸筋灰粉刷工程，要求全部铲除，重粉水泥砂浆。因为图纸规定使用纸筋灰，B方就此提出费用索赔，包括：

1）已粉好的纸筋灰工程的费用；

2）返工清理；

3）两种粉刷价差索赔。

但A方代表仅认可两种粉刷的价差索赔，而对返工造成的损失不予认可，因为他已下达停工指令，继续施工的损失应由B方承担。而且A方代表感到B方代表对他不尊重。所以导致后期在很多方面双方关系非常紧张。

（2）施工现场几乎没有书面记录。本工程变更很多，由于缺少记录，造成许多工程款无法如数索赔。

例如在施工现场有三个很大的水塘，设计前勘察人员未走到水塘处，地形图上有明显的等高线，但未注明是水塘。承包商现场考察时也未注意到水塘。施工后发现水塘，按工程要求必须清除淤泥，并要回填，B方提出6 600立方米的淤泥外运量，费用133 000元索赔要求，认为招标文件中未标明水塘，则应作为新增工程分项处理。A方工程师认为，对此合同双方都有责任：A方未在图上标明，提供了不详细的信息；而B方未认真考察现场。最终A方还是同意这项补偿。但B方在施工现场没有任何记录、照片，没有任何经A方代表认可的证明材料，例如土方外运多少、运到何处、回填多少、从何处取土。最终A方仅承认60 000元的赔偿。

（3）B方的工程报价及结算人员与施工现场脱节，现场没有估价师，每月B方派工作量统计员到现场与业主结算，他只按图纸和原工程量清单结算，而忽视现场的记录和工程变更，与现场B方代表较少沟通。

（4）合同规定，A的任何变更指令必须再次由A方代表书面确认，并双方商谈价格后再执行，承包商才能获得付款。而在现场，承包商为业主完成了许多额外工作和工程变更，但没有注意到业主的书面确认，也没有和业主商谈补偿费用，也没有现场的任何书面记录，导致许多附加工程款项无法获得补偿。A方代表对他的同事说："中国人怎么只知干活不要钱。""结算师每月进入现场一次，象郊游似的，工程怎么能盈利呢？"

（5）业主出于安全的考虑，要求承包商在工程四周增加围墙。当然这是合同内的附加工程。业主提出了基本要求：围墙高2米，上部为压顶，花墙，下部为实心一砖墙，再下面为条型大放脚基础，再下为道渣垫层。业主要求承包商以延长米报价，所报单价包括所有材料、土方工程。承包商的估算师未到现场详细调查，仅按照正常的地平以上2米高，下为大放脚和道渣，正常土质的挖基槽计算费用，而忽视了当地为丘陵地带，而且有许多藕塘和稻田，淤泥很多，施工难度极大。结果实际土方量、道渣的用量和砌砖工程量大大超过预算。由于按延长米报价，业主不予补偿。

(6) 由于本工程仓促上马，所以变更很多。业主代表为了控制投资，在开工后再次强调，承包商收到变更指令或变更图纸，必须在7天内报业主批准（即为确认），并双方商定变更价格，达成一致后再进行变更，否则业主对变更不予支付。这一条应该说对承包商是有利的。但施工中B方代表在收到书面指令后不去让业主确认，不去谈价格（因为预算员不在施工现场），而本工程的变更又特别多，所以大量的工程变更费用都未能拿到。

4. 承包商工程质量差，工作不努力，拖拉，缺少责任心，使A方代表对B方失去信任和信心。例如开工后，象我国许多国内工程一样，施工现场出现了许多未经业主代表批准的分包商，以及多级分包现象。这些分包商分包关系复杂，A方代表甚至B方代表都难以控制。他们工作没有热情，施工质量差，工地上协调困难，造成混乱。这在任何国际工程中都是不能允许的。

在相当一部分墙体工程中，由于施工质量太差，高低不平，无法通过验收，A方代表指令加厚粉刷，为了保证质量，要求B方在墙面上加钢丝网，而不给承包商以费用补偿。这不仅大大增加了B方的开支，而且A方对工程不满意。

投标前A方提供了一本适用于本工程的英国规范，但B方工程人员从未读过，施工后这本规范找不到了，而B方人员根深蒂固的概念是按图施工，结果造成许多返工。

例如在施工图上将消防管道与电线管道放于同一管道沟中，中间没有任何隔离，B方按图施工，完成后，A方代表拒绝验收，因为：

(1) 这样做极不安全，违反了A方所提供的工程规范。

(2) 即使施工图上是两管放在一齐，是错的，但合同规定，承包商若发现施工图中的任何错误和异常，应及时通知A方。作为一个有经验的承包商应能够发现这个常识性的错误。

所以A方代表指令B方返工，将两管隔离，而不给承包商任何补偿。

五、A方的教训

在本工程中A方也受到很大损失，表现在：

1. 工期拖延。原合同工期27周，从1995年7月17日到1996年1月20日，但实际工程到1996年9月尚未完成，严重影响了投资计划的实现。双方就工程款的结算工作一直拖到1997年4月。

2. 质量很差。如主厂房地坑防水砂浆粉刷后漏水；许多地方混凝土工程跑模；混凝土板浇捣不密实出现孔洞，柱子倾斜；由于内墙砌筑不平，造成粉刷太厚，表面开裂等。

3. 由于承包商未能按质按量完成工程，业主不得不终止与B方的合同，而将剩余的工程再发包，请另外的承包商来完成。这给业主带来很大的麻烦，对工程施工现场造成很大的混乱。

4. 当然A方的合同管理也有许多教训值得记取：

（1）本工程初期，A方的总经理制定项目总目标，作合同总策划。但他是搞经营出身的，没有工程背景，仅按市场状况作计划，急切地想上马这个项目，想压缩工期，所以将计划期、做标期、设计期、施工准备期缩短，这是违反客观规律的，结果欲速则不达，不仅未提前，反而大大延长了工期。

（2）由于项目仓促上马，设计和计划不完备，工程中业主的指令所造成的变更太多，地质条件又十分复杂，不应该用固定总价合同。这个合同的选型出错，打倒了承包商，当然也损害了工程的整体目标。

（3）如果要尽快上马这个项目，应采用承包商所熟悉的合同条件。而本工程采用承包商不熟悉的英文合同文本、英国规范，对承包商风险太大，工程不可能顺利。

（4）采用固定总价合同，则业主不仅应给承包商提供完备图纸，合同的条件，而且应给承包商合理的做标期、施工准备期等，而且应帮助承包商理解合同条件，双方及时沟通。但在本工程中业主及业主代表未能做好这些工作。

（5）业主及业主代表对承包商的施工力量，管理水平，工程习惯等了解太少，授标后也没有给承包商以帮助。

第三节　综合索赔案例

一、【案例 50】项目概况和项目实施情况

1. 项目概况

项目名称：A国某发电厂工程

业　　主：A国某能源生产和输送总公司（以下称为A方）

总承包商：B国某有限股份公司，为设备供应商（以下称为B方）

联营承包商：C国某土建施工和设备安装公司（以下称为C方）

分包商：C方（同联营承包商）

1980年9月21日A方与B方签订合同，由B方总承包A方的发电厂工程的全部设计、设备供应、土建施工、安装。

在这以前，B方曾与C方洽谈。双方同意联营承包该工程。1980年11月15日，B方和C方正式签订内部联营合同，双方共同承包该工程施工，由C方承担该工程的土建施工。C方工程合同总报价为4 850万美元。

由于A国国内政局变化，总承包合同签订后尚未实施就中断了2年，1983年8月15日，A方决定继续实施该工程。A、B双方签订一项修正案，确定原合同有效，并按实际情况对合同某些条款作了修改。总承包合同总报价为27 500万美元。

1983年9月10日，B、C双方又在原联营合同的基础上签订一项修正案，决定继续联营。C方将自己所承担的土建工程价格降至4 300万美元。

1985年7月20日，在工程进行中，B方与C方又签订分包合同，由C方承包该项目的机械设备安装工程，合同价格为1 900万美元。

这样在这个工程中，C方既是B方的联营成员，又是B方的分包商。三方面的合同关系见图14-1所示。

2. 工程实施情况

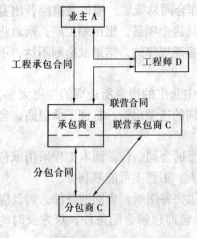

图 14-1　合同关系图

由于整个工程仓促上马，计划和施工准备不足，致使在工程过程中出现许多问题，如：

设计资料、图纸交付过迟；

施工计划被打乱，次序变更；

工程量大幅度增加；

材料供应拖延；

施工中出现技术质量问题等。

这使得工期延长，承包商成本大幅度增加，产生了激烈的合同争执。对比总承包合同的修正案，主要工程工期延缓为：

混凝土工程推迟 7 个月；

钢结构安装推迟 13 月；

1 号机组试运行推迟 27.5 个月；

2 号机组试运行推迟 36 个月。整个工期比原计划延长 3 年，直到 1990 年才结束。

3. 索赔要求

在工程过程中，A、B、C 三方之间有许多单项索赔都未解决。所有索赔都在工程结束前一揽子索赔中解决。各方主要索赔要求有：

（1）关于 B-C 联营合同一揽子索赔

就联营合同实施中的问题，C 方向 B 方提出一揽子索赔要求为：工期 27.7 个月，费用 5 970 万美元（原合同价为 4 300 万美元）。

（2）分包合同一揽子索赔

1987 年 10 月 31 日，C 方向 B 方就分包合同提出 2 950 万美元的费用索赔（而分包合同价格为 1 900 万美元）。

（3）总承包合同一揽子索赔

工程结束前，A 方向 B 方提出工程延期罚款 5 000 万美元。在 1989 年 5 月，2 号机投产出现故障，A 方警告，对 B 方按合同规定清算损失，即 B 方必须承担 A 方因工期拖延，工程不能投产所产生的全部损失。

工程结束前，B 方向 A 方提出 10 000 万美元的一揽子费用索赔（而总承包合同价格为 27 500 万美元）。

这样形成复杂的索赔和反索赔关系。下面是对工程过程中索赔（反索赔）报告和其他文件进行分析。

二、B 方对总承包合同的索赔、反索赔策略分析

1. 基本情况

由于工程施工受到严重的干扰和工程管理失误，使工期拖延，工程迟迟不能交付使用。对比总承包合同和 1 号修正案，1 号机组推迟交付使用 27.5 个月，2 号机组试运行出现质量问题。

按总包合同规定，由于 B 方责任造成工程延期，B 方应向 A 方支付 5 000 万美元的违约金。如果拖期太久，A 方可向 B 方清算由于工期拖延而造成的损失。

由于上述原因，1988 年 6 月，A 方向 B 方提出清算损失的警告，在工程结束前又向 B

方提出工期拖延违约金的索赔。

B方在此情况下，于1989年6月作索赔策略研究。

2．A-B总承包合同分析

（1）合同的法律基础及其特点

总承包合同在A-B双方之间签订，并在A国实施。合同确定A国法律和法规适应于合同关系。由于该国没有合同法，合同法律基础的执行次序为总承包合同，A国民法，伊斯兰宗教法。

按照合同自由原则，合同是双方的最高法律。但在该国家，当合同与法律规定以及宗教法规定不一致甚至矛盾时，宗教法常常优先于国家法律和合同。而该宗教法的法律来源有两个基本部分：

1）主要法律来源为神圣的可兰经。由于现代经济问题十分复杂，在法律实践中常常采用类推的方法，由学者对可兰经进行解释，并比照过去大家一致认可的一些法律事件，以解决当前的法律问题。

2）为了支持补充主要法律来源，在争执解决中还要引用第二法律来源。包括：

①公平原则。法律应避免作不公平的判决。假设两个事件表面相同，则在上述的法律原则适用后（如按照类推原则）解决结果也应该相同。

②政府和法院应保护公众和私人的利益，应注意防止有一些人利用法律条款的不完备和漏洞达到自己险恶的目的。

③通常的风俗习惯被承认。

这种法律特点外国人常常很不适应。他必须着眼于严格履行合同。在争执中不能期望得到较多的法律援助。

（2）合同语言

合同协议书和合同条件采用英语和当地语言文本。如果两个文本之间有矛盾，以当地语言文本解释为准。合同的其他文件以英语为准。

（3）合同内容

本合同的文本及优先次序与FIDIC合同相同。但在本合同签订后，由于A国政局变动，暂停了两年，此后双方签订了1号修正案。该号修正案具有最高的优先地位，它不仅修改了工期和价格，而且修改了工程范围。原合同规定蒸汽机由B方供应并安装。但1号修正案中，A方准备选择另外的蒸汽机供应商。

（4）合同工程量的类型和范围

1）合同工程的类型和范围由工程量表和规范定义，在1号修正案及附录中有部分修改。合同范围包括，合同中注明的为项目运行所必需的工程和各种设施，以及合同中未注明的，但是属于合同工程明显必要的组成部分，或由合同工程引伸出的工程和供应。

2）工程变更程序。工程师向B方递交书面变更指令，B方应要求工程师发出书面确认信。接到书面确认信后，B方应执行变更，同时可以进行变更价格调整的谈判。没有工程师的允许，B方不得推迟或中断变更工作。

与工程师的价格谈判在接到变更确认后2个月内结束，送A方批准。如果在接到变更确认后4个月内A方没有批准变更价格和相应的工期顺延，则B方有权拖延或中止变更。

3）B方有责任向A方的供应商提供有关工程结构方面的信息，并检查和监督供应和安装的正确性。

4）B方负责合同范围内材料和设备的采购、运输和保管。进口材料的海关税由A方支付。B方每次应将海运的发运期和到港期通知工程师，并按需要提交发运文件。（其他略）

（5）A方责任

1）A方委托一个咨询工程师作为工程师负责工程技术管理工作。

2）B方须向工程师提交施工文件供工程师批准，工程师应在14天内批准或提出修改意见。如果A方完不成自己的合同责任造成对B方损失，则工期可以顺延。（其他略）

（6）验收

1）如果所有合同工程已完成，承包商应在21天前将竣工试验的日期通知工程师。经工程师同意，在10天后进行。如果试验合格，由工程师签署证明，确定工程的完工日期。但只有待工程运行60天后，验收才正式有效。

2）在保修期结束后14天内工程师签署最终接收报告，并由业主在保修期结束后60天内批准。由工程师与业主共同签署的最终接收报告，表示业主对工程完全满意，合同正式结束，B方全部合同责任解除。但保修期内更换的部件或设备除外。

3）如果竣工验收发现问题，则工程移交证明不能签发。A方有权在承包商运行人员的监督下，为合同的目的而运行工程。

（7）合同价格

1）原合同协议书中有合同价格，但由于1号备忘录修改了工程范围，则同时也修改了合同价格，这个价格是有效的合同价格。

2）B方必须完成工程师指令的变更和附加工程，前提是该变更所引起的增加净值不超过合同价的25%，降低不多于10%，如果突破这个限制合同价格可以适当调整。

B方应在变更实施前将该变更可能对价格造成影响通知工程师。

（8）工期

1）原合同确定了开工期，经1号备忘录，重新确定了开工期。合同还规定几个主要单项工程完成时间为：1号机组工期34个月，2号机组工期38个月，3号机组工期42个月，4号机组工期46个月。

2）工期变更。由于按1号备忘录蒸汽机已由A方另外发包，则A方必须在开工后的3个月内向B方提交蒸汽生产设备的详细资料，否则工期应推迟。

3）如果发生附加工程或不可预见的情况，影响施工进度，B方应在10天内通知工程师。

（9）违约责任

如果B方在合同期内未完成工程，有责任向A方支付赔偿。对工程拖延的赔偿总额不超过相关工程合同价的7%。

如果因B方完不成工程造成A方重大损失，则A方有权向B方提出清算损失的要求。这不是违约金处罚，而是由B方赔偿A方全部实际损失。

（10）索赔

如果发生引起索赔的干扰事件，B方应在28天内向工程师提出书面要求，否则B方无权要求任何补偿。

（11）争执的解决

争执如果不能通过友好协商达成一致，则可以提请仲裁。

仲裁在 A 方首都进行，也可以在合同双方一致同意的其他地方进行。仲裁按照 A 国民法所规定的程序进行，裁决结果必须符合 A 国法律规定。

3．B 方的目标

（1）目标（见图 14-2）

B 方经过认真研究,确定与 A 方就总承包合同的索赔和反索赔处理的基本目标:

1）使工程顺利通过验收，交付使用，使 A 方认可并接受该工程;

2）制止（反驳）A 方清算损失的要求;

3）反驳 A 方的费用索赔要求，即不对 A 方支付工程拖延的合同违约金;

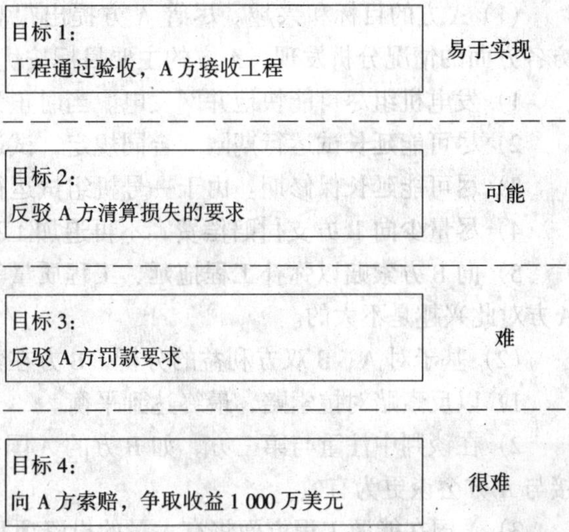

目标 1: 工程通过验收，A 方接收工程	易于实现
目标 2: 反驳 A 方清算损失的要求	可能
目标 3: 反驳 A 方罚款要求	难
目标 4: 向 A 方索赔，争取收益 1 000 万美元	很难

图 14-2　索赔目标分析

4）向 A 方提出索赔。B 方希望争取通过索赔得到附加收入 1 000 万美元。

（2）目标实现的可能性分析

在上述目标中，1、2 两点易于实现。由于 A 方急等着工程使用，所以只要工程能够使用，A 方就会接收工程。但要求 B 方工程能顺利施工，机组试运行不再出现质量问题。

目标 3 有一定的难度。这要求 B 方提出足够的理由，向 A 方提出一定数额的索赔，以平衡 A 方的索赔要求。

目标 4 很难实现。为达此目的，B 方必须提高向 A 方的索赔值，但目前还找不到这样的索赔理由。

（3）索赔处理中应注意的问题

1）对索赔谈判妨碍极大的是 2 号机组试运行出现的技术问题。这会使 B 方的谈判地位受到损害，所以应在开谈前尽力解决这个问题，使机组试运行成功，并顺利投产。

2）在索赔谈判中应努力追求和强调合理的补偿和合理的解决。这在伊斯兰宗教法中有重要地位。这样 B 方才能将许多合同外的索赔要求纳入索赔中。在谈判中避免进行合同的法律分析，避免将索赔要求仅限于合同条款范围内，否则会使 B 方处于不利的地位，使索赔风险很大。进行合同法律分析，如下几点会成为 A 方的主要攻击点:

B 方没有在合同规定的索赔有效期内提出索赔要求;

B 方没有工程受到干扰的详细证明;

B 方有明显的工期拖延的责任;

B 方没有及时向 A 方递交工程进度计划等。

3）避免将合同争执交临时仲裁机构仲裁或 A 国法庭裁决，这对 B 方不利。应尽一切努力争取双方协商解决。

4）应考虑到 B 方提出索赔后，A 方有可能提高索赔值进行对抗。按照 A 国的文化特点和商业习惯，在谈判中应强调照顾双方利益的平衡和合理公正的解决，不要强调对方的违约行为和进行责任分析。

4．对 A 方的分析

（1）A方的目标和兴趣。尽管 A 方提出很高的清算损失和违约金要求，但通过对 A 方各方面的情况分析发现，A 方的主要目标按优先次序排列如下：

1）发电机组尽可能快地并网发电。当时正为用电时节，应尽快投产运行。

2）尽可能延长试运行期限（合同规定，试运行费用由 B 方承担）。

3）尽可能延长保修期。由于一号机组试运行出现故障，A 方对工程质量产生怀疑。

4）尽量少向 B 方支付赔偿费，不再追加工程投资。

5）向 B 方索赔以弥补工程拖延、工程质量等问题造成的损失。但作为国家投资项目，A 方对此兴趣是不大的。

（2）基于对 A、B 双方利益的分析，B 方在索赔谈判中的基本方针和策略为：

1）以反索赔对抗索赔，最终达到平衡。

2）在谈判中注重与第三方，如 B 方的 A 国担保人和监理工程师的预先磋商，这比直接与 A 方会谈更为有效。

3）A 国在能源工程方面将有大量的投资项目，所以 B 方打算与 A 方建立长期的合作关系，所以在谈判中应强调双方长期的合作关系、利益的一致性，达到双方能谅解和信任，减少谈判中的对抗。

4）尽量争取在非正式场合解决争执。若将争执提交 A 国法庭，则解决不会对 B 方有利。而且双方关系搞僵对将来的经营不利。所以，在谈判中要准备作较大的让步。

5）着手组建谈判小组。它应由几位忠诚的专家学者组成。

5．B 方的主要对外关系分析

分析 B 方的对外关系，作关系图（见图 14-3）。主要包括 A 方，A 方的主管部门，A 方的工程师，B 方，B 方的担保人等。

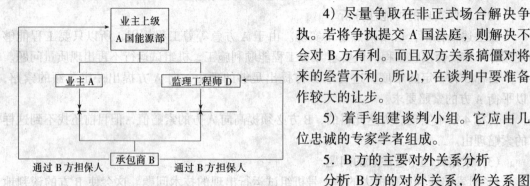

图 14-3　B 方的关系图

这里着重分析 B 方与 A 方的锅炉供应商 E 方的关系。

总承包合同规定，在合同签订后 3 个月内，由 E 方向 B 方提供设计资料。结果，设计资料提供迟缓，且设计有重大变更，从而引起工程拖期。由于在 B 方的整个反索赔中，工期是关键，而设计资料拖延在工期索赔中占主要部分，所以应争取与 E 方达成妥协（E 方与 B 方还有其他业务，E 方对 B 方也有索赔），减少与 E 方的对抗，少对 E 方作正面指责，使 E 方向 A 方不承担或尽量少承担违约责任。以期获得 E 方较为有利的证词。

作与 E 方的关系分析表 14-1。

B/E 关 系 表　　　　　　表 14-1

合　作		争执项目	对　抗	
结　果	E 方行为		E 方行为	结　果
1.B 方可以反驳清算损失要求 2.A 方对工期拖延负有责任，B 方可进行工期索赔	1.E 方证明，设计资料供应太迟 2.E 方承担不及时供应设计资料的责任	设计资料拖延	E 方证明，设计资料提供符合合同要求，不影响工期	不能消除清算损失的危险，不能进行工期索赔

6. 对 A 方索赔的估计

A 方已向 B 方提出的索赔主要有如下项目：

由于工期延长的合同违约金；

土建和机械安装未达合同工程量，应调整相应的合同价格；

土建和机械安装未按合同规定技术和质量要求施工，故扣留酬金；

因土建、机械和电器工程设计和施工失误造成 A 方工程成本增加；

由于 B 方失误造成 A 方的其他承包商损失；

由于工期延长使 A 方工程管理费增加；

A 方的其他费用增加等。

将这些索赔按单位工程和费用项目拆分。考虑到工程结束时，在 B 方向 A 方提出索赔后，A 方可能再一次提高索赔值，估计 A 方的最终索赔最高值为 12 963 万美元，最低可能为 9 550 万美元。

这些索赔 A 方很可能提出，并有一定的理由。

7. B 方有理由向 A 方提出的索赔

B 方有理由就如下问题向 A 方提出索赔：

设计资料拖延；

工程范围变更；

图纸批准拖延；

由于 A 方干扰，使 B 方生产效率降低，不经济地使用劳动力和管理人员等。

分别按单位工程如土建、机械安装、电器工程进行索赔值估算。最终得到，B 方有理由提出 9 610 万美元的费用索赔。

8. 双方索赔值比较

按单位工程和费用项目列表 14-2，比较双方索赔值。从表上可见，B 方索赔尚不能完全平衡 A 方的索赔值。

B/A 双方索赔值对比表　　　单位：1 000 万美元　　　表 14-2

费用项目	B 方 索 赔		A 方 索 赔		备 注
	最 低 估 计	最 高 估 计	最 低 估 计	最 高 估 计	
土木建筑	1.71		1.36	1.57	
电气工程	1.81	1.91	1.43	3.19	
机械安装	1.3		0.28	0.34	
其他	4.69		6.48	7.53	
总和	9.51	9 .61	9.55	12.63	

注："其他"中包括支付的推迟、财务成本、社会支出、总部管理费等。

对各单位工程和各费用项目上双方索赔值的差别进行进一步的分析对比。

9. 谈判进程分析

总体上预计谈判分为进入谈判，事态调查分析，结论，解决四个阶段。

(1) 进入谈判。估计 2 号机组试生产到 1989 年 8 月底进行，所以谈判至少要在 9 月初才能开始，不能早于它。在开谈前，B 方一定要保证 2 号机组试生产成功。

这个阶段的主要目标是将 A 方引入谈判，最终签署谈判备忘录。备忘录中主要包括双方主要谈判议题，大致谈判过程安排，谈判时间安排等。

B 方的重点是，吸引 A 方进行谈判，同时将 B 方的谈判要求（索赔）纳入备忘录中。所以谈判只有从 A 方感兴趣的议题入手。但在谈判中 B 方又要能把握方向，使谈判有利于自己。开谈议题可以是讨论工程缺陷和未完成项目的处理，或讨论 A 方已提出的索赔等。

当然 A 方也可能同意直接进行事态调查。

（2）事态调查。主要目标是，B 方要证明自己按合同规定完成设备供应和工程施工，并尽了一切努力保证合同的正常实施。如果论及工期问题，B 方应证明，这不是他的责任，而且自己为减少工期拖延作了最大努力。

这个阶段尽量不谈及费用赔偿问题，而仅澄清事实，多提证据。向 A 方展示 B 方的工程实际成本约为 47 500 万美元，即亏损 20 000 万美元。

由于 B 方的根本目的在于反索赔，达到不向 A 方支付即可，所以如果在这个阶段和 A 方达成谅解，A 方收回索赔要求，则谈判即可结束。

（3）结论。这阶段拟分为两步：

1）争取合理平衡和补偿；

2）进行 B 方索赔以平衡 A 方索赔或争取收益。

这一阶段的目的是向 A 方说明，由于工程受到干扰，工程实际成本大幅度增加，希望得到合理补偿。在此要广泛讨论 B 方的索赔理由。

根据本工程特点，B 方工程施工中失误较多，所以如果 A 方不提出，不要进行合同法律方面的分析和讨论，主要强调合理的平衡和补偿。

（4）解决。争执应争取在非正式场合解决。在解决中强调，为了将来继续合作，B 方作较大的让步，承担工程超支费用的一半。另一半，即 B 方的索赔要求 10 000 万美元，希望 A 方本着合理平衡和公平原则，予以承担。这样即可平衡 A 方索赔要求。作为让步方案，B 方准备在工程保修等方面提供更多的服务。

作可能的索赔谈判过程图和可能的进度计划横道图（略）。

三、B—C 双方联营合同的索赔和反索赔

1. 联营合同分析

（1）合同类型。由于 B 方向 A 方承担总包合同责任，C 方和 A 方无合同关系，且联营无法人代表，C 方仅完成 B 方委托的工程，合同酬金也由 B 方直接支付，则该合同为内部联营合同。这种联营为非典型的民法意义上的内部公司。它虽形式上与分包相同，但性质却不一样。这种联营没有公司资产，没有对外关系的代表，没有法人资格。合同双方应有互相忠诚和信任的责任，按一定比例的利益互惠。合同双方共同承担工程风险。

（2）法律基础。合同规定，B 国法律适用于合同关系。则该联营合同的法律基础为：联营合同，B 国民法。

（3）联营双方合同责任。

1）B 方合同责任主要包括：工地总领导和管理工作，提供生产设备，电器设备的提供和安装，控制设备的提供和安装，工地施工准备工作，向 C 方提供土建设计资料。

B 方的合作责任主要包括：独立承担对业主的工程责任，在与业主或其他方面交往中

保护C方利益，与C方进行技术的和商务的总合作，一定比例的利益互惠。

2）C方联营合同责任主要包括：完成土建施工，土建施工所必需的图纸设计和批准手续，承担土建工程相关的风险。

（4）工程变更。C方承包的工程采用固定总价形式，由B方支付。由B方指令的工程变更及其相应的费用补偿仅限于重大的变更，且仅按每单个建筑物和设施地平面以上外部体积的增加量计酬。

由A方指令的重大工程变更，按合同规定可进行工期和费用索赔。而小的变更，C方得不到补偿。

（5）合同违约责任：

由于疏忽造成的违约责任的赔偿仅限于直接对人员和物品的损害，否则不予赔偿。

由于故意的或有预谋的行为造成合同伙伴人身或财产的损害，违约者必须承担全部损失的赔偿责任。

B方在工程管理中由于工作失误造成C方损失，最高赔偿限额为5万美元。

（6）争执的解决和仲裁。

合同采用B国语言。如果合同争执不能通过协商和调解解决，则可以采用仲裁手段解决。仲裁地点在B国，并使用B国仲裁法律和程序。（其他分析略）

2．C方向B方提出联营合同一揽子索赔

土建工程完成前，C方向B方提出联营合同一揽子索赔值为，工期索赔27.7月，单项索赔之和为7 370万美元，扣除单项索赔之间的重复影响，最终一揽子索赔额为5 970万美元。索赔报告大致结构如下：

第一部分为C方法人代表致B方法人代表的索赔信。在信中提出索赔要求，简述主要索赔原因。该索赔的处理截止日期为1989年9月30日，C方保留对索赔的重新审核权和对截止日期以后干扰事件的继续索赔权。

信中申明，没有C方同意，B方不得将本索赔报告或它的复印件全部或部分地转交给其他方，除了B方的工程师或委托的咨询公司。

要求B方在1个月内对本索赔报告作出明确答复。

第二部分为索赔报告正文。它分为如下几章：

（1）总述和一揽子索赔表。

按干扰事件的性质分项列出各单项索赔要求，见表14-3。

总 索 赔 表 表14-3

序　号	索 赔 项 目	费用（1 000万美元）	工期（月）
1	设计资料拖延	1.1	11.45
2	工程变更	2.16	9.4
3	加速措施	1.4	−4
4	图纸批准拖延	0.21	5.85
5	材料供应拖延	0.14	4
6	其他索赔	0.96	1
	合计	5.97	27.7

（2）对上述各索赔项目作进一步说明，包括各索赔项目的事件概况，影响和索赔理由。

（3）结论。

由于 B 方没有完成自己的合同责任或违反合同规定，造成工程拖延，使 C 方成本增加，C 方有权力对此向 B 方提出合理的补偿要求。

（4）合同签订和实施过程分析及合同细节问题分析。这里主要包括：

1）合同签订过程、合同工期、双方的合同责任等。

2）在设计过程中 B 方的合同责任，列出合同规定各设计资料供应日期和实际交付日期对比表，以此证明设计资料供应的拖期。

3）工程中工程变更情况，列出合同工程量和实际工程量对比表。

4）其他索赔项目的详细情况。

（5）干扰事件对 C 方承担的各单项工程的影响。

本工程有 10 个单项工程，分别详细陈述各单项工程受到的影响。例如，汽轮机组工程受到设计资料拖延，工程范围扩大，加速施工等影响共 60 个细目。

（6）工期索赔计算。按索赔项目分别计算由于 B 方责任造成的工期的延长，每一项都列出详细的计算过程和证据。

（7）费用损失计算。按索赔事件和各费用项目采用的分项法计算索赔值。

（8）工程量增加和工程技术复杂程度增加的详细计算过程和计算基础。

（9）分包商索赔。在前述每一项索赔值计算中都包括分包商的索赔。这里详细列出前面各索赔项目中分包商索赔值的计算过程和计算基础。

第三部分为各种证据。

3．B 方的反索赔

（1）B 方对 C 方提出的索赔拟定反索赔计划，见表 14-4。

B 方反索赔计划　　　　　　　　　　　　　表 14-4

处理阶段	处理步骤	目　　标	任　　务
法律评价	合同分析	合同的法律评价，合同责任、索赔理由分析等	合同的法律评价 C 方在计划、供应、施工、验收等方面的责任 可能的索赔理由 工程量增加的影响 损失赔偿要求
索赔理由评价	合同状态分析	计划所需的人力、机械投入，材料和设备供应	各计划需要量 施工准备 工程进度安排 资源曲线
	可能状态分析	证明 C 方在工程中的消耗 比计划既不多也不少 没有增加人力/工地设施 没有采取加速措施 分析反索赔的可能	可能的施工过程 工程量的变化、施工准备的变化 工程干扰因素判断 工程量增加和变更分析 施工过程变更分析
	实际状态分析	实际劳动力投入 实际机械投入 实际材料和设备供应	实际完成工程量记录 实际施工过程
	计划 – 实际的成本/收入情况分析	成本凭证 收入 价差	计划状态费用核算 受干扰后施工过程 可能状态费用核算 实际状态费用核算

处理阶段	处理步骤	目　标	任　务
提出反索赔	工期延长 工程施工受阻碍 其他	反驳各单项索赔： 事件和原因 索赔根据 损失的影响 工期延长的计算 费用损失计算	各单项索赔评价： 合同的索赔根据 工期的影响 成本的影响 各单项索赔的法律评价 对索赔的总评价
解决	谈判	反驳 C 方索赔	谈判目标： 反驳 C 方索赔 提出我方索赔 非正式场合解决争执

(2) 对 C 方合同报价和工程实施情况分析

1）C 方的初次合同报价为 4 850 万美元，这是符合实际的。但合同实施推迟 3 年后，在联营合同的 1 号修正案中，C 方将合同价降到 4 300 万美元。这不符合实际情况，因为：

①虽然工程推迟，但所有的工程量未减。

②由于工程推迟，各种物价上涨，仅由于工资上涨就得提高合同价格 750 万至 1 000 万美元。而 C 方不仅不提高报价，反而降低价格，这是不正常的。经合同状态分析，当时合理工程报价应为 5 900 万美元。这差价 1 600 万美元（即 5 900 万 – 4 300 万）是 C 方在工程一开始就承认的损失，这应由 C 方自己承担，最终索赔值中应扣除它。

2）可能状况分析。在合同状态的基础上考虑外界干扰因素的影响和工程量的增加，可能状况的费用应为 7 300 万美元。这里考虑了如下几方面影响：

A 方和 B 方造成的设计资料拖延；

增加工程量和附加工程；

变更施工次序；

等待工程变更造成的停工等。

3）分析 C 方提供的索赔报告和工程实施的实际状况。这里面包括如下因素：

①合理的索赔要求；

② C 方自己责任造成的损失，如 C 方在工程施工、工程管理中的失误；

③ C 方在索赔值计算中多估冒算，重复计算，取费标准太高等。

4）工期。原合同工期 26 个月，其中主要工程施工工期 23 个月。在合同状态网络计划的基础上，加上由 A 方和 B 方造成的干扰事件，再一次进行关键线路分析，工期延长至 36 个月，即 C 方有理由提出索赔的工期为 10 个月。

而实际工期比合同工期推迟了 27.7 个月（这即为 C 方提出的工期索赔值）。这 17.7 个月的差异是由 C 方自己工程管理失误造成的。

而且在 10 个月的工期索赔中，仅最初 6 个月的开工推迟引起成本增加，可提出费用索赔。另 4 个月工期延缓是由于工程量增加造成的。由于这项索赔已另计算，而工程量增加相关的价格中已包括了与工期相关的费用，故不能再提出与工期相关的费用索赔。

(3) 对 C 方索赔的反驳

1）设计资料供应推迟。

这是事实。但 A、B 和 C 三方都有责任。C 方在自己所承担的设计范围内也有失误。

其中，A 方责任影响约 800 万美元。这应向 A 方提出索赔并由 A 方支付。

B 方责任造成的损失约为 300 万美元。对此 B 方的反驳为：

①该合同为联营合同，双方应共同承担风险。在风险范围内的互相影响和干扰是不能提出索赔的。

②B 方的违约行为是由于疏忽造成的，而且它仅造成 C 方费用损失，而没有直接造成人员和物品损失，按合同 B 方不予赔偿。且 C 方又未指责 B 方有故意或预谋行为。

结论：B 方确实有责任，但按合同规定，B 方没有费用赔偿责任。

2）工程变更。这项索赔值为 2 160 万美元，几乎占整个索赔值的一半。其中

①因工程量增加造成工期延长而导致费用增加为 800 万美元。

这一项费用是重复计算项目。因为工程量增加而引起的工期延长，它的总部管理费、利息、保险等附加费和工地一般性管理费用已按实际完成的工程量在工程价款中支付给承包商，不能另计。

②工程技术复杂程度增加索赔为 300 万美元。此项索赔合同没有明确规定，故理由不足。而且技术难度增加在技术上无法证明，B 方不能给予赔偿。

③增加工程量和附加工程 1 060 万美元。这项索赔值估算过高，其中有两个问题：

A．C 方索赔报告中称主要工程的工程量增加了 65%。而按 B 方实际工程资料证明，实际工程量仅增加 20%。其中混凝土工程量变更最大。按合同施工图纸计算工程量为 56 000m³，而最终批准的实际混凝土量为 66 000m³。这个增量 20% 是由于如下原因引起的：

A 方的要求；

B 方的变更；

C 方工程技术实施方案问题。

而 C 方称增加 65% 是由于 C 方原来报价时工程量计算依据为初步设计文件，而不是合同施工图纸。这是 B 方工程量计算的风险，责任应由 C 方承担，因为设计并未修改。

B．价格计算不对，没按合同报价的计算方法和计算基础计算索赔值。

按合同计价方法和实际增加的工程量核算，这一项费用的合理超支为 600 万美元。

其中，100 万美元由 A 方引起，应向 A 索赔；300 万美元由 C 方自己责任造成的，应由 C 方自己承担；另外 200 万美元由 B 方责任造成。

但同样 B 方对此没有赔偿责任，因为：

其一，建筑物和设施地平面以上体积未变化，故不在合同规定的赔偿范围内，它属于 C 方应承担的风险；

其二，B 方是疏忽行为，没有造成人员和物品损害，仅费用损失；C 方未指责 B 方有故意或预谋行为，所以无索赔理由。

3）加速施工索赔值为 1 400 万美元。

在 1986 年 10 月，B 方指令 C 方采取加速措施，双方签订缩短工期的协议。这个协议作为合同变更是有效的；但实际工期并没有被缩短，而是大大推迟了。由于 C 方未执行压缩工期协议，所以对加速措施 B 方没有补偿责任。

4）图纸批准的推迟索赔值为 210 万美元。对此应由 A 方承担责任，而 B 方无责任。

5）材料供应拖延索赔 140 万美元。材料供应拖延是由 B 方责任造成的，但因为材料供应拖延在联营风险范围内，且没有造成人员和物品损失，故该项索赔无效。

（其他索赔项目的反驳略）

（4）B方对C方进行联营合同索赔

（这里要注意，B方实质上没有对C方进行索赔的期望，仅是为了平衡C方提出的索赔要求，并逼C方在索赔谈判中作让步）

C方在工程施工中由于如下失误造成工期延长17.7个月（这即为实际状态工期与可能状态工期之差）：

劳动力投入不足；

工程控制和监督不够；

材料供应不足，未全面完成合同责任等。

可列举的违反合同事件170件（附证明）。

这样造成B方的工地管理费、办事处费用、总部管理费等经济损失为1 280万美元。（附各种计算方法、过程和计算基础的证明。）

但B方宣布放弃这些索赔要求，因为：

1）C方行为仍符合合同，这些影响在联营合同风险范围内，B方不能提出索赔。

2）C方失误未引起B方人员和物品损失。

3）C方没有故意或有预谋的违约行为。

所以C方也没有对B方的赔偿责任。

（5）在工程中，B方出于工程进度需要，为C方完成了几幢楼房的设计，派遣工程师，工地领班人帮助C方工作，向C方提供部分施工设备，为C方支付部分关税等共花费290万美元，这属于双方技术和商务合作的内容，应由C方如数支付。

（6）总结：

1）本合同为联营合同，非分包合同。C方在索赔报告中没考虑到两者之间的差别。对联营合同，联营成员之间对风险范围内的互相干扰和影响不能提出索赔。C方忽略了这个重要问题，而且C方在索赔报告中缺少必要的合同分析，所以索赔理由不足。

2）C方的索赔未注意到关于工程变更和合同违约责任的规定。

3）在合同报价中，C方压低了报价1 600万美元。这笔损失在任何情况下不能补偿，由C方承担。

4）C方的索赔值中仅有1 500万美元是有理由的，其中600万美元为工程量增加，900万美元为其他外界干扰。其余部分为C方自己责任，多估冒算和B方责任。但按合同规定C方对B方无权索赔。

（7）附件，即各种证明文件

四、B-C双方分包合同索赔和反索赔

C方又作为B方的分包商承担工程的设备安装，其工程范围包括隔热工程、管道工程、汽轮机安装、锅炉工程、内燃发电机工程等分项。1988年8月1日，在安装工程结束前，C方向B方提出一揽子分包合同索赔，索赔值为2 950万美元，而合同价为1 900万美元。

B-C双方的分包合同索赔和反索赔概况介绍如下：

1. 分包合同总体分析

（1）分包合同的法律基础。

本分包合同虽然在 A 国实施，且总包合同以 A 国法律为基础，但分包合同规定，B 国法律适用于合同条件，则分包合同法律基础的执行次序为：分包合同，总承包合同的一般采购条件，B 国承包工程合同条例，B 国民法。

(2) 合同语言。以 B 国语言作合同语言，合同仲裁地点在 B 国。

(3) 合同价格。该分包合同为固定总价合同。合同价格已包括了 C 方为完成合同所规定的工程责任的一切花费。C 方的工程责任包括工程量清单和工程说明书中的所有内容，以及它们没有包括的但对安全和经济地运行或达到工程项目的目标所必需的供应和工程。

按 B 国法律，固定总价合同在最终结算时不存在价格补偿。

(4) 工程变更。合同规定，C 方承担工程量清单所规定工程量 5%范围内的工程变更的风险和机会。如果工程变更超过 5%，则有适当的价格补偿。

对于新的附加工程，如果它为一有经验的承包商所不能预见的，并由 B 方指令增加，则应按合同条款计算价格。但 C 方必须在 14 天内书面通知 B 方。

对于 C 方的工程责任，只有业主验收并认可后才算完成。

(5) 工期。B 方和 C 方商定的合同工期以及合同签订后 C 方提交 B 方批准的施工进度计划，施工方案仍有约束力，没有关于工期的合同变更。

在不能按期完成工程的情况下，B 方有权要求 C 方采取特殊措施，加速施工。这只有在如下两种情况下 C 方才能得到因加速施工所引起费用损失的补偿：

1) 工程延缓的责任不在 C 方；

2) 业主（A 方）已认可并支付加速所引起的附加费用。

(6) 合同违约责任。

对严重的失误或有预谋的行为，必须承担全部损失的赔偿责任。

轻微的疏忽，按总承包合同采购条件，限于一定范围内的赔偿。

工期拖延的合同处罚按合同条款进行。（其他分析略）

2. C 方关于分包合同一揽子索赔

(1) C 方对 B 方总责难：

C 方在实施分包合同时受到 B 方和 B 方委托人疏忽行为的干扰；

B 方拖延工程开工，打乱双方商定的施工顺序，指令 C 方不按合同工期施工；

B 方在设计、工程监督中失误，作出错误的工作指令；

B 方的行为使 C 方不能使用经济合理的安装方案和安装过程，没给 C 方以必要的安装场地；B 方扩大工程量和提高工程质量要求；

B 方没有及时地提供施工用的材料，使 C 方不能正常施工。

(2) 索赔要求。索赔报告按单项工程处理，共有如下几个项目：

隔热工程索赔 870 万美元（合同价 62 万美元）；

管道工程索赔 1 980 万美元（合同价 273 万美元）；

汽轮机组索赔 30 万美元（合同价 8 万美元）；

锅炉索赔 60 万美元（合同价 15 万美元）；

备用发电机组索赔 10 万美元（合同价 3 万美元）。

总索赔额共 2 950 万美元。

（3）各单项工程索赔详细分析（以隔热工程为例）

隔热工程索赔。隔热工程索赔总额为870万美元，而合同价仅为62万美元，原因：

报价时C方得不到隔热工程详图，B方要求C方按经验估计工程量。C方按过去工程经验估计，隔热工程仅用于1~4号机组和锅炉，一般的公共工程不用隔热工程；对管道，隔热工程仅用于占管道5%的大口径管。基于这种估计，C方预计隔热工程的工程量仅为2万平方米，而在施工中B方扩大隔热工程范围，致使工程量增加了一倍，达到4万平方米。而且B方在隔热工程施工中有如下失误：

推迟工程施工的开始期，并修改施工计划和施工顺序，压缩工程工期；

增加工程范围和工程难度；

没有及时提供图纸和安装准备材料；

没有履行工程监督责任，没有协调管道铺设和隔热工程施工；

没按合同规定支付工程款。

（其他单项工程索赔理由略）。

3. B方的反索赔

（1）合同状态、可能状态和实际状态分析

1）合同状态的分析过程如下：

B方对C方原报价进行全面分析。分析基础：C方作报价所用的工程量清单、工程说明、施工说明、总工期计划等。C方总报价为1 900万美元。

详细分析并复核C方报价。工程量是以招标文件中工程量表为基础。

考虑到工程监督人员和施工人员的劳动组合，确定平均工资为12.54美元/小时。

以平均生产效率乘以工程量可得安装工程所需直接总工时，进而可得直接人工费。按确定的施工进度计划和各分项工程的总工时可得人力需要量曲线和劳动力最高需要量。

以劳动力的需要量和工地管理人员计划确定工地临时设施需要量。

按工程量和施工方案确定各种材料消耗量，并按投标书后材料价格计算材料成本。

按施工计划确定临时工程、机械设备需要量和它们的成本。

按报价书计算各种附加费如保函、保险、风险、总部管理费、利润等。

列报价检查表，经过整理得各分项工程单价及合价。

最终得到，C方在合同签订前合理的报价应为3 410万美元。

2）可能状态分析。在合同状态分析的基础上，考虑到C方的工程受到外界的干扰：

超工程量和工程变更；

建筑材料和构件供应不及时；

图纸供应和批准不及时。

仍按照合同状态的分析过程和分析方法，分析的结果是，可能状态的价格应为3 610万美元，工期比原计划推迟5个月。

3）实际状态分析。按提供的各种工程实际情况报表和各种费用支出证明，分析C方工程成本，实际价格为4 560万美元。实际工期比计划（合同）工期推迟8.5个月。

（2）B方的反驳。

C方的所有责难都是没有根据的和非真实的。在标书中，B方已经向C方交付了招标文件（附有工程量清单）。C 方已了解了自己的工程责任，并计算了报价。

在合同签订前，C 方强调，它是一有丰富经验的发电设备安装公司（这有信件为证）。按分包合同，C 方保证，它已及时地弄清楚所有为完成合同责任所必需的重要技术资料，工程环境，使用目的，及为工程施工和使用所必须的技术和经济的措施。所以 C 方应有能力在合同规定工期内，按合同规定的条件完成安装工程。

C 方的供应范围由订货单和其他合同文件给出。它也包括没有注明的，或没有列出的，但对安全和经济地运行和为达到项目生产目的所必需的供应。

分包合同在实施过程中受到 C 方的联营合同实施的影响，即 C 方在按联营合同规定所负责的土建施工中的失误，影响 C 方所承包的安装工程施工。

按合同，C 方应在受到干扰后 2 周内通知 B 方。而在整个合同执行过程中 C 方没有遵守索赔有效期限制，故索赔无效。

（3）结论：基于上述种种理由，C 方的一揽子索赔没有根据。

五、索赔的最终解决

本工程中的合同争执最终都是以协商谈判为主、其他方面调解为辅解决的。B 方请了某国际项目管理公司进行索赔管理，最终基本上达到索赔和反索赔的目的。

1. 对 A-B 之间的索赔（反索赔）谈判

经过几次磋商发现，A 方实际目标主要是：

（1）希望 B 方延长试运行时间，同时，相应延长保修期。按合同规定，试运行费用由 B 方承担。由于 2 号机组试生产不成功，使 A 方对工程质量产生怀疑，所以采取这些相应的对策。

（2）不再向 B 方追加费用。由于 B 方向 A 方提出最终工程成本支出结算为 47 500 万美元，几乎为合同价一倍，这是 A 方不能接受的。

而 A 方提出工期罚款和清算损失不是主要目标。

从这里可以看到，双方总体的目标冲突并不太大。

最终一揽子解决方案为：

1）双方各不支付，互作让步，即 A 方不要求工期罚款，B 方放弃 1 亿美元的索赔要求。

2）考虑到 B 方的实际支出和 A 方延长保修期的要求，采用折衷方案：B 方延长保修期一年。在保修期结束时，如果一切运转正常，B 方可获得 A 方 1 500 万美元的费用补偿。

这种结果双方皆大欢喜。

2. B-C 方的合伙合同和分包合同索赔的最终解决

这两个一揽子索赔最终又以一个一揽子方案解决。

工程结束前，C 方又追加索赔，最终使 C 方的两个一揽子索赔之和达 12 500 万美元。在解决过程中 C 方遇到如下问题：

（1）两个合同都以 B 国法律为基础，这样首先遇到合同法律分析的问题。许多重大的法律概念 C 方一开始就弄错了。这使得 C 方的谈判地位很为不利，索赔根据和理由不足。

（2）合同规定，仲裁在 B 国进行，且使用 B 国语言和法律，这对 C 方很为艰难，且不会有好的结果。

（3）两个合同条件都很苛刻，对 C 方很不利，而且 C 方报价过低，C 方的谈判地位受到损害，索赔难以取得预想的结果。

最终对两个一揽子索赔的解决结果为：

B方向C方支付1 500万美元的追加费用。这即为合伙合同中B方分析应给予C方补偿的部分。而C方报价低造成的损失和C方管理失误造成的损失得不到补偿。

第四节 单项索赔案例

一、【案例 51】工程变更索赔（见参考文献 19）

某小型水坝工程，系均质土坝，下游设滤水坝址，土方填筑量 876 150m³，砂砾石滤料 78 500m³，中标合同价 7 369 920 美元，工期 1 年半。

在投标报价书中，在工程直接费（人工费、材料费、机械费以及施工开办费等）的基础上，计算 12% 的工地管理费，构成工程工地总成本；在工程工地总成本的基础上计算 8% 的总部管理费及利润。

在投标报价书中，大坝土方的单价为 4.5 美元/m³，运距为 750m；砂砾石滤料的单价为 5.5 美元/m³，运距为 1 700m。

开始施工后，咨询工程师先后发出 14 个变更指令，其中两个指令涉及工程量的大幅度增加，而且土料和砂砾料的运输距离亦有所增加。承包商认为，这两项增加工程量的数量都比较大，土料增加了原土方量的 5%，砂砾石料增加了约 16%；而且，运输距离相应增加了 100% 及 29%。因此，承包商要求按新单价计算新增加的工程量的价格，并提出了工期索赔，见表 14-5。

承包商费用索赔计算表　　　　　　　　　　　表 14-5

索 赔 项 目	增 加 工 程 量	单 价	款额（美元）
(1) 坝体土方	40 250m³（原为 836 150m³），运距由 750m 增至 1 500m	4.75 美元/m³	191 188
(2) 砂砾石滤料	12 500m³（原为 78 500m³），运距由 1 700m 增至 2 200m	6.25 美元/m³	78 125
(3) 延期 4 个月的现场管理费	原合同额中现场管理费为 731 143 美元，工期 18 个月	40 619 美元/月	162 476
以上三项索赔总计			431 789

在接到承包商的上述索赔要求后，咨询工程师逐项地分析核算，并根据承包合同条款的有关规定，对承包商的索赔要求提出以下审核意见：

1. 鉴于工程量的增加，以及一些不属于承包商责任的工期延误，经按实际工程记录核定，同意给承包商延长工期 3 个月。

2. 报价总体分析：工程承包施工合同额 7 369 920 美元，其中总部管理费及利润：

$$7\ 369\ 920 \times [8/(100 + 8)] = 545\ 920\ \text{美元}$$

工地现场管理费：

$$(7\ 369\ 920 - 545\ 920) \times [12/(100 + 12)] = 731\ 143\ \text{美元}$$

则每月工地现场管理费：

$$731\ 143 \div 18 = 40\ 619\ 美元$$

3. 对新增的土方 40 250 m^3，进行具体的单价分析。

（1）新增土方开挖费用：

按照施工方案，用 1 m^3 正铲挖掘机装车，每小时 60 m^3，每小时机械及人工费 28 美元。则挖掘单价为

$$28\ 美元/60m^3 = 0.47\ 美元/m^3$$

（2）新增土方运输费用：

用 6 t 卡车运输，每次运 4 m^3 土，每小时运送两趟，运输设备费用每小时 25 美元。运输单价为 $25/(4 \times 2) = 3.13$ 美元 $/m^3$

（3）新增土方的挖掘、装载和运输直接费单价为：

$$0.47 + 3.13 = 3.60\ 美元/m^3$$

（4）新增土方单价：

直接费单价	3.60 美元
增加 12% 现场管理费	0.43 美元
工地总成本（3.60 + 0.43）	4.03 美元
增加 8% 总部管理费及利润	0.32 美元
合计（4.03 + 0.32）	4.35 美元

故新增土方单价应为 4.35 美元 $/m^3$，而不是承包商所报的 4.75 美元 $/m^3$。

（5）新增土方补偿款额：

$$40\ 250m^3 \times 4.35\ 美元/m^3 = 175\ 088\ 美元，$$

而不是承包商所报的 191 188 美元。

4. 对新增砂砾料 12 500 m^3 进行单价分析。分析过程同上，分析结果为：

（1）开挖及装载费用为 0.62 美元 $/m^3$。

（2）运输费用为 3.91 美元 $/m^3$。

（3）单价分析：

直接费　4.53 美元

增加 12% 现场管理费　0.54

工地总成本为　4.53 + 0.54 = 5.07 美元

增加 8% 总部管理费及利润　0.41 美元

则新增砂砾料单价为 5.48 美元 $/m^3$。

（4）新增砂砾料补偿款额：

$$12\ 500m^3 \times 5.48\ 美元/m^3 = 68\ 500\ 美元。$$

而不是承包商所报的 78 125 美元。

5. 关于工期延长的现场管理费补偿。

工程师批准了工期拖延 3 个月，按原合同所确定的进度为 409 440 美元/月，则新增工作量相当于正常的合同工期：

$$(175\ 088 + 68\ 500)/409\ 440 = 0.6\ 个月$$

则这 0.6 个月的现场管理费已在新增工作量价格中获得，而另有 2.4 个月的现场管理

费必须另外计算。承包商所计算的合同中现场管理费总额是 731 143 美元，则业主应补偿承包商的现场管理费为：

$$731\ 143 \times (3 - 0.6)/18 = 97\ 486\ \text{美元}。$$

当然按照对 Hudson 公式的分析，这样计算不太合理，可以打个折扣。

6. 最终同意支付给承包商的索赔款：

(1) 坝体土方	175 088 美元
(2) 砂砾石滤料	68 500 美元
(3) 现场管理费	97 486 美元
总计	341 074 美元

【案例分析】

在本案例中体现了费用索赔计算的两个原则，即实际损失原则和合同原则之间的差异：

(1) 应该看到承包商提出的新单价是符合合同的，即在土方报价中将运输费按运输距离提高，而其他费用（如挖方、装卸等）不变，以确定新增加的工程量的单价。因为运输距离增加，工程性质没有变化，所以应在合同价格基础上作调整，其结果新价格必然比原价格高。这种计算体现了索赔值计算的合同原则，即合同报价作为计算依据。但费用索赔还有赔偿实际损失原则，即按照承包商实际的直接损失和间接损失计算索赔值。这两者常常会不一致。

(2) 工程师按照实际劳动效率（也可以用定额的，或代表社会平均的劳动效率），确定新增加工程量的单价，这完全符合赔偿实际损失原则。笔者曾经在某国际工程中看到工程师派人到现场直接测量劳动效率。在本案例中，经过工程师实测所确定的新增工作量的单价低于合同单价，而新增工程量的工作内容（运输距离）增加了许多。这是与合同单价相矛盾的。这里面可能有如下问题：

1) 承包商报价过高，或报价中存在不平衡因素，即一般土方为前期工程，而且承包商投标时估计工程量会有所增加，所以报高价，而工程师用现场实测劳动效率对付承包商，以剔除其中不合理的因素，这是无可非议的。

2) 由于承包商劳动效率提高。如：

①选用更先进、合理的设备和施工方案；

②施工过程十分顺利，投标时考虑的气候风险、地质风险、运输道路风险没有发生；

③按照学习规律，随着工作量的增加，劳动效率会逐渐提高。

3) 工程师量测劳动效率的方法和选点不合理。通常在工程变更令下达之后一段时间工程师派人到现场量测工作效率，如用马表测量挖掘机每小时挖多少下，每次挖掘多少立方米，运输卡车何时上路、何时到达卸车地点等。这样确定的是正常施工状态（或高峰期）的施工效率。用它确定价格是很不合理的。因为对于一个工程

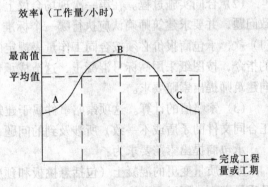

图 14-4 承包商的施工效率

分项，承包商的施工效率一般经历如下过程，见图14-4。

在图中，A开始阶段，由于各种准备工作，工人不熟练，组织摩擦大，设备之间未达到最佳配合等原因，效率很低；B正常施工阶段，随着工程的进展，劳动效率逐渐提高，达到平衡状态；C工程结束前，扫尾工作比较零碎，需要整理，如坝体平整、做坡，结束前必然存在的组织涣散等，引起低效率。

实践证明，即使在一天内一个小组的劳动效率也符合这个曲线。

在这种情况下，承包商有理提出，不能按高效率状态作为计算依据，应该考虑采用平均效率。而且本案例中，变换施工场地会造成劳动效率损失。

当然工程师的处理也有他的理由：原工程范围中，承包商报价已考虑到开始和结束的低效率损失，则业主已在原合同价格中支付给承包商。现在工程量增加，运距增加，是处于施工高效率段的增加，完全符合赔偿实际损失原则。

二、【案例52】工程变更索赔案例（见参考文献11）

在某仓库工程施工中，合同文件主要包括：合同条款（JCT63/77）（即英国联合审判庭推荐使用的标准文本），图纸，工程量表（按标准的工程量计算方法作出）。承包商就如下问题提出索赔：

1. 混凝土质量方面的差异

（1）合同分析。与本项索赔有关的合同条款内容有：

第1款：承包商应完成合同图纸上标明的和合同工程量表中描述的或提出的工程。

第12（1）款：在合同总额中包括的工程的质量和数量由合同工作量表中的内容规定。除非在规范中另有专门说明外，工作量表应根据标准的工程量计算方法（第6版）作出。

第12（2）款：合同工程量表中的描述或数量上的任何错误、遗漏应由建筑师予以纠正，并应看作建筑师所要求的变更。

第11（6）款：如果建筑师认为变更已给承包商造成直接损失或开支，建筑师应该亲自或指示估算师确定这些损失或开支的数量。

第4款规定，涉及的变更不应给承包商带来损失。

在图纸和工程量表中对某些预应力混凝土楼板和梁的质量描述产生差异。图纸中规定其质量标准为"BS5328/76的C25P项"，而工程量表中规定其质量标准为"BS5328/76的C20P项"。

（2）合同实施过程。在第一次现场会议上，承包商的代理人提出混凝土质量标准不一致问题，并要求建筑师确认应执行哪一个标准，得到的回答是"按图纸执行"。由于按12（1）款，承包商报价必须按合同工作量表规定的质量和数量计算。而现在必须根据建筑师的指令，按图纸采用高标号混凝土，这造成承包商费用的增加，承包商对质量差异及时地向建筑师提出索赔要求。

（3）索赔值的计算。这项索赔事件属于建筑师纠正合同工程量表中描述的错误（或纠正合同文件的矛盾或不一致）所涉及到的问题，按合同规定应该给予承包商赔偿。

承包商提出索赔要求为：

涉及质量变更的混凝土（包括悬挑板和预应力混凝土梁）共1 500立方米。由于仅涉及质量变更，所以可以按每立方米混凝土材料量差和价差分析计算索赔值。按BS标准规定的材料用量和材料报价等因素计算索赔值，见表14-6。

每立方米混凝土费用索赔分析表

表14-6

项　　目	水　泥	细　骨　料	粗　骨　料
C25P（kg）	350	650	1 180
C20P（kg）	300	700	1 170
量差（kg）	+ 50	－ 50	+ 10
转换成立方米		$0.05 \ t \div 1.59t/m^3 = 0.031 \ 4m^3$	$0.01t \div 1.35t/m^3 = 0.007 \ 4m^3$
材料单价	30 英镑/t	6.60 英镑/m^3	5.70 英镑/m^3
价差（英镑）	+ 1.50	－ 0.21	+ 0.04
材料损耗增加（英镑）	0.08	－ 0.02	+ 0.00
损失合计（英镑）	1.58	－ 0.23	+ 0.04

损失总计：	1.39 英镑
加 14.45% 现场管理费	$1.39 \times 14.45\% = 0.20$
加 6% 总部管理费和利润	$(1.39 + 0.20) \times 6\% = 0.10$
总计	1.69 英镑

由于混凝土强度等级提高，成本增加为 1.69 英镑/m^3，则该项索赔额为：

$$1.69 \text{ 英镑}/m^3 \times 1 \ 500m^3 = 2 \ 535 \text{ 英镑}$$

按估算师的要求，承包商还对上表中 14.45% 和 6% 的根据作了解释。它们为承包商投标报价计算所用的数字。

由于这项索赔的事实和合同根据是十分清楚的，得到建筑师的认可。在实际工程中，由于业主（或工程师）指令造成工程质量的变更而产生的索赔都可以用这种方法处理。

2. 基础挖方工程索赔

（1）合同分析。除了上面所作的几点分析外，涉及该项索赔的合同规定还有：

承包商应对自己报价的正确性负责；

地基开挖中，只有出现"岩石"才允许重新计价；

工程量表中第 12F 项基础开挖数量为 145m^3，承包商所报的单价为 0.83 英镑。

（2）合同实施过程。在施工中承包商发现，按实际工程量方，工程量表中基础开挖的数量为错误数据，应为 1 450m^3，而不是 145m^3。而承包商的该分项工程单价也有错误，合理报价应为 2.83 英镑/m^3，而不是 0.83 英镑/m^3（实质上，在报价确认前，承包商已发现该分项工程的单价错误，但他觉得该项工程量较小，影响不大，所以以未纠正报价的错误）。

同时基础开挖难度增加，地质情况与勘察报告中说明的不一样，出现大量的建筑物碎块、钢筋和角铁以及碎石和卵石，造成开挖费用的增加。

（3）承包商的索赔要求。

1）工程量表中所列的基础挖方数量仍按合同单价（即 0.83 英镑/m^3）计算。但超过部分的数量（即 1 450 － 145 ＝ 1 305m^3）应按正确的单价计算，则该项索赔为（按合同单价确定的进度付款金额）：

$$(2.83 - 0.83) \text{ 英镑}/m^3 \times 1 \ 305m^3 = 2 \ 610 \text{ 英镑}$$

2）由于基础开挖难度增加，承包商要求增加合同单价 2 英镑/m^3，则该项索赔为：

$$2 \text{ 英镑}/m^3 \times 1 \ 450 \ m^3 = 2 \ 900 \text{ 英镑}$$

3）基础开挖索赔合计（不包括按合同单价所得的补偿）：

$$2 \ 610 + 2 \ 900 = 5 \ 510 \text{ 英镑}$$

（4）现场估算师和建筑师的反驳。

1）合同规定承包商应对自己报价的正确性负责。单价错误是不能纠正的，对于工程量增加的部分（尽管是由于业主错误造成的），仍应按合同单价计算。所以承包商有权获得合同价格的调整为：

$$0.83 \text{英镑}/m^3 \times (1\,450 - 145)m^3 = 1\,083.15 \text{英镑}$$

2）对开挖难度的增加，尽管承包商所述是事实，但承包商的索赔没有合同依据。合同规定只有当出现"岩石"时才重新计价，但开挖中出现的不是"岩石"，而是一些碎石和卵石，少量的混凝土块和砖头，所以不予补偿。结果承包商的该项索赔未能成功。

（5）注意问题。

1）在通常的工程承包合同（例如 FIDIC，ICE，JCT 等合同）中，单价优先于总价。实际工程进度付款按合同单价和实际工程量计算，所以单价不能错。在本合同中，由于合同单价错误造成承包商 2 900 英镑的损失（即 2 英镑/$m^3 \times 1\,450 m^3$），作为承包商事先认可的损失由承包商承担，在任何情况下都得不到赔偿。所以在投标截止前，承包商一经发现报价错误，就应及时纠正。

2）通常，业主对招标文件中工作量表上所列数量的正确性不承担责任。这由于一方面工程按实际工程量计价，另一方面合同规定业主具有变更工程的权力。但作为承包商投标报价时应复核这个工作量，这不仅有利于作正确的实施计划和组织（包括人员安排，材料订货等），而且有利于制定报价策略。本例中，承包商已觉察到单价错误而未作修改，主要原因是以为挖土工作量少（仅 $145m^3$），所以不予重视。如果事先发现正确工作量为 $1\,450m^3$，则他可以采用不平衡报价方法，即在保证总报价不变的情况下提高这一项工程单价，这样承包商能获得高的收益。

3）在合同中规定，只有出现"岩石"才允许重新计价，则地质勘探报告确定的沙土与岩石地质以外的情况都作为承包商的风险。这一条款对承包商是很为不利的，在合同谈判时最好将这一条改为"如果出现除沙土以外的情况应重新计价"。则本索赔就能够成功。

3. 模板工程索赔

（1）合同分析。除前面的合同分析结果外，涉及该项索赔的合同规定还有：

1）合同第 12（1）款规定，工程量表应根据标准的工程量计算方法制定，除非特定条款有专门说明。

而按合同所规定的标准的计算方法，模板工程应单独立项计算，不能在混凝土价格中包括模板工程费用。

2）工程量表中关于基础混凝土项目规定为：

第 7C 项：挖槽厚度超过 300mm 的基础混凝土级配 C10P，包括彼邻开挖面的竖直面的模板及拆除，共 $331m^3$。

（2）承包商的索赔要求。

在工程中，承包商提出模板工程的索赔要求，其理由为，按合同规定的工程量计算方法，模板应单独立项计价，而合同中将它归入每立方米混凝土价格中是不合适的。所以应将基础混凝土的模板工程作为遗漏项目单独计价，就此提出索赔要求 1 300.80 英镑。

（3）估算师反驳。

由于合同中已规定将基础混凝土的模板并人基础混凝土报价中，已十分明确，而且有

"专门说明"，所以该索赔要求没有合同依据，不能成立。按合同文件的优先次序，工程量表优先于合同所规定的工程量计算规则，而且特殊的专门的说明优先一般的说明。

该项索赔未能成功。

(4) 注意问题。

按 12 (1) 款，工程量表按标准的计算规则计算，则这个计算规则也有约束力，作为合同一部分，但它的优先地位通常较低。由于在同一条款又规定，"除非在规范中另有专门说明外"。则这个专门说明优先，承包商应按照专门说明报价。这项索赔实质上是由于承包商工程报价计算漏项引起。在工程预算时只须将模板按每立方米混凝土的含量折算计入基础混凝土单价即可。在本例中基础混凝土共 331m³，相应的模板工程 1 084m²，则

每立方米混凝土模板含量：$1\ 084m^2 \div 331m^3 = 3.27m^2/m^3$

由于按合理价格，这种模板工程单价为 1.20 英镑/m²，则应在每立方米基础混凝土中计入模板工程的价格为：

$$1.20 \times 3.27 = 3.92\ \text{英镑}/m^3。$$

而承包商漏算这一项，属于他自己的责任，不能赔偿。

4. 基础混凝土支模空间开挖索赔

(1) 合同分析（同前述）。

(2) 索赔要求。虽然上述的基础混凝土模板索赔未能成功，但这些模板的施工需要一定的空间，须有额外开挖。而这在合同工程量表中没有包括。对此承包商提出索赔要求：

额外开挖量 678m³

挖方价格 2.83 英镑/m³

回填及压实价格 1.50 英镑/m³

索赔要求：$(2.83 + 1.50)$ 英镑/m³ $\times 678m^3 = 2\ 935.74$ 英镑

(3) 建筑师审核

确实，建筑师在列工作量表和计算工作量时疏忽了这一项工程。该项索赔要求是合理的，但在索赔值的计算中所用的挖方价格是"纠正后的"价格。由于该分部工程与合同中的基础开挖具有相同的施工条件和性质，则仍应按合同报价中的单价计算（尽管它是错的），所以补偿值应为：

$$(0.83 + 1.50) \text{英镑}/m^3 \times 678\ m^3 = 1\ 579.74\ \text{英镑}$$

(4) 承包商反驳。至此双方的赔偿意向是一致的，但对赔偿数额不一致，其差额为 1 356 英镑（即 2 935.74 - 1 579.74）。承包商再次致函建筑师，引用合同第 12 (2) 款和第 11 (6) 款。这个问题实质上不是一般的工程量的增加（如上面索赔中基础开挖由 145m³ 增加到 1 450m³），而是工程量表中的漏项引起的工程变更。按合同第 11 (4) 款原则，涉及的变更不应给承包商带来损失；按 11 (6) 款，建筑师应亲自或指示估算师确定由于这些变更给承包商造成直接损失或开支的数量。所以承包商仍坚持自己前面提出的索赔要求 2 935.74 英镑。

(5) 解决结果。建筑师与估算师作进一步讨论，觉得承包商的索赔要求是符合逻辑的，有理由，可以考虑接受此项索赔要求。

但在确定"直接损失或开支"的数额时却出现了问题。承包商的开挖为一整体（包括基础开挖、支模空间开挖等），他没有单位成本计算方法，不可能拆分出各部分工程的费

用，则必须将开挖作为整体进行分析。承包商提出的实际费用资料：

直接费用（包括人工、设备、燃料等）	14 347.10 英镑
根据投标报价加 14.45%的现场管理费	2 073.16 英镑
加 6%的总部管理费和利润	985.22 英镑
合计	17 405.48 英镑

减承包商已由工程结算账单获得的该分部工程的支付 12 481.35 英镑

则全部"损失"合计 4 924.13 英镑（即 17 405.48 – 12 481.35）

这个"损失"实质上是账上显示的，承包商在基础开挖项目上的全部实际损失。但这里面包含有如下几个方面的因素：

1）承包商对基础开挖报价所造成的错误：

$$(2.83 - 0.83) \times 1\ 450 = 2\ 900.00\ 英镑$$

这是承包商责任造成的损失，应由承包商自己承担。

2）由于挖方困难程度增加承包商所提出的索赔：

$$2 \times 1\ 450 = 2\ 900\ 英镑$$

这属于承包商应承担的风险责任。

3）尚未解决的模板工程施工空间挖土的索赔：

$$2\ 935.74 - 1\ 579.74 = 1\ 356.00\ 英镑$$

则已知原因的损失为三者之和，即 7 156 英镑。

由于无法细分，则可以按比例分摊实际损失。即对支模空间开挖尚未解决的索赔 1 356英镑分摊：

$$1\ 356 \times 4\ 924.12 \div 7\ 156 = 933.08\ 英镑$$

再加上按合同单价，建筑师已认可的 1 579.74 英镑，该项索赔最终获得 2 512.68 英镑补偿。

（6）注意问题：

1）本项索赔实质上是由于建筑师的疏忽，工程量表漏项引起的索赔。通常这个问题是很好解决的。但由于在本例中与该项相关的报价错误，带来本项变更定价的困难和争执。

2）应该看到，在本案例中，即使建筑师坚持按照土方开挖的合同单价 0.83 英镑/m³ 计算费用补偿，也还是符合合同的，因为支模空间的开挖和基槽开挖（由合同定义的）其工作难度、性质、工作条件、内容、施工时间都是一样的，所以应该使用统一的合同单价。当然建筑师最终认可了承包商的索赔要求，这种处理更为恰当，不仅合理而且合情，因为承包商在这一项上的报价已经蒙受了很大的损失。从道义上应该给予承包商赔偿。

3）最后对实际损失的审核和分摊是值得注意的，它符合赔偿实际损失原则。从上面的分析可见，承包商在前面因挖方困难程度增加提出了 2 900 英磅的索赔，不仅未能成功，而且对本项索赔产生影响，减少了本项赔偿值。

三、工期拖延索赔的综合案例【案例 53】（见参考文献 11）

（1）工程概况

合同标的是为建造一个小型泵站工程。合同文件包括：ICE 合同条件（即英国土木工程师学会和土木工程承包商联合会提出的标准合同文本），图纸、规范、工作量表等。

投标日期为 1979 年 5 月 1 日。1979 年 6 月 1 日授予合同。合同金额为 148 486 英镑。

合同工期 15 个月（即 65 周）。

乙方报价中含 5% 利润，8.5% 总部管理费，15% 现场管理费。

（2）事态描述

1979 年 8 月 15 日工程师致函乙方，将于 9 月 1 日将场地提供给乙方（这是一个不明确的开工令）。乙方按时向施工现场派了代理人和监工。但甲方未能及时交付场地，直到 12 月初场地才全部正式交付。但在 11 月和 12 月连续阴雨天气。在 12 月上旬到 1980 年 1 月上旬，由于现场重铺煤气干线，又致使乙方工程停工 4 周。1980 年 1 月 9 日乙方向甲方提出 19 周工期索赔。

1980 年 3 月 18 日，乙方催要屋面配筋图，但直到 5 月底甲方才提供这些图纸。这时相关的钢材供应又延误 2 周。

1980 年 7 月间又由于特别的阴雨天造成工程局部停工 1 周。

工程变更引起工程量增加和附加工程总额为 12 450 英镑。

1980 年 11 月 3 日，工程师致函乙方，由于未能保持计划进度，要求己方采取加速措施。事态描述见表 14-7。

事 态 描 述 表　　　　　　　　　　　　　　　　表 14-7

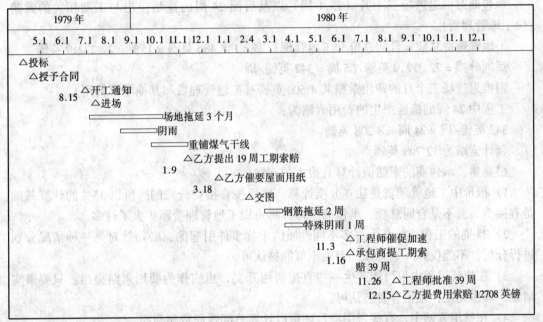

（3）工期索赔

1）乙方工期索赔要求。1980 年 11 月 6 日乙方提出 39 周的工期索赔，包括：

前期场地延误、阴雨及重铺煤气干线等原因引起共 19 周（即从 1979 年 9 月 1 日至 1980 年 1 月 9 日全部）；

屋面配筋拖延 5 周（1980 年 3 月 18 日催要，应于 4 月 18 日提供才能满足正常施工需要，但实际于 5 月底提供，拖延约 5 周）；

钢筋供应拖延 2 周；

7 月中特别阴雨天 1 周；

附加工程引起工期延长 12 周。

2）工程师反驳。工程师认为，实际开工工期是随进入现场同时生效的，故应为 1979 年 12 月初。从开工起，认可的索赔为 24 周，包括：

阴雨天和重新铺设煤气管道 8 周；

拖延屋面配筋图 5 周；

钢筋供应拖延 2 周；

1980 年 7 月中的阴雨天气为 1 周；

附加工程影响 10 周。

从上述分析可见，双方的差距仅为：

①开工期的确定。由于在本工程中开工期从未定下（工程师 1979 年 8 月 15 日的信仅提出，将于 9 月 1 日提供现场，不太明确）。经乙方和工程师协商，以开工通知未在合理的时间内决定为理由，提出从 1979 年 9 月 1 日到 12 月 1 日的相关费用索赔。

②附加工程总影响相差 2 周。最终统一按 10 周计算。

最终双方就工期索赔取得一致。

（4）工期相关费用索赔

承包商对推迟进场三个月（13.1 周）以及后面 24 周的拖延提出与工期相关的索赔（仅工地管理费）。

工地管理费总额 = 合同总价 × 工地管理费率 = 148 486 英镑 × 15% = 22 272.9 英镑

每周分摊 = 22 272.9 英镑/65 = 342 英镑/周。

则推迟进场三个月的费用索赔共 4 500 英镑（工地管理费和其他零星费用）。

工程中 24 周的拖延产生的费用索赔为：

342 英镑/周 × 24 周 = 8 208 英镑。

合计索赔为 12 708 英镑。

很显然，承包商的索赔值计算有很大的问题：

1）报价中工地管理费是独立分项计算，然后按直接费分摊的。所以 15% 的计算基础是直接费，而不是合同总额。承包商这样算将每周工地管理费额扩大了许多。

2）24 周的工程拖延是由许多不同性质的干扰事件引起的，必须针对每一种情况分别进行分析，不能仅算一笔总账，否则不可能被认可。

3）在拖延过程中很可能产生一些直接费用开支，也应作为费用索赔提出。只要事实清楚，理由充足，也很容易被认可。

4）在费用索赔中，有些费用项目还可以计算总部管理费和利润。

当然对上述索赔要求工程师是不能认可的。工程师和承包商进行了逐项的分析和商讨。主要有如下几个方面：

（1）进场拖延，从 1979 年 9 月 1 日开始共 3 个月。这属业主责任造成的拖延，但其中 11 月份为阴雨天，不能提出费用索赔。在 9 月和 10 月共 8 个星期中，承包商有一位代理人和一位监工在现场闲置。按合同单价：

代理人　127.50 英镑/周 × 8 周 = 1 020 英镑

监　工　97.50 英镑/周 × 8 周 = 780 英镑

合　计　1 800.00 英镑

承包商要求增加总部管理费，但遭到拒绝。由于工程尚未开工，没有发生涉及现场和总部管理费的开支项目。承包商要求索赔利润，也遭到拒绝，因为这属于对业主风险范围内的事件引起工期拖延的费用索赔，不能包括利润。

（2）开工后的阴雨天气和重铺煤气干线拖延。

阴雨天气的拖延，工期可以延长，但不能提出费用索赔。

重铺煤气干线属于业主责任的干扰，拖延 4 周，可以提出费用索赔，但其中有阴雨天 1 周，必须扣除。所以能够进行费用索赔的仅 3 周。

1）直接费。现场有 8 名技工、17 名普工停工。工程师认为，在现场停工中只能按最低工资标准支付：

技工　96.50 英镑/周·名 × 3 周 × 8 名 = 2 316 英镑

普工　82.50 英镑/周·名 × 3 周 × 17 名 = 4 207.50 英镑

合计　6 523.50 英镑

2）现场管理费。在报价中，15% 的现场管理费是以直接费为计算基础。由于现场停工，直接费支出不反映正常的施工状况，则应采用合同报价中所包括的周现场管理费费率分摊的办法计算。合同金额为 148 486 英镑，则：

①利润：由于利润率 5%，计算基础为工程总成本。则存在如下关系：

利润 = 合同金额 × 5%/(1 + 5%) = 148 486 × 5%/1.05 = 7 071 英镑

工程总成本 = 合同金额 − 利润 = 148 486 − 7 071 = 141 415 英镑

②总部管理费：总部管理费率 8.5%，其计算基础为工地总成本。则存在如下关系：

总部管理费 = 工程总成本 × 8.5%/(1 + 8.5%) = 141 415.23 × 8.5%/1.085 = 11 079 英镑

工地总成本 = 工程总成本 − 总部管理费 = 141 415 − 11 079 = 130 336 英镑

③现场管理费：现场管理费率 15%，它的计算基础为直接费。则同样存在如下关系：

现场管理费 = 工地总成本 × 15%/(1 + 15%) = 130 337 × 15%/1.15 = 17 000 英镑

合同工期共 65 周，则报价中现场管理费率为：

17 000 英镑/65 周 = 261.54 英镑/周

由于现场管理费项目几乎都是与工期有关，则拖延 3 周的现场管理费支付应为：

261.54 英镑/周 × 3 周 = 784.62 英镑

双方最终就上述索赔取得一致。

（3）图纸的推迟。工程师只承认图纸推迟 5 周的费用索赔，而钢材到货拖延 2 周和阴雨 1 周作为承包商的风险，可以提出工期索赔，但不能提出费用索赔。

承包商提出反驳：由于屋面配筋图的延误造成屋面工程的局部停止，直接引起钢筋供应的拖延（承包商不能预先采购钢筋），同时引起 7 月份阴雨天中该部分工程的停工，而如果按时供应图纸，则避开了阴雨天。它们有直接的因果关系。

工程师最终承认承包商的理由，该项工程有 8 周的拖延。

分析干扰的实际影响为：在屋面工程中，在 8 周时间内，承包商有 3 名木工，2 名钢筋工，5 名普通工在现场停工，找不到其他可以替代的工作。而其他工程仍在继续进行，总工期并未受到拖延。

按工程师的要求，按国家的《劳动准则》规定的内容计算：

木　工：100 英镑/（周·人）× 8 周 × 3 人 = 2 400 英镑

钢筋工：90 英镑/（周·人）×8 周×2 人 = 1 440 英镑

普　工：85 英镑/（周·人）×8 周×5 人 = 3 400 英镑

合　计：7 240 英镑

由于其他工程仍在进行，而且总工期并未拖延，所以不存在现场管理费的增加。

这里的几位工人是找不到其他替代工作才不得已在现场停工的。作为承包商应积极采取措施，寻找其他工作安排，以降低业主损失。工程师对此常常须作出审查确认。

（4）附加工程。附加工程额达到 12 450 英镑。工程师批准了 10 周的拖延。这是由关键线路分析得到的。由于工程中的变更经常很突然，承包商无法象工程投标一样有一个合理的计划期。所以工程变更对工期的干扰常常很大，业主必须承担由此造成的损失责任。

承包商将这 10 周全部纳入工期拖延的费用索赔中，向业主索赔工地管理费，这是不对的。因为这 10 周拖延中，承包商完成合同额 12 450 英镑，而这个增加的部分中已包括了相应的工地管理费、总部管理费和利润。按照正常情况（有一个合理的计划期等），每周应完成合同额为：

148 486 英镑/65 周 = 2 284.40 英镑/周

则附加工程正常所需要的工期延长为

12 450 英镑/（2 284.40 英镑/周）= 5.45 周

即这个 5.45 周所需的管理费业主已在附加工程价格中向承包商支付。则另一部分 4.55 周（10 − 5.45）是属于由于附加工程（工程变更）对工程施工的干扰引起的，其管理费和利润应由业主另外支付：

工地管理费：261.54 英镑/周×4.55 周 = 1 190 英镑

加 8.5% 总部管理费：1 190×8.5% = 101.15 英镑

加 5% 利润：（1 190 + 101.15）×5% = 64.56 英镑

合计：1 355.71 英镑

这项索赔获得认可。

本合同中另有价格调整条款，由于工期拖延和通货膨胀引起的未完工程成本的增加按价格调整条款另外计算。

四、工程赶工索赔【案例 54】（见参考文献本 11）

（1）承包商的索赔要求

某工程系一个办公楼的建设，首层为商店，开发商准备建成后出租，投标日期 1979 年 6 月 4 日，授标日期为 1979 年 6 月 18 日，进场日期为 6 月 25 日，合同正式开工日期为 6 月 26 日，合同价 482 144 英镑，合同价格中管理费为 12.5%，合同工期 18 个月，至 1980 年 12 月 24 日竣工。在工程实施中出现如下情况，使工程施工拖延：

1）开挖地下室遇到了一些困难，主要是由于旧房遗留的基础引起的。

2）发现了一些古井，由一些考古专家考证它们的价值产生拖延。

3）安装钢架过程中部分隔墙倒塌，同时为保护临近的建筑而造成延误。

4）锅炉运输和安装的指定分包商违约。

5）地下室钢结构施工的图纸和指令拖延等。

在 1980 年 2 月份承包商提出了 12 周的工期拖延索赔，但业主不同意，并指示工程师不给予工期延误的批准。这是由于业主已经与房屋的租赁人签订了租赁合同，规定了房屋的交付日期，如果不能及时交付，业主要被罚款。业主直接写信给承包商要求承包商按原工期完成工程，否则将提起诉讼。

对此工程师致函业主，指出由于上边所述干扰的发生，按合同规定承包商有延长工期的权力，如果责令承包商在原工期内完成工程，是没有理由的。必须考虑到承包商的合理要求。如果要承包商在原合同工期内完成工程，必须与他协商，商讨价格的补偿，并签订加速协议。业主认可了工程师的建议，并授权工程师就此事进行商谈。

（2）双方商讨

从2月下旬到4月上旬工程师与承包商及业主就工期拖延及加速的补偿问题进行商谈。

1）承包商提出12周的工期延误索赔，经工程师的审核扣去承包商自己的风险及失误（如上述第三项），给予延长工期10周的权力。

2）对于10周的延长，承包商提出索赔为：

①古井，在考古人员调查期间工程受阻损失　　　　　　　　　　2 515英镑
②地下室钢结构工程师指令的延误等索赔　　　　　　　　　　　4 878英镑
③与隔墙有关的工程，楼梯工程中延误及对周边建筑的保护　　　5 286英镑
④由指定分包商引起的延误损失　　　　　　　　　　　　　　　5 286英镑

合计　　　　　　　　　　　　　　　　　　　　　　　　　　　17 965英镑

工程师经过审核，认为在该索赔计算中有不合理的部分，例如机械费中用机械台班费是不合理的，在停滞状态下应用折旧费计算，最终工程师确认索赔额为11 289英镑。

（3）业主要求：全部工程按原合同工期竣工，即加速10周；底楼商场比原合同工期再提前4周交付，即要提前14周。即在4月份开始采取加速措施，在后9个月工期中达到上述加速目标。

（4）承包商重新作了计划，考虑到因加速所引起的加班时间，额外机械投入，分包商的额外费用，采取技术措施（如烘干措施）等所增加的费用，提出：

商店提前14周须花费　　　　　　　　　　　　　　　　　　　8 400英镑
办公楼提前10周须增加花费　　　　　　　　　　　　　　　　12 000英镑
考虑风险影响　　　　　　　　　　　　　　　　　　　　　　　600英镑

合计　　　　　　　　　　　　　　　　　　　　　　　　　　　21 000英镑

（5）工程师指出由于工期压缩了10周，承包商可以节约管理费。按照合同管理费的分摊10周共有管理费为：

$$(482\ 144 \times 12.5\%)/(1 + 12.5\%) \div 78\ 周 \times 10\ 周 = 6\ 868\ 英镑$$

这笔节约应从索赔额中扣去。则承包商提出工期延误及赶工所需要的补偿为：

$$11\ 289 - 6\ 868 + 21\ 000 = 25\ 421\ 英镑$$

考虑到风险因素等共要求补偿25 500英镑。

工程师向业主转达了承包商的要求并分析了承包商要求的合理性以及索赔值计算的正确性，业主接受了承包商的要求。

（6）双方商讨并签署了赶工附加协议，该协议主要包括如下内容：

1）至1980年4月1日前由于已发生了许多干扰事件，承包商有权延长10周，并索赔

相关费用，工程师业已批准。由于业主希望全部工程按计划竣工，底层比计划提前四周双方经商讨就赶工达成一致。

2）对承包商赶工，业主支付赶工费25 000英镑，它已经包括4月1日以前承包商所提出的各种索赔。

3）如果承包商不能按照业主的要求竣工，则赶工费中应扣除：

①全部工程竣工日期若在1980年12月24日之后，承包商赔偿170英镑/日；

②底层部分工程竣工若在1980年11月24日之后，承包商赔偿85英镑/日。但赶工费不应少于12 500英镑。这是对承包商的保护条款。

4）赶工费的分批支付时间及数量（略）

5）赶工期间由于非承包商责任所引起的工期拖延的索赔权与原合同一致。

【案例分析】

（1）本案例的分析过程虽不十分详细，但思路是十分清楚的，也是经得住推敲的，解决问题的过程为：工期拖延的责任分析，工期拖延所造成损失的计算及赔偿，赶工的措施的协商和措施费，由赶工所产生的费用的节约的计算。

（2）本案例涉及的赶工包括：业主责任（或风险）引起的拖延（对全部工程），业主希望工程比合同期提前交付的赶工（底层商场），承包商自己责任的赶工2周。在前两种情况下，施工合同（例如FIDIC）并没有赋予业主（工程师）直接指令承包商加速的权力。如果业主提出加速要求必须与承包商商讨，签订一个附加协议，重新议定一个补偿价格（赶工费）。而对承包商责任所造成的两周拖延的加速要求，承包商必须无条件执行。

（3）在上述第4点的计算中，由于工期压缩了10周，在承包商的索赔值中必须扣除了在这期间承包商"节约"的管理费。这是值得商榷，并应注意的。实质上与合同工期相比，压缩后的实际工期也刚好等于合同工期，所以与合同相比，承包商并没有"节约"。这种扣除只有在两种情况是正确的：

1）已有的工期拖延，承包商有工期索赔权，但没有费用索赔权，例如恶劣的气候条件造成的拖延，如果不加速，承包商必须支付这期间的工地管理费，而现在采取加速措施，这笔管理费确实"节约"了。

2）已有的工期拖延为业主责任，承包商有费用索赔权，在费用索赔中已经包括了相关的管理费，即上述第二点中，承包商提出的17 965英镑的索赔中已包括了管理费。否则这种扣除会使承包人受到损失。

（4）在本案例中加速协议是比较完备的，考虑到可能的各种情况，最低补偿额，赶工费的支付方式和期限，附加协议对原合同文件条款的修改等。在这里特别应注意赶工费的最低补偿额问题，这是对承包商的保护。因为承包商应业主要求（不是原合同责任）采取措施赶工可能会由于其他原因这种赶工没有效果，但作为业主应给予最低补偿。

（5）在本案例中工程师的作用是值得称许的，从开始到最后一直向业主解释合同，分析承包商要求的合理性。对缓和矛盾，解决争执，实现业主目标发挥重要作用。

五、利润索赔【案例55】

业主方系东南亚某国的某大型集团在上海投资组建的外资企业，拟投巨额资金开发某大型商业设施。该工程经竞争性招标，由某外国承包商中标。业主和承包商于1997年6月23日签订了项目施工合同。合同价款为15 000万美元。

(1) 合同分析。该合同条件系参照 FIDIC 土木工程施工合同条件制定。工程进度款按月支付，在完成当月工程量后，承包商向业主提交月报表，业主在 1 个月内予以确认，并于确认后 28 天内予以支付；如业主不能按约付款，承包商可就此发出书面通知，业主应在 7 天内予以支付；如业主仍不能支付，承包商可以解除施工合同；因发包人原因导致合同终止的，发包人应赔偿承包人任何直接损失或损坏。

(2) 争执。在完成工程价款约 4 000 万美元时，业主因为受到东南亚金融风暴的影响无力支付承包商工程款，承包商根据合同程序解除了合同并提出预期利润的索赔，双方协调不成，承包商诉至仲裁，就终止合同要求业主支付 2 500 万美元。

(3) 争执解决。仲裁庭裁决同意了承包商提出的预期利润索赔。仲裁庭认为，直接损失指因合同终止直接引起的承包商的所有损失，包括剩余工程预期可得利益的损失；预期利润应看作预期可得利益。根据承包商在开工前报送的费用项目拆分表，风险费为 1.5%、利润为 2%。该费用是发包人应当预见到因违反合同造成的损失。

最终仲裁庭裁决施工合同终止后业主应赔偿承包商 700 万美元，其中尚未支付的已完工程价款为 200 万美元，终止合同后的直接损失为 100 万美元，剩余工程的预期利润损失为 250 万美元，风险费损失为 150 万美元。

【案例分析】

(1) 即使按照合同法，对于业主违约导致承包商终止合同，业主应赔偿承包商的预期的收益，但在该案例中仲裁庭根据承包商开工前报送的费用项目拆分表中的利润率来计算预期利润额。这在理论上是对的，但是这种算法可能存在很大问题。报价中的利润率和风险并不是承包商真实的预期收益。如果承包商采用不平衡报价或恶意欺诈、提高利润率，按照这个利润率计算常常是不符合"预期"的要求。

(2) 关于风险费索赔。风险费指报价中包含的，承包商拟用来支付合同履行期间因承包商风险导致的成本增加的预留费用。虽然它通常在报价时与利润捆绑计算。但它与利润的性质不同。风险是否会发生，在项目尚未施工完毕以前是一个未知数。如果预计的风险没有发生，则风险费将成为承包商的利润；如风险发生，剩余工程对应的风险费将全部支出，甚至需要用承包商的利润来补贴。所以它在性质上不是预期利益。而且由于亚洲金融风暴导致业主损失，工程不能继续的情况下，还要求业主支付承包商的风险金。将风险金转化为承包商的机会收益。这是不很恰当的。

(3) 在业主因亚洲金融风暴的情况下无力支付工程进度款，承包商终止合同后，承包商虽然损失了本工程的预期可得利润。但应考虑到承包商的机器设备，施工人员又投入到新的工程项目中，从而获得一定程度的补偿。因而承包商要求全额补偿其利润是不合理的。

(4) 本案例实际上就是由于业主本来就受到东南亚金融危机的影响，项目难以进行，无力支付工程款。虽然业主有了违约行为，而且裁决的结果合法，但对于业主来说无疑是雪上加霜，是惩罚性质的。

而承包商在业主项目失败的基础上获得了高额的利润：承包商只实施了原合同价款 15 000 万美元中的 4 000 万美元，却获得了全部的预期利润。

这种解决结果不符合现代工程中业主与承包商双赢、伙伴关系、风险共担的原则和理念。

业主与承包商签订合同，业主付出工程款是为了获得工程，而承包商实施工程是为了获得工程款从而获得预期利润，业主与承包商之间应追求双赢，而不是对立。因此，在合同履行过程中，如果不是重大的恶意的违约行为，双方应当追求合同目标的实现。如果出现争执，赔偿也尽量不带惩罚性。

(5) 作为业主应该避免业主严重违约的情形，当预见到会导致业主违约时（例如因资金周转困难，可能不能及时支付工程款），可以采取相关措施避免自己违约，例如在预计不能支付时，与承包商会谈并签署补充协议。在本案例中，如果业主主动提出删除工程，或者指令暂停工程，而不是等到自己因为不能支付工程款导致违约被承包商主动停工并提出仲裁，就可以避免后来被索赔430万美元的预期利润。

在任何合同模式下，业主（工程师）有减少工程量、删除工程和停止工程施工的权利。只要业主没有将删去的工程自行实施或委托其他承包商实施，承包商就不能索赔被删除部分工程的利润。业主只需要补偿承包商遭受的费用损失以及在此基础上的利润。

参 考 文 献

1. 邱闯. 国际工程合同原理与实务. 北京：中国建筑工业出版社，2002

2. 徐崇禄. 建设工程施工合同系列文本应用. 北京：中国建筑工业出版社，2003

3. 顾昂然. 中华人民共和国合同法讲话. 北京：法律出版社，1999

4. 乐云. 国际新型建筑工程 CM 承发包模式. 上海：同济大学出版社，1998

5. 汪馥郁. 经济合同谈判. 北京：中国经济出版社，1989

6. ［英］比尔·斯科特著，叶志杰等译. 贸易洽谈技巧. 北京：中国对外经济贸易出版社，1987

7. 谢光渤编译. 工程项目经营管理. 北京：冶金工业出版社，1985

8. ［美］阿诺德·M·罗斯金著，唐齐千译. 工程师应知：工程项目管理. 北京：机械工业出版社，1987

9. 钱昆润. 建筑施工组织与计划. 南京：东南大学出版社，1989

10. 周泽忠主编. 建筑安装工程招标投标与承包知识问答. 北京：冶金工业出版社，1986

11. 中国建筑工程总公司培训中心编. 国际工程索赔原则及案例分析. 北京：中国建筑工业出版社，1993

12. 汪小金编著. 土建工程施工合同索赔管理. 北京：中国建筑工业出版社，1994

13. 梁镒编著. 国际工程施工索赔. 北京：中国建筑工业出版社，1997

14. 张晓强编著. 工程索赔与实例. 北京：中国建筑工业出版社，1993

15. 国际咨询工程师联合会、中国工程咨询协会. 施工合同条件. 北京：机械工业出版社，2002

16. 王川译. 国际咨询工程师联合会. 设计采购施工（EPC）/交钥匙工程合同条件. 北京：机械工业出版社，2002

17. 方志达等译. 英国土木工程师学会编. 新工程合同条件（NEC）. 北京：中国建筑工业出版社，1999

18. 国际经济合作杂志. 1987 年第 7 期，1988 年第 8 期，1992 年第 1，3，7 期等

19. 建筑经济杂志. 1993 年第 6 期，第 7 期，第 9 期，第 12 期. 1994 年第 1，2，3，4 期等

20. 方秋水. 美国土建类专业毕业生管理知识需求的调查及其启示. 高等建筑教育. 1991 年第三期

21. Davil Bentley, Gary Rafferty. Project Management Key to Success。Civil Engineering, April 1992

22. Frank Muller, Don't Litigate, Negotiate. Civil Engineering, 12. 1990

23. H. Randolph Thomas. Interpretation of Construction Contracts. Journal of Construction Engineering and Management, Vol. 120 No. 2, June 1994

24. 邓海涛. 三峡永久船闸工程的索赔管理实践. 中国三峡建设. 2001. 01

25. 杨德钦. 多事件干扰下工期延误索赔原则研究. 土木工程学报. 2003. 03

26. 中华人民共和国建设部等. 建设工程工程量清单计价规范（GB 50500—2003）. 北京：中国计划出版社，2003

27. 成虎编著. 建筑工程合同管理与索赔（第三版）. 南京：东南大学出版社，2000